普通高等教育"十二五"规划教材

工程化学基础教程

刘立明 主编

王 薇 张荣华 副主编

化学工业出版社

·北京·

本书是根据“卓越工程师教育培养计划”的基本要求以及教育部大学化学课程教学指导委员会对普通化学课程教学基本要求而编写的。

全书共9章基本内容，内容包括热化学基础、化学平衡与化学反应速率、溶液、氧化还原与电化学、物质结构基础、无机物单质及化合物、金属材料与无机非金属材料、有机化学和有机化合物、高分子材料。本书力求突出工程应用的特色。

本书可以作为普通本科高校理工科（非化学化工类）各专业的工程化学教材，也可作为其他读者的参考书。

图书在版编目（CIP）数据

工程化学基础教程/刘立明主编. —北京：化学工业出版社，2015.2（2024.8重印）
普通高等教育“十二五”规划教材
ISBN 978-7-122-22510-8

Ⅰ.①工… Ⅱ.①刘… Ⅲ.①工程化学-高等学校-教材 Ⅳ.①TQ02

中国版本图书馆CIP数据核字（2014）第289487号

责任编辑：旷英姿　　文字编辑：陈　雨
责任校对：边　涛　　装帧设计：王晓宇

出版发行：化学工业出版社（北京市东城区青年湖南街13号　邮政编码100011）
印　　装：大厂聚鑫印刷有限责任公司
787mm×1092mm　1/16　印张16　彩插1　字数382千字　2024年8月北京第1版第9次印刷

购书咨询：010-64518888　　售后服务：010-64518899
网　　址：http://www.cip.com.cn
凡购买本书，如有缺损质量问题，本社销售中心负责调换。

定　　价：48.00元

前 言

工科是根据应用数学、物理学和化学等基础科学的基本原理，结合生产实践所积累的技术经验而发展起来的学科。本科工科是在相应的工程领域培养从事规划、勘探、设计、施工、原材料的选择研究和管理等方面的高级工程技术人才。目前我国正在实施“卓越工程师教育培养计划”，这是贯彻落实《国家中长期教育改革和发展规划纲要（2010—2020年）》和《国家中长期人才发展规划纲要（2010—2020年）》的重大改革项目，也是促进我国由工程教育大国迈向工程教育强国的重大举措。工科化学基础是高等学校非化学化工类工科有关专业学生学习的一门重要的基础课程，是培养全面发展的高素质现代高级工程技术人员和相关的管理工作者所应具备的知识结构和综合能力的重要组成部分，是实施“卓越工程师教育培养计划”的有机组成部分。本书是根据“卓越工程师教育培养计划”的基本要求以及教育部大学化学课程教学指导委员会对普通化学课程教学基本要求，结合当前国内外的化学发展趋势而编写。

化学是研究物理原子、分子、生物大分子和超分子及其凝聚态的组成、结构、性质、化学反应及规律和应用的科学，它是自然科学的基础学科，并与物质文明的突飞猛进和社会的发展紧密相连。它一方面不断借助于其它学科，特别是物理学、电子学和计算机技术的交叉应用而得到了快速的发展；另一方面，其本身也日益渗透到其它学科（如生物学、环境科学、材料科学、信息科学）中，为这些学科的发展提供理论基础、工艺途径和测试手段。工程化学基础是工科学生大学阶段学习的化学基础课，本课程传授工科学生所应具备的化学基础理论和基本知识以及与化学密切相关的社会热点、科技发展、学科渗透交叉等方面的知识，强调化学知识在工程中的应用，从而使学生具有较高化学素养和知识水平，增强用化学方法解决日常生活中所涉及的化学问题以及实际工程问题的综合能力。

本书是多年来教学经验的总结，在吸收国内外同类优秀教材优点的同时，还力求体现以下特点。

（1）精简化学的基本原理和基础知识的阐述。教材在满足教学要求的前提下，适当降低理论推导的要求，但重视阐明基本理论的脉络，保持理论体系和知识体系的完整性。

（2）强调化学基本原理和基本知识在日常生活和工程实际中的应用。教材从物质的化学组成、结构和化学反应出发，密切联系现代工程中材料、环境保护、能源以及生命科学中有关化学问题和化学知识点，突出工科特色。习题配置中也突出基本题、概念题和与工程相关的实际应用题等。

（3）回顾过去，展望未来。教材既介绍化学发展简史，又注意追踪现代化学发展以及相关工科学科发展趋势，既能够使学生对化学学科过去的历史有一定的了解，又能够使学生认识到化学发展前沿，以及化学与当今科技、社会和经济发展的交叉融合，激发学生学习积极性，奠定终身发展的底蕴。

本书由刘立明担任主编，王薇、张荣华担任副主编。各章编写情况如下：绪论和第7章刘立明编写，第1章詹红菊编写，第2章和第5章张昕和张荣华编写，第3章张荣华和刘立明编写，第4章王薇编写，第6章刘立明和王薇编写，第8章但飞君编写，第9章刘立明和任小明编写。初稿承蒙方光荣教授主审，提出很多宝贵的修改意见和建议。刘立明和王薇通读和修改全书，刘立明策划和统稿。在编写过程中参考了相关教材，并引用了教材中的一些图表和数据，在此向所有的参考图书的编写者表示最诚挚的谢意。另外，罗光富、杨昌英、张修华、周强和周新文等老师也提出许多有价值的参考意见，在此也向他们表示真诚的谢意。感谢化学工业出版社为本书的出版所做的工作。

由于编者水平有限，书中出现疏漏在所难免，敬请广大读者批评指正。

编者

2015 年 3 月

目　录

绪 论

世界是由物质组成，物质处于运动变化之中。物质的变化包含物理变化和化学变化。化学是研究物质原子、分子、生物大分子和超分子及其凝聚态的组成、结构、性质、化学反应及规律和应用的科学。

(1) 化学在社会发展中的作用和地位

化学已经渗透到国民经济的发展、物质文化生活的改善和提高的几乎所有方面。无论是高新尖端技术，还是国民经济发展的各种支柱和支撑产业，以及人们的衣食住行、生活休闲和医疗保健等，都无不与化学科学的发展密切相关。

首先，从与人们生活紧密相关的衣、食、住、行等方面来看，色泽鲜艳的服装需要经过印染和化学处理，色彩丰富的合成纤维更是化学的一大贡献。加工制造色香味俱佳的美食，离不开各种食品添加剂。例如，甜味剂、防腐剂、香料、调味剂和色素等大多是通过化学合成或用化学分离方法从天然产物中提取出来的。钢铁、水泥和沥青等建筑材料的生产、加工、选择与使用等都与化学息息相关。用以代步的各种现代交通工具，不仅需要汽油、柴油作为动力，还需要各种燃料添加剂、防冻剂，以及机械部分的润滑剂，这些无一不是石油化工产品。药品、美容品和化妆品等日常生活用品也都是化学制剂。

其次，从社会发展来看，化学对于实现农业、工业和国防现代化具有重要的作用。农业要大幅度的增产，农、林、牧、副、渔各业要全面发展，在很大程度上依赖于化学科学的成就。使用化肥是保障农业增产的重要措施，它为解决迅速增长的人口吃饭问题建立了不可磨灭的功绩；农药可以杀灭害虫，在农业生产和林业畜牧业中得到广泛的应用。石油化学工业是基础产业，它为农业、能源、交通、机械、电子、纺织、轻工、建筑、建材等工业、农业和人民日常生活提供配套服务，在国民经济中占有举足轻重的地位。在工业现代化和国防现代化方面，已研制出各种性能迥异的金属材料、非金属材料和高分子材料。例如，在导弹的生产、人造卫星的发射所要用到的高能燃料、高能电池、高敏胶片及耐高温、耐辐射的材料等也都与化学有关。

随着科学技术的发展和电子计算机的广泛应用，不仅化学科学本身有了突飞猛进的发展，而且由于化学与其它科学的相互渗透、相互交叉，也大大促进了其它基础科学和应用科学的发展及交叉学科的形成。目前国际上最关心的几个重大问题，如环境保护、能源的开发利用、功能材料的研制、生命过程奥秘的探索等都与化学密切相关。全球气候变暖、臭氧层破坏和酸雨三大环境问题，正在危及人类的生存和发展。因此，对污染物的分析、监测和治理正是化学家的任务。在能源开发和利用方面，化学工作者为人类使用煤和石油曾做出了重大贡献，现在又在为开发新能源积极努力。利用太阳能和氢能的研究工作都是化学科学研究的前沿课题。材料科学是以化学、物理和生物学等多学科交叉与结合的结晶，它主要是研究和开发具有电、磁、光和催化等各种性能的新材料，如高温超导体、非线性光学材料和功能性高分子合成材料等。生命过程中充满着各种生物化学反应，化学向生命科学的渗透，推动了生命科学的发展。化学分析与化学合成等方法应用于生物学，为在分子水平上研究生命过程及其物质基础提供了有力的手段。同时，化学对一些重要物质的提纯、分离、制备以及结构和性能的测定起着重要作用。

由此可见，化学是环境的保护者、能源的开拓者和材料的研制者，是美好生活的创建者，是新兴产业的支撑者。我们的衣、食、住、行无不与化学相关，人人都需要用到化学制品，可以说，我们生活在化学世界里。

(2) 化学发展的几个重要时期

化学历史的发展，大致可以分为以下几个时期：古代及中古时期（17 世纪中叶以前），近代化学时期（17 世纪后半叶到 19 世纪末）和现代化学时期（20 世纪以来）。

① 古代及中古时期　在古代及中古时期，化学实践处在朦胧时期，以实用为目的，化学知识来源于具体工艺过程中的经验。主要包括炼丹术、冶金术和医药化学的萌芽。炼丹术最初来源于炼丹家企图在炼丹炉中炼出长生不老药物，有目的地将各类物质进行搭配烧炼。在此过程中使用了燃烧、煅烧、蒸馏、升华、熔融和结晶等方法，间接地了解很多物质的性质，这也是现代化学实验的雏形。

在所有金属元素中，铜最早被人类广泛利用，无论东方或西方都是如此。自然界存在的天然铜最先被人类加工成器皿。例如，距今 4000 年前埃及法老坟墓中的器具、巴比伦废墟中发现的铜饼和我国甘肃武威县娘娘台出土的新石器晚期遗址中的铜器等。自然界铜矿常含有锡、铅等多种金属氧化物。用碳还原铜矿，可得到青铜。混入锡的铜，熔点能降到 800℃，硬度增加一倍，可铸性也大大增强。

到了 16 世纪，欧洲工业生产的发展，推动了医药化学的发展，一些医生不再相信炼丹术，而是研究用化学方法制成药剂来医治疾病，并取得很多成果，涉及许多无机物和一些有机物的制备及其物质性质的研究。明代李时珍在他的巨著《本草纲目》中记载的药物达 1892 种，其中包括无机药物 266 种，该书还对这些药物进行了系统的分类。特别值得一提的是，该书记载了较为复杂的无机药物的加工制作过程，有的称得上是典型的无机合成反应。明代宋应星所著的《天工开物》记录了当时的手工业和化学生产过程，如金属冶炼、制瓷、造纸、染色、酿造和火药等。

在 17 世纪初期，德国的化学家贝歇尔（J. J. Becher）和他的学生施塔尔（G. E. Stahl）共同创立“燃素学说”。认为任何能够燃烧的物质里都含有一种名叫燃素的物质，当物质燃烧时，该物质就失去燃素。若在矿石中加入含有燃素的物质（如煤），就可以得到该金属。然而，一种学说是否正确必须经得起实践的检验，“燃素说”在事实面前却吃了败仗。拉瓦锡（A. L. Lavoisier）通过系列实验指出燃烧绝不是可燃物放出燃素，而是它跟空气中的氧气发生猛烈的作用，从而放出光和热。空气是混合物，它由能维持燃烧的氧气（约占1/5）

和不能支持燃烧的氮气（约占 4/5）混合组成。物质在空气中燃烧必须消耗氧气。拉瓦锡“氧化学说”的建立，是化学史上一次伟大的革命，也是一个伟大的里程碑，它推翻了统治化学界 100 多年的燃素说，是近代化学的萌芽。

② 近代化学时期　17 世纪中叶以后，由于资本主义生产的迅速发展，积累了物质变化的新知识。从 1661 年波义耳（R. Boyle）首次提出科学的元素概念开始，一直到 1869 年门捷列夫（Дмитрий Иванович Менделеев）建立元素周期表为止的 200 多年时间，可以认为近代化学由萌芽时期发展到比较成熟的时期。

近代化学时期的到来首先要归功于天平的使用，它使化学的研究进入定量阶段，在此基础上出现一系列的基本定律和原子、分子学说。例如，1747 年罗蒙索洛夫（Михаи́л Васи́льевич Ломоно́сов）的质量守恒定律；1777 年拉瓦锡提出氧化学说；1803 年由道尔顿（J. Dalton）陆续建立的倍比定律、当量定律、原子学说、相对原子量等概念；1808 年盖·吕萨克（J. Louis Gay-Lussac）的气体简比定律；1811 年阿伏伽德罗（A. Avogadro）定律和分子概念，等等。这些基本定律和原子、分子学说的产生使化学成为一门独立的学科。与此同时，苯的六元环结构以及碳四面体结构的建立，推动了有机化学的发展。在 19 世纪下半叶，将物理学中的热力学的理论引入化学之后，从宏观角度解释了很多化学平衡问题。

在近代化学时期，化学开始成为一门独立的学科，得到了突飞猛进的发展，从经验到理论发生了重大的飞跃，并且出现了许多分支。物质结构的原子价键理论以及借助于物理学有关理论而建立的物理化学，推动了无机化学、分析化学、有机化学和物理化学四大基础学科的建立和发展。社会的需要推动着化学工业的发展，在此阶段大规模的制造酸、碱、合成氨、染料以及一些有机合成工业的相继出现，使得化学开始为人类造福。

③ 现代化学时期　X 射线、电子和放射性现象是 19 世纪末的三大发现，它们打开了原子和原子核的大门，使科学家能够从微观的角度和更深层次上来研究物质的结构和化学变化规律，给无机物和有机物的合成提供了指导，特别是使得有机物的合成数量急剧上升。

现代化学发展到如今有 100 多年的历史，无论化学的理论、研究方法、实验技术以及应用等都发生了较大变化。由于化学研究工作的发展，化学知识的广泛应用以及不同学科之间的相互渗透，原有的四大基础化学已不能满足发展的要求，从而又衍生出许多分支。例如，高分子化学、放射化学、地球化学、环境化学、药物化学等。

创造新物质是化学家的任务之一。一个多世纪以来，合成化学发展迅速，许多新技术被用于无机和有机化合物的合成。现在，绝大多数的已知天然化合物以及化学家感兴趣的具有特定功能的非天然化合物都能够通过化学合成的方法来获得。在人类已拥有的 1900 多万种化合物中，绝大多数是化学家合成的，这几乎又创造出了一个新的“自然界”。合成化学为满足人类对物质的需求做出了极为重要的贡献。

20 世纪人类文明的标志之一是合成材料的出现。合成橡胶、合成塑料及合成纤维这三大合成高分子材料在化学科学中取得突破性的成就，也是化学工业的骄傲，为宇宙、能源、交通和国防等领域提供了许多新材料。高分子合成材料、金属材料和无机非金属材料并列构成材料世界的三大支柱。

研究生命现象和生命过程、揭示生命的起源和本质是当代自然科学的重大研究课题。20世纪生命化学的崛起给古老的生物学注入了新的活力，人们在分子水平上向生命的奥秘打开了一个又一个通道。蛋白质、核酸、多糖等生物大分子，激素、神经递质、细胞因子等生物小分子是构成生命的基本物质。从20世纪初开始，生物小分子（如血红素、叶绿素和维生素等）的化学结构与合成研究就多次获得诺贝尔化学奖，这是化学向生命科学进军的第一步。1953年沃森（J. D. Watson）和克里克（H. C. Crick）提出了DNA分子双螺旋结构模型，这项重大发现对于生命科学具有划时代的意义，它为分子生物学和生物工程的发展奠定了基础，为整个生命科学带来了一场深刻的革命。20世纪化学与生命科学相结合产生了一系列在分子层次上研究生命问题的新学科，如生物化学、分子生物学、化学生物学、生物有机化学、生物无机化学、生物分析化学等。在研究生命现象的领域里，化学不仅提供了技术和方法，而且还提供了理论依据。

在分子结构和化学键理论方面，鲍林（L. Pauling）长期从事X射线晶体结构研究，寻求分子内部的结构信息，把量子力学应用于分子结构，把原子价键理论扩展到金属和金属间化合物，提出了电负性概念和计算方法，创立了价键学说和杂化轨道理论。1954年由于他在化学键本质研究和用化学键理论阐明物质结构方面的重大贡献而荣获了诺贝尔化学奖。此后，莫利肯（R. S. Mulliken）运用量子力学方法，创立了原子轨道线性组合分子轨道的理论，阐明了分子的共价键本质和电子结构，并于1966年荣获诺贝尔化学奖。1952年福井谦一（Fukui Kenichi）提出了前线分子轨道理论，用于研究分子动态化学反应。1965年伍德沃德（R. B. Woodward）和霍夫曼（R. Hoffman）提出了分子轨道对称守恒原理，用于解释和预测一系列反应的难易程度和产物的立体构型。这些理论被认为是认识化学反应发展史上的又一个里程碑。为此，福井谦一和霍夫曼共获1981年诺贝尔化学奖。1998年科恩（W. Kohn）的电子密度泛函理论以及波普尔（J. A. Pople）的量子化学计算方法，使得他们获了当年的诺贝尔化学奖。化学键和量子化学理论的发展足足花去了半个世纪的时间。在此期间，化学家们由浅入深，认识了分子的本质及其相互作用的基本原理，从而让人们进入分子的理性设计的高层次领域，创造出新的功能分子，如新药物、新材料等，这也是20世纪化学的一个重大突破。

(3) 化学研究的基本方法

实验方法和理论方法是化学研究常用的两种基本方法。

① 实验方法　化学是一门以实验为基础的科学，化学的许多重大发现和研究成果都是通过实验得到的。例如，在研究某类中草药物时，首先通过实验提取其有效成分，提纯得到纯度较高的物质，之后用实验方法确定它们的组成和结构，测定它们的化学性质和物理性质。再通过化学方法合成该物质或者对其进行修饰和改性，确定其毒性和疗效，甚至还要通过分子水平研究它们为什么会有这种毒性和疗效的作用原理。

在化学学科发展的不同时期，化学实验的作用是各不相同的，化学实验研究的方向也有所不同。不同科学家的处理方法与他们的性格、实验环境及实验能力等都有关系，即使两位科学家发现相同的化学现象也往往会得出不同的结论。同样，也很少有两位科学家以相同的方式处理同一个问题。例如，英国化学家普利斯特里（J. Priestley）在1774年用聚光镜加热氧化汞得到了氧气。当时他不知道这是氧气，认为是燃素。次年11月，当他到巴黎讲学时，把这个实验在法国科学院当众演示，被在场的法国化学家拉瓦锡看到。拉瓦锡得到启示，设计出一个有划时代意义的实验——钟罩实验，证明了氧气约占空气的1/5。

同时我们要注意，“实验”与“试验”易混淆，这两个词的含义不同。《现代汉语词典》中对这两个词的释义分别是：实验是为了检验某种科学理论或假设而进行某种操作或从事某种活动；试验是为了察看某事的结果或某物的性能而从事某种活动。从其释义及结合各自的语素意义可以看出，实验是检验某种科学理论或假设，通过实践操作来进行；而试验是检验已经存在的事物，是为了察看某事件的结果或某物的性能，通过使用、试用来进行。

② 理论方法　人类对物质运动规律的认识是逐渐深化的，在认识过程中，实验和理论二者相互依存，相互促进。它们在发展的不平衡过程中产生矛盾，矛盾又被解决，新的矛盾又会产生，在这种循环过程中推动化学的发展。稀有气体的发现过程充分说明了实验与理论之间存在的关系。在元素周期表中，镓（Ga，1875年），钪（Sc，1879年）和锗（Ge，1886年）等元素被相继发现并被普遍承认以后不久，由于氩（Ar，1894年）的发现，又向元素周期律发起了挑战。因为按照氩的原子量（39.9），应该排在钾（39.1）和钙（40.1）之间，但是当时的元素周期律中没有给它留下位置。发现氩之后的四年中，科学家们又相继发现了氦和其它几种惰性气体。

虽然所有的化学研究都以实验为基础，但是也离不开理论方法去分析实验结果。实验结果只是表面现象，只有结合理论处理才能了解其本质。理论分析有多种方法，对于不同现象和结果采用不同的方法，或者将其组合。对实验数据进行处理，可总结出经验规则，如凝固点下降与浓度之间的关系、反应速率与温度之间的关系等，都是化学家通过实验数据总结出来的。

此外，还有根据实验数据建立模型，再利用模型模拟和预测未知物之间的可能的机理。2013年诺贝尔化学奖授予美国科学家卡普拉斯（M. Karplus）、莱维特（M. Levitt）和瓦谢勒（A. Warshel），以表彰他们“在开发多尺度复杂化学系统模型方面所做的贡献”。化学家们曾用球和棍来搭建分子模型，而今天，建模这一工作可以在计算机中进行。经过理论化学家的不断创新，计算机已经能够逼真地模拟出复杂的化学分子模型，进而预测出化学实验的最终结果。例如，在模拟药物如何同身体内的目标蛋白耦合时，计算机会对目标蛋白中与药物相互作用的原子执行量子理论计算，用经典物理学来模拟其余的大蛋白，从而精确掌握药物发生作用的全过程。

(4) 学习化学的方法

对于工科学生来说，学习化学意义重大。工科毕业生必须具备一定的工程素质。工程素质是指从事工程实践的工程专业技术人员的一种能力，是面向工程实践活动时所具有的潜能和适应性。工程素质主要涵盖良好的数学、化学和物理等自然科学和人文社会科学的基本素养，比较扎实和比较宽厚的工程技术科学基础和工程应用技术专业知识，受到必要的、基本的工程训练，综合分析和解决工程实际问题的能力。在科学技术日新月异、学科交叉已经成为科学发展一大特征的时代，学习化学知识作为普通高等教育的基础任务之一，改善工程技术人员的综合知识和能力结构，为他们提供化学素质，开拓其创新精神，其必要性是不言而喻的。

化学是一门实验科学，所有的理论都是建立在实验基础之上的，因此在化学学习过程中要充分认识到化学实验在学习过程中的重要性。要通过实验操作的训练，掌握实验中一些基本技能，培养学生仔细观察实验现象、正确记录和处理数据，以及通过归纳、分析实验数据，从而判断结果的可靠性。学生也应该学会借助软件来处理实验数据，如 Excel、Origin、ChemOffice 和 SPSS 等。

在学习过程中，我们要注意理想状态与实际状态的比较。化学中有很多理想模型是对化学实验现象的总结。为了对实际气体进行研究，科学家们提出了理想气体模型，我们在学习过程中应注意理论模型的引出思想以及理想状态与实际状态的比较。阅读文献是我们获得知识相当重要的来源之一，必要时查阅有关内容的相关文献或者原始文献，以获取更前沿、更深层次的理论知识。

在学习过程中，我们要注重由特殊到一般、由性质到结构的知识学习，性质和结构的关系是化学学习的主要内容之一。通常描述性质和结构的关系一般由介绍结构开始，再探讨其性质，也就是从一般到特殊。在早期讨论性质和结构的关系时，通常是由性质出发探索结构，研究一般性质时往往由特殊到一般。例如，在学习水的结构与性质之间关系时，通常我们知道了与水分子结构有关的信息（例如，sp^3 杂化、氢键和极性分子等），之后再来讨论水的性质（例如，高沸点、高蒸发热和雪花的六角形外形等）。这种从结果到性质的讨论方法是我们易于接受的。但早期研究水分子时，则是从水分子的性质来探讨其结构。

在学习过程中，我们要注重理论知识与实际应用相结合。化学是一门与人们的生活、生产实践紧密关联的学科，化学知识渗透在社会、科技、生活的方方面面。例如，在大型船舶的船身外部放置锌块，由于锌比船身（铁质）活泼，锌块就成为腐蚀电池的阳极，而船身为阴极得以保护。在我国制作豆腐可能是最早应用了湿法化学工艺中的溶胶-凝胶法（sol-gel）的例子。目前溶胶-凝胶法在控制产品的成分及均匀性方面具有独特的优越性，近年来已用该方法制成了 $LiTaO_3$、$LiNbO_3$、$PbTiO_3$ 和 $Pb(Zr, Ti)O_3$ 等各种电子陶瓷材料，特别是制备出形状各异的超导薄膜、高温超导纤维等。

第1章 热化学基础

1.1 热化学的基本概念

在等温过程中化学反应时所放出或吸收的热叫做反应的热效应，简称热效应或反应热。研究化学反应中热与其它能量变化的定量关系的学科叫做热化学。为便于讨论，先介绍热化学中几个基本概念。

1.1.1 系统与相

(1) 系统

热力学研究中，首先要确定被研究的对象，划分研究的范围和界限。热力学被划分为研究对象的那部分物质或空间称为系统。系统以外，与系统有着密切联系的其它部分物质或空间称为环境。系统和环境可以是实际的，也可以是抽象的。如在一烧杯中加入稀 H_2SO_4 和 Zn 粒，若把（H_2SO_4＋Zn 粒）当成研究对象，则（H_2SO_4＋Zn 粒）就是系统，而烧杯等就是环境；若把（烧杯＋H_2SO_4＋Zn 粒）一起当成系统，则周围的空气就是环境。

根据系统和环境之间的物质及能量的交换关系，将热力学系统分为以下三种：

① 敞开系统　系统与环境之间既有物质交换又有能量交换。工程上遇到的多半是这种敞开系统。如将上例中的（H_2SO_4＋Zn 粒）当成系统，则该系统就是一个敞开系统。

② 封闭系统　系统和环境之间没有物质的交换只有能量的交换。这是化学热力学研究中最常见的系统。如将上述装有（H_2SO_4＋Zn 粒）的烧杯放入一个不绝热的密闭容器中，则是封闭系统。

③ 隔离系统　系统和环境之间既没有物质的交换又没有能量的交换，又称为孤立系统。如将上述烧杯放入一个绝热的密闭容器中，则（烧杯＋H_2SO_4＋Zn 粒）和绝热容器所组成的系统就是一个隔离系统。实际上，不可能有绝对的隔离系统，因为没有一种材料能完全隔绝热量的传递，也不可能完全消除重力以及电磁场的影响。在热力学中，把所研究的对象连

同与它相联系的环境看作一个整体作为隔离系统来处理，即

系统＋环境⟶隔离系统

(2) 相

系统中具有相同的物理性质和化学性质的均匀部分称为相。所谓均匀，是指分散度达到分子或离子大小的数量级。相与相之间有着明确的界面。为了理解相这个概念，要注意以下几种情况。

① 一个相不一定只是一种物质。例如，气体混合物是由几种物质混合成的，各成分都是以分子状态均匀分布的，没有界面存在，这样的系统只有一个相，叫均匀系统或单相系统。如氯化钠的水溶液即为单相系统。

② 要注意“相”和“态”的区别。聚集状态相同的物质在一起，不一定就是单相系统。例如，一个油水分层的系统，虽然都是液态，但却含有两个相（油相和水相），油-水界面是很清晰的。又如几种固体物质混合，其分散度如果不能达到分子、离子级，则存在着相界面。系统中存有多少种固体物质，就有多少个固相，因而称为多相系统。在氯化钠的水溶液中加入硝酸银溶液，则氯化银从体系中析出，系统从单相变为固、液二相系统。

③ 同一种物质可因聚集状态不同而形成多相系统。例如水和水面上的水蒸气形成两相系统。如果该系统中还有冰存在，就构成了三相系统。同一固态物质的不同晶态可以有多种结构，又分属不同相。例如，由碳元素所形成的金刚石、石墨和固态 C_{60}，是三种不同晶型的单质，分属不同的相。又如，纯铁在室温下是一种体心立方结构，称为 α-Fe。当温度升至 910℃时，α-Fe 可转变为另外一种面心立方体 β-Fe。α-Fe 和 β-Fe 这两种不同晶型的物质分属不同相。同一种固态物质，不管分成多少部分其相不变。

1.1.2 状态与状态函数

(1) 状态

系统的状态是系统所有微观性质和宏观性质的综合表现，因而决定了它的性质。例如，我们可以用压力 p、体积 V、温度 T 和物质的量 n 来描述理想气体的状态。当这些性质有了确定的数值时，气体的状态就被确定了。反之，当气体的状态确定后，它所有的性质也都有了确定的数值。

(2) 状态函数

系统的状态与其性质之间具有单值对应的关系。用于描述系统状态的物理量，如压力、体积、温度、密度、物质的量以及后面要介绍的热力学能、焓、熵、吉布斯函数等，都称为状态函数。系统中状态函数之间具有一定的联系，一般只要确定了其中的几个状态函数，就可以知道其它的状态函数。例如，如果知道了理想气体的四个状态函数（压力、体积、温度和物质的量）中的任意三个，就可以通过理想气体状态方程（$pV=nRT$）确定第四个状态函数。

状态函数是一个十分重要的概念，有两个主要性质：

① 系统的状态一定，状态函数就有唯一确定的值。

② 当系统的状态发生变化时，状态函数的变化量只取决于系统的始态和终态，而与系统经过的途径无关。

状态函数按其性质可分为两类。

① 广度性质　如果将系统分割为若干部分时，系统中某些物理量的量值与系统中的物质的量成正比，具有加和性。例如，体积、质量、热力学能、焓、熵等都具有加和性，都是具有广度性质的状态函数。

② 强度性质　此类物理量的量值与系统中物质的量的多少无关，只取决于系统本身的特性，不具有加和性。例如，温度、密度、压力等为具有强度性质的状态函数。

值得注意的是，系统中的某种广度性质除以物质的量或质量之后就成为强度性质。例如，体积、焓为广度性质，而摩尔体积、摩尔焓却为强度性质。强度性质不必指定物质的量就可以确定。

1.1.3　过程与途径

当外界条件改变时，系统的状态就会发生变化，系统的这种变化就称为过程。过程的完成可以采取多种不同的方式，把每种具体的方式，即具体步骤称为途径。在遇到具体问题时，有时明确给出实现过程的途径，有时则不一定给出过程是如何实现的。在进行热力学计算时，常常需要假设实现该过程的某一途径。通常使用等（恒）压、等（恒）容、等（恒）温和绝热过程来描述系统状态变化所经历途径的特征。

例如，一杯水由10℃升温到50℃。可以用一个500℃的热源将其加热；也可以先将水蒸发，然后将水蒸气升温，而后再冷凝成液态水；还可以用高速搅拌的方式使水温升高。这便是实现同一个状态变化的三种不同途径，也常叫做不同过程。

恒压过程：系统在整个变化过程中压力保持恒定，且等于环境压力。即

$$\mathrm{d}p=0$$

恒容过程：系统在整个变化过程中体积保持恒定。即

$$\mathrm{d}V=0$$

恒温过程：系统在整个变化过程中温度都保持不变，且等于环境温度，即

$$\mathrm{d}T=0$$

绝热过程：系统在整个变化过程中与环境之间没有热量交换。即

$$Q=0$$

绝对的绝热过程是不存在的。如果传递的热量很少，例如系统外面包一层绝热性较好的材料，即可作为绝热过程处理。

1.2　热力学第一定律

能量既不会凭空产生，也不会凭空消失，它只能从一种形式转化为其它形式，或者从一个物体转移到另一个物体，在转化或转移的过程中，能量的总量不变。这就是能量守恒定律，它深刻揭示了各种形式能量的相互联系和自然界的统一性，是19世纪物理学的最伟大的概括。它是人类在长期的生产实践和大量的科学实验基础上，对自然界的运动转化认识的结果。从物理、化学到地质、生物，大到宇宙天体，小到原子核内部，只要有能量转化，就一定服从能量守恒的规律。从日常生活到科学研究、工程技术，这一规律都发挥着重要的作用。人类对各种能量，如煤、石油等燃料以及水能、风能、核能等的利用，都是通过能量转化来实现的。热力学第一定律是能量守恒定律在热学中的量化，主要解决化学反应过程中伴

随发生的能量变化问题。

1.2.1 热和功

系统处于一定状态时，具有一定的热力学能。在状态变化过程中，系统与环境之间可能发生能量的交换，这种能量交换通常是以热和功的形式实现的。

① 热　当两个温度不同的物体相互接触时，高温物体温度下降，低温物体温度上升，在两者之间发生了能量的交换，最后达到温度一致。由于温度的不同，在系统与环境之间交换的能量称为热量，简称热，用符号 Q 来表示。一般规定，系统从环境吸收热量，Q 为正值；系统向环境释放热量，Q 为负值。

② 功　当一个物体受到某种力（F）的作用后，沿着 F 的方向在空间上发生了一定位移，则 F 就对物体做了功。该功为机械功，以后又扩展到电功（电池中在电动势的作用下输送电荷所做的功）、体积功（气体发生膨胀或压缩所做的功）等，是系统与环境之间除了热以外其它形式传递的能量。在一般条件下进行的化学反应，只做体积功，用符号 W 表示，除体积功以外的功，叫非体积功，用符号 W' 表示。规定环境对系统做功（压缩功），W 为正值；系统对环境做功（膨胀功），W 为负值。

热力学中，体积功对于一个化学反应过程有着特殊的意义。因为许多化学反应都是在敞口容器中进行的，即外压不变，则定义系统所做的体积功为

$$W=-p(V_2-V_1)=-p\Delta V \tag{1-1}$$

式(1-1) 是计算体积功的基本公式，p 是环境的压力，ΔV 为系统状态改变时体积变化量。

系统只有在发生状态改变时才能与环境发生能量的交换，所以热和功不是系统的性质。当系统与环境发生能量交换时，经历的途径不同，热和功的值就不同，所以热和功都不是系统的状态函数。热和功的单位均为能量单位，按法定计量单位，以 J（焦耳）或 kJ（千焦）表示。

1.2.2 热力学能

(1) 热力学能的概念

热力学能是系统内所有粒子除了整体势能和整体动能之外，全部能量的总和，也常被称为内能，用符号 U 表示。系统的热力学能包括系统内部各种物质的平动能、转动能、振动能、电子运动能、核能等。在一定条件下，系统的热力学能与系统中物质的量成正比，即热力学能具有加和性，是具有广度性质的热力学状态函数。系统状态改变时，热力学能的变化量（ΔU）只与系统的始态和终态有关，而与变化的途径无关。

由于系统内部微观粒子的运动及其相互作用非常复杂，因此无法知道一个系统热力学能的绝对数值。而在系统状态变化时，ΔU 可以从过程中系统和环境所交换的热和功的数值来确定。在化学变化中，只需要知道热力学能的变化量，无需追究它的绝对值。

(2) 热力学能的组成部分和波谱分析概要

① 热力学能的组成部分　研究热力学能的组成部分对了解 ΔU 和红外、紫外光谱分析、原子吸收与发射光谱分析等现代波谱分析测试技术等是很重要的。从波谱分析的角度看，主要涉及系统内部原子、分子以及类似结构单元（质点）的平动能、转动能、振动能以及分子

之间和分子内部的各种相互作用能。

平动能（U_t）是与质点在三维空间的平动运动有关的能量。只有流体（气体和液体）质点才有这类运动，固态质点通常不具有平动能。

转动能（U_r）是质点环绕质心转动所具有的能量。单原子气体（如 He、Ne）不具有转动能。双原子气体和线型多原子气体分子（如 CO_2、HCN）可以绕着垂直于诸原子核连线的轴转动，这类气体在绝对零度以上具有相应的转动能。在固态中，转动的可能性与组成晶格的质点以及它们之间的相互结合的性质有关，要具体分析。

振动能（U_v）是与分子或多原子离子中的组成原子间相对的往复运动有关的能量。在气态、液态和固态中的所有双原子分子、多原子分子和离子都具有振动能。在 0K 时，平动和转动都停止了，但仍有振动运动，所以物质具有零点振动能。

电子能（U_e）是带正电的原子核与带负电的电子之间相互作用时，系统所具有的能量。电子能的变化通常构成了化学反应的能量变化中的主要部分。

这些不同形式的能量都是量子化的，也就是说能量是不连续变化的。不同种类能的能量子（容许能级之间的能量差）大小不同。平动能量子很小（在 10^{-20} kJ · mol^{-1} 的量级），能级很密集。典型的转动能量子大约是 0.02kJ · mol^{-1}；振动能量子的范围通常为 5～40kJ · mol^{-1}；而电子能量子的数值要大得多。

② 波谱分析法概要　根据物质发射和吸收电磁辐射的波长和强度来进行定性和定量分析的现代分析测试方法称为波谱分析法。这些波谱是由于物质的分子或原子在特定能级间的跃迁所产生的，因此根据其特征波谱的波长可进行定性分析；根据其波谱的强度可进行定量分析。波谱与能级跃迁形式可采用的波谱分析方法间的大致关系见表 1-1。

表 1-1　电磁波谱区与波谱分析

波谱区	波长	分子振动形式	波谱分析
X 射线	0.1～10nm	内层电子	X 射线光谱法
远紫外	10～200nm	中层电子	紫外光谱法 原子吸收法 火焰光度法
近紫外	200～400nm	价电子	
可见光	400～750nm	价电子	可见光谱法
近红外	0.75～2.5μm	分子振动	红外光谱法
中红外	2.5～15μm	分子振动	
远红外	15～300μm	分子转动	
微波	0.03～100cm	分子转动等	
无线电波	1～1000m	核自旋	核磁共振波谱法

利用测量辐射波谱的波长及强度的方法有发射光谱法、X 射线荧光法、原子发射法、原子荧光法、紫外-可见分光光度法、红外光谱法、火焰光度法、放射化学法等。利用测量吸收波谱的波长和强度的方法有分光光度法（X 射线、紫外、可见光、红外）、原子吸收法、核磁共振波谱法、电子自旋共振波谱法等。例如，利用溶液中的分子或基团在紫外和可见光区产生分子外层电子能级跃迁所形成的吸收光谱进行定性和定量的方法称为紫外-可见分光光度法。该方法在新药开发、疾病诊断、食品科学、产品质控和环境毒性分析等领域都有着广阔的应用前景。又如利用待测元素气态原子对共振线的吸收进行定量测定的方法，即原子吸

收光谱法，已被广泛应用于地质、冶金、机械、化工、农业、食品、轻工、生物医药、环境保护和材料科学等各个领域中的微量及痕量金属组分分析。而利用分子在红外区的振动-转动吸收光谱来测定物质的成分和结构的红外光谱分析法，则已成为有机化学研究领域中不可缺少的工具之一。其它光谱分析方法如核磁共振波谱法、电子自旋共振波谱法等，也逐步得到应用，并在化学分析领域发挥着越来越重要的作用。

1.2.3 热力学第一定律

自然界中的一切物质都具有能量，能量有不同的形式。能量可以从一个物体传递给另一个物体，也可从一种形式转化为另一种形式。在传递和转化过程中，能量总值不变。这就是能量守恒定律，又称为能量守恒与转化定律。将能量守恒定律应用于以热和功进行交换的热力学过程，就称为热力学第一定律。具体表述为：外界条件改变时，一个封闭系统从状态Ⅰ变到状态Ⅱ，从环境中吸收热量 Q，同时环境又对体系做功 W，则此过程中体系热力学能的改变量 ΔU 为

$$\Delta U = U_2 - U_1 = Q + W \tag{1-2}$$

式(1-2) 为封闭系统的热力学第一定律数学表达式。它表示封闭系统以热和功的形式传递的能量，必定等于系统热力学能的变化。

【例 1-1】 某系统从始态变到终态，从环境吸热 100kJ，同时又对环境做功 200kJ，求系统与环境的热力学能改变量。

解 由题意得知，对系统而言，$Q = 100\text{kJ}$，$W = -200\text{kJ}$

则 ΔU 系统 $= Q + W = 100\text{kJ} + (-200\text{kJ}) = -100\text{kJ}$

$$\Delta U_{环境} = -\Delta U_{系统} = 100\text{kJ}$$

所以系统的热力学能减少了 100kJ，而环境的热力学能增加了 100kJ。

1.2.4 不可逆过程与可逆过程的功和热

在热力学中，可逆过程是一个非常重要的概念。当系统经过某一过程从状态Ⅰ变到状态Ⅱ时，能够沿该过程的逆过程使系统与环境同时复原，而不留下任何影响的过程称为可逆过程，反之则称为不可逆过程。可逆过程是一种理想的过程，是一种科学的抽象，客观世界中的实际过程只能无限地趋近于它。热力学中一些重要的热力学函数的变化量，只有通过可逆过程才能求得。

若以 Q_r 和 W_r 分别代表任一可逆过程的热和功，$Q_{可逆}$ 和 $W_{可逆}$ 分别代表该可逆过程在反方向上进行的热和功，则

$$Q_r = -Q_{可逆}$$

$$W_r = -W_{可逆}$$

这即为可逆过程的双复原特点，因而在可逆过程进行后，在系统和环境中所产生的后果能够同时得以完全消除。

对于不可逆过程，以 Q_{ir} 和 W_{ir} 分别代表其过程的热和功，$Q_{不可逆}$ 和 $W_{不可逆}$ 分别代表该不可逆过程在反方向上进行的热和功，则

$$Q_{ir} \neq -Q_{不可逆}$$

$$W_{ir} \neq -W_{不可逆}$$

任何实际过程，不可能像可逆过程一样进行得无限缓慢，均按一定的速度进行，为不可逆过程。

1.3 热化学

化学反应过程中往往伴随着热量的释放或吸收。在热化学中，把等温条件下化学反应所放出或吸收的热量叫做化学反应的热效应，简称反应热。对反应热进行精密测定，并研究与其它能量变化的定量关系的学科被称为热化学。热化学的实验数据具有实用和理论上的价值。例如，反应热的多少就与实际生产中的机械设备、热量交换以及经济价值等问题有关；另一方面，反应热的数据在计算平衡常数和其它热力学函数时很有用处。因此，对于工科大学生，能熟练应用热化学规律，进行化学反应热的基本计算是十分有益的。

1.3.1 化学反应的热效应

化学反应过程中，反应物的化学键要断裂，又要生成一些新的化学键以形成产物。例如在化学反应

$$H_2(g)+\frac{1}{2}O_2(g)\longrightarrow H_2O(g)$$

中，H—H 键和 O—O 键断裂，要吸收热量；而 H—O 键的形成，要放出热量。化学反应的热效应就是要反映出这种由化学键的断裂和生成所引起的热量变化。如果不严格定义反应热效应的话，可能就会使反应热效应失去上述的意义。

在我们研究的无非体积功的体系和反应中，化学反应的热效应可以定义为：当生成物与反应物的温度相同时，化学反应过程中的吸收或放出的热量。化学反应热效应一般称为反应热。

之所以要强调生成物的温度和反应物的温度相同，是为了避免将使生成物温度升高或降低所引起的热量变化混入到反应热中。只有这样，反应热才真正是化学反应引起的热量变化。

化学反应过程中，体系的热力学能改变量 ΔU 与反应物的热力学能 $U_{反应物}$ 和产物的热力学能 $U_{产物}$ 应有如下关系

$$\Delta U=U_{产物}-U_{反应物}$$

结合热力学第一定律的数学表达式 $\Delta U=Q+W$，则有

$$U_{产物}-U_{反应物}=Q+W \tag{1-3}$$

式(1-3) 就是热力学第一定律在化学反应中的具体体现。式中的反应热 Q，因化学反应的具体方式不同有着不同的内容，下面分别加以讨论。

(1) 恒容反应热（Q_V）

在密闭容器中进行的化学反应，若反应前后体积不变，其反应就是一个恒容变化过程。根据热力学第一定律

$$\Delta U_V=Q_V+W \tag{1-4}$$

式(1-4) 中，ΔU_V 为恒容条件下热力学能变化量；Q_V 为恒容反应热，右下标字母 V 表示恒容过程。化学反应为恒容过程，$\Delta V=0$，只考虑系统做的体积功，此过程中的体积功 $W=$

$-p\Delta V=0$，式(1-4) 变为

$$\Delta U_V=Q_V \tag{1-5}$$

即在恒容条件下进行的化学反应，其反应热等于该系统中的热力学能的改变量（增量）。

(2) 恒压反应热（Q_p）

大多数化学反应都是在恒压条件下进行的。例如，在敞口容器中进行的液体反应或是保持恒定压力的气体反应，都属于恒压过程。在恒压条件下，由热力学第一定律

$$\Delta U_p=Q_p+W \tag{1-6}$$

式(1-6) 中，ΔU_p 为恒压条件下热力学能变化量；Q_p 为恒压反应热，右下标字母 p 表示恒压过程。恒压过程中，$p_1=p_2=p$，$W=-p(V_2-V_1)$，则式(1-6) 变为

$$\Delta U_p=U_2-U_1=Q_p-p(V_2-V_1)$$

即

$$Q_p=(U_2+pV_2)-(U_1+pV_1)=(U_2+p_2V_2)-(U_1+p_1V_1) \tag{1-7}$$

式中 U、p、V 都是系统的状态函数，作为一个复合函数 $U+pV$ 仍然是系统的状态函数。定义这一新的状态函数为焓，用符号 H 表示，即

$$H\equiv U+pV \tag{1-8}$$

则

$$Q_p=H_2-H_1=\Delta H \tag{1-9}$$

即在恒压条件下进行的化学反应，其反应热等于该系统中的焓的改变量，即焓变 ΔH。如果 ΔH 是负值，表示恒压下系统向环境放热，该化学反应为放热反应；ΔH 是正值，表示恒压下系统从环境吸热，该化学反应为吸热反应。

由焓的定义可知，焓具有能量单位。又因热力学能 U 和体积 V 都具有加和性，所以焓也具有加和性。由于热力学能的绝对值无法测得，所以焓的绝对值也无从获得。但一般情况下，不需要知道焓的绝对值，只需要知道状态变化前后的焓变（ΔH）即可。

(3) 恒容反应热和恒压反应热的关系

对于一个封闭系统，理想气体的热力学能和焓只是温度的函数。对于真实气体、液体和固体，在温度不变、压力变化不大时其热力学能和焓也可以近似地认为不变。也就是说，可以认为恒温恒压过程和恒温恒容过程的热力学能近似相等，即 $\Delta U_p\approx\Delta U_V$。由式(1-5) 和式(1-9) 有

$$Q_p-Q_V=\Delta H-\Delta U_V=(\Delta U_p+p\Delta V)-\Delta U_V=p\Delta V \tag{1-10}$$

对于只有凝聚相（固相和液相）的系统，$\Delta V\approx 0$，所以 $Q_p=Q_V$。

对于有气态物质参与反应的系统，在恒压条件下，ΔV 是由于气体物质的量发生变化而引起的。若系统中任一气态物质（Bq）的量变化为 $\Delta n(Bq)$，则由理想气体状态方程，因各种气态物质的量的变化引起的体积变化为

$$\Delta V=\sum_B \Delta n(Bq)\cdot RT/p \tag{1-11}$$

故

$$Q_p-Q_V=\sum_B \Delta n(Bq)\cdot RT \tag{1-12}$$

对于一个化学反应，系统中各气态物质的量的变化之和 $\sum_B \Delta n(Bq)$ 可表示为气态生成物和气态反应物的化学计量数之和 $\sum_B \nu(Bq)$。规定反应物的化学计量数取负值，生成物的化学计量数取正值。即

$$Q_{p,m}-Q_{V,m}=\sum_B \nu(Bq)\cdot RT \tag{1-13}$$

或

$$\Delta_r H_m-\Delta_r U_m=\sum_B \nu(Bq)\cdot RT \tag{1-14}$$

式中，下角 r 表示化学反应；m 表示发生基本单元（摩尔）的化学反应；$\Delta_r H_m$ 和 $\Delta_r U_m$ 分别表示摩尔反应焓变和热力学能变，其常用单位为 $kJ\cdot mol^{-1}$。根据式(1-13) 和式(1-14)，可以从 $Q_{V,m}$ 的实验值求得 $Q_{p,m}$，或从 $\Delta_r H_m$ 求得 $\Delta_r U_m$。

【例 1-2】 已知下列化学反应的恒容反应热 $Q_{V,m}=-3268kJ\cdot mol^{-1}$

$$C_6H_6(l)+\frac{15}{2}O_2(g)\longrightarrow 6CO_2(g)+3H_2O(l)$$

求 298.15K 时上述反应在恒压条件下的摩尔反应热。

解 根据给定的反应计量方程式有

$$\sum_B \nu(Bq)=\nu(CO_2)+\nu(O_2)=6-7.5=-1.5$$

根据式(1-13) 有

$$\begin{aligned}Q_{p,m}&=Q_{V,m}+\sum_B \nu(Bq)\cdot RT\\&=-3268kJ\cdot mol^{-1}+(-1.5)\times 8.314\times 10^{-3}kJ\cdot mol^{-1}\cdot K^{-1}\times 298.15K\\&=-3272kJ\cdot mol^{-1}\end{aligned}$$

因而 298.15K 时该反应在恒压条件下的摩尔反应热为 $3272kJ\cdot mol^{-1}$。

1.3.2 盖斯定律

1840 年瑞士化学家盖斯（G. Hess）从大量热化学的实验结果中，总结出一个重要定律：恒容或恒压条件下的化学反应，其反应热只与物质的始态和终态有关，而与变化的途径无关。也可以说，在恒压或恒容条件下，一个化学反应，不论是一步完成，还是分几步完成，其反应热都是相同的。这一定律后来被称为盖斯定律。

例如，碳完全燃烧生成 CO_2 有两种途径，如下所示：

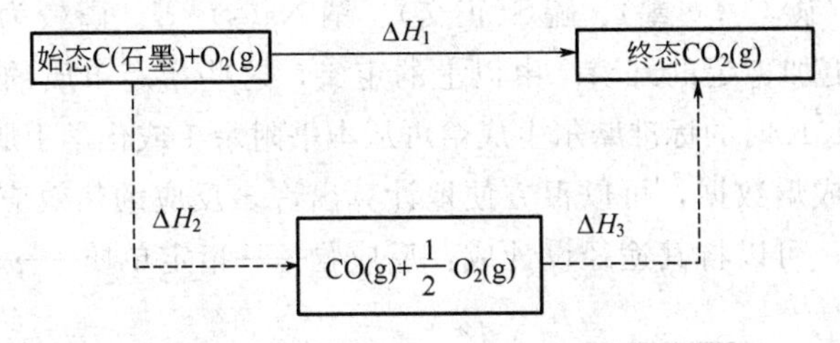

根据盖斯定律有 $\Delta H_1=\Delta H_2+\Delta H_3$。由此，利用盖斯定律，可以很容易地计算一些不能或难以用实验方法直接测定的化学反应热。

例如，已知在 100.00kPa 和 298.15K 下，两个化学反应的反应热分别为

(1) $C(s)+O_2(g)\longrightarrow CO_2(g)$　　$\Delta_r H_{m,1}=-393.5kJ\cdot mol^{-1}$

(2) $CO(g)+\frac{1}{2}O_2(g)\longrightarrow CO_2(g)$　　$\Delta_r H_{m,2}=-283.0kJ\cdot mol^{-1}$

由反应 (1)－反应 (2)，得到反应 (3)

(3) $C(s)+\frac{1}{2}O_2(g)\longrightarrow CO(g)$　　$\Delta_r H_{m,3}=?$

根据盖斯定律，$\Delta_r H_{m,3} = \Delta_r H_{m,1} - \Delta_r H_{m,2} = [(-393.3)-(-283.0)]\text{kJ} \cdot \text{mol}^{-1} = -110.3\text{kJ} \cdot \text{mol}^{-1}$。

由此，可以通过简单的加减运算，利用已精确测定的反应热数据来求得难以测定的反应热。除此之外，盖斯定律的这种运算方法，也适用于任何其它状态函数的增量。

1.3.3 生成焓

(1) 热力学标准状态与物质的标准摩尔生成焓

由焓的定义 $H = U + pV$ 可知，由于热力学能 U 的绝对值无从获得，物质的焓 H 的绝对值也无法确定。但实际应用中我们只关心系统变化过程中的焓变 ΔH，为此采用了相对值的办法，即采用了物质的相对焓值。同时，为了避免同一物质的某热力学状态函数在不同反应中数值不同，热力学规定了一个公共的参考状态——标准状态（简称标准态），用上标⊖表示。

所谓标准状态是指：在任一温度 T、标准压力 $p^{\ominus}$ 下表现出理想气体性质的纯气体状态为气态物质的标准状态，而液体、固体物质或溶液的标准状态为任一温度 T、标准压力 $p^{\ominus}$ 下的纯液体、纯固体或标准浓度 $c^{\ominus}$ 时的状态。由该定义可知，物质的热力学标准态强调物质的压力必须为标准压力，而对温度没有限定。根据最新国家标准的规定，标准压力 $p^{\ominus} = 100\text{kPa}$，标准浓度 $c^{\ominus} = 1\text{mol} \cdot \text{L}^{-1}$。

(2) 反应的标准摩尔生成焓

由单质生成某化合物的反应叫做该化合物的生成反应。例如 CO_2 的生成反应为

$$C(s) + O_2(g) \longrightarrow CO_2(g)$$

规定在标准状态下由指定单质生成单位物质的量的纯物质时反应的焓变称为该物质的标准摩尔生成焓，用符号 $\Delta_f H_m^{\ominus}(T)$ 表示，常用单位为 $\text{kJ} \cdot \text{mol}^{-1}$。$T$ 表示反应的温度，T 为 298.15K 时可以省略，也可以简写为 $\Delta_f H^{\ominus}$，下标 f 表示生成反应。由标准摩尔生成焓，可以判断物质的稳定性。一般来说，生成焓的负值越大，表明该物质键能越大，对热也就越稳定。指定单质通常为选定温度 T 及标准压力 $p^{\ominus}$ 下最稳定的单质。例如，氢 $H_2(g)$、氮 $N_2(g)$、氧 $O_2(g)$、氯 $Cl_2(g)$、溴 $Br_2(l)$、碳 C（石墨）、硫 S(正交)、钠 Na(s) 等。磷较为特殊，其指定单质为白磷，而不是热力学更加稳定的红磷。由以上的定义，这些指定单质的标准摩尔生成焓均为零。其它物质在 298.15K 时的标准摩尔生成焓可从本书附录 1 或化学手册中查到。

有了标准摩尔生成焓数据，可以很方便地计算出许多反应的热效应。对于一个在恒温恒压下进行的反应来说，可以将其途径设计成：反应物⟶指定单质⟶产物，即

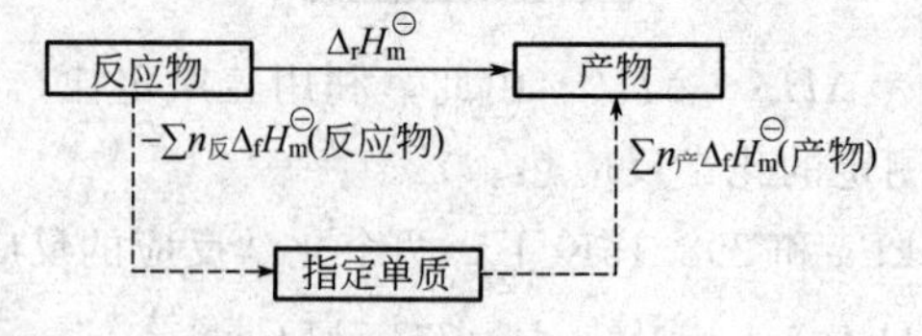

$n_反$、$n_产$ 分别为反应物和产物的化学计量系数。

由盖斯定律，$\Delta_r H_m^{\ominus} = \sum n_产 \Delta_f H_m^{\ominus}(\text{产物}) - \sum n_反 \Delta_f H_m^{\ominus}(\text{反应物})$

即
$$\Delta_r H_m^{\ominus} = \sum_B \nu_B \Delta_f H_{m,B}^{\ominus} \tag{1-15}$$

式(1-15) 中，B 为反应中任一物质；ν_B 为反应物和产物的化学计量系数，反应物取负值，

产物取正值；$\Delta_f H^{\ominus}_{m,B}$为反应中任一物质的标准摩尔生成焓；$\Delta_r H^{\ominus}_m$为标准摩尔反应焓。

【例 1-3】 已知 $\Delta_f H^{\ominus}_m(AgCl,s)=-127.07kJ \cdot mol^{-1}$，$\Delta_f H^{\ominus}_m(HCl, g)=-92.31kJ \cdot mol^{-1}$，$\Delta_f H^{\ominus}_m$（$H_2O$，l）$=-285.83kJ \cdot mol^{-1}$和下列反应的热效应。

$$Ag_2O(s)+2HCl(g) \longrightarrow 2AgCl(s)+H_2O(l) \qquad \Delta_r H^{\ominus}_m=-324.3kJ \cdot mol^{-1}$$

求 $Ag_2O(s)$ 的标准摩尔生成焓。

解 根据 $\Delta_r H^{\ominus}_m=\sum_B \nu_B \Delta_f H^{\ominus}_{m,B}$

$$\Delta_r H^{\ominus}_m=2\Delta_f H^{\ominus}_m(AgCl,s)+\Delta_f H^{\ominus}_m(H_2O,l)-\Delta_f H^{\ominus}_m(Ag_2O,s)-2\Delta_f H^{\ominus}_m(HCl,g)$$

则

$$\begin{aligned}\Delta_f H^{\ominus}_m(Ag_2O,s)&=2\Delta_f H^{\ominus}_m(AgCl,s)+\Delta_f H^{\ominus}_m(H_2O,l)-2\Delta_f H^{\ominus}_m(HCl,g)-\Delta_r H^{\ominus}_m\\&=2\times(-127.07kJ \cdot mol^{-1})+(-285.83kJ \cdot mol^{-1})-2\times(-92.31kJ \cdot mol^{-1})-\\&\quad(-324.3kJ \cdot mol^{-1})=-31.07kJ \cdot mol^{-1}\end{aligned}$$

求得 $Ag_2O(s)$ 的标准摩尔生成焓为$-31.07kJ \cdot mol^{-1}$。

(3) 水合离子的标准摩尔生成焓

对于水合离子的相对焓值，规定以水合 H^+ 的标准摩尔生成焓为零。通常选定温度为 298.15K，称之为水合 H^+ 在 298.15K 时的标准摩尔生成焓，以 $\Delta_f H^{\ominus}_m(H^+,aq,298.15K)$ 或 $\Delta_f H^{\ominus}_m(H^+,aq)$表示，即 $\Delta_f H^{\ominus}_m(H^+,aq,298.15K)=0$。

(4) 燃烧焓

许多无机化合物的生成热可以直接通过实验测定出来，而有机化合物的分子十分复杂，很难由元素的单质直接合成，其生成热的数据不容易获得。但几乎所有的有机化合物都可以燃烧生成 CO_2 和 H_2O，通过测定燃烧焓来计算有机化学反应的热效应就显得特别方便。

规定在标准状态下由单位物质的量的物质完全氧化（燃烧）时反应的焓变称为该物质的标准摩尔燃烧焓，用符号 $\Delta_c H^{\ominus}_m$表示，下标 c 表示燃烧反应，常用单位为 $kJ \cdot mol^{-1}$。完全氧化是指该物质分子中元素变成最稳定的高价氧化物，如有机物中 C 被氧化成 $CO_2(g)$，H 被氧化成 $H_2O(l)$。由燃烧焓定义，$O_2(g)$ 和燃烧产物 $CO_2(g)$、$H_2O(l)$ 等的燃烧焓为零。

类似的情况，利用标准摩尔燃烧焓，也可以设计如下途径。

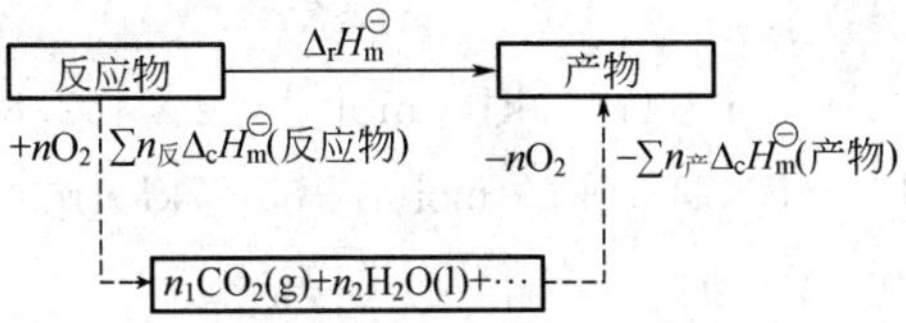

反应物 —$\Delta_r H^{\ominus}_m$→ 产物

$+nO_2$ $\sum n_{反}\Delta_c H^{\ominus}_m$(反应物)　　$-nO_2$ $-\sum n_{产}\Delta_c H^{\ominus}_m$(产物)

$n_1CO_2(g)+n_2H_2O(l)+\cdots$

由盖斯定律　$\Delta_r H^{\ominus}_m=\sum n_{产}\Delta_c H^{\ominus}_m(产物)-\sum n_{反}\Delta_c H^{\ominus}_m(反应物)$

即

$$\Delta_r H^{\ominus}_m=\sum_B \nu_B \Delta_c H^{\ominus}_{m,B} \tag{1-16}$$

式(1-16) 中，B 为反应中任一物质；ν_B 为反应物和产物的化学计量系数，反应物取负值，产物取正值；$\Delta_c H^{\ominus}_{m,B}$为反应中任一物质的标准摩尔燃烧焓；$\Delta_r H^{\ominus}_m$为标准摩尔反应焓。

(5) 键能与反应焓变的关系

一切化学反应实际上都是原子或原子团的重新进行排列组合的过程，反应物分子中的化学键被破坏，同时形成产物分子的化学键。破坏化学键需要吸收能量，而形成化学键要释放能量，化学反应的热效应就来源于这种化学键改组过程中能量的变化。

在标准压力下，气态分子断开单位物质的量的化学键变成气态原子时吸收的热量称为键能，也称为键焓，用 $\Delta_b H_m^{\ominus}$ 表示，下标 b 表示化学键，常用单位为 $kJ \cdot mol^{-1}$。

利用键能计算反应热效应时，可设计如下途径。

反应物(g)→原子(g)→ 产物(g)

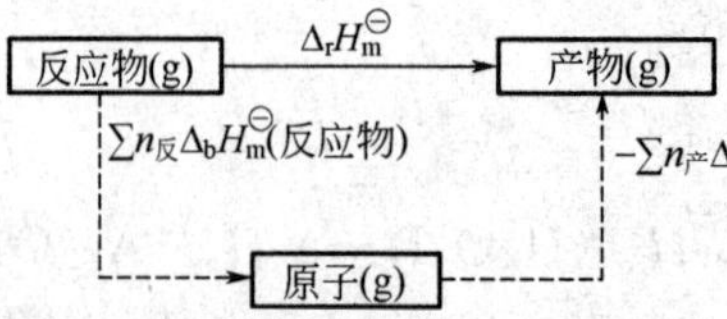

反应物(g) —$\Delta_r H_m^{\ominus}$→ 产物(g)

$\sum n_{反} \Delta_b H_m^{\ominus}$(反应物)（反应物(g) → 原子(g)）

$-\sum n_{产} \Delta_b H_m^{\ominus}$(产物)（原子(g) → 产物(g)）

由盖斯定律：$\Delta_r H_m^{\ominus} = \sum n_{反} \Delta_b H_m^{\ominus}(反应物) - \sum n_{产} \Delta_b H_m^{\ominus}(产物)$

即
$$\Delta_r H_m^{\ominus} = -\sum_B \nu_B \Delta_b H_{m,B}^{\ominus} \tag{1-17}$$

式(1-17)中，ν_B 为反应中各种化学键的个数，反应物取负值，产物取正值；$\Delta_b H_m^{\ominus}$ 为标准摩尔键能；$\Delta_r H_m^{\ominus}$ 为标准摩尔反应焓。

【例 1-4】 根据键能的数据计算下列反应的 $\Delta_r H_m^{\ominus}$。

$$C_2H_4(g) + H_2O(g) \longrightarrow C_2H_5OH(g)$$

解 由分子结构式写出反应式。

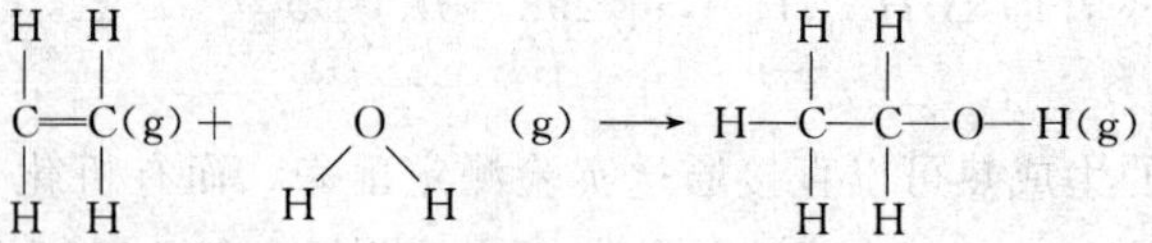

```
H  H                                  H  H
|  |                                  |  |
C==C(g) +     O      (g) ——→ H—C—C—O—H(g)
|  |         / \                      |  |
H  H        H   H                     H  H
```

$$\Delta_r H_m^{\ominus} = -\sum_B \nu_B \Delta_b H_{m,B}^{\ominus}$$
$$= [\Delta_b H_m^{\ominus}(C{=}C) + 4\Delta_b H_m^{\ominus}(C{-}H) + 2\Delta_b H_m^{\ominus}(O{-}H)] - [\Delta_b H_m^{\ominus}(C{-}C) + 5\Delta_b H_m^{\ominus}(C{-}H) + \Delta_b H_m^{\ominus}(C{-}O) + \Delta_b H_m^{\ominus}(O{-}H)]$$

查表可知

$\Delta_b H_m^{\ominus}(C{=}C) = 610.0 kJ \cdot mol^{-1}$，$\Delta_b H_m^{\ominus}(C{-}H) = 413.0 kJ \cdot mol^{-1}$，$\Delta_b H_m^{\ominus}(O{-}H) = 462.8 kJ \cdot mol^{-1}$，$\Delta_b H_m^{\ominus}(C{-}C) = 345.6 kJ \cdot mol^{-1}$，$\Delta_b H_m^{\ominus}(C{-}O) = 357.7 kJ \cdot mol^{-1}$，代入上式有

$$\Delta_r H_m^{\ominus} = (610.0 kJ \cdot mol^{-1} + 4 \times 413.0 kJ \cdot mol^{-1} + 2 \times 462.8 kJ \cdot mol^{-1}) - (345.6 kJ \cdot mol^{-1} + 5 \times 413.0 kJ \cdot mol^{-1} + 357.7 kJ \cdot mol^{-1} + 462.8 kJ \cdot mol^{-1})$$
$$= -43.5 kJ \cdot mol^{-1}$$

该反应放出 $43.5 kJ \cdot mol^{-1}$ 的热量。

1.4 熵

运用热力学第一定律可以解决化学反应中的能量转化问题。与自然界的其它过程一样，这些化学反应也都具有一定的方向性。在一定条件下不需外力作用就能自动进行的过程叫做自发过程，包括物理过程和化学过程。对化学反应来说，称为自发过程、自发反应；反之称为非自发过程、非自发反应。如何判断一个反应是否自发进行，热力学第一定律不能回答这个问题，需要运用热力学第二定律来解决。

1.4.1 熵和混乱度

(1) 混乱度

混乱度是有序度的反义词，即组成物质的质点在一个指定空间区域内排列和运动的无序程度。有序度高，其混乱度小；反之，有序度差，则混乱度大。

例如，若有一个密闭绝热的容器，如图 1-1 所示，用隔板把容器从中间隔开，两边分别盛有氧气和氮气，如将隔板除去，氧气和氮气就会自动地混在一起，达到一种均匀的状态，无论放置多久，也看不到两种气体自动分离开来。在此过程中系统和环境并无能量交换，而过程之所以能自动发生，是由于系统的混乱度增加了。

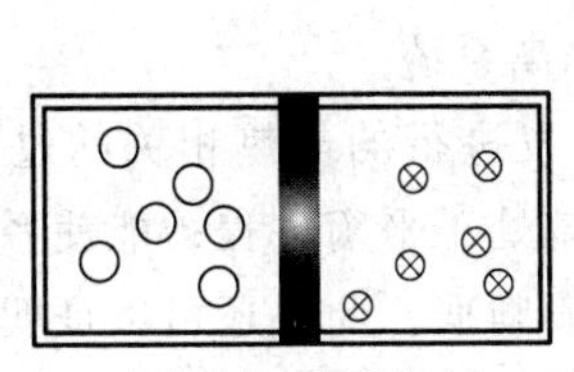

有序分布，混乱度小

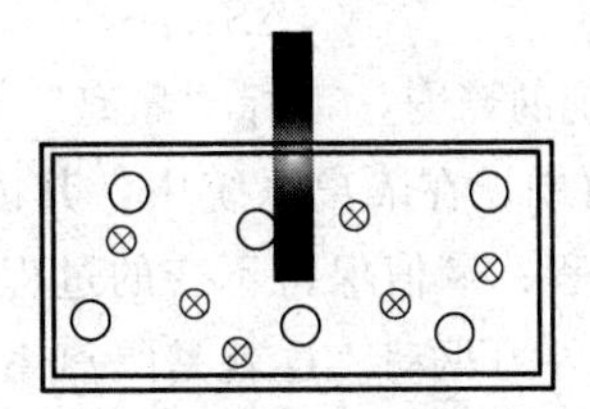

无序分布，混乱度大

图 1-1 气体的扩散

从氧气和氮气分子的活动情况来看，在隔板未除去前，氧气和氮气各占一方。相对而言，氧气和氮气分子的活动范围比较小，它们的混乱度比较小。当除去隔板后，氧气和氮气就充满了整个容器，分子的活动范围扩大了，导致了混乱度的增大。

在这个例子中，过程是在一个密闭绝热的容器中进行的，系统和环境之间没有物质交换，变化中系统与环境中也无能量交换，这种系统为隔离系统。由此可以看出，在隔离系统中，过程是自发地向混乱度增加的方向进行的。

又如，往一瓶水中滴几滴橙色的重铬酸钾溶液，重铬酸钾溶液就会自动地扩散到整瓶水中，直到形成均匀的溶液为止，这一过程也不能自动地逆向进行，这也是一个混乱度增大的过程。

在隔离系统中自发进行的化学反应，其混乱度也是增加的。在热力学中，系统的混乱度是用状态函数“熵”来量度的。

(2) 熵

熵是系统内物质微观粒子的混乱度（或无序度）的度量，用符号 S 表示。系统的熵值小，表明系统的混乱度小或是较为有序的状态；熵值大，表明系统的混乱度大或是无序的状态。显然，熵与热力学能、焓一样是系统的一种性质，是状态函数。系统的状态一定，熵具有唯一确定值；状态发生改变时，熵也发生变化，其变化量只与系统的始态与终态有关。

1.4.2 热力学第二定律和熵判据

热力学第二定律有多种表述，使用得最为广泛的有两种：

① 克劳修斯的表述：热不可能自动地从低温物体传给高温物体。

② 开尔文的表述：从单一热源吸收热使之完全转化为功，而不产生其它变化的第二类永动机是无法实现的。

第二类永动机是指可以将从单一热源吸热全部转化为功，但大量事实证明这个过程是不可能实现的。功能够自发地、无条件地全部转化为热；但热转化为功是有条件的，而且转化效率有所限制。也就是说功自发转化为热这一过程只能单向进行而不可逆。

考察一系列不可逆过程中熵的变化（如在绝热环境中理想气体的真空自由膨胀，在绝热环境中两物体间热传递等），经过计算可以得到，这些过程中系统的熵 $\Delta S>0$。因此热力学第二定律的统计表述为：在隔离系统中发生的自发反应必然伴随着熵的增加，或是隔离系统的熵总是趋向于最大值。

这一自发过程的热力学准则，又称为熵增加原理，可用式(1-18) 表示：

$$\left.\begin{array}{ll}\Delta S_{隔离}>0 & 自发过程\\ \Delta S_{隔离}=0 & 平衡过程\\ \Delta S_{隔离}<0 & 非自发过程\end{array}\right\} \tag{1-18}$$

这里，ΔS 表示系统的熵变，下标“隔离”表示隔离系统。

由式(1-18) 可知，在隔离系统中，其内部自发进行的与热相关的过程必然向熵增的方向进行，是自发过程；熵值保持不变的过程，系统处于平衡过程；能使系统熵减少的过程为非自发过程，需要外力驱动。这就是隔离系统的熵判据。此外还可以证明熵增加原理与克劳修斯表述及开尔文表述等价。

1.4.3 热力学第三定律和标准熵

系统内物质微观粒子的混乱度与物质的聚集状态及温度有关。在绝对零度时，理想晶体内分子的各种运动都将停止，物质微观粒子处于完全整齐有序的状态。人们根据一系列低温实验事实和推测，总结出热力学第三定律。其具体表述为：在绝对零度时，一切纯物质的完美晶体的熵值都等于零。即

$$S(0\mathrm{K})=0$$

如果知道了某物质从 0K 到指定温度下的热力学数据，如热容、相变热等，就可以求得该温度下物质的熵值，称为这一物质的规定熵。单位物质的量的纯物质在标准状态下的规定熵叫做该物质的标准摩尔熵，以符号 $S_{\mathrm{m}}^{\ominus}$ 表示，也可以简写为 $S^{\ominus}$，常用单位为$\mathrm{J\cdot K^{-1}\cdot mol^{-1}}$。本书附录 1 中列出了一些物质在 298.15K 时的标准摩尔熵的数据。

1.4.4 对过程熵变情况的估计

由物质的标准熵定义，可以得到下面的一些规律：

① 对于同一物质而言，气态时的熵大于液态时的，而液态时的熵又大于固态时的，即 $S(\mathrm{g})>S(\mathrm{l})>S(\mathrm{s})$。

② 同一物质在相同聚集状态时，其熵值随温度的升高而增大，即 $S_{高温}>S_{低温}$。

③ 一般来说，在温度和聚集状态相同时，分子或晶体结构较为复杂的物质大于分子或晶体结构简单的物质，即 $S_{复杂分子}>S_{简单分子}$。

④ 混合物或溶液的熵值往往要比相应的纯物质的熵值大，即 $S_{混合物}>S_{纯物质}$。

利用这些规律，可以得出一条定性判断过程熵变的有用规律：对于物理或化学变化而言，几乎没有例外，一个导致气体分子数增加的过程，反应的熵值增加，即 $\Delta S>0$；如果气体分子数减少，则 $\Delta S<0$。如以下反应 ΔS 均为正值：

$$\mathrm{CaCO_3(s)\longrightarrow CaO(s)+CO_2(g)}$$

$$C(石墨)+\frac{1}{2}O_2(g) \longrightarrow CO(g)$$

1.4.5 标准摩尔熵变

熵为状态函数，系统改变时的熵变 $\Delta_r S$，只与始态和终态有关，而与变化的途径无关。应用标准摩尔熵 $S_m^{\ominus}$ 的数据可以计算化学反应的标准摩尔熵变，以 $\Delta_r S_m^{\ominus}$ 表示。

对于某一化学反应

$$aA+bB \longrightarrow gG+dD$$

在 298.15K 时，反应的标准摩尔熵变等于生成物标准摩尔熵的总和减去反应物标准摩尔熵的总和，即

$$\Delta_r S_m^{\ominus} = \sum_B \nu_B S_{m,B}^{\ominus} \tag{1-19}$$

$$\Delta_r S_m^{\ominus} = gS_m^{\ominus}(G)+dS_m^{\ominus}(D)-aS_m^{\ominus}(A)-bS_m^{\ominus}(B) \tag{1-20}$$

【例 1-5】 试计算石灰石（$CaCO_3$）热分解反应的 $\Delta_r S_m^{\ominus}$（298.15K）和 $\Delta_r H_m^{\ominus}$（298.15K），并初步分析该反应的自发性。

解 写出化学方程式，查出反应物和生成物的 $\Delta_f H_m^{\ominus}$（298.15K）和 $S_m^{\ominus}$（298.15K）的值，并在各物质下面标出。

	$CaCO_3(s) \xrightarrow{\triangle}$	$CaO(s)$ +	$CO_2(g)$
$\Delta_f H_m^{\ominus}(298.15K)/kJ \cdot mol^{-1}$	−1206.92	−635.09	−393.509
$S_m^{\ominus}(298.15K)/J \cdot mol^{-1} \cdot K^{-1}$	92.9	39.75	213.74

由式(1-15)，得

$$\begin{aligned}\Delta_r H_m^{\ominus}(298.15K) &= \sum_B \nu_B \Delta_f H_m^{\ominus}(298.15K) \\ &= (-635.09kJ \cdot mol^{-1})+(-393.509kJ \cdot mol^{-1})-(-1206.92kJ \cdot mol^{-1}) \\ &= 178.32kJ \cdot mol^{-1}\end{aligned}$$

由式(1-19)，得

$$\begin{aligned}\Delta_r S_m^{\ominus}(298.15K) &= \sum_B \nu_B S_m^{\ominus}(298.15K) \\ &= 39.75J \cdot mol^{-1} \cdot K^{-1}+213.74J \cdot mol^{-1} \cdot K^{-1}-92.9J \cdot mol^{-1} \cdot K^{-1} \\ &= 160.59J \cdot mol^{-1} \cdot K^{-1}\end{aligned}$$

反应的 $\Delta_r H_m^{\ominus}$(298.15K) 为正值，表明正反应为吸热反应。从系统倾向于取得最低能量这一因素来考虑，吸热不利于反应的自发进行。但反应的 $\Delta_r S_m^{\ominus}$(298.15K) 为正值，表明反应过程中系统的熵值增大。从系统倾向于取得最大的混乱度这一因素考虑，熵增加有利于反应的自发进行。因此，该反应的自发性还需要进一步确认。

1.5 吉布斯自由能

一个化学反应的自发性判断不仅与系统的焓变 ΔH 有关，而且与系统的熵变 ΔS 有关。能否把这两个因素综合考虑，作为反应或过程自发性的统一衡量标准呢？

1.5.1 吉布斯自由能

1875年美国著名物理化学家吉布斯（J·W·Gibbs）把焓和熵综合在一起，提出了一个新的状态函数。

$$G \equiv H + TS$$

G 称为Gibbs自由能，简称为自由能。从定义可以看出，吉布斯自由能是系统的一种性质，由于 H、T、S 都是状态函数，所以吉布斯自由能也是系统的状态函数。

在恒温恒压下，系统发生变化时，其吉布斯自由能的变化 ΔG 为

$$\Delta G = \Delta H - T\Delta S \tag{1-21}$$

化学反应系统的吉布斯自由能变与反应自发性之间的关系是：在恒温恒压条件下、只做体积功时

$$\left.\begin{array}{ll} \Delta G < 0 & \text{自发过程} \\ \Delta G = 0 & \text{平衡过程} \\ \Delta G > 0 & \text{非自发过程} \end{array}\right\} \tag{1-22}$$

式(1-21)关系式可作为恒温恒压、只做体积功条件下，判断化学反应自发性的统一标准。

表1-2中将式(1-18)熵判据和式(1-22)吉布斯自由能判据进行了比较。由于通常的化学反应大多是在恒温恒压条件下进行的，系统一般不做非体积功，所以就化学反应而言，式(1-22)运用得更广泛。

表1-2　熵判据与吉布斯自由能变判据的比较

项　目	熵判据	吉布斯自由能判据
系统	隔离系统	封闭系统
过程	任何过程	恒温、恒压、不做非体积功
自发反应	熵增大，$\Delta S>0$	吉布斯自由能减小，$\Delta G<0$
平衡条件	熵最大，$\Delta S=0$	吉布斯自由能最小，$\Delta G=0$
判据法名称	熵增加原理	最小自由能原理

吉布斯证明：如果一个恒温恒压的化学反应在理论或实践上能够用来做有用功，则反应是自发的；如果反应必须由环境供给有用功才能进行，则是非自发的。吉布斯同时证明了恒温恒压可逆条件下一个化学反应能够做的最大有用功等于反应过程中的自由能的减少，即

$$W_{最大} = -\Delta G$$

由此，当 $W>0$，即 $\Delta G<0$ 时，恒温恒压的化学反应是自发的；反之，是非自发的。当 $W=0$ 即 $\Delta G=0$ 时，反应处于平衡状态。

化学视野

吉布斯（Josiah Willard Gibbs），1839年2月11日生于美国康涅狄格州纽黑文城。他在热力学平衡与稳定性方面做了大量的研究工作并取得丰硕的成果，于1873～1878年间连续

发表了3篇热力学论文，奠定了热力学理论体系的基础，其中第三篇论文《论多相物质的平衡》是其最重要的成果。在这篇文章中，吉布斯提出了许多重要的热力学概念，至今仍被广泛使用。他完成了相律的推导。作为物理化学的重要基石之一，相律解决了化学反应系统平衡方面的众多问题。他还提出了作为化学反应平衡判据的吉布斯自由能。吉布斯对于科学发展的另一大贡献集中于统计力学方面，他于1902年出版了《同热力学合理基础有特殊联系而发展起来的统计力学的基本原理》一书。在书中，他提出了系综理论，导出了相密度守恒原理，实现了统计物理学从分子运动论到统计力学的重大飞跃。他被誉为继富兰克林以后美国最伟大的科学家，是世界科学史上的杰出人物之一。

吉布斯
J.W.Gibbs

1.5.2 标准生成吉布斯自由能

在标准状态下，由元素的指定单质生成单位物质的量的物质时的吉布斯自由能的变化称为该物质的标准生成吉布斯自由能变。

因为吉布斯自由能也是状态函数，可以用类似处理焓的办法处理自由能，可得标准摩尔反应自由能变为

$$\Delta_r G_m^{\ominus} = \sum_B \nu_B \Delta_f G_{m,B}^{\ominus} \tag{1-23}$$

式(1-23)中，B为反应中任一物质；ν_B为反应物和产物的化学计量系数，反应物取负值，产物取正值；$\Delta_f G_{m,B}^{\ominus}$为反应中任一物质的标准摩尔生成自由能；$\Delta_r G_m^{\ominus}$为标准摩尔反应自由能变。

【例1-6】 求 $CaCO_3(s) \longrightarrow CaO(s) + CO_2(g)$ 在298.15K下标准吉布斯函数变。

解 对于题给反应，查表可得

	$CaCO_3(s)$	$\longrightarrow$	$CaO(s)$	+	$CO_2(g)$
$\Delta_f G_m^{\ominus}(298.15K)/kJ \cdot mol^{-1}$	−1128.8		−604.0		−394.4

则有 $\Delta_r G_m^{\ominus} = 130.4kJ \cdot mol^{-1} > 0$

因此，该反应在298.15K标准状态下是不能自发进行的。

1.5.3 吉布斯方程的应用

根据式(1-21) $\Delta G = \Delta H - T\Delta S$，在标准状态下

$$\Delta G^{\ominus} = \Delta H^{\ominus} - T\Delta S^{\ominus} \tag{1-24}$$

式(1-21)和式(1-24)为吉布斯方程，式中ΔG、ΔH和ΔS均为温度的函数，由于ΔG和ΔS随温度变化不大，可以近似地认为$\Delta H(T) \approx \Delta H(298.15K)$，$\Delta S(T) \approx \Delta S(298.15K)$，则吉布斯方程可近似地表示为

$$\Delta G(T) \approx \Delta H(298.15K) - T\Delta S(298.15K)$$

$$\Delta G^{\ominus}(T) \approx \Delta H^{\ominus}(298.15K) - T\Delta S^{\ominus}(298.15K)$$

由吉布斯方程可知，当系统放热（$\Delta H < 0$）和熵增（$\Delta S > 0$）时，$\Delta G < 0$，反应自发进行。表1-3列出了温度对恒温恒压反应自发性的影响。

表 1-3 温度对恒温恒压反应自发性的影响

分组	ΔH	ΔS	$\Delta G=\Delta H-T\Delta S$	反应情况
符号相反	$-$	$+$	恒为$-$	任何温度下反应自发
	$+$	$-$	恒为$+$	任何温度下反应非自发
符号相同	$-$	$-$	低温为$-$，高温为$+$	低温自发，高温非自发
	$+$	$+$	低温为$+$，高温为$-$	低温非自发，高温自发

当 ΔH 和 ΔS 符号相同时，改变反应温度，存在从自发到非自发（或从非自发到自发）的转变，我们把这个转变温度叫转向温度 $T_{转}$。由

$$\Delta G=\Delta H-T\Delta S=0$$

得

$$T_{转}=\frac{\Delta H}{\Delta S}$$

在标准状态下可得

$$T_{转}=\frac{\Delta H^{\ominus}}{\Delta S^{\ominus}}\approx\frac{\Delta_r H_m^{\ominus}(298.15\text{K})}{\Delta_r S_m^{\ominus}(298.15\text{K})}$$

【例 1-7】 已知

	$SO_3(g)$ +	$CaO(s)$ $\longrightarrow$	$CaSO_4(s)$
$\Delta_f H_m^{\ominus}(298.15\text{K})/\text{kJ}\cdot\text{mol}^{-1}$	-395.72	-635.09	-1434.11
$S_m^{\ominus}(298.15\text{K})/\text{J}\cdot\text{mol}^{-1}\cdot\text{K}^{-1}$	256.65	39.75	106.69

求该反应的转向温度。

解

$$\begin{aligned}\Delta_r H_m^{\ominus}(298.15\text{K})&=\sum_B \nu_B\Delta_f H_m^{\ominus}(298.15\text{K})\\&=-1434.11\text{kJ}\cdot\text{mol}^{-1}-(-395.72\text{kJ}\cdot\text{mol}^{-1})-(-635.09\text{kJ}\cdot\text{mol}^{-1})\\&=-403.3\text{kJ}\cdot\text{mol}^{-1}<0\end{aligned}$$

$$\begin{aligned}\Delta_r S_m^{\ominus}(298.15\text{K})&=\sum_B \nu_B\Delta_f S_m^{\ominus}(298.15\text{K})\\&=106.69\text{J}\cdot\text{mol}^{-1}\cdot\text{K}^{-1}-256.65\text{J}\cdot\text{mol}^{-1}\cdot\text{K}^{-1}-39.75\text{J}\cdot\text{mol}^{-1}\cdot\text{K}^{-1}\\&=-189.71\text{J}\cdot\text{mol}^{-1}\cdot\text{K}^{-1}<0\end{aligned}$$

则转向温度 $T_{转}=\dfrac{\Delta_r H_m^{\ominus}(298.15\text{K})}{\Delta_r S_m^{\ominus}(298.15\text{K})}=\dfrac{-403.3\times10^3\text{J}\cdot\text{mol}^{-1}}{-189.71\text{J}\cdot\text{mol}^{-1}\cdot\text{K}^{-1}}=2126\text{K}$

因为 $\Delta_r H_m^{\ominus}<0$，$\Delta_r S_m^{\ominus}<0$，所以低温自发，即在 2126K 以下，该反应是自发的。

练习题

1-1 区别下列概念。

(1) 系统与环境；

(2) 恒容反应热与恒压反应热；

(3) 可逆过程与不可逆过程；

(4) 强度性质与广度性质；

(5) 标准摩尔生成焓与标准摩尔燃烧焓；

(6) 标准摩尔熵与标准摩尔生成吉布斯自由能；

(7) 标准摩尔反应焓变与标准摩尔反应吉布斯自由能变。

1-2 在敞口容器中进行化学反应系统是什么系统？

1-3 什么叫做状态函数？状态函数有什么特点？Q、W、H 和 U 是状态函数吗？

1-4 什么叫体积功？恒温恒压条件下的化学反应其体积功如何计算？

1-5 说明下列符号的意义：

Q，Q_p，U，H，S，G，$\Delta_f H_m^\ominus$，$\Delta_c H_m^\ominus$，$\Delta_b H_m^\ominus$，$S_m^\ominus$，$\Delta_r S_m^\ominus$，$\Delta_r G_m^\ominus$

1-6 Q、U、H 之间，p、V、U、H 之间，G、H、T、S 之间存在着哪些重要关系？试用公式表示之。

1-7 如何利用精确测定的 Q_V 来求得 Q_p 和 ΔH？试用公式求之。

1-8 化学热力学中的标准状态是指什么？对于单质、化合物和水合离子所规定的标准摩尔生成焓有何区别。

1-9 试根据标准摩尔生成焓的定义，说明为何在该条件下指定单质的标准摩尔生成焓必须为零？

1-10 判断一个化学反应能否自发进行的标准是什么？能否用反应的焓变或是熵变单独作为衡量的标准？

1-11 如何利用物质的标准摩尔生成焓、标准摩尔燃烧焓和键能计算化学反应的标准摩尔反应焓变？

1-12 什么叫转向温度？如何计算化学反应的转向温度？

1-13 选择题

(1) 在下列反应中，进行 1mol 反应时放出热量最大的是（　　）。

A. $C_2H_5OH(l)+3O_2(g) \longrightarrow 2CO_2(g)+3H_2O(g)$

B. $C_2H_5OH(g)+3O_2(g) \longrightarrow 2CO_2(g)+3H_2O(g)$

C. $C_2H_5OH(l)+3O_2(g) \longrightarrow 2CO_2(g)+3H_2O(l)$

D. $C_2H_5OH(g)+3O_2(g) \longrightarrow 2CO_2(g)+3H_2O(l)$

(2) 下列对于热和功的描述，正确的是（　　）。

A. 都是途径函数，无确定的变化途径就无确定的数值

B. 都是途径函数，对应于某一状态有一确定值

C. 都是途径函数，变化量与途径无关

D. 都是途径函数，始终态确定，其值也确定

(3) 对于热力学可逆过程，下列叙述不正确的是（　　）。

A. 变化速率无限小的过程

B. 可做最大功的过程

C. 循环过程

D. 能使系统与环境都完全复原的过程

(4) 下列说法不正确的是（　　）。

A. 焓变只有在某种特定条件下，才与系统反应热相等

B. 焓是人为定义的一种具有能量量纲的热力学量

C. 焓是状态函数

D. 焓是系统能与环境进行热交换的能量

1-14　下列反应中哪些反应的 $\Delta H \approx \Delta U$。

(1) $2H_2(g)+O_2(g) \longrightarrow 2H_2O(g)$

(2) $Pb(NO_3)_2(aq)+2KI(aq) \longrightarrow PbI_2(s)+2KNO_3(aq)$

(3) $HCl(aq)+NaOH(aq) \longrightarrow NaCl(aq)+H_2O(l)$

(4) $NaOH(s)+CO_2(g) \longrightarrow NaHCO_3(s)$

1-15　计算下列情况系统热力学能的变化。

(1) $Q=210J$，$W=230J$；

(2) $Q=-200J$，$W=-600J$；

(3) 系统吸热 2.5kJ，并对环境做功 20kJ；

(4) 系统放热 620J，环境对系统做功 220kJ。

1-16　在 298.15K 时，甲醇的 $\Delta_c H_m^\ominus = -726.6kJ \cdot mol^{-1}$，$H_2O$ (l) 的 $\Delta_f H_m^\ominus = -285.8kJ \cdot mol^{-1}$，$CO_2$(g) 的 $\Delta_f H_m^\ominus = -393.5kJ \cdot mol^{-1}$，求 CH_3OH (l) 的 $\Delta_f H_m^\ominus$。

1-17　葡萄糖完全燃烧的热化学反应方程式为

$$C_6H_{12}O_6(s)+6O_2(g) \longrightarrow 6CO_2(g)+6H_2O(l) \quad Q_p=-2820kJ \cdot mol^{-1}$$

当葡萄糖在人体内氧化时，上述反应热约 30% 可用作肌肉的活动能量。试估算一食匙葡萄糖（3.8g）在人体内氧化时，可获得的肌肉活动的能量。

1-18　根据下列的热化学方程式

$$Fe_2O_3(s)+3CO(g) \longrightarrow 2Fe(s)+3CO_2(g) \quad Q_p=-27.6kJ \cdot mol^{-1}$$

$$3Fe_2O_3(s)+CO(g) \longrightarrow 2Fe_3O_4(s)+CO_2(g) \quad Q_p=-58.6kJ \cdot mol^{-1}$$

$$Fe_3O_4(s)+CO(g) \longrightarrow 3FeO(s)+CO_2(g) \quad Q_p=38.1kJ \cdot mol^{-1}$$

不查表，试计算下列反应的 Q_p。

$$FeO(s)+CO(g) \longrightarrow Fe(s)+CO_2(g)$$

1-19　下列反应中，Q_p 与 Q_V 有区别吗？为什么？

(1) $NH_4HS(s) \xrightarrow{25℃} NH_3(g)+H_2S(g)$

(2) $H_2(g)+Cl_2(g) \xrightarrow{25℃} 2HCl(g)$

(3) $CO_2(s) \xrightarrow{-78℃} CO_2(g)$

(4) $AgNO_3(aq)+NaCl(aq) \xrightarrow{25℃} AgCl(s)+NaNO_3(aq)$

1-20　查表计算下列反应的 $\Delta_r H_m^\ominus$ (298.15K)。

(1) $4NH_3(g)+3O_2(g) \longrightarrow 2N_2(g)+6H_2O(l)$

(2) $C_2H_2(g)+H_2(g) \longrightarrow C_2H_4(g)$

(3) $NH_3(g)+HCl(aq) \longrightarrow NH_4Cl(aq)$

(4) $Fe(s)+CuSO_4(aq) \longrightarrow Cu(s)+FeSO_4(aq)$

1-21　计算下列反应的 $\Delta_r H_m^\ominus$(298.15K) 和 $\Delta_r U_m^\ominus$(298.15K)。

$$CH_4(g)+4Cl_2(g) \longrightarrow CCl_4(l)+4HCl(g)$$

1-22　假设反应物和生成物均处于标准状态。试通过计算说明 298.15K 时究竟是乙炔（C_2H_2）还是乙烯（C_2H_4）完全燃烧时，会放出更多的热量？(1) 均以 $kJ \cdot mol^{-1}$ 表示；(2) 均以 $kJ \cdot g^{-1}$ 表示。

1-23　下列组合中的哪一个表示反应在任何温度下均自发进行？

(1) $\Delta H>0$，$\Delta S>0$；

(2) $\Delta H<0$，$\Delta S<0$；

(3) $\Delta H>0$，$\Delta S<0$；

(4) $\Delta H<0$，$\Delta S>0$；

(5) $\Delta H=0$，$\Delta S=0$。

1-24　已知下列反应在 298.15K 时的标准摩尔反应自由能变，求 $Fe_3O_4(s)$ 的 $\Delta_f G_m^{\ominus}$(298.15K)。

(1) $2Fe(s)+\frac{3}{2}O_2(g) \longrightarrow Fe_2O_3(s)$　　$\Delta_r G_{m,1}^{\ominus}=-742.24kJ \cdot mol^{-1}$

(2) $4Fe_2O_3(s)+Fe(s) \longrightarrow 3Fe_3O_4(s)$　　$\Delta_r G_{m,2}^{\ominus}=-77.42kJ \cdot mol^{-1}$

1-25　由 $\Delta_r H_m^{\ominus}$(298.15K) 和 $\Delta_r S_m^{\ominus}$(298.15K) 计算下列反应的转向温度。

(1) $CaCO_3(s) \longrightarrow CaO(s)+CO_2(g)$

(2) $MgCO_3(s) \longrightarrow MgO(s)+CO_2(g)$

1-26　由铁矿石生产铁有两种可能的途径。

(1) $Fe_2O_3(s)+\frac{3}{2}C(s) \longrightarrow 2Fe(s)+\frac{3}{2}CO_2(g)$

(2) $Fe_2O_3(s)+3H_2(g) \longrightarrow 2Fe(s)+3H_2O(g)$

上述两个反应中，哪个反应的转向温度较低？

第2章 化学平衡与化学反应速率

对任何化学反应而言，总是有两个最基本的问题。一是该化学反应是否有实现的可能，若可能实现，其最后的结果如何，即反应的方向和限度问题；另一是化学反应要达到最后的结果需多长时间，即化学反应的速率问题。前者属于热力学的研究范畴，反应的方向和限度问题已经在上一章中讲述；后者属于化学动力学的研究范畴，我们将在本章中学习。

2.1 化学平衡

在实际生产或开发新产品时，不仅需要知道反应发生的条件，而且要了解反应所能到达的极限（或最高限度）。化学平衡就是研究在一定条件下的化学反应的极限。例如，在718K时，把等物质的量的氢气和碘蒸气装入一个密闭的容器中，可以产生碘化氢的反应，但是否全部的氢气和碘蒸气都生成了碘化氢？实验证明，反应进行到一定程度时，碘化氢与氢气、碘蒸气共存，且它们的浓度不再随时间而变。即 H_2 和 I_2 在上述反应条件下反应，无论反应时间多长，它们不可能完全反应生成 HI。其实，对于任何一个反应，在给定的条件下都存在一个最大限度问题，这个客观存在的规律对指导化工生产是十分有意义的。

2.1.1 化学平衡常数

（1）可逆反应与不可逆反应

根据反应进行的方向，把化学反应分为可逆反应和不可逆反应。不可逆反应是在一定条件下，反应几乎完全转变为生成物；而在同样条件下，生成物几乎不能直接回转生成反应物。可逆反应是在同一条件（温度、压力、浓度等）下，既可以正向进行又可以逆向进行的反应。

一般来说，反应的可逆性是化学反应的普遍特征。由于正、逆反应共处于同一系统内，在密闭容器中可逆反应不能进行到底，即反应物不能全部转化为产物。

（2）化学平衡的基本特征

可逆反应在一定条件下，正反应速率等于逆反应速率且不等于零时，反应体系所处的状态通常称为化学平衡。

例如，425℃时氢气与碘蒸气的反应

$$H_2(g)+I_2(g) \rightleftharpoons 2HI(g)$$

当 $H_2(g)$ 和 $I_2(g)$ 置于密闭的容器中加热至425℃时，起初只有反应物，正反应速率 $v_{正}$ 最大。随着反应进行，当 $H_2(g)$ 和 $I_2(g)$ 不断减少，$v_{正}$ 逐渐减慢，而且，由于HI的生成，逆反应也同时开始发生。开始时，随着生成的HI量不断增多，正反应速率减慢，逆反应速率逐渐加快，最后 $v_{正}=v_{逆}$。即单位时间内，此时反应系统中，各物质的量不再发生变化，反应处于平衡状态。

在恒温条件下，封闭体系进行的可逆反应才能建立化学平衡。平衡状态是封闭体系中可逆反应进行的最大限度。化学平衡的基本特征概括为以下几点：

① 化学平衡是一种动态平衡，从微观上看，正、逆反应仍以相同的速率进行，只是反应表面现象不再变化。

② 反应达到平衡时，系统的组成是一定的，不再随时间变化而变化。

③ 在一定条件下，系统的平衡组成与达到平衡状态的途径无关。

④ 化学平衡是相对的、有条件的平衡。当条件改变时，反应系统可以从一种平衡状态变化到另一种平衡状态，即发生化学平衡的移动。

2.1.2 标准平衡常数

(1) 标准平衡常数及意义

在一定温度下，可逆反应达到平衡时，各物质的浓度（分压）不再随时间而变化，这时的浓度（分压）称为平衡浓度（分压）。

平衡常数就是在一定温度下，可逆反应达到平衡时，生成物的浓度（分压）以反应方程式计量系数为幂次方的乘积与反应物浓度以计量系数的绝对值为幂次方的乘积之比。表示符号为 K。

根据热力学函数计算得到的平衡常数称为标准平衡常数，又称为热力学平衡常数，用符号 $K^{\ominus}$ 来表示。平衡时各物种的浓度均以各自的标准态为参考态，生成物的浓度使用相对浓度、相对分压时所得的平衡常数叫作标准平衡常数。$K^{\ominus}$ 是无量纲的量。

标准平衡常数是表明化学反应限度的一种特征常数，对于一般的化学反应

$$a\text{A}(g)+b\text{B}(aq) \rightleftharpoons x\text{X}(g)+y\text{Y}(aq)$$

$$K^{\ominus}=\frac{\left\{\frac{p(\text{X})}{p^{\ominus}}\right\}^{x}\left\{\frac{c(\text{Y})}{c^{\ominus}}\right\}^{y}}{\left\{\frac{p(\text{A})}{p^{\ominus}}\right\}^{a}\left\{\frac{c(\text{B})}{c^{\ominus}}\right\}^{b}} \tag{2-1}$$

在该平衡常数表达式中，各物种均以各自的标准态为参考态。如果是气体，要用分压表示，但分压要除以 $p^{\ominus}$(100kPa)；若是某种溶液，其浓度要除以 $c^{\ominus}$($1\text{mol}\cdot\text{L}^{-1}$)；若是纯液体或纯固体，其标准态为相应的纯液体或纯固体。表示纯液体和纯固体状态的相应物理量不出现在标准平衡常数表达式中或统一记为“1”。

平衡常数表示在一定条件下，可逆反应所能进行的极限。K 值增大，正反应限度随之增加。通常认为当 $K>10^7$ 时，正反应完全进行；$K<10^{-7}$ 时，逆反应完全进行；$10^{-7}<K<10^7$ 时，反应为可逆反应。

平衡常数只是温度的函数，随温度的变化而变化，而与反应物或生成物的起始浓度无

关。平衡常数越大，正反应进行的程度越大，平衡转化率越大。如不同温度下 N_2O_4 的分解 [$N_2O_4(g) \rightleftharpoons 2NO_2(g)$]平衡常数为

T/K	273	323	73
$K_c^{\ominus}$	5×10^{-4}	2.2×10^{-2}	3.7×10^{-1}

平衡常数只能表明化学反应的限度，不能表明该反应是否能进行，也不能表明该反应进行的快慢。

【例 2-1】 反应 $CO(g)+H_2O(g) \xrightleftharpoons[Fe_2O_3]{673K} CO_2(g)+H_2(g)$ 是工业上水煤气制取氢气的反应之一。如果在 673K 时用相同量的 CO(g) 和 $H_2O(g)$（若均为 2.00mol）在密闭容器中反应，平衡常数为 9.94，求 CO(g) 的平衡转化率。

解 根据化学反应式，考虑各物质起始时和平衡时物质的量的关系，从而得到平衡时候各物质的量，再根据分压定律，求出其分压。假设 CO(g) 的转化量为 x mol，总压力为 p，则

$$CO(g)+H_2O(g) \xrightleftharpoons[Fe_2O_3]{673K} CO_2(g)+H_2(g)$$

	CO(g)	$H_2O(g)$	$CO_2(g)$	$H_2(g)$
起始时物质的量/mol	2.00	2.00		
平衡时物质的量/mol	$2.00-x$	$2.00-x$	x	x

平衡时候各物质的分压：

$$p(CO_2)=\frac{x}{4.00}p$$

$$p(CO)=\frac{2.00-x}{4.00}p$$

$$p(H_2O)=\frac{2.00-x}{4.00}p$$

$$p(H_2)=\frac{x}{4.00}p$$

平衡时平衡常数为：

$$K^{\ominus}=\frac{\{p(CO_2)/p^{\ominus}\}\{p(H_2)/p^{\ominus}\}}{\{p(CO)/p^{\ominus}\}\{p(H_2O)/p^{\ominus}\}}$$

将各物质的分压代入其中，得

$$K^{\ominus}=\frac{\left(\frac{x}{4.00}p/p^{\ominus}\right)\left(\frac{x}{4.00}p/p^{\ominus}\right)}{\left(\frac{2.00-x}{4.00}p/p^{\ominus}\right)\left(\frac{2.00-x}{4.00}p/p^{\ominus}\right)}=\frac{\left(\frac{x}{4.00}\right)\left(\frac{x}{4.00}\right)}{\left(\frac{2.00-x}{4.00}\right)\left(\frac{2.00-x}{4.00}\right)}$$

$$=9.94$$

则求得

$$x\approx1.52$$

CO(g) 的平衡转化率为

$$\alpha=\frac{1.52mol}{2.00mol}\times100\%=76.0\%$$

(2) 多重平衡规则

一个给定的化学反应计量方程式的平衡常数与该反应的途径无关。如果某一个反应可以

看作是多步反应之和（或者之差）的结果，那么这个反应的总的平衡常数为这若干个分步反应平衡常数的乘积（或者商），这就是多重平衡规则。例如：

$$SO_2(g)+NO_2(g) \rightleftharpoons SO_3(g)+NO(g)$$

$$K_T^{\ominus}=\frac{\{p(SO_3)/p^{\ominus}\}\{p(NO)/p^{\ominus}\}}{\{p(SO_2)/p^{\ominus}\}\{p(NO_2)/p^{\ominus}\}}$$

可以看作是下面两个反应相加的结果：

$$SO_2(g)+\frac{1}{2}O_2(g) \rightleftharpoons SO_3(g) \tag{1}$$

$$K_T^{\ominus}(1)=\frac{p(SO_3)/p^{\ominus}}{\{p(SO_2)/p^{\ominus}\}\{p(O_2)/p^{\ominus}\}^{1/2}}$$

$$NO_2(g) \rightleftharpoons NO(g)+\frac{1}{2}O_2(g) \tag{2}$$

$$K_T^{\ominus}(2)=\frac{\{p(NO)/p^{\ominus}\}\{p(O_2)/p^{\ominus}\}^{1/2}}{p(NO_2)/p^{\ominus}}$$

对于总反应就是（1）与（2）的总和，因此

$$\begin{aligned}K_T^{\ominus}&=\frac{\{p(SO_3)/p^{\ominus}\}\{p(NO)/p^{\ominus}\}}{\{p(SO_2)/p^{\ominus}\}\{p(NO_2)/p^{\ominus}\}}\\&=\frac{\left\{\frac{p(SO_3)}{p^{\ominus}}\right\}}{\left\{\frac{p(SO_2)}{p^{\ominus}}\right\}\left\{\frac{p(O_2)}{p^{\ominus}}\right\}^{1/2}}\cdot\frac{\left\{\frac{p(NO)}{p^{\ominus}}\right\}\left\{\frac{p(O_2)}{p^{\ominus}}\right\}^{1/2}}{\left\{\frac{p(NO_2)}{p^{\ominus}}\right\}}\\&=K_T^{\ominus}(1)K_T^{\ominus}(2)\end{aligned}$$

由此可见，多重平衡规则说明 $K^{\ominus}$ 与体系达到平衡的途径无关，仅取决于系统的状态——反应物（始态）和生成物（终态）。

多重平衡规则在化学上比较重要，许多反应的平衡常数比较难测定或者不能从参考书上查到相关数据，但可以利用已有的有关反应的平衡常数计算出来。

平衡常数可以通过实验测定和通过热力学数据计算等方式来确定。利用热力学数据可直接根据公式 $\Delta_r G^{\ominus}=-RT\ln K^{\ominus}$ 计算，这就是化学反应的标准平衡常数与化学反应的标准摩尔吉布斯函数变之间的关系。因此，只要知道温度 T 时的 $\Delta_r G_m^{\ominus}$，就可求得该反应的平衡常数 $K^{\ominus}$，其中 $\Delta_r G_m^{\ominus}$ 值可从热力学数据计算。这样，任一反应的标准平衡常数均可利用 $\Delta_r G_m^{\ominus}$ 值通过上式计算。显然，在一定温度下，$K^{\ominus}$ 值愈大，反应的 $\Delta_r G_m^{\ominus}$ 值愈小（负值愈大），反应进行的可能性愈大，就进行得愈完全；$K^{\ominus}$ 值愈小，$\Delta_r G_m^{\ominus}$ 值愈大，反应进行的可能性愈小，进行的程度亦愈小。

【例 2-2】 乙苯（$C_6H_5C_2H_5$）脱氢制苯乙烯有两个反应

（1）氧化脱氢 $C_6H_5C_2H_5(g)+\frac{1}{2}O_2(g) \rightleftharpoons C_6H_5CH=CH_2(g)+H_2O(g)$

（2）直接脱氢 $C_6H_5C_2H_5(g) \rightleftharpoons C_6H_5CH=CH_2(g)+H_2(g)$

若反应在 298.15K 进行，计算两反应的平衡常数，试问哪一个反应进行的可能性大？已知 $\Delta_f G_m^{\ominus}(C_6H_5C_2H_5,g)=130.6\text{kJ}\cdot\text{mol}^{-1}$，$\Delta_f G_m^{\ominus}(C_6H_5CH=CH_2,g)=213.8\text{kJ}\cdot\text{mol}^{-1}$

解 对反应（1）： $C_6H_5C_2H_5(g)+\frac{1}{2}O_2(g) \rightleftharpoons C_6H_5CH=CH_2(g)+H_2O(g)$

$\Delta_f G_m^{\ominus}(298.15K)/(kJ \cdot mol^{-1})$ 130.6 0 213.8 −228.6

$$\Delta_r G_m^{\ominus}=\sum_B \nu_B \Delta_f G_m^{\ominus}(B)$$
$$=(213.8-228.6-130.6)kJ \cdot mol^{-1}$$
$$=-145.4kJ \cdot mol^{-1}<0$$

由 $\Delta_r G_m^{\ominus}=-RT\ln K^{\ominus}$ 得：

$$\ln K^{\ominus}=-\Delta_r G_m^{\ominus}/(RT)=145.4\times10^3/(8.314\times298.15)=58.65$$
$$K^{\ominus}=2.98\times10^{25}$$

对反应（2）：

$$\Delta_r G_m^{\ominus}=\sum_B \nu_B \Delta_f G_m^{\ominus}(B)$$
$$=(213.8-130.6)kJ \cdot mol^{-1}$$
$$=83.2kJ \cdot mol^{-1}>0$$
$$\ln K^{\ominus}=-\Delta_r G_m^{\ominus}/(RT)$$
$$=-83.2\times10^3/(8.314\times298.15)$$
$$=-33.56$$
$$K^{\ominus}=2.65\times10^{-15}$$

因此，反应（1）进行的可能性大。

2.1.3 化学平衡的移动

因条件改变，原有化学平衡被打破，从而转化为新的化学平衡状态过程称为化学平衡的移动。

(1) 勒夏特列原理

影响化学平衡的因素主要有反应体系的浓度、压力和温度。这些因素对化学平衡的影响都可以利用 1887 年法国化学家勒夏特列（Le Châtelier）原理来判断：假如改变平衡系统的条件之一，如温度、压力或浓度，平衡就向减弱这个改变的方向移动。

例如，在下列平衡系统中：

$$2Cl_2(g)+2H_2O(g) \rightleftharpoons 4HCl(g)+O_2(g) \qquad \Delta_r H^{\ominus}=114.4kJ \cdot mol^{-1}$$

增大容器体积　　平衡向减小容器体积方向，即向右进行

升高体系温度　　平衡向减弱温度增加方向，即向右进行

增加 O_2 浓度或分压　　平衡向减小 O_2 浓度或分压方向，即向左进行

必须注意，勒夏特列原理仅适用于已达到平衡的体系。理想的平衡系统是不存在的，而近似的平衡系统却普遍存在。

(2) 化学平衡移动方向的判断

勒夏特列原理只能对影响化学平衡移动的单一因素进行判断，若有多重因素影响，就只能用活度商 Q 与 $K^{\ominus}$ 进行比较来判断。

Q 是指反应开始时生成物活度和反应物活度的系数幂次方之积的比值。活度商 Q 与平衡常数 $K^{\ominus}$ 的表达形式完全相同，但两者意义不同。可以说 $K^{\ominus}$ 是达到平衡态时的 Q。

由 $\Delta_r G=\Delta_r G^{\ominus}+RT\ln Q$，$\Delta_r G^{\ominus}=-RT\ln K^{\ominus}$ 可知

$$\Delta_r G = -RT\ln K^{\ominus} + RT\ln Q = RT\ln \frac{Q}{K^{\ominus}} \tag{2-2}$$

当反应能自发正向进行时，必须满足 $\Delta_r G < 0$，故 $Q < K^{\ominus}$，平衡向反应正方向进行，反之亦然。所以可直接用下列关系式来判断平衡移动的方向：

$$\left.\begin{array}{ll} Q < K^{\ominus} & \text{反应正向进行} \\ Q > K^{\ominus} & \text{反应逆向进行} \\ Q = K^{\ominus} & \text{反应达到平衡态} \end{array}\right\} \tag{2-3}$$

(3) 温度与平衡常数的关系——范霍夫方程

化学平衡常数只是温度的函数，与反应体系的浓度和压力都无关，要定量讨论温度对化学平衡常数的影响，必须先了解温度与平衡常数的关系。

因为 $\Delta_r G^{\ominus} = -RT\ln K^{\ominus}$，且 $\Delta_r G^{\ominus} = \Delta_r H^{\ominus} - T\Delta_r S^{\ominus}$

所以有
$$\ln K^{\ominus} = -\frac{\Delta_r H^{\ominus}}{RT} + \frac{\Delta_r S^{\ominus}}{R}$$

因 $\Delta_r H^{\ominus}$、$\Delta_r S^{\ominus}$ 随温度变化影响不大，即有

$$\ln K_1^{\ominus} = -\frac{\Delta_r H^{\ominus}}{RT_1} + \frac{\Delta_r S^{\ominus}}{R};\ \ln K_2^{\ominus} = -\frac{\Delta_r H^{\ominus}}{RT_2} + \frac{\Delta_r S^{\ominus}}{R}K^{\ominus}$$

将二式合并得：
$$\ln \frac{K_2^{\ominus}}{K_1^{\ominus}} = -\frac{\Delta_r H^{\ominus}}{R}\left(\frac{1}{T_2} - \frac{1}{T_1}\right) \tag{2-4}$$

此式即为范特霍夫方程的推导式。

【例 2-3】 试计算反应 $CO_2(g) + 4H_2(g) \longrightarrow CH_4(g) + 2H_2O(g)$ 在 800K 时的 $K^{\ominus}$。

解 由附录 1 查得

	$CO_2(g)$ +	$H_2(g)$ ⟶	$CH_4(g)$ +	$H_2O(g)$
$\Delta_f H^{\ominus}/(kJ \cdot mol^{-1})$	−393.4	0	−74.8	−241.7
$\Delta_f G^{\ominus}/(kJ \cdot mol^{-1})$	−394.4	0	−50.8	−228.6

则可求得 $\Delta_r H^{\ominus}_{298.15} = -164.8kJ \cdot mol^{-1}$；$\Delta_r G^{\ominus}_{298.15} = -113.6kJ \cdot mol^{-1}$

$$\ln K^{\ominus}_{298.15} = \frac{-\Delta_r G^{\ominus}_{298.15}}{RT} = 45.9$$

故代入公式(2-4) 中计算得：$\ln K^{\ominus}_{800} = 4.11$；$K^{\ominus}_{800} = 61$。

2.2 化学反应的速率

化学反应热力学研究的是化学反应进行的方向问题，化学动力学的基本任务是研究各种因素（各物质的浓度、温度、催化剂和光等）对反应速率的影响，揭示化学反应如何进行(反应的机理或历程)，探索物质的结构与反应性质的关系。在实际问题中，有时人们希望反应速率快些，有时又希望反应速率慢些，化学动力学的研究目的就是为了能控制反应进行的快慢。

各种化学反应的速率差别很大，如火药爆炸是瞬间反应，从反应发生到停止仅在几秒内；合成一些无机材料或高分子需几个小时；橡胶老化需要几年；化石燃料（煤、石油等）的形成则需要几百万年。即使同一反应，因不同的反应条件，也会有不同的反应速率。经典

动力学所研究的对象主要是速率比较适中的反应，但由此所得到的有关反应速率的基本规律则有着重要的意义。20 世纪 50 年代以来由于物理实验技术的进步，推动了快速反应的研究。特别是近年来，由于激光和分子束等近代技术的发展，人们已能获得反应过程中某些微观方面的信息，预期在深入了解反应机理（历程）方面会得到迅速发展。

2.2.1 化学反应速率与反应级数

化学反应速率就是化学反应进行的快慢程度，用单位时间内反应物或生成物的物质的量的变化量来表示，是一种衡量化学反应进行快慢的物理量。在容积不变的反应容器中，通常用单位时间内反应物浓度的减小或生成物浓度的增大来表示。

(1) 化学反应速率

对于等容反应，由于反应过程中体积始终没有变化，可以用单位时间和体积内的物质量的变化来表述反应进行的快慢，并称之为反应速率，用符号 v 表示。

一段时间内，反应的平均速率表示式为

$$\bar{v}=\frac{1}{\nu}\frac{\Delta n}{V\Delta t}=\frac{1}{\nu}\frac{\Delta c}{\Delta t} \tag{2-5}$$

式中，ν 为反应物或生成物的化学计量数（反应物取负值，生成物取正值）；Δc 为物质浓度的变化量。对于一个化学反应来说，反应过程中反应物和生成物的浓度总是不断变化着，平均速率不能真实地反映出这种变化，只有瞬时反应速率才能表示化学反应某时刻真实的反应速率。

瞬时反应速率是 Δt 趋近于零时的平均反应速率的极限值。

$$v=\lim_{\Delta t\to 0}\frac{1}{\nu}\frac{\Delta c}{\Delta t}=\frac{1}{\nu}\frac{\mathrm{d}c}{\mathrm{d}t} \tag{2-6}$$

对一般反应

$$a\mathrm{A}+b\mathrm{B}\longrightarrow d\mathrm{D}+e\mathrm{E}$$

$$v=-\frac{1}{a}\frac{\mathrm{d}c_{\mathrm{A}}}{\mathrm{d}t}=-\frac{1}{b}\frac{\mathrm{d}c_{\mathrm{B}}}{\mathrm{d}t}=\frac{1}{d}\frac{\mathrm{d}c_{\mathrm{D}}}{\mathrm{d}t}=\frac{1}{e}\frac{\mathrm{d}c_{\mathrm{E}}}{\mathrm{d}t}$$

对于定容气相反应，反应速率也可定义为：

$$v=\frac{1}{\nu_{\mathrm{B}}}\frac{\mathrm{d}p_{\mathrm{B}}}{\mathrm{d}t} \tag{2-7}$$

(2) 基元反应

化学反应式只告诉了我们反应前后物质的存在，中间经历了哪些过程或途径都未涉及。例如反应

$$2NO+2H_2\longrightarrow N_2+2H_2O \tag{1}$$

该反应式只能说明由 NO、H_2 生成了 N_2 和 H_2O，无法得知中间过程中是否还有其它产物。经研究可知，该反应实际上经历了三步才完成。

$$2NO\longrightarrow N_2O_2 \quad (快) \tag{2}$$

$$N_2O_2+H_2\longrightarrow N_2O+H_2O \quad (慢) \tag{3}$$

$$N_2O+H_2\longrightarrow N_2+H_2O \quad (快) \tag{4}$$

反应 (2)～反应(4) 都是反应物分子在接触碰撞中直接转化为生成物分子，我们把这类反应称为基元反应。反之，称为非基元反应。

之所以研究基元反应，原因在于其反应速率与生成物浓度之间的关系比较简单。人们在

大量实验基础上，总结出一条规律：“基元反应的反应速率与反应物浓度以方程式中化学计量数的绝对值为幂的乘积成正比”，称之为质量作用定律。如反应(3) 的反应速率可以表示为

$$v=kc_{NO}^{2}c_{H_2} \tag{2-8}$$

这种反应速率与反应物浓度间的定量关系又称为速率方程。其中 k 为速率常数，同一反应的 k 值只与温度、溶剂和催化剂有关，与反应物的浓度无关。

2.2.2 反应级数

对于一般反应

$$a\text{A}+b\text{B} \longrightarrow d\text{D}+e\text{E}$$

可先假定其反应速率方程为

$$v=kc_{A}^{\alpha}c_{B}^{\beta}$$

通过实验，先保持起始时 A 物质的浓度不变，B 物质的浓度变化，测定反应到一段时间后各自的速率，即可求得 β 值。同理亦可求得 α 值，α、β 二者相加即为该反应的反应级数。一般反应的反应级数为零级、一级、二级和三级。四级及四级以上的反应不存在，但可存在反应级数为分数的反应。

(1) 零级反应

化学反应速率与反应物浓度无关的反应称为零级反应。固相表面上的催化反应为零级反应的比较常见。零级反应的速率方程为 $v=k$，其半衰期 $t_{1/2}=\dfrac{c_0}{2k}$（反应物消耗一半所需的时间，称为半衰期，符号为 $t_{1/2}$），与反应物的起始浓度有关。起始浓度越大，对应的半衰期越长。

例如，氨在铁催化剂上的催化分解反应即为零级反应，反应速率与氨的浓度无关，只与铁催化剂上的活性中心数目有关。

(2) 一级反应

若化学反应速率与反应物浓度的一次方成正比，即为一级反应，一级反应较为普遍。例如某些元素的放射性衰变，一些物质的分解反应（如 $2H_2O_2 \longrightarrow 2H_2O+O_2$），蔗糖转化为葡萄糖和果糖均为一级反应。

一级反应的速率方程为

$$v=-\frac{dc}{dt}=kc \tag{2-9}$$

将式(2-9) 进行整理并积分可得

$$-\int_{c_0}^{c}\frac{dc}{c}=\int_{0}^{t}k\,dt$$

$$\ln\frac{c_0}{c}=kt \tag{2-10a}$$

或

$$\ln\{c\}=-kt+\ln\{c_0\} \tag{2-10b}$$

从式(2-10a) 可得一级反应的半衰期（此时 $c=c_0/2$）

$$t_{1/2}=\ln2/k=0.693/k \tag{2-11}$$

根据以上各式可概括出一级反应的三个特征（其中任何一条均可作为判断一级反应的依据）：

① $\ln\{c\}$ 对 t 作图得一直线（斜率为 $-k$）。

② 半衰期 $t_{1/2}$ 与反应物的起始浓度无关（当温度一定时，$t_{1/2}$ 是与 k 成反比的一个常数）。

③ 速率常数 k 具有（时间）$^{-1}$ 的量纲（其 SI 单位为 s^{-1}）。

某些元素的放射性衰变是科学家估算文物、化石、矿物、陨石、月亮岩石以及地球年龄的理论基础。^{40}K 和 ^{238}U 通常用于陨石和矿物年龄的估算；^{14}C 用于确定考古学发现文物和化石的年代。因为宇宙射线恒定地产生碳的放射性同位素 ^{14}C（$^{14}_{7}N+^{1}_{0}n \longrightarrow ^{14}_{6}C+^{1}_{1}H$），植物不断地将 ^{14}C 吸收进其组织中，使微量的 ^{14}C 在总碳含量中维持在一个固定比例（$1.10\times10^{-13}\%$）。一旦树木被砍伐，种子被采摘，从空气中吸收 ^{14}C 的过程便停止了。由于放射性衰变［已知 ^{14}C 的衰变反应 $^{14}_{6}C \longrightarrow ^{14}_{7}N+^{0}_{-1}e^{-}$，$t_{1/2}=5730a$（a 代表“年”）］，$^{14}C$ 在总碳中含量便下降，由此可以测知所取样品的年代。

【例 2-4】 从考古发现的某古书卷中取出的小块纸片，测得其中 $^{14}_{6}C/^{12}_{6}C$ 的比值为现在活的植物体内比值的 0.795 倍，试估算该古书的年代。

解 已知 $^{14}_{6}C \longrightarrow ^{14}_{7}N+^{0}_{-1}e^{-}$，$t_{1/2}=5730a$，可以用式(2-11) 求出此一级反应速率常数 k：

$$k=\frac{0.693}{t_{1/2}}=\frac{0.693}{5730a}=1.21\times10^{-4}a^{-1}$$

根据式(2-10a)，已知 $c=0.795c_0$，可以得到：

$$\ln\frac{c_0}{c}=\ln\frac{c_0}{0.795c_0}=\ln1.26=kt=(1.21\times10^{-4}a^{-1})t$$

$$t=1900a$$

即该古书大约年代是 1900 年前。

2.2.3 化学反应速率的影响因素

表面上，根据实验事实，通过数学处理得到一些反应的速率方程，可以知道化学反应速率与反应物浓度的定量关系。但速率常数与反应物本身的性质有关，需要从微观上考虑反应物分子的空间位置、能量等因素，才能真正了解影响化学反应速率的因素。

(1) 活化分子和活化能

最早并且最成功解释化学反应速率的理论是碰撞理论。两个分子要发生反应必须碰撞，但并非每一次碰撞都能发生反应，只有活化分子碰撞才有可能引起反应。并非每一次碰撞都发生预期的反应，只有非常少的碰撞是有效的。首先，分子无限接近时，要克服斥力，这就要求分子具有足够的运动速度，也就是具备足够的能量，这是有效碰撞的必要条件。其次，仅具有足够能量尚不充分，分子有构型，所以碰撞方向还会有所不同。1918 年路易斯（W. Lewis）运用气体分子运动论的成果，提出了反应速率的碰撞理论。该理论认为，反应物分子之间的相互碰撞是反应进行的先决条件；反应物分子发生有效碰撞的频率越高，反应速率越大。所谓有效碰撞是指发生碰撞的分子应有足够高的能量，并且按照一定的方向碰撞。碰撞中能发生反应的一组分子首先必须具备足够的能量，以克服分子无限接近时电子云之间的斥力，且各个分子采取适合的取向进行碰撞，才能形成有效的化学键，原子完成重排，从而发生反应。

在自然界有许多过程，需要先供给它一定能量才能进行。例如，一个竖立状态的木箱变为平卧状态，因重心降低，本来是一个自发过程，但若要实现它，还必须把木箱推动一下，也就是先给木箱一定的能量，使其重心升高，才能倒下。同理，化学反应的发生，也要供给它足够的能量，使反应物分子的旧键破裂，产物分子的新键才能形成。

设一反应

$$A + BC \longrightarrow AB + C$$

A 和 BC 反应，总要先碰撞，碰撞中 A 和 BC 分子中 B 原子沿直线方向互相趋近碰撞，从而形成新的 A—B 键，原来 B—C 键断裂，才能变成产物 AB 和 C。由于反应物分子之间存在斥力，分子中存在原有的化学键力，分子要互相碰撞就必须有足够高的能量，才能达到化学键新旧交替的活化状态，否则就不能发生反应（见图 2-1）。反应物分子（能量 E_1）必须先吸收 E_{a1} 的能量，才能达到活化状态［A…B…C］（能量 E_3）的能峰。吸收的能量 E_{a1} 就是反应的活化能。图中反应前为始态，能量为 E_1；反应后的状态为终态，能量为 E_2。$E_2 < E_1$，故为放热反应。如果反应向逆方向进行，也要先吸收 E_{a2} 能量达到能量 E_3 的活化状态，然后再分解为 A 和 BC。若 $E_2 > E_1$ 则为吸热反应。由此可见，一个可逆反应，吸热反应的活化能大于放热反应的活化能。反应活化能越大，能峰就越高，能越过能峰的反应物分子（活化分子）比例就少，反应速率就慢；活化能越小，能峰就越低，能越过能峰的反应物分子比例就多，反应速率就快。活化能可以通过实验测定，一般化学反应的活化能在 60～250kJ·mol⁻¹。活化能小于40kJ·mol⁻¹的反应，其反应速率一般非常快，可瞬间完成；活化能大于 400kJ·mol⁻¹的反应，其反应速率一般非常慢。

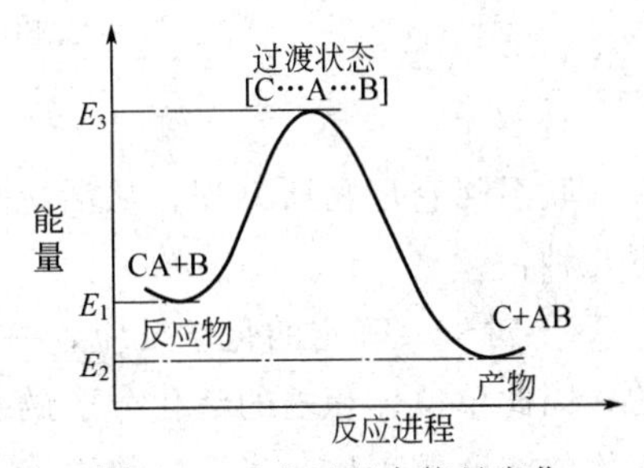

图 2-1　反应过程中能量变化

(2) 温度对化学反应速率的影响

温度是影响化学反应速率的重要因素之一。对大多数化学反应（无论对于吸热反应还是放热反应）来说，温度升高，反应速率增大，只有极少数反应是例外的。温度对反应速率的影响主要体现在温度对反应速率系数的影响上，通常温度升高，k 值增大，反应速率加快。

1889 年阿仑尼乌斯（S. Arrhenius）总结了大量的实验事实，指出反应速率常数和温度间的定量关系

$$k = k_0 \exp[-E_a/(RT)]$$

或

$$k = k_0 e^{-E_a/(RT)} \qquad (2\text{-}12)$$

式中，E_a 为实验活化能，单位 kJ·mol⁻¹。

将上式变形后得

$$\ln\frac{k_2}{k_1} = \frac{E_a}{R}\left(\frac{1}{T_1} - \frac{1}{T_2}\right) \qquad (2\text{-}13)$$

这些式子都可称为阿仑尼乌斯公式。通过该公式可以计算反应的活化能 E_a，从而得到不同温度下的速率常数 k。

【例 2-5】 已知反应　$C_2H_5Br(g) \longrightarrow C_2H_4(g) + HBr(g)$

在 650K 时的速率常数是 $2.0\times10^{-5}s^{-1}$；在 670K 时的速率常数是 $7.0\times10^{-5}s^{-1}$，求反应的活化能。

解 根据公式(2-13)求活化能。

$$\lg\left(\frac{k_2}{k_1}\right)=\frac{E_a}{2.303R}\cdot\left(\frac{T_2-T_1}{T_1T_2}\right)$$

$$\begin{aligned}E_a&=2.303R\lg\left(\frac{k_2}{k_1}\right)\cdot\left(\frac{T_1T_2}{T_2-T_1}\right)\\&=2.303\times8.314\times\lg\left(\frac{7.0\times10^{-5}}{2.0\times10^{-5}}\right)\times\left(\frac{650\times670}{670-650}\right)\\&=227\ (\mathrm{kJ\cdot mol^{-1}})\end{aligned}$$

联系阿仑尼乌斯方程，从活化分子和活化能的观点看，增加反应速率的具体措施可有以下几种：

① 对于一确定的化学反应，一定温度下，反应物分子中活化分子所占的百分数是一定的，因此单位体积内的活化分子的数目与单位体积内反应物分子的总数成正比，也就是与反应物的浓度成正比。当反应物浓度增大时，单位体积内分子总数增加，活化分子的数目相应也增多，单位体积、单位时间内的分子的有效碰撞的总数也就增多，因而反应速率加快。反之亦然。

② 保持浓度（或组分气体分压）不变，对于单位体积来说，即保持分子总数不变。升高温度能使更多的分子因获得能量而成为活化分子，从而使活化分子的百分数显著增加。同一反应，温度升高，反应速率系数 k 增大，一般反应温度每升高 10℃，k 将增大 2～4 倍，但在高温区间，再升高温度，对反应速率常数的影响逐渐减弱，故升高温度加快反应速率的方法通常用于较低温度下即可发生的反应。

③ 在保持温度、分子总数不变的前提下，降低反应的活化能，能使更多的分子成为活化分子，从而使活化分子总数显著增加。通常采用催化剂来实现活化能降低，通常能使反应急速加快。

2.2.4 催化剂与催化作用

催化剂是影响化学反应速率的另一重要因素，在现代工业生产中很多生产过程都使用催化剂。例如，合成氨、石油裂化、油脂加氢、药品合成等都使用催化剂。催化剂的组成多半是金属、金属氧化物、多酸化合物和配合物等。

(1) 催化剂和催化剂的基本特征

催化剂是指存在少量就能显著加快反应速率，而反应前、后本身的组成和质量不改变的物质。虽然催化剂并不消耗，但是实际上它参与了化学反应，并改变了反应历程。有催化剂参加的反应历程和无催化剂的原反应历程相比，活化能降低，如图 2-2所示。

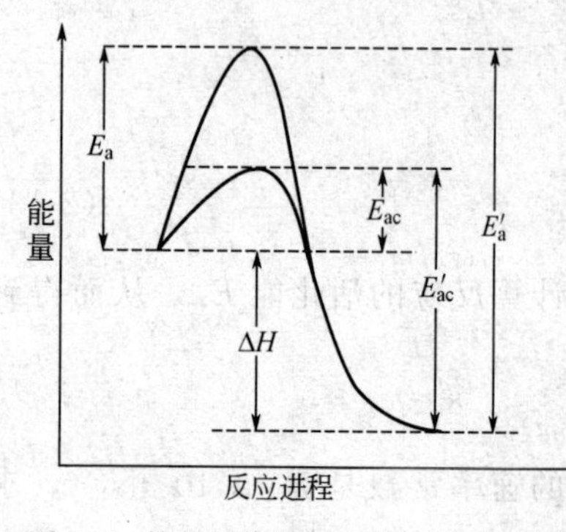

图 2-2 催化剂降低反应的活化能示意图

图中 E_a 是原反应的活化能，E_{ac}是加催化剂后反应的活化能，$E_a>E_{ac}$。加入催化剂使活化能降低，活化分子的百分数增加，故反应速率加快。由图还可以看出，加入催化剂后正反应的活化能降低的数值 $\Delta E=E_a-E_{ac}$，与逆反应的活化能降低的数

值 $\Delta E'=E'_a-E'_{ac}$ 是相等的。这表明催化剂不仅加快正反应的速率，同时也加快逆反应的速率。

由图还可以看出，催化剂的存在并不能改变反应物和生成物的相对能量，也就是说，一个反应是否加入催化剂，反应过程中体系的始态和终态都保持不变，所不同的只是具体途径。

催化剂一般具有以下特征：

① 只能对热力学上可能发生的反应起作用。热力学上不可能发生的反应，催化剂对它并不起作用。

② 通过改变反应途径以缩短达到平衡的时间，使反应速率显著增大，但是不能改变平衡状态。

③ 催化剂有选择性，选择不同的催化剂会有利于不同产物的生成。一种催化剂只加速一种或者少数几种特定的反应，因此在生产实践中具有指导价值，能够使人们在指定时间内消耗同样数量的原料，可以得到更多的产品。

④ 催化剂对少量杂质特别敏感，这个杂质可以成为助催化剂。在催化剂中加入少量助催化剂，其本身不具活性或活性很小，但能改变催化剂的部分性质，如化学组成、离子价态、酸碱性、表面结构、晶粒大小等，从而使催化剂的活性、选择性、抗毒性或稳定性得以改善。例如，氨合成用的铁-氧化钾-氧化铝催化剂中的少量铝和钾的氧化物，可使铁的催化活性增大 10 倍，并能延长其寿命。能够使催化剂失去活性，或发生催化剂中毒的物质称为催化毒物。又如，合成氨中用的铁系催化剂，水和氧是毒物。当这种中毒现象发生时，可以用还原或加热的方法，使催化剂重新活化。如汽车尾气催化器中铂系催化剂所含的 CeO_2 为助催化剂，而铅化合物为催化毒物，这也是提倡使用无铅汽油的原因之一。

与催化剂相反，能减慢反应速率的物质称为抑制剂。过去曾用的“负催化剂”已不被国际纯粹与应用化学联合会（IUPAC）所认可，而必须改用“抑制剂”一词，而“催化剂”一词仅指能加快反应速率的物质。例如，食用油脂里加入 0.01%～0.02%没食子酸正丙酯，就可以有效地防止酸败。在这里，没食子酸正丙酯是一种抑制剂。

【例 2-6】 合成 NH_3 反应，$T=298.15K$ 时，无催化剂时 $E_{a_1}=254kJ\cdot mol^{-1}$，Fe 催化时 $E_{a_2}=146kJ\cdot mol^{-1}$，问反应速率增大的倍数为多少？

解 由阿仑尼乌斯公式可以得到

$$\ln K_1=-\frac{E_{a_1}}{RT}+\ln A\text{；}\ln K_2=-\frac{E_{a_2}}{RT}+\ln A$$

两式相减得：

$$\ln\frac{K_1}{K_2}=\frac{E_{a_1}-E_{a_2}}{RT}$$

$$\frac{v_2}{v_1}=8.0\times10^{18}$$

由此可知，催化剂对化学反应速率的影响非常显著。

(2) 催化剂的应用

催化剂在现代化学工业中占有极其重要的地位，几乎有半数以上的化工产品在生产过程中都采用催化剂。例如，合成氨生产采用铁催化剂，硫酸生产采用钒催化剂，乙烯的聚合以及用丁二烯制橡胶等三大合成材料的生产中，都采用不同的催化剂。据统计，约有80%～85%的化工生产过程使用催化剂（如氨、硫酸、硝酸的合成；乙烯、丙烯、苯乙烯等的聚合；石油、天然气、煤的综合利用等）。其目的是加快反应速率，提高生产效率。在资源利用、能源开发、医药制造、环境保护等领域，催化剂也大有作为，科学家正在这些领域探索适宜的催化剂以期在某些方面有新的突破。

汽车是现代社会最普及的交通工具，特别是近年来私家车越来越多，带来了很多问题，其中环境问题是不容忽视的。汽车的使用对环境的污染主要有噪声污染和尾气排放造成的空气污染。汽车排放的污染物主要来源于内燃机，其有害成分包括一氧化碳（CO）、碳氢化合物（CH）、氮氧化合物（NO_x）、硫氢化合物和臭氧等，其中CO、CH及NO_x是汽车污染的主要成分。汽车尾气对人类的健康危害很大，治理汽车排放的污染已成为一项刻不容缓的任务。目前最常用的催化器是使用蜂窝形催化（honeycomb catalyst），载体是陶瓷蜂窝体，其外附载有高比表面积的氧化铝涂层，其上再浸渍活性组分。

(3) 生物催化剂——酶

酶，又称为酵素，是具有生物催化功能的生物大分子，即生物催化剂。绝大多数的酶都是蛋白质。酶有很高的催化效率，在温和条件下（室温、常压、中性）极为有效，其催化效率为一般非生物催化剂的10^9～10^{12}倍。酶催化剂选择性（又称为作用专一性）极高，即一种酶通常只能催化一种或一类反应，而且只能催化一种或一类反应物（又称底物）的转化，包括立体化学构造上的选择性。与活细胞催化剂相比，它的催化作用专一，无副反应，便于过程的控制和分离。

古人凭着经验利用酶制造食物，现代则把酶催化剂更广泛地用于生产，许多新的工业生物反应过程相继问世。食品工业广泛利用各种酶制造糖、酒、酱、醋等食品；纺织工业利用淀粉酶脱浆；毛纺业利用脂肪酶脱脂；皮革业利用角蛋白酶脱毛；制丝业及照相器材业利用蛋白酶使生丝及底片脱胶等。农业用霉菌淀粉酶、纤维素酶作为饲料加工；用果胶酶沤麻或精制麻。在医药、轻工方面，酶催化剂被利用生产氨基酸、半合成抗生素等。酶也直接被制成多种药物，如助消化药（酸性蛋白酶）、消炎药（溶菌酶）、抑制肿瘤药（天冬酰胺酶）以及用固定化酶制造人工脏器等。在酶法分析中，酶是一种生化试剂，也可制成测定某些底物浓度的酶电极。在利用资源和开发能源方面，生物催化剂有极为广阔的前景。生物含能体的催化转化是当前催化科学技术中的重要研究领域。

练习题

2-1 比较增加反应物压力、浓度、温度和使用催化剂对化学反应平衡常数和反应速率的影响。

2-2 对于制取水煤气的下列平衡系统：$C(s)+H_2O(g) \rightleftharpoons CO(g)+H_2(g)$，$\Delta_r H_m^{\ominus}>0$，问：

(1) 欲使平衡向右移动，可采取哪些措施？

(2) 欲使正反应进行得较快且完全（平衡向右移动）的适宜条件如何？这些措施对$K^{\ominus}$及$k_{正}$、$k_{逆}$的影响各如何？

2-3 能否根据化学方程式来表示反应的级数？为什么？举例说明。

2-4 阿仑尼乌斯公式有什么重要应用？举例说明。对于“温度每升高 10℃，反应速率通常增大到 2～4 倍”这一实验规律（称为范特霍夫规则），应如何理解？

2-5 用锌与稀硫酸制取氢气，反应的 $\Delta_r H_m^{\ominus}$ 值为负值。在反应开始后的一段时间内反应速率加快，后来反应速率又变慢。试从浓度、温度等因素来解释此现象。

2-6 一个反应的活化能为 $180kJ \cdot mol^{-1}$，另一个反应的活化能为 $48kJ \cdot mol^{-1}$。在相似的条件下，这两个反应中哪一个进行得较快些？为什么？

2-7 总压力与浓度的改变对反应速率以及平衡移动的影响有哪些相似之处？有哪些不同之处？举例说明。

2-8 比较反应 $N_2(g)+O_2(g) \rightleftharpoons 2NO(g)$ 和 $N_2(g)+3H_2(g) \rightleftharpoons 2NH_3(g)$ 在 427℃时反应自发进行可能性的大小。联系反应速率理论，提出最佳的固氮反应的思路与方法。

2-9 某可逆反应 $A(g)+B(g) \rightleftharpoons 2C(g)$ 的 $\Delta_r H_m^{\ominus}<0$，平衡时，若改变各项条件，试将其它各项发生的变化填入下表。

改变条件	正反应速率	速率常数 k_x	平衡常数	平衡移动方向
增加 A 的分压				
增加 C 的浓度				
降低温度				
使用催化剂				

2-10 室温（25℃）下对许多反应来说，温度升高 10℃，反应速率增大到原来的 2～4 倍。试问遵循此规律的反应活化能应在什么范围内？升高相同的温度对活化能高的反应还是活化能低的反应的速率影响更大些？

2-11 填空题

（1）对于______反应，其反应级数一定等于反应物计量数______，速率系数的单位由______决定。若某反应速率系数 k 的单位是 $mol^{-2} \cdot L^2 \cdot s^{-1}$，则该反应的反应级数是______。

（2）反应 $A(g)+2B(g) \rightleftharpoons C(g)$ 的速率方程为 $v=kc(A)c^2(B)$。该反应______为基元反应，反应级数为______。当 B 的浓度增加 2 倍时，反应速率将增大______倍；当反应容器的体积增大到原体积的 3 倍时，反应速率将增大______倍。

（3）在化学反应中，加入催化剂可以加快反应速率，主要是因为______了反应活化能，活化分子______增加，速率系数 k ______。

（4）对于可逆反应，当升高温度时，其速率系数是 $k_{正}$ 将______，$k_{逆}$ 将______。

2-12 选择题

（1）某反应的速率方程是 $v=k[c(A)]^x[c(B)]^y$，当 $c(A)$ 减小 50%时，v 降低至原来的 0.25，当 $c(B)$ 增大 2 倍时，v 增大 1.41 倍，则 x、y 分别为（ ）。

A. $x=0.5$，$y=1$　　　　B. $x=2$，$y=0.7$

C. $x=2$，$y=0.5$　　D. $x=2$，$y=2$

（2）下列叙述中正确的是（　　）。

A. 溶液中的反应一定比气相中的反应速率大

B. 反应活化能越小，反应速率越大

C. 增大系统压力，反应速率一定增大

D. 加入催化剂，使正反应活化能和逆反应活化能减小相同倍数

（3）升高同样温度，一般化学反应速率增大倍数较多的是（　　）。

A. 吸热反应　　B. 放热反应

C. E_a 较大的反应　　D. E_a 较小的反应

（4）增大反应物浓度，使反应速率增大的原因是（　　）。

A. 单位体积的分子数增加　　B. 反应系统混乱度增加

C. 活化分子分数增加　　D. 单位体积内活化分子总数增加

2-13　已知反应 $N_2(g)+3H_2(g) \rightleftharpoons 2NH_3(g)$，在 500K 时 $K^\ominus=0.16$。试判断在该温度下，10L 密闭容器中充入 N_2、H_2 和 NH_3 各 $0.10mol \cdot L^{-1}$时反应的方向。

2-14　在 317K，反应 $N_2O_4(g) \rightleftharpoons 2NO_2(g)$的平衡常数 $K^\ominus=1.00$。分别计算当系统总压为 400kPa 和 800kPa 时 $N_2O_4(g)$ 的平衡转化率，并解释计算结果。

2-15　800K 时，实验测得反应 $CH_3CHO(g) \longrightarrow CH_4(g)+CO(g)$ 的速率方程 $v=k[c_{CH_3CHO}]^2$，反应速率系数 $k=9.00\times10^{-5}mol^{-1} \cdot L \cdot s^{-1}$，计算当 $CH_3CHO(g)$ 的压力为 26.7kPa 时，CH_3CHO 的分解速率是多少？

2-16　研究指出下列反应在一定温度范围内为基元反应：

$$2NO(g)+Cl_2(g) \longrightarrow 2NOCl(g)$$

（1）写出该反应的速率方程。

（2）该反应的总级数是多少？

（3）其它条件不变，如果将容器的体积增加到原来的 2 倍，反应速率如何变化？

（4）如果容器体积不变而将 NO 的浓度增加到原来的 3 倍，反应速率又将怎样变化？

2-17　密闭容器中的反应 $CO(g)+H_2O(g) \rightleftharpoons CO_2(g)+H_2(g)$ 在 750K 时其 $K^\ominus=2.6$，求：

（1）当原料气中 $H_2O(g)$ 和 $CO(g)$ 的物质的量之比为 1∶1 时，$CO(g)$ 的平衡转化率为多少？

（2）当原料气中 $H_2O(g)$∶$CO(g)$ 为 4∶1 时，$CO(g)$ 的平衡转化率为多少？

2-18　已知下列反应在 298.15K 的平衡常数：

（1）$SnO_2(s)+2H_2(g) \rightleftharpoons 2H_2O(g)+Sn(s)$　　$K_1^\ominus=21$

（2）$H_2O(g)+CO(g) \rightleftharpoons H_2(g)+CO_2(g)$　　$K_2^\ominus=0.034$

计算反应 $2CO(g)+SnO_2(s) \rightleftharpoons Sn(s)+2CO_2(g)$在 298.15K 时的平衡常数 $K^\ominus$。

2-19　在 301K 时鲜牛奶大约 4.0h 变酸，但在 278K 的冰箱中可保持 48h 时。假定反应速率与变酸时间成反比，求牛奶变酸反应的活化能。

2-20　某患者发烧至 40℃时，使体内某一酶催化反应的速率常数增大为正常体温（37℃）的 1.25 倍，求该酶催化反应的活化能。

2-21　Tb（铽）的同位素$^{161}_{65}Tb$的半衰期$t_{1/2}$＝6.9天，求10天后该同位素样品所剩百分数。

2-22　元素放射性衰变是一级反应。^{14}C的半衰期为5730a。今在一古墓木质样品中测得含量只有原来的68.5％。问此古墓距今多少年？

第3章 溶液

一种物质以分子、原子或离子状态分散于另一种物质中所构成的均匀而又稳定的体系称为溶液。所有溶液都是由溶质和溶剂组成，溶剂是一种介质，在其中均匀地分布着溶质的分子或离子。若组成溶液的两种组分在溶解前后的状态皆相同，则将含量较多的组分称为溶剂。有时两种组分的量差不多，此时可将任一种组分看作是溶剂。溶液有许多不同种类。我们最熟悉的溶液是气体、液体或固体等溶于液体中形成的液态溶液。例如，把糖放入水中，固态的糖粒消失，糖以水合分子的形式溶于水中形成液态的糖水溶液。

溶液与化合物不同，在溶液中溶质和溶剂的相对含量可在一定范围内变化。但溶质与溶剂形成溶液的过程中却又表现出化学反应的某些特征。物质在溶解时往往有热量的变化和体积的变化，有时还有颜色的变化。例如，氢氧化钠溶于水放出大量的热，硝酸铵溶于水则吸热；酒精溶于水，液体的总体积缩小；苯和醋酸混合后，溶液的总体积增加；无水硫酸铜是无色的，它的水溶液却是蓝色的。因此，溶液既不是溶质和溶剂的机械混合物，也不是两者的化合物，溶解过程既不完全是化学过程也不单纯是物理过程，而是一个复杂的物理化学过程。

3.1 分散系

一种或几种物质分散在另一种物质里所形成的系统称为分散系。被分散的物质称为分散质，也称为分散相，把分散质分散开来的物质称为分散剂，亦称分散介质。例如，把食盐和泥土分别分散在水中，形成的食盐水和泥水都是分散系。其中，食盐和泥土是分散质，水是分散剂。在分散系内，分散相和分散介质可以是固体、液体或气体。按照分散质被分散的程度即粒子的大小，可将分散系分为分子或离子分散系、胶体分散系和粗分散系。

把系统中物理性质和化学性质完全相同的一部分称为一个相。相与相之间有明确的界面分隔开来。只有一个相的系统称为单相系统或均相系统，有两个或两个以上相的系统称为多相系统。因此，分子或离子分散系为单相系统，而胶体分散系和粗分散系都属于多相系统。

分子或离子分散系中，分散粒子的半径小于1nm，尺寸相当于分子或离子的大小。此时，分散相与分散介质形成均匀的溶液，呈单相状态，此类溶液也称为真溶液。溶液可分为固态溶液（如某些合金）、气态溶液（如空气）和液态溶液。

3.2 溶液浓度的表示方法

3.2.1 质量分数

质量分数的定义是溶液中溶质的质量与溶液的质量之比，可以表示为

$$w_B = \frac{m_B}{m} \times 100\% \tag{3-1}$$

式中，w_B 表示溶质的质量分数；m 表示溶液（溶剂＋溶质）的质量；m_B 表示溶质 B 的质量。w_B 是量纲为 1 的量，也常表示为百分数，例如在 50.0g 含 7.70g 氯化钠的水溶液中，氯化钠的质量分数为：$w(NaCl) = 7.70/50.0 \times 100\% = 15.4\%$。

3.2.2 物质的量浓度

在 1L 溶液中所含溶质的物质的量，常用的单位为 $mol \cdot L^{-1}$，SI 单位为 $mol \cdot m^{-3}$。物质的量浓度的表示式为

$$c_B = \frac{n_B}{V} \tag{3-2}$$

式中，V 为溶液的总体积；n_B 为溶质 B 的物质的量；c_B 为溶质 B 的浓度。

3.2.3 摩尔分数

物质的量分数简称摩尔分数。将溶质和溶剂均以物质的量计量，摩尔分数的定义为：溶液中溶质的物质的量与溶液中溶质和溶剂的总物质的量之比。溶质的摩尔分数可表示为

$$x_B = \frac{n_B}{n_A + n_B} \tag{3-3}$$

式中，n_A 是溶剂的物质的量；n_B 是溶质的物质的量；x_B 是溶质的摩尔分数，是量纲为 1 的量。

3.2.4 质量摩尔浓度

1kg 溶剂中所含溶质的物质的量，用符号 m 表示，单位为 $mol \cdot kg^{-1}$。质量摩尔浓度的表示式为

$$m_B = \frac{n_B}{m_A} \tag{3-4}$$

式中，m_B 为溶质 B 的质量摩尔浓度；n_B 为溶质 B 的物质的量；m_A 是溶剂 A 的质量。需要注意的是分母 m_A 专指溶剂的质量而不是溶液的总质量。

3.2.5 几种溶液浓度之间的关系

溶液的浓度可以同时采用以上四种方法表示，当已知溶剂和溶质的质量、相对分子质量

以及溶液的密度或体积时，这四种浓度之间就可以互相换算。

(1) 物质的量浓度与质量分数

如果已知溶液的密度 ρ 和溶质 B 的质量分数 w_B，则该溶液的浓度可表示为

$$c_B=\frac{n_B}{V}=\frac{m_B}{M_BV}=\frac{m_B}{M_Bm/\rho}=\frac{\rho m_B}{M_Bm}=\frac{w_B\rho}{M_B} \tag{3-5}$$

式中，M_B 为溶质 B 的摩尔质量。

(2) 物质的量浓度与质量摩尔浓度

如果已知溶液的密度 ρ 和溶液的质量 m，则有

$$c_B=\frac{n_B}{V}=\frac{n_B}{m/\rho}=\frac{n_B\rho}{m} \tag{3-6}$$

若该系统是一个两组分系统，且 B 组分的含量较少，则溶液的质量 m 近似等于溶剂的质量 m_A，上式可近似成为

$$c_B=\frac{n_B\rho}{m}=\frac{n_B\rho}{m_A}=b_B\rho \tag{3-7}$$

若该溶液是稀的水溶液，则在数值上，c_B 约等于 b_B。

【例 3-1】 在常温下取 NaCl 饱和溶液 10.00cm^3，测得其质量为 12.0030g，将溶液蒸干，得 NaCl 固体 3.1730g。求：(1) 物质的量浓度；(2) 质量摩尔浓度；(3) 饱和溶液中 NaCl 和 H_2O 的摩尔分数；(4) NaCl 饱和溶液的质量分数。

解 (1) NaCl 饱和溶液的物质的量浓度为

$$c(\text{NaCl})=\frac{n(\text{NaCl})}{V}=\frac{3.1730\text{g}/58.44\text{g}\cdot\text{mol}^{-1}}{10.00\times10^{-3}\text{L}}=5.42\text{mol}\cdot\text{L}^{-1}$$

(2) NaCl 饱和溶液的质量摩尔浓度为

$$b(\text{NaCl})=\frac{n(\text{NaCl})}{m(\text{H}_2\text{O})}=\frac{3.1730\text{g}/58.44\text{g}\cdot\text{mol}^{-1}}{(12.0030-3.1730)\times10^{-3}\text{kg}}=6.15\text{mol}\cdot\text{kg}^{-1}$$

(3) NaCl 饱和溶液中

$$n(\text{NaCl})=3.1730\text{g}/58.44\text{g}\cdot\text{mol}^{-1}=0.0543\text{mol}$$

$$n(\text{H}_2\text{O})=(12.0030-3.1730)\text{g}/18\text{g}\cdot\text{mol}^{-1}=0.4910\text{mol}$$

$$x(\text{NaCl})=\frac{n(\text{NaCl})}{n(\text{NaCl})+n(\text{H}_2\text{O})}=\frac{0.0543\text{mol}}{0.0543\text{mol}+0.4910\text{mol}}=0.10$$

$$x(\text{H}_2\text{O})=1-x(\text{NaCl})=1-0.10=0.90$$

(4) NaCl 饱和溶液的质量分数为

$$w(\text{NaCl})=\frac{m(\text{NaCl})}{m(\text{NaCl})+m(\text{H}_2\text{O})}=\frac{3.1730\text{g}}{12.0030\text{g}}=0.2644=26.44\%$$

3.3 稀溶液的依数性

将不同的溶质分别溶于某种溶剂中，所得的溶液其性质往往各不相同。但是只要溶液的浓度较稀，且溶质为难挥发非电解质时，则有一类性质是相同的。这类性质只与溶液的浓度有关，而与溶质的本性无关。我们把这一类性质称为稀溶液的通性，亦称为依数性，它包括溶液的蒸气压降低，沸点升高，凝固点下降和溶液的渗透压。

3.3.1 溶液的蒸气压降低

在一定温度下将一种纯溶剂置于一个密封容器中，在溶剂表面存在着一个蒸发与凝聚的动态平衡。以水为例，水面上一部分水分子从水面逸出，扩散到容器的空间中成为水蒸气，这种过程称为蒸发。在水分子不断蒸发的同时，有一些水蒸气分子碰撞到水面而又成为液态水，这种过程称为凝聚。最初蒸发速率大，随着蒸气浓度的增加，凝聚速率也随之增加，最终必然达到凝聚速率与蒸发速率相等的平衡状态。在平衡时，水面上的蒸气浓度不再改变，这时，水面上的蒸气压力称为饱和蒸气压，简称水的蒸气压。水蒸气压与温度有关，温度越高，水的蒸气压也越高。如果在水中加入少量的难挥发非电解的溶质时，水的表面就会被溶质粒子部分占据，水的表面积相对减小，所以单位时间内逸出液面的水分子数目便相应减少了。因此，溶液在较低的蒸气压下建立平衡，即稀溶液的蒸气压比纯溶剂的蒸气压低。

实验证明，在一定温度下，难挥发非电解质稀溶液的蒸气压等于纯溶剂的蒸气压乘以溶剂在溶液中的摩尔分数，即

$$p=p_{\mathrm{B}}^{*}x_{\mathrm{B}} \tag{3-8}$$

式中，p 为溶液的蒸气压，SI 单位为 Pa；p_{B}^{*} 为纯溶剂的蒸气压，单位为 Pa；x_{B} 为溶剂的摩尔分数。

由于 $x_{\mathrm{A}}+x_{\mathrm{B}}=1$，即 $x_{\mathrm{B}}=1-x_{\mathrm{A}}$。

所以

$$p=p_{\mathrm{B}}^{*}\times(1-x_{\mathrm{A}})=p_{\mathrm{B}}^{*}-p_{\mathrm{B}}^{*}x_{\mathrm{A}}$$

$$\Delta p=p_{\mathrm{B}}^{*}-p=p_{\mathrm{B}}^{*}x_{\mathrm{A}} \tag{3-9}$$

式(3-9) 表明，在一定温度下，难挥发非电解质稀溶液的蒸气压下降值与溶质的摩尔分数成正比，通常称为拉乌尔（Raoult）定律。此定律只适用于稀溶液，溶液越稀，越符合该定律。

3.3.2 溶液的沸点升高和凝固点下降

液体的蒸气压随温度升高而增大，当某一液体的蒸气压等于外界压力时，液体就沸腾了，这时的温度称为该液体的沸点（boiling point）。可见液体的沸点随外界压力的改变而改变。通常所指的沸点，是指外界压力为 101.3kPa 下的沸点，称为正常沸点。例如，水的蒸气压达到 101.3kPa 时的温度为 100℃，因此该温度是水的正常沸点。如果在水中加入少量难挥发的溶质后，由于溶液的蒸气压下降，在 100℃ 其蒸气压小于 101.3kPa（图 3-1），因此在 100℃ 时溶液不会沸腾。只有将温度升高，促使水分子热运动，以增加溶液的蒸气压，当溶液的蒸气压达到 101.3kPa 时，溶液才会沸腾。所以由难挥发溶质形成的稀溶液的沸点总是高于纯溶剂的沸点，这一现象称为稀溶液的沸点升高。溶液浓度越大，其蒸气压下降越多，则溶液沸点升高越多，其关系为

$$\Delta T_{\mathrm{b}}=K_{\mathrm{b}}b_{\mathrm{B}} \tag{3-10}$$

式中，ΔT_{b} 为溶液沸点的变化值，单位为 K 或℃；K_{b} 为溶剂的沸点升高常数，单位为 K·L·mol^{-1}或℃·kg·mol^{-1}；b_{B} 为溶质的质量摩尔浓度，单位为 mol·kg^{-1}。K_{b}只与溶剂的性质有关，而与溶质的本性无关。表 3-1 中列出了几种常见溶剂的 K_{b}值。

固体和液体一样，在一定的温度下也有一定的蒸气压。一般情况下，固体的蒸气压都很小。某物质的凝固点（freezing point）是该物质的液相和固相达到平衡时的温度。从蒸气压

角度来看，也就是该物质的液相蒸气压和固相蒸气压相等时的温度。因为若固相蒸气压小于液相蒸气压，则液相要向固相转化；反之，若固相蒸气压大于液相蒸气压，则固相要向液相转化。

在图 3-2 中，AB 是水的蒸气压曲线，AC 是冰的蒸气压曲线，AB 与 AC 的交点对应的温度（0℃）即为水的凝固点。如果在 0℃的冰水共存系统中加入少量难挥发非电解质，溶液的蒸气压下降了。由于溶质溶于水中，只影响溶液的蒸气压，而对固相冰的蒸气压没有影响。因此，加入少量难挥发非电解质后，溶液的蒸气压必定低于冰的蒸气压。由图可见，只有在更低的温度下两蒸气压才会相等。所以稀溶液的凝固点总是低于纯溶剂的凝固点。这一现象称为稀溶液的凝固点下降。与溶液沸点升高一样，溶液凝固点降低也与溶质的含量有关，即

$$\Delta T_f = K_f b_B \tag{3-11}$$

式中，ΔT_f 为溶液凝固点降低值，单位为 K 或℃；K_f 为溶剂的凝固点降低常数，单位为 $K \cdot kg \cdot mol^{-1}$ 或 $℃ \cdot kg \cdot mol^{-1}$；$b_B$ 为溶质的质量摩尔浓度，单位为 $mol \cdot kg^{-1}$。

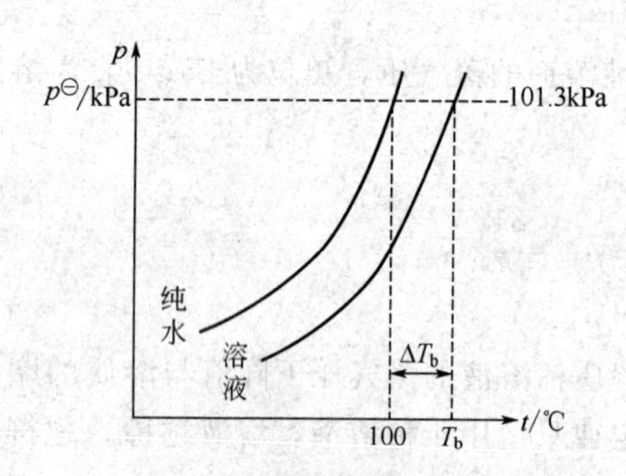

图 3-1 稀溶液和纯水沸点与蒸气压之间关系

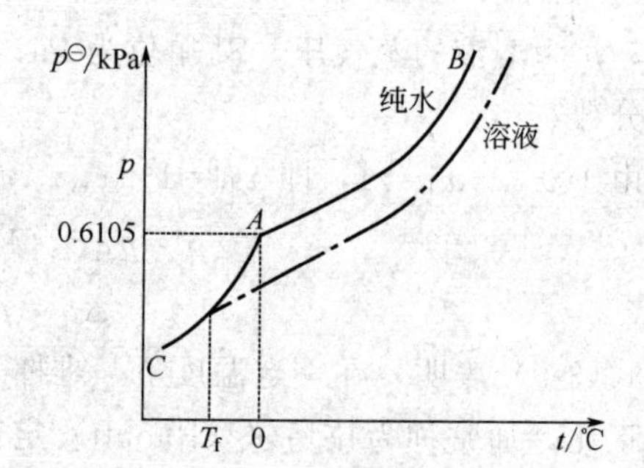

图 3-2 稀溶液的沸点升高与凝固点下降示意图

K_f 的大小只取决于溶剂的本性，而与溶质的本性无关。不同的溶剂有不同的 K_f，几种常见溶剂的 K_f 值见表 3-1。

表 3-1 几种常见溶剂的 K_b 和 K_f

溶剂	$K_b/K \cdot kg \cdot mol^{-1}$	$K_f/K \cdot kg \cdot mol^{-1}$	溶 剂	$K_b/K \cdot kg \cdot mol^{-1}$	$K_f/K \cdot kg \cdot mol^{-1}$
水	0.512	1.86	醋酸	3.07	3.90
乙醇	1.22	—	四氯化碳	4.88	—
苯	2.53	5.12	乙醚	2.02	—

利用稀溶液凝固点降低的性质，可以将冰盐等混合物作为降温之用。例如，在冰的表面上撒上盐，冰的表面总附有少量水，盐就溶解在水中形成盐溶液，而造成溶液的蒸气压下降，使其低于冰的蒸气压，这样冰就要融化。随着冰的融化，要吸收大量的热，于是冰盐混合物的温度就降低。利用盐和冰混合而成的制冷剂，温度可降到－22℃，广泛应用于水产品和食品的保存和运输。若用 $CaCl_2 \cdot 2H_2O$ 和冰混合，可使系统温度降低到－55℃。溶液凝固点降低与加入的溶质的质量摩尔浓度成正比，而质量摩尔浓度又与溶质的相对分子质量有关。因此凝固点下降还可用来测定作为溶质的未知物的相对分子质量。

【例 3-2】 将 5.50g 某纯净试样溶于 250g 苯中，测得该溶液的凝固点为 4.51℃。求该试样的相对分子质量（纯苯的凝固点为 5.53℃）。

解 设该试样的摩尔质量为 M，则

$$\Delta T_f = K_f b_B = K_f \cdot \frac{n_B}{m_A} = K_f \cdot \frac{\frac{m_B}{M}}{m_A} = K_f \cdot \frac{m_B}{m_A M}$$

$$M = \frac{K_f m_B}{m_A \Delta T_f} = \frac{5.12\text{K} \cdot \text{kg} \cdot \text{mol}^{-1} \times 5.50 \times 10^{-3}\text{kg}}{250 \times 10^{-3}\text{kg} \times (5.53 - 4.51)\text{K}} = 110\text{g} \cdot \text{mol}^{-1}$$

所以该试样的相对分子质量为 110。

3.3.3 渗透压

溶质在溶剂中的溶解是由于溶质粒子扩散运动的结果，这种粒子的热扩散运动使得溶质从高浓度处向低浓度处迁移，同时溶剂粒子也发生类似的迁移。当双向迁移达到平衡时，溶质在溶剂中的溶解达到最大程度。我们将这种物质自发地由高浓度处向低浓度处迁移的现象称为扩散（diffusion）。扩散现象不但存在于溶质与溶剂之间，也存在于任何不同浓度的溶液之间。如果用一种半透膜（如动物的膀胱，植物的表皮层，人造羊皮纸等）将蔗糖溶液和水分隔开，这种半透膜只允许水分子通过，而糖分子却不能通过，因此糖分子扩散就受到了限制。由于在单位体积内，纯水比蔗糖溶液中的水分子数目多一些，故在单位时间内，进入蔗糖溶液中的水分子数目比离开的多，结果使蔗糖溶液的液面升高（图 3-3）。这种溶剂分子通过半透膜自动扩散的过程称为渗透（osmosis）。如果在蔗糖溶液的液面上施加压力，使两边的液面重新持平，这时水分子从两边穿过的数目完全相等，即达到渗透平衡。这时溶液液面上所施加的压力就是该溶液的渗透压（osmotic pressure）。因此，渗透压是为了在半透膜两边维持渗透平衡而需要施加的压力。换句话说渗透压是为了阻止溶剂向稀溶液渗透而必须在溶液上方施加的最小压力。

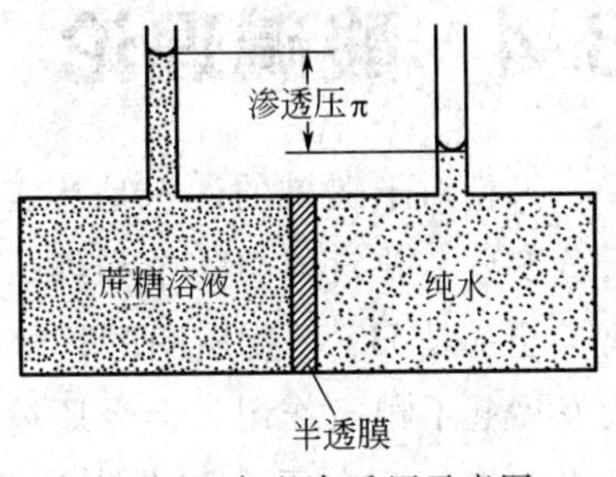

图 3-3 产生渗透压示意图

如果外加在溶液上的压力超过渗透压，则会使溶液中的水向纯水的方向流动，使水的体积增加，这个过程叫做反渗透（reverse osmosis）。反渗透广泛应用于海水淡化、工业废水和污水的处理及溶液浓缩等方面。

1887 年，荷兰物理化学家范特霍夫（J. H. van't Hoff）综合渗透实验结果，总结出了非电解质稀溶液的渗透压可以用一个与理想气体状态方程非常相似的公式来计算，其数学表达式如下。

$$\Pi V = n_B RT \tag{3-12}$$

或

$$\Pi = c_B RT \tag{3-13}$$

式中，Π 是溶液的渗透压，单位是 Pa；V 是溶液的体积；n_B 是溶质的物质的量；c_B 是溶液的物质的量浓度；R 是摩尔气体常数，为 $8.314 \times 10^{-3}\text{Pa} \cdot \text{L} \cdot \text{mol}^{-1} \cdot \text{K}^{-1}$；$T$ 是热力学温度。

从式(3-13) 可以看出，在一定的温度下，稀溶液的渗透压与溶液的浓度成正比，也就

是说，与溶液中所含溶质的粒子数目成正比，而与溶质的本性无关。必须注意，渗透压只是当溶液与溶剂被半透膜分隔开时才会产生。另外，如果半透膜内外是两种不同浓度的溶液，则它们之间也能产生渗透压。

上面我们系统地介绍了在难挥发、非电解质的稀溶液中存在的四个性质：蒸气压降低、沸点升高、凝固点下降和渗透压。从它们的定量计算公式可清楚地看出稀溶液的这四个性质仅与一定量溶剂中所含溶质的独立质点数有关，而与溶质的本性无关，这也是将这四个性质称为稀溶液的依数性，并将这种规律称为稀溶液依数定律的原因。

但是，稀溶液定律给出的依数性与溶液浓度的定量关系不适合于浓溶液和电解质溶液。因为在浓溶液中，溶质的微粒数较多，溶质微粒之间以及溶质微粒与溶剂分子之间的相互影响大大加强了，而在电解质溶液中存在溶质的解离现象。这些复杂的因素使稀溶液定律的定量关系产生了较大偏差。

3.4 酸碱理论

人们对于酸碱的认识是从实际观察中开始的。如酸有酸味，使石蕊变红；碱有涩味，使石蕊变蓝，并且能与酸中和等。根据阿仑尼乌斯的酸碱理论：凡是在水溶液中能解离出的正离子全部是 H^+ 的物质叫酸；解离出的负离子全部是 OH^- 的物质叫碱。此理论对化学科学的发展起了积极作用，至今还被广泛应用。但是该理论局限性是很明显的，它把酸和碱只限于水溶液，而在无水和非水溶剂中无法定义酸碱。例如，NH_4Cl、$AlCl_3$，其水溶液呈酸性，另一类物质如 Na_2CO_3、NaAc，其水溶液呈碱性。前者自身并不含 H^+，后者自身并不含 OH^-。为了能解释除水溶剂以外，在其它能解离的溶剂（如冰醋酸）中进行的酸碱反应，1905 年，美国科学家弗兰克林（E. C. Franklin）提出了酸碱的溶剂理论。1923 年，丹麦化学家布朗斯特（J. N. Brönsted）和英国化学家劳莱（T. M. Lowry）各自独立地提出了酸碱质子理论。几乎同时，美国化学家路易斯（G.. N. Lewis）提出了酸碱电子理论。本章只介绍酸碱质子理论。

3.4.1 酸碱质子理论

酸碱质子理论认为：凡能给出 H^+ 的物质是酸，凡能接受 H^+ 的物质是碱。酸和碱的关系可用如下简式表示。

$$\text{酸} \rightleftharpoons \text{碱} + H^+$$

例如

$$HCl \rightleftharpoons Cl^- + H^+$$

$$HAc \rightleftharpoons Ac^- + H^+$$

$$NH_4^+ \rightleftharpoons NH_3 + H^+$$

$$H_2CO_3 \rightleftharpoons HCO_3^- + H^+$$

$$H_3PO_4 \rightleftharpoons H_2PO_4^- + H^+$$

$$H_2PO_4^- \rightleftharpoons HPO_4^{2-} + H^+$$

由以上例子可见，酸碱可以是中性分子、正离子或负离子。酸碱质子理论把酸碱之间这种相互依存、相互转化的关系叫做酸碱的共轭关系。酸（如 HCl）失去质子后形成的碱（Cl^-）叫该酸的共轭碱。碱（如 Cl^-）结合质子后形成的酸（HCl）叫该碱的共轭酸，相应的一对酸碱（$HCl-Cl^-$）称为共轭酸碱对（conjugated pair of acid-base）。上式中 $HAc-Ac^-$，$NH_4^+-NH_3$，$H_2PO_4^--HPO_4^{2-}$ 均为共轭酸碱对。酸越强（表示酸越易释放 H^+），则其共轭碱越弱（表示共轭碱越难结合 H^+）。反之，碱越强，则其共轭酸越弱。有些物质既可释放 H^+ 又可接受 H^+（如 $H_2PO_4^-$ 释放出 H^+ 变成 HPO_4^{2-}，也可接受 H^+ 变成 H_3PO_4），它们既可作为酸也可作为碱，称之为两性物质（amphoteric compound）。质子理论认为，酸碱反应的实质是质子的转移（得失）。为了实现酸碱反应。例如，使 HCl 转化为 Cl^-，HCl 给出的质子必须被同时存在的另一物质碱接受。因此，酸碱反应实际上是两个共轭酸碱对共同作用的结果。例如

$$\text{酸}_1+\text{碱}_2 \rightleftharpoons \text{酸}_2+\text{碱}_1$$

$$HAc+H_2O \rightleftharpoons H_3O^++Ac^- \quad (1)$$

$$H_2O+Ac^- \rightleftharpoons HAc+OH^- \quad (2)$$

$$HCl+NH_3 \rightleftharpoons NH_4^++Cl^- \quad (3)$$

酸碱下标相同的是一对共轭酸碱。反应（1）中，HAc（酸$_1$）释放一个质子变成 Ac^-（碱$_1$），H_2O（碱$_2$）结合一个质子变成 H_3O^+（酸$_2$），故 $HAc-Ac^-$，$H_2O-H_3O^+$ 各为共轭酸碱对。此反应的实质是两个共轭酸碱对之间的质子传递反应。反应（2）和反应（3）也都是质子传递反应。但从阿仑尼乌斯的酸碱理论来看，上述三个反应依次为酸解离反应、盐类水解反应及中和反应。由此可见，酸碱质子理论把解离、水解及中和等反应都统一为质子传递反应。

从质子理论来看，任何酸碱反应都是两个共轭酸碱对之间的质子传递反应。而质子的传递，并不要求反应必须在水溶液中进行，也不要求先生成质子再结合到碱上去，只要质子能从一种物质传递到另一种物质就可以了。因此，酸碱反应可以在非水溶剂、无溶剂等条件下进行。酸碱质子理论大大扩大了酸碱的概念和应用范围。但是，质子理论也有局限性，它只限于质子的给予和接受，对于无质子的反应就无法解释了。

3.4.2 酸碱的相对强弱

(1) 水的解离平衡

纯水是一种很弱的电解质，其分子与分子之间也有质子的传递：

$$H_2O+H_2O \rightleftharpoons H_3O^++OH^-$$

其中一个水分子作为酸释放出一个质子，另一个水分子作为碱接受一个质子，从而形成 OH^- 和 H_3O^+。

其平衡常数表达式为 $K_w^\ominus=[c(H_3O^+)/c^\ominus][c(OH^-)/c^\ominus]$

$K_w^\ominus$ 也称为水的离子积常数，简称水的离子积。

可将上式简化为

$$K_w^\ominus=c'(H_3O^+)c'(OH^-) \quad (3\text{-}14)$$

式中，$c'(H_3O^+)$、$c'(OH^-)$ 分别为 H_3O^+、OH^- 的相对平衡浓度，是平衡浓度与标准浓度 $c^\ominus$ 的比值，量纲为1。

溶液中 H^+ 或 OH^- 浓度的改变能引起水的解离平衡的移动。298.15K，在纯水中，$c(H_3O^+)=c(OH^-)$；如果在纯水中加入少量的 HCl 或 NaOH 形成稀溶液，$c(H_3O^+)$ 和 c

(OH^-) 将发生改变。达到新的平衡时，$c(H_3O^+) \neq c(OH^-)$；但是，只要温度保持不变，$K_w^{\ominus} = c'(H_3O^+)c'(OH^-)$ 仍然保持不变。若已知 $c(H_3O^+)$，可根据式(3-14) 求得 $c(OH^-)$；反之亦然。

(2) 溶液的 pH

溶液中，$c(H_3O^+)$ 或 $c(OH^-)$ 浓度的大小反映了溶液酸碱性的强弱。一般稀溶液中 $c(H_3O^+)$ 的范围在 $10^{-1} \sim 10^{-14} mol \cdot L^{-1}$。$c(H_3O^+)$ 与 $c(OH^-)$ 是相互联系的，水的离子积常数正表明了二者间的数量关系。根据它们的相互联系可以用一个统一的标准来表示溶液的酸碱性。通常习惯于以 $c(H_3O^+)$ 的负对数来表示溶液的酸碱性大小。即

$$pH = -lg[c(H_3O^+)/c^{\ominus}] = -lgc'(H_3O^+)$$

与 pH 对应的还有 pOH，即

$$pOH = -lg[c(OH^-)/c^{\ominus}] = -lgc'(OH^-)$$

精确实验测得在 22℃时纯水中：

$$c(H_3O^+) = c(OH^-) = 1.0 \times 10^{-7} mol \cdot L^{-1}$$

则
$$K_w^{\ominus} = c'(H_3O^+)c'(OH^-) = 1.0 \times 10^{-14}$$

将等式两边分别取负对数，得

$$-lgK_w^{\ominus} = -lg\{c'(H_3O^+)\} - lg\{c'(OH^-)\} = 14$$

令
$$pK_w^{\ominus} = -lgK_w^{\ominus}$$

则
$$pK_w^{\ominus} = pH + pOH = 14.00$$

$K_w^{\ominus}$ 随温度升高而变大，但变化不是很明显。为了方便，一般在室温范围内（22～25℃）均采用 $K_w^{\ominus} = 1.0 \times 10^{-14}$。

pH 是用来表示水溶液酸碱性的一种标度。pH 越小，$c(H_3O^+)$ 越大，溶液的酸性越强，碱性越弱。298.15K 时，溶液的酸碱性与 $c(H_3O^+)$，pH 的关系可概括如下。

中性溶液　$c(H_3O^+) = c(OH^-)$，$c(H_3O^+) = 1 \times 10^{-7} mol \cdot L^{-1}$，$pH = 7$

酸性溶液　$c(H_3O^+) > c(OH^-)$，$c(H_3O^+) > 1 \times 10^{-7} mol \cdot L^{-1}$，$pH < 7$

碱性溶液　$c(H_3O^+) < c(OH^-)$，$c(H_3O^+) < 1 \times 10^{-7} mol \cdot L^{-1}$，$pH > 7$

在工农业生产和科学实验中，常会遇到 H^+ 浓度小于 $10^{-1} mol \cdot L^{-1}$ 的情况，这时用 pH 表示就比较方便。如果 $c(H_3O^+) > 1 mol \cdot L^{-1}$，则 $pH < 0$；$c(OH^-) > 1 mol \cdot L^{-1}$，则 $pH > 14$。在这种情形下，就直接写出 $c(H_3O^+)$、$c(OH^-)$ 即可。

粗略测定溶液的 pH 时，可用 pH 试纸；精确测定时要用 pH 酸度计，一般的 pH 酸度计可精确到小数点后两位。

(3) 酸碱强度

在水溶液中，可以通过比较质子转移反应中平衡常数的大小，来比较酸碱的相对强弱。平衡常数越大，酸碱的强度也越大。酸的平衡常数用 $K_a^{\ominus}$ 表示，称为酸的解离常数，也叫酸常数。酸越强，$K_a^{\ominus}$ 值越大，其共轭碱就越弱；反之，酸越弱，$K_a^{\ominus}$ 值越小，其共轭碱就越强。例如，已知 $K_a^{\ominus}(HCOOH) = 1.8 \times 10^{-4}$，$K_a^{\ominus}(CH_3COOH) = 1.8 \times 10^{-5}$，当两种酸的浓度相同时，甲酸溶液的酸性比乙酸强。碱的平衡常数用 $K_b^{\ominus}$ 表示，称为碱的解离常数，也叫碱常数。碱越强，$K_b^{\ominus}$ 值越大，其共轭酸就越弱。确定了质子酸碱的强弱，就可判断酸碱反应的方向。

共轭酸碱对中弱酸的 $K_a^\ominus$ 与其共轭碱的 $K_b^\ominus$ 还存在如下的定量关系。

$$K_a^\ominus K_b^\ominus = K_w^\ominus \tag{3-15}$$

下面以共轭酸碱对 HAc-Ac^- 为例来推导式(3-15)。

HAc 在水溶液中的解离式为

$$HAc + H_2O \rightleftharpoons H_3O^+ + Ac^-$$

其标准酸解离常数 $K_a^\ominus$ 的表达式为

$$K_a^\ominus = \frac{c'(H_3O^+)c'(Ac^-)}{c'(HAc)}$$

Ac^- 是碱，它在水溶液中的解离式为

$$Ac^- + H_2O \rightleftharpoons HAc + OH^-$$

其标准碱解离常数 $K_b^\ominus$ 的表达式为

$$K_b^\ominus = \frac{c'(HAc)c'(OH^-)}{c'(Ac^-)}$$

则 $$K_a^\ominus K_b^\ominus = \frac{c'(H_3O^+)c'(Ac^-)}{c'(HAc)} \cdot \frac{c'(HAc)c'(OH^-)}{c'(Ac^-)} = c'(H_3O^+)c'(OH^-) = K_w^\ominus$$

一些弱酸、弱碱在水溶液中的标准解离常数见附录 2。一般教科书和化学手册上往往只列出分子酸的 $K_a^\ominus$ 和分子碱的 $K_b^\ominus$，离子酸和离子碱的 $K_a^\ominus$ 和 $K_b^\ominus$ 可由式(3-15) 计算得到，见附录 3。

【例 3-3】 已知弱酸甲酸（HCOOH）的 $K_a^\ominus = 1.8 \times 10^{-4}$，弱碱 NH_3 的 $K_b^\ominus = 1.8 \times 10^{-5}$，求弱碱 $HCOO^-$ 的 $K_b^\ominus$ 和弱酸 NH_4^+ 的 $K_a^\ominus$ 值。

解 利用式(3-15)，可得

$$K_b^\ominus(HCOO^-) = \frac{K_w^\ominus}{K_a^\ominus(HCOOH)} = \frac{1.0 \times 10^{-14}}{1.8 \times 10^{-4}} = 5.6 \times 10^{-11}$$

$$K_a^\ominus(NH_4^+) = \frac{K_w^\ominus}{K_b^\ominus(NH_3)} = \frac{1.0 \times 10^{-14}}{1.8 \times 10^{-4}} = 5.6 \times 10^{-10}$$

3.5 弱酸、弱碱的解离平衡

弱酸、弱碱属弱电解质，它们大部分以分子形式存在于水溶液中，在水中是部分解离的，因而存在着解离平衡。

3.5.1 一元弱酸、弱碱的解离平衡

一元弱酸 HA，在水溶液中存在下列解离平衡。

$$HA + H_2O \rightleftharpoons H_3O^+ + A^-$$

通常可简写为

$$HA \rightleftharpoons H^+ + A^-$$

这类反应一般能很快达到平衡，称其为解离平衡。对弱酸的稀溶液，其标准解离常数 $K_a^\ominus$ 的表达式为

$$K_a^\ominus = \frac{c'(H^+)c'(A^-)}{c'(HA)}$$

在弱酸溶液中，除了弱酸的解离平衡，还有水的自解离平衡。

$$H_2O+H_2O \rightleftharpoons OH^- + H_3O^+$$

它们都解离出 H_3O^+，二者之间相互联系，相互影响。通常情况下 $K_a^\ominus \gg K_w^\ominus$。只要$c$(HA)不是很小时，$H_3O^+$ 主要是由 HA 解离产生的。因此，计算溶液中的 $c(H_3O^+)$ 时，就可以不考虑水的解离平衡。

若弱酸的起始浓度为 c，平衡时有

$$c(H^+)=c(A^-), c(HA)=c-c(H^+)$$

将此代入 $K_a^\ominus$ 的表达式。有

$$K_a^\ominus=\frac{c'(H^+)^2}{c'-c'(H^+)} \tag{3-16}$$

$$c'(H^+)^2+K_a^\ominus c'(H^+)-K_a^\ominus c'=0$$

$$c'(H^+)=\frac{-K_a^\ominus+\sqrt{(K_a^\ominus)^2+4K_a^\ominus c'}}{2} \tag{3-17}$$

这是计算一元弱酸溶液中 $c(H^+)$ 的近似式。如果 $c(H^+) \ll c$，则 $c-c(H^+) \approx c$，由式(3-16) 可得

$$c'(H^+)=\sqrt{c'K_a^\ominus} \tag{3-18}$$

式(3-18) 是计算一元弱酸溶液中 $c(H^+)$ 的最简式。

计算一元弱酸溶液中 $c(H^+)$ 时，采用式(3-17) 还是式(3-18) 取决于 $c'-c'(H^+) \approx c'$ 是否成立。一般认为，当 $c'K_a^\ominus \geqslant 20K_w^\ominus$，且 $c'/K_a^\ominus \geqslant 400$ 时，可认为 $c'-c'(H^+) \approx c'$ 成立。

一元弱碱的解离平衡组成的计算与一元弱酸的解离平衡组成的计算没有本质上的差别。因此，对于一元弱碱，处理的方法与一元弱酸类似。只需将以上有关公式中的 $K_a^\ominus$ 换成 $K_b^\ominus$，$c(H^+)$ 换成 $c(OH^-)$ 即可。例如，计算浓度为 c 的弱碱溶液的最简式为

$$c'(OH^-)=\sqrt{c'K_b^\ominus} \tag{3-19}$$

近似式为

$$c'(OH^-)=\frac{-K_b^\ominus+\sqrt{(K_b^\ominus)^2+4K_b^\ominus c'}}{2} \tag{3-20}$$

弱酸或弱碱在水中的解离程度也可用解离度 α 表示。α 为已解离的分子数与分子总数之比。在恒容反应中，已解离的弱酸（或弱碱）的浓度与原始浓度之比等于解离度。

弱酸解离度的大小也可表示酸的相对强弱。在温度、浓度相同的条件下，解离度大的酸，其 $K_a^\ominus$ 大，相应的 pH 值小，为较强的酸；解离度小的酸，其 $K_a^\ominus$ 小，相应的 pH 值大，为较弱的酸。

以浓度为 c 的弱酸 HA 的解离平衡为例，$K_a^\ominus$ 与 α 间的定量关系可以推导如下。

	$HA+H_2O \rightleftharpoons$	A^-	$+H_3O^+$
起始浓度	c'	0	0
平衡浓度	$c'-c'\alpha$	$c'\alpha$	$c'\alpha$

$$K_a^{\ominus}=\frac{(c'\alpha)^2}{c'-c'\alpha}=\frac{c'\alpha^2}{1-\alpha}$$

当弱电解质 $\alpha<5\%$时，$1-\alpha\approx1$，于是可用以下近似关系式表示

$$\alpha=\sqrt{\frac{K_a^{\ominus}}{c'}} \tag{3-21}$$

此式表明了一元弱酸溶液的浓度、解离度和解离常数间的关系，叫做稀释定律。可见当 $K_a^{\ominus}$ 或 $K_b^{\ominus}$ 一定时，弱酸或弱碱的浓度越稀，解离度越大。

【例 3-4】 已知 HAc 的 $K_a^{\ominus}=1.8\times10^{-5}$，计算 $0.10\text{mol}\cdot\text{L}^{-1}$ HAc 溶液的 pH 和解离度。

解 由于 $c'K_a^{\ominus}\geqslant20K_w^{\ominus}$，且 $c'/K_a^{\ominus}\geqslant400$

故可用最简式求算。

$$c'(H^+)=\sqrt{c'K_a^{\ominus}}=\sqrt{0.10\times1.8\times10^{-5}}=1.3\times10^{-3}$$

$$c(H^+)=1.3\times10^{-3}\text{mol}\cdot\text{L}^{-1}$$

$$\text{pH}=2.89$$

$$\alpha=\frac{c(H^+)}{c}=\frac{1.3\times10^{-3}\text{mol}\cdot\text{L}^{-1}}{0.10\text{mol}\cdot\text{L}^{-1}}\times100\%=1.3\%$$

【例 3-5】 计算 $0.20\text{mol}\cdot\text{L}^{-1}$ $NH_3\cdot H_2O$ 的 $c(OH^-)$ 及解离度。

解 已知 $K_b^{\ominus}(NH_3\cdot H_2O)=1.8\times10^{-5}$，由于 $c'K_b^{\ominus}>20K_w^{\ominus}$，$c'/K_b^{\ominus}>400$

故可用最简式计算，可得

$$c'(OH^-)=\sqrt{c'K_b}=\sqrt{0.20\times1.8\times10^{-5}}=1.9\times10^{-3}$$

$$c(OH^-)=1.9\times10^{-3}\text{mol}\cdot\text{L}^{-1}$$

$$\alpha=\frac{c(OH^-)}{c}=\frac{1.9\times10^{-3}\text{mol}\cdot\text{L}^{-1}}{0.20\text{mol}\cdot\text{L}^{-1}}=9.5\times10^{-3}=0.95\%$$

3.5.2 多元弱酸、弱碱的解离平衡

含有一个以上可以解离的 H^+ 的酸叫多元酸，如 H_2SO_4、H_3PO_4、H_2S、H_2CO_3 等。

一元弱酸的解离过程是一步完成的，多元酸的解离是分步进行的。前面所讨论的一元弱酸的解离平衡原理，完全适用于多元弱酸弱碱的解离平衡。例如氢硫酸 H_2S，在水溶液中（25℃）存在如下平衡。

$$H_2S+H_2O \rightleftharpoons H_3O^+ +HS^-$$

$$K_{a_1}^{\ominus}=\frac{c'(H_3O^+)c'(HS^-)}{c'(H_2S)}=1.1\times10^{-7}$$

$$HS^- +H_2O \rightleftharpoons H_3O^+ +S^{2-}$$

$$K_{a_2}^{\ominus}=\frac{c'(H_3O^+)c'(S^{2-})}{c'(HS^-)}=1.0\times10^{-14}$$

$K_{a_1}^{\ominus}$和 $K_{a_2}^{\ominus}$分别称 H_2S 的一级和二级标准解离常数。在多元弱酸的溶液中，实际上存在多个解离平衡，除了酸自身的多步解离平衡之外，还有溶剂水的解离平衡，它们能同时很快达到平衡。这些平衡中有相同的物种 H_3O^+，平衡时溶液中的 $c(H_3O^+)$ 保持恒定，此时

$c(H_3O^+)$满足各平衡的平衡常数表达式的数量关系。关键是各平衡的 $K_a^\ominus$ 的相对大小不同，它们解离出来的 H_3O^+ 对溶液中 H_3O^+ 的总浓度贡献不同。一般情况下，无机多元弱酸各级解离常数 $K_{a_1}^\ominus \gg K_{a_2}^\ominus \gg K_{a_3}^\ominus \cdots$ 彼此相差约 10^5 倍。如果 $K_{a_1}^\ominus / K_{a_2}^\ominus > 10^{1.6}$，可以认为溶液中的 H_3O^+ 主要由第一级解离生成，可忽略其它各级解离，溶液中 $c(H_3O^+)$ 的计算可按一元弱酸处理。多元弱碱也可以同样处理。

【例 3-6】 在常温、常压下，饱和 H_2CO_3 溶液的浓度为 $0.040\text{mol}\cdot L^{-1}$，计算该溶液的 pH。

解 H_2CO_3 是二元弱酸，$K_{a_1}^\ominus / K_{a_2}^\ominus = 4.3\times10^{-7}/5.6\times10^{-11} > 10^{1.6}$，溶液中的 H^+ 主要由第一级解离生成。

由于 $c'K_{a_1}^\ominus > 20K_w^\ominus$，$c'/K_{a_1}^\ominus > 400$，故可采用最简式计算。

$$c'(H^+) = \sqrt{c'K_{a_1}^\ominus} = \sqrt{0.040\times4.3\times10^{-7}} = 1.3\times10^{-4}$$

$$c(H^+) = 1.3\times10^{-4}\text{mol}\cdot L^{-1}$$

$$pH = 3.89$$

【例 3-7】 计算 $0.10\text{mol}\cdot L^{-1}$ Na_2CO_3 溶液的 pH。

解 Na_2CO_3 为强电解质，在水溶液中全部解离。按酸碱质子理论，CO_3^{2-} 为二元弱碱。

$$CO_3^{2-} + H_2O \rightleftharpoons OH^- + HCO_3^-$$

$$K_{b_1}^\ominus = K_w^\ominus / K_{a_2}^\ominus = \frac{1.0\times10^{-14}}{5.6\times10^{-11}} = 1.8\times10^{-4}$$

$$HCO_3^- + H_2O \rightleftharpoons OH^- + H_2CO_3$$

$$K_{b_2}^\ominus = K_w^\ominus / K_{a_1}^\ominus = \frac{1.0\times10^{-14}}{4.2\times10^{-7}} = 2.4\times10^{-8}$$

由于 $c'K_{b_1}^\ominus \geqslant 20K_w^\ominus$，且 $c'/K_{b_1}^\ominus \geqslant 400$，故可采用最简式计算：

$$c'(OH^-) = \sqrt{c'K_{b_1}^\ominus} = \sqrt{0.10\times1.8\times10^{-4}} = 4.2\times10^{-3}$$

$$c(OH^-) = 4.2\times10^{-3}\text{mol}\cdot L^{-1}$$

$$pOH = 2.38，pH = 11.62$$

3.5.3 同离子效应和盐效应

在弱电解质如 $NH_3\cdot H_2O$ 的溶液中，加入强电解质 NH_4Cl，由于 NH_4Cl 全部解离产生了 NH_4^+，使溶液中的 NH_4^+ 浓度大大增加，使氨的解离平衡向左移动，从而降低了 $NH_3\cdot H_2O$ 的解离度。

$$NH_3\cdot H_2O \rightleftharpoons NH_4^+ + OH^-$$

这种在弱电解质溶液中加入与该弱电解质含有相同离子的强电解质，使弱电解质的解离度降低的现象称为同离子效应（common ion effect)。同理，在 HAc 溶液中加入 NaAc 也发生同离子效应。

如果加入的强电解质不具有相同离子，如往 $NH_3\cdot H_2O$ 溶液中加入 NaCl，同样会破坏原有的平衡，但平衡向右移动，使弱酸、弱碱的解离度增大，这种现象叫盐效应。在弱电解质溶液中加入不含相同离子的强电解质，由于溶液中离子间相互牵制作用增强，弱电解质解离出来的离子重新结合成分子的机会减小，分子化速率减小，所以表现为弱电解质的解离度略有增高。

当然，存在同离子效应的同时也存在盐效应，但同离子效应比盐效应要大得多，二者共存时，常常忽略盐效应，只考虑同离子效应。

【例 3-8】 在 $0.100mol \cdot L^{-1}$ $NH_3 \cdot H_2O$ 溶液中，加入固体 NH_4Cl，使其浓度为 $0.100mol \cdot L^{-1}$，计算溶液中 $c(H^+)$、$NH_3 \cdot H_2O$ 的解离度。

解 设平衡时，OH^- 的浓度为 $x mol \cdot L^{-1}$。

$$NH_3 \cdot H_2O \rightleftharpoons NH_4^+ \quad + \quad OH^-$$

平衡浓度/$mol \cdot L^{-1}$ $\quad 0.100-x \quad 0.100+x \quad x$

$$K_b^{\ominus}=\frac{x(0.100+x)}{0.100-x}=1.8\times10^{-5}$$

因为 $c'/K_b^{\ominus}>400$，所以 $0.100-x\approx0.100$，$0.100+x\approx0.100$

$$\frac{0.100x}{0.100}=1.8\times10^{-5} \qquad x=1.8\times10^{-5}$$

即
$$c'(OH^-)=1.8\times10^{-5}mol \cdot L^{-1}$$

$$c'(H^+)=\frac{1.0\times10^{-14}}{1.8\times10^{-5}}=5.6\times10^{-10}$$

$$c(H^+)=5.6\times10^{-10}mol \cdot L^{-1}$$

$$\alpha=\frac{1.8\times10^{-5}mol \cdot L^{-1}}{0.100mol \cdot L^{-1}}\times100\%=0.018\%$$

未加 NH_4Cl 的 $0.100mol \cdot L^{-1}$ $NH_3 \cdot H_2O$ 溶液的解离度 $\alpha=1.34\%$。可见，加入 NH_4Cl 后，由于同离子效应，$NH_3 \cdot H_2O$ 的解离度降低。

利用同离子效应可以控制弱酸或弱碱溶液的 $c(H^+)$ 或 $c(OH^-)$，所以在实际应用中常用来调节溶液的酸碱性。此外，利用同离子效应还可以控制弱酸溶液中的酸根离子浓度（如 H_2S、H_3PO_4 等溶液中的 S^{2-}、PO_4^{3-} 的浓度)，从而可使某些或某种金属离子沉淀出来，达到分离、提纯的目的。

同离子效应在生产中也有实际应用。例如，传统工艺生产和提纯草酸采用物理方法，即以热的溶剂将Ⅲ级草酸（杂质较多）全部溶解，制成一定浓度的草酸液，再进行冷却、结晶、过滤得到Ⅱ级精制草酸（杂质较少)，再以此为原料再经二次、三次提纯分别制得Ⅰ级和特级精制草酸。此法需要母液量大，产率低，成本较高。新工艺依据同离子效应原理，使杂质离子从草酸溶液中分离出来，得到高纯度的草酸。加热工业级草酸溶液，加入一定量的相同离子的强电解质，溶液中杂质离子与加入的强电解质形成较强离子键，减少了杂质离子与草酸碰撞机会，最后经过脱水得到高纯度的草酸。

3.6 缓冲溶液

在含有共轭酸碱对（弱酸-弱酸盐或弱碱-弱碱盐）的混合溶液中加入少量强酸或强碱或稍加稀释，溶液的 pH 基本上无变化，这种具有保持溶液 pH 相对稳定性能的溶液称为缓冲溶液。例如，在 1L 水中加 0.001mol HCl 时，溶液的 pH 值从 7 降到 3，pH 值降低了 4 个单位。但在 1L 浓度均为 $0.1mol \cdot L^{-1}$的 HAc 和 NaAc 混合溶液中加入 0.001mol HCl 时，溶液的 pH 值从 4.76 降到 4.75，pH 值仅降低 0.01 个单位。后一种溶液即为缓冲溶液。同样，NH_4Cl 与其共轭碱 NH_3 的混合溶液以及 $NaHCO_3$-Na_2CO_3 等都具有这种性质。

3.6.1 缓冲作用原理

缓冲溶液为什么能够保持 pH 相对稳定，而不因加入少量强酸或强碱引起 pH 较大的变化呢？根据酸碱质子理论，缓冲溶液都是由弱酸及其共轭碱组成的混合溶液。假定缓冲溶液含有浓度相对较大的弱酸 HB 和它的共轭碱 B^-，在溶液中发生的质子转移反应为

$$HB + H_2O \rightleftharpoons B^- + H_3O^+$$

$$K_a^\ominus = \frac{c'(H^+)c'(B^-)}{c'(HB)}$$

$$c'(H^+) = K_a^\ominus \cdot \frac{c'(HB)}{c'(B^-)} \tag{3-22}$$

由此可见，缓冲溶液能保持 pH 基本不变，其实是加入少量强酸、强碱后仍能保持$\frac{c'(HB)}{c'(B^-)}$之值基本不变。在缓冲溶液中，HB 和 B^- 的起始浓度都比较大，即溶液中大量存在的形式主要是 HB 和 B^-。

当缓冲溶液中加入少量强酸时，此时溶液中大量的 B^- 与外加的少量的 H^+ 结合成 HB，平衡左移。B^- 浓度略有减小，HB 浓度略有增大，$c'(HB)/c'(B^-)$ 比值变化不大，溶液的 $c'(H_3O^+)$ 或 pH 基本不变。在这里，溶液中的共轭碱 B^- 起了抗酸的作用。

当加入少量强碱时，外加的少量的 OH^- 与溶液中 H^+ 生成 H_2O。平衡右移，同时 HB 解离出 H^+，这样 HB 浓度略有减小，B^- 浓度略有增大，$c'(HB)/c'(B^-)$ 比值变化也不大，溶液的 $c(H_3O^+)$ 或 pH 基本不变。在这里，HB 起了抗碱的作用。

当加水稀释时，各种物质的浓度同时减小，使得 $c'(HB)/c'(B^-)$ 比值不变，溶液的 $c(H^+)$ 或 pH 保持不变。当然，也不能无限制加水稀释。

3.6.2 缓冲溶液 pH 的计算

在讨论缓冲溶液的缓冲作用原理时，已经知道，缓冲溶液中 $c(H_3O^+)$ 取决于弱酸的解离常数和共轭酸、碱浓度的比值。设弱酸 HB 及其共轭碱 B^- 的起始浓度分别为 c_a 和 c_b，由于缓冲剂的浓度一般较大，且弱酸 HB 的解离度本来就不大，加上同离子效应，解离度变得更小。可将式(3-22) 中的 $c(HB)$ 和 $c(B^-)$ 看作等于最初浓度 c_a 和 c_b，则式(3-22) 可写成下面的形式。

$$c'(H^+) = K_a^\ominus \cdot \frac{c_a}{c_b}$$

等式两边取负对数

$$pH = pK_a^\ominus + \lg\frac{c_b}{c_a} \tag{3-23}$$

式(3-22) 和式(3-23) 都是计算缓冲溶液 pH 的基本公式。

对于弱碱及其共轭酸组成的缓冲溶液，其 pOH 的计算公式为

$$pOH = pK_b^\ominus + \lg\frac{c_a}{c_b} \tag{3-24}$$

【例 3-9】 有 100mL 含有 $0.050mol \cdot L^{-1}$ HAc 和 $0.050mol \cdot L^{-1}$ NaAc 的缓冲溶液。

试计算：

（1）该缓冲溶液的pH；（2）向该溶液中加入0.50mL 1.0mol·L^{-1}HCl后溶液的pH。

解　（1）缓冲溶液的pH为

$$pH = pK_a^{\ominus} + \lg\frac{c_b}{c_a} = 4.74 + \lg\frac{0.050}{0.050} = 4.74$$

（2）加入0.50mL 1.0mol·L^{-1} HCl后，HCl可全部与Ac^-反应生成HAc，溶液中的Ac^-浓度降低，HAc浓度升高，所以反应后溶液中Ac^-和HAc的浓度分别为

$$c_a = \frac{100\times0.050+0.50\times1.0}{100.5}mol\cdot L^{-1} = 0.055mol\cdot L^{-1}$$

$$c_b = \frac{100\times0.050-0.50\times1.0}{100.5}mol\cdot L^{-1} = 0.045mol\cdot L^{-1}$$

$$pH = pK_a^{\ominus} + \lg\frac{c_b}{c_a} = 4.74 + \lg\frac{0.045}{0.055} = 4.65$$

3.6.3　缓冲容量

任何缓冲溶液的缓冲能力都是有一定限度的。对每一种缓冲溶液，只有在外加的酸碱的量不大时，或将溶液适当稀释时，才能保持溶液的pH基本不变或变化不大。缓冲溶液的pH主要是由$pK_a^{\ominus}$或$pK_b^{\ominus}$决定的，另外还与组成缓冲溶液的共轭酸碱对的起始浓度有关。缓冲能力的大小常以缓冲容量来量度，缓冲容量的大小取决于缓冲系统共轭酸碱对的浓度及其比值。在浓度较大的缓冲溶液中，当缓冲组分浓度的比值为1∶1时，缓冲容量最大。当共轭酸碱对浓度比为1∶1时，共轭酸碱对的总浓度越大，缓冲能力越大。因此，常用的缓冲溶液各组分的浓度一般在0.01～0.1mol·L^{-1}，共轭酸碱对比值在1/10 ～ 10，其相应的pH变化范围为$pH = pK_a^{\ominus} \pm 1$，称为缓冲溶液最有效的缓冲范围。

选择和配制缓冲溶液时，所选择的缓冲溶液，除了参与和H^+或OH^-有关的反应以外，不能与反应体系中的其它物质发生副反应；为使共轭酸碱对浓度比接近于1，则要选用$pK_a^{\ominus}$（或$pK_b^{\ominus}$）等于或接近于该pH（或pOH）的共轭酸碱对。若$pK_a^{\ominus}$（或$pK_b^{\ominus}$）与所需pH不相等，依所需pH调整共轭酸碱的浓度之比，即能得到所需pH的缓冲溶液。

【例3-10】　欲配制pH 5.00的缓冲溶液，需在50mL 0.10mol·L^{-1}的HAc溶液中加入0.10mol·L^{-1}的NaOH溶液多少毫升？

解　设需NaOH溶液xmL。加入NaOH溶液后，NaOH可全部与HAc反应生成Ac^-，则$n(NaOH) = n(Ac^-)$，此时系统中

$$c_a = \frac{0.10\times50-0.10x}{50+x}$$

$$c_b = \frac{0.10x}{50+x}$$

$$pH = pK_a^{\ominus} + \lg\frac{c_b}{c_a}$$

$$5.00 = 4.74 + \lg\frac{0.10x}{0.10\times50-0.10x}$$

可得，$x = 32$

即应加入 0.1mol·L^{-1}的 NaOH 溶液 32mL。

缓冲溶液在工农业生产、科学研究以及生命过程中都有重要意义。例如，土壤中含有 H_2CO_3-$NaHCO_3$、NaH_2PO_4-Na_2HPO_4、腐殖质酸及其共轭碱等组成的多种缓冲对，得以使 pH 值保持在 5～8，有利于微生物的正常活动和植物的正常生长。

人体血液的 pH 值需保持在 7.35～7.45，pH 值过高或过低都将导致疾病甚至死亡。由于人体的血液含有许多缓冲对，主要有 H_2CO_3-$NaHCO_3$、NaH_2PO_4-Na_2HPO_4、蛋白质、血红蛋白和含氧血红蛋白等，这些缓冲系统可使血液的 pH 值稳定在 7.40 左右。如果 pH 值的改变一旦超过 0.4 个单位，就会有生命危险。许多化学反应需要在一定 pH 条件下进行，缓冲溶液就能提供这样的条件。正常的生理条件下，虽然组织细胞在代谢过程中不断产生酸性物质或碱性物质，进入体内的某些事物（如醋）或药物（维生素 C）也有酸性或碱性作用，但血液 pH 值仍稳定地保持在上述狭窄范围内。

一般认为，纯水是不具有 pH 缓冲作用的。与此类似，等摩尔的 A 与 B 形成沉淀 AB 及共存的痕量 c(A) 和 c(B)，对外加的 A 和 B 也不具有缓冲作用。然而，如果有可观量的 AB 沉淀及大量的 B 存在，则构成对 A(pA) 的缓冲作用；或 AB 沉淀与大量的 A 存在，构成对 B(pB) 的缓冲作用。这种缓冲体系被称为沉淀缓冲体系，其在医学及农业上均有应用。比如将某种缓释药物（AB）植于皮下，当血液或体液中 A 或 B 的含量高于某个浓度时，这种药物（沉淀物）就不溶解；当 A 或 B 低于这一浓度时，AB 就向体液提供 A 或 B，以控制 pA、pB 的水平。与此类似的，农业上使用的一种玻璃珠微肥也是采用了沉淀缓冲（释）作用的原理，以控制土壤 A 或 B 的含量不低于某浓度水平。在自然界，海水中 Ca^{2+} 与 $CaCO_3$ 沉淀构成了对 CO_2 的庞大的缓冲体系，当大气中的 CO_2 浓度增大时，海水吸纳 CO_2 的量也会增大，此时 Ca^{2+} 就会与 CO_2 生成 $CaCO_3$ 沉淀，缓解了大气中 CO_2 浓度的剧增。

3.6.4 标准缓冲溶液

用于控制溶液酸度的缓冲溶液很多。表 3-2 列出了常用的几种标准缓冲溶液，它们的 pH 值是经过准确的实验测得的，用来作为测量溶液 pH 值时的参比，如校正 pH 计等。

表 3-2 几种常用的标准缓冲溶液不同温度的 pH 值

温度/℃	5	10	15	20	25	30	35	40	50	60
0.05mol·L^{-1} 邻苯二甲酸氢钾	4.00	4.00	4.00	4.00	4.00	4.01	4.02	4.04	4.06	4.09
0.025mol·L^{-1} KH_2PO_4-0.025mol·L^{-1} Na_2HPO_4	6.95	6.92	6.90	6.88	6.86	6.85	6.84	6.84	6.83	6.84
0.01mol·L^{-1}硼砂	9.40	9.33	9.27	9.22	9.18	9.14	9.10	9.06	9.01	8.96

3.7 沉淀溶解平衡

水溶液中的酸碱平衡是均相反应，除此之外，另一类重要的离子反应是难溶电解质在水中的溶解，即在含有固体难溶电解质的饱和溶液中存在着电解质与它解离产生的离子之间的平衡，叫做沉淀-溶解平衡。这是一种多相离子平衡，沉淀的生成和溶解现象在我们的周围经常发生。例如，肾结石通常是生成难溶盐草酸钙 CaC_2O_4 和磷酸钙 $Ca_3(PO_4)_2$ 所致；自然界中石笋和钟乳石的形成与碳酸钙 $CaCO_3$ 沉淀的生成和溶解反应有关；工业上可用碳酸钠与消石灰制取烧碱等。这些实例说明了沉淀-溶解平衡对生物化学、医学、工业生产以及生态学有着深远影响。

3.7.1 溶度积和溶度积规则

(1) 溶解度

溶解性是物质的重要物理性质之一，常以溶解度来定量表明物质的溶解性。溶解度被定义为：在一定温度下，达到溶解平衡时，一定量的溶剂中含有溶质的质量。对水溶液来说，通常以饱和溶液中每100g水所含溶质质量来表示。电解质的溶解度往往有很大的差异，习惯上将其划分为易溶、可溶、微溶和难溶等不同的等级。如果在100g水中能溶解10g以上的，这种溶质被称为易溶的溶质；物质的溶解度在1～10g/100g H_2O 的溶质称为可溶的；物质的溶解度小于0.01g/100g H_2O 时，称为难溶的；溶解度介于可溶与难溶之间的，称为微溶。绝对不溶解的物质是不存在的。

利用溶解度的差异可以达到鉴定、分离或提纯物质的目的。这里主要讨论微溶和难溶（以下统称难溶）无机化合物的沉淀-溶解平衡。

(2) 溶度积

在一定温度下，将难溶电解质晶体放入水中时，就发生溶解和沉淀两个过程。以AgCl为例，AgCl固体是由 Ag^+ 和 Cl^- 组成的晶体，将其放入水中时，晶体中的 Ag^+ 和 Cl^- 在水分子的作用（碰撞和吸引）下，不断由晶体表面进入溶液中，成为无规则运动的水合离子，这是AgCl的溶解过程。与此同时，已经溶解在溶液中的 Ag^+ 和 Cl^- 在不断运动中相互碰撞或与未溶解的AgCl表面碰撞，一部分又被异电荷吸引而以固体AgCl沉淀的形式析出，这是AgCl的沉淀结晶过程。任何难溶电解质的溶解和沉淀过程都是可逆的，开始时溶解速率较大，沉淀速率较小。在一定条件下，当溶解和沉淀速率相等时，便建立了一种动态的多相离子平衡，可表示如下。

$$AgCl(s) \rightleftharpoons Ag^+(aq) + Cl^-(aq)$$

该反应的标准平衡常数为

$$K^{\ominus} = K_{sp}^{\ominus} = \{c(Ag^+)/c^{\ominus}\} \cdot \{c(Cl^-)/c^{\ominus}\}$$

或简写为

$$K^{\ominus} = K_{sp}^{\ominus} = c'(Ag^+)c'(Cl^-)$$

对于难溶电解质的解离平衡，其平衡常数 $K^{\ominus}$ 称为溶度积常数，简称溶度积，记为 $K_{sp}^{\ominus}$。

对于一般的难溶电解质的沉淀溶解平衡可表示为

$$A_nB_m(s) \rightleftharpoons nA^{m+}(aq) + mB^{n-}(aq)$$

$$K_{sp}^{\ominus} = c'^n(A^{m+})c'^m(B^{n-}) \tag{3-25}$$

式(3-25)表明，在一定温度下，难溶电解质的饱和溶液中，各离子浓度幂的乘积为一常数。$K_{sp}^{\ominus}$ 只与难溶电解质的性质和温度有关，而与沉淀量无关。温度升高，多数难溶化合物的溶度积增大。通常，温度对 $K_{sp}^{\ominus}$ 的影响不大，若无特殊说明，可使用25℃时的数据。

一些常见难溶强电解质的 $K_{sp}^{\ominus}$ 见附录 4。

(3) 溶度积和溶解度的相互换算

溶度积和溶解度都可以用来表示难溶电解质的溶解能力。它们之间可以相互换算，可以从溶解度求溶度积，也可以从溶度积求溶解度。溶解度 s 指在一定温度下饱和溶液的浓度。在有关溶度积的计算中，离子浓度用物质的量浓度，其单位为 $mol \cdot L^{-1}$，而溶解度常用各种不同的量度来表示。因此，计算时要先将难溶电解质的溶解度 s 的单位换算为物质的量浓度。对难溶电解质溶液来说，其饱和溶液是极稀的溶液，可将溶剂水的体积看作与饱和溶液的体积相等。这样就很便捷地计算出饱和溶液浓度，并进而得出溶度积。

【例 3-11】 已知 $BaSO_4$ 在 25℃的水中溶解度为 $2.42 \times 10^{-4} g/100g\ H_2O$，求 $BaSO_4$ 的溶度积常数。

解 因为 $BaSO_4$ 饱和溶液很稀，可以认为 1g 水的体积和质量与 1mL $BaSO_4$ 溶液的体积和质量相同，所以在 1L $BaSO_4$ 饱和溶液中含有 $BaSO_4$ 2.42×10^{-3} g，$BaSO_4$ 的摩尔质量为 $233.4 g \cdot mol^{-1}$，将溶解度用物质的量浓度表示为：

$$s = 2.42 \times 10^{-3} g \cdot L^{-1} / 233.4 g \cdot mol^{-1} = 1.04 \times 10^{-5} mol \cdot L^{-1}$$

溶解的 $BaSO_4$ 完全解离，设 25℃时，$BaSO_4$ 在水中溶解度为 $s(mol \cdot L^{-1})$，则

$$BaSO_4(s) \rightleftharpoons Ba^{2+}(aq) + SO_4^{2-}(aq)$$

平衡浓度 $\qquad s \qquad s$

$$K_{sp}^{\ominus} = c'(Ba^{2+})c'(SO_4^{2-}) = (s/c^{\ominus})^2$$

$$K_{sp}^{\ominus} = (s/c^{\ominus})^2 = 1.08 \times 10^{-10}$$

【例 3-12】 25℃，已知 $K_{sp}^{\ominus}(Ag_2CrO_4) = 1.1 \times 10^{-12}$，求同温下其溶解度 s（以 $mol \cdot L^{-1}$ 表示）。

解

$$Ag_2CrO_4(s) \rightleftharpoons 2Ag^{+}(aq) + CrO_4^{2-}(aq)$$

平衡浓度 $\qquad 2s \qquad s$

$$K_{sp}^{\ominus} = \{c'(Ag^{+})\}^2 \{c'(CrO_4^{2-})\}$$

$$1.1 \times 10^{-12} = 4(s/c^{\ominus})^3, s = 6.5 \times 10^{-5} mol \cdot L^{-1}$$

溶度积常数 $K_{sp}^{\ominus}$ 是反映难溶电解质溶解性的特征常数。应特别注意的是：同种类型的难溶电解质在一定温度下，$K_{sp}^{\ominus}$ 越大则溶解度越大。不同类型的难溶电解质不能用 $K_{sp}^{\ominus}$ 的大小来比较溶解度的大小，必须经过换算才能得出结论。

【例 3-13】 25℃下，已知 Ag_2CrO_4 和 AgCl 的 $K_{sp}^{\ominus}$ 分别为 1.12×10^{-12} 和 1.77×10^{-10}，则纯水中 Ag_2CrO_4 的溶解度小于 AgCl，结论是否正确？

解 设 Ag_2CrO_4 的溶解度为 $x\,mol \cdot L^{-1}$，AgCl 的溶解度为 $y\,mol \cdot L^{-1}$。

$$Ag_2CrO_4 \rightleftharpoons 2Ag^{+}(aq) + CrO_4^{2-}(aq)$$

平衡浓度/$mol \cdot L^{-1}$ $\qquad 2x \qquad x$

$$K_{sp}^{\ominus} = \{c'(Ag^{+})\}^2 \{c'(CrO_4^{2-})\} = (2x)^2 \cdot x = 4x^3$$

$$x = 6.5 \times 10^{-5}$$

$$AgCl(s) \rightleftharpoons Ag^+(aq) + Cl^-(aq)$$

平衡浓度/$mol \cdot L^{-1}$ $\qquad y \qquad y$

$$K_{sp}^{\ominus} = \{c'(Ag^+)\}\{c'(Cl^-)\}$$

$$= yy = y^2, \qquad y = 1.3 \times 10^{-5}$$

$$x > y$$

所以以上结论不正确。

溶度积和溶解度的区别在于：溶度积是未溶解的固相与溶液中相应离子达到平衡时离子浓度的乘积，只与温度有关。溶解度不仅与温度有关，还与系统的组成、pH的改变、配合物的生成等因素有关。

值得说明的是，难溶弱电解质和易水解的难溶电解质，如$Fe(OH)_3$、$Co(OH)_3$、$Ni(OH)_3$、$PbCO_3$、$FeCO_3$、Ag_2S等溶液中，还存在着解离平衡和水解平衡。多重平衡存在的结果使溶度积与溶解度的换算更为复杂，为简便起见，本书不讨论以上复杂平衡体系。

(4) 溶度积规则

在第2章中讨论了通过活度商Q和平衡常数$K^{\ominus}$来判断反应进行的方向，这一规则同样适用于难溶电解质的沉淀-溶解平衡。难溶电解质溶液中，Q为离子活度幂的乘积（称为离子积），用Q_i表示，而$K^{\ominus}$为溶度积$K_{sp}^{\ominus}$。难溶电解质的沉淀溶解平衡是一种动态平衡。一定温度下，当溶液中的离子浓度变化时，平衡会发生移动，直至离子积等于溶度积为止。因此，将Q_i与$K_{sp}^{\ominus}$比较可判断沉淀的生成与溶解：

$Q_i < K_{sp}^{\ominus}$，不饱和溶液，无沉淀生成。若原来有沉淀存在，则沉淀溶解，直至饱和为止。

$Q_i = K_{sp}^{\ominus}$，饱和溶液，溶液中离子与沉淀之间处于动态平衡，既无沉淀生成，也不能溶解沉淀。

$Q_i > K_{sp}^{\ominus}$，过饱和溶液，有沉淀生成。

以上规则称为溶度积规则，它可用来判断沉淀的生成和溶解。

3.7.2 沉淀的生成和溶解

难溶电解质沉淀溶解平衡与其它动态平衡一样，如果条件改变，可以使溶液中的离子转化为固相——沉淀生成；或者使固相转化为溶液中的离子——沉淀溶解。

(1) 沉淀的生成

根据溶度积规则，要从溶液中沉淀出某一离子时，需加入一种沉淀剂，使其离子积$Q_i > K_{sp}^{\ominus}$，该离子便会从溶液中沉淀下来。

【例3-14】 25℃下，等体积的$0.2mol \cdot L^{-1}$的$Pb(NO_3)_2$和$0.2mol \cdot L^{-1}$ KI水溶液混合是否会产生PbI_2沉淀？已知$K_{sp}^{\ominus}(PbI_2) = 1.4 \times 10^{-8}$。

解 稀溶液混合后，其体积有加和性，等体积混合后，浓度为原来的一半。

$$c(Pb^{2+}) = c(I^-) = 0.1mol \cdot L^{-1}$$

$$PbI_2(s) \rightleftharpoons Pb^{2+}(aq) + 2I^-(aq)$$

$$Q_i = c'(Pb^{2+})\ c'(I^-)^2 = 0.1 \times (0.1)^2 = 1.0 \times 10^{-3}$$

$Q_i \gg K_{sp}^{\ominus}$，会产生PbI_2沉淀。

(2) 同离子效应

如果在难溶电解质的饱和溶液中，加入易溶的强电解质，则难溶电解质的溶解度与其在纯水中的溶解度有可能不相同。易溶电解质的存在对难溶电解质的溶解度的影响是多方面的。这里主要讨论同离子效应对溶解度的影响。

在难溶电解质的溶液中加入含有相同离子的强电解质，使难溶电解质的多相离子平衡发生移动。如同弱酸或弱碱溶液中的同离子效应那样，在难溶电解质中的同离子效应将使其溶解度降低。

【例 3-15】 25℃时，$BaSO_4$ 在纯水中的溶解度为 $1.05\times10^{-5}\,mol\cdot L^{-1}$，$BaSO_4$ 在 $0.010mol\cdot L^{-1}$ $BaCl_2$ 溶液中的溶解度比在纯水中小多少？已知 $K_{sp}^{\ominus}(BaSO_4)=1.1\times10^{-10}$。

解 设 $BaSO_4$ 在 $0.010mol\cdot L^{-1}$ $BaCl_2$ 溶液中的溶解度为 $s(mol\cdot L^{-1})$，则

$$BaSO_4(s) \rightleftharpoons Ba^{2+}(aq) + SO_4^{2-}(aq)$$

平衡浓度 $\qquad 0.010mol\cdot L^{-1}+s \qquad s$

$$K_{sp}^{\ominus}(BaSO_4)=c'(Ba^{2+})c'(SO_4^{2-})=\left(0.010+\frac{s}{c^{\ominus}}\right)\frac{s}{c^{\ominus}}$$

$$=1.1\times10^{-10}$$

因为溶解度 s 很小，所以 $0.010+\frac{s}{c^{\ominus}}\approx0.010$。

则

$$\left(0.010+\frac{s}{c^{\ominus}}\right)\frac{s}{c^{\ominus}}=0.010\,\frac{s}{c^{\ominus}}=1.1\times10^{-10}$$

$$s=1.1\times10^{-8}\,mol\cdot L^{-1}$$

计算结果与 $BaSO_4$ 在纯水中的溶解度相比较，溶解度为原来的 $1.1\times10^{-8}/1.05\times10^{-5}$，约为 0.1%。

同离子效应的实际应用有以下。

① 加入过量沉淀剂可使被沉淀离子沉淀完全。

例如，用硝酸银和盐酸生产氯化银时，加入过量盐酸可使重金属离子 Ag^+ 沉淀完全。所谓完全，并不是使溶液中的某种被沉淀离子浓度等于零，实际上这也是做不到的。一般情况下，在定性分析中，溶液中残留离子的浓度不超过 $10^{-5}mol\cdot L^{-1}$时可认为沉淀完全；在定量分析中，溶液中残留离子的浓度不超过 $10^{-6}mol\cdot L^{-1}$时可认为沉淀完全。

② 定量分离沉淀时，选择洗涤剂以使损耗降低。例如在洗涤 AgCl 沉淀时，可使用 NH_4Cl 溶液。

一般来说，洗涤液过量 20%～50%为宜，过大会引起副反应，反而使溶解度加大。例如，AgCl 沉淀中加入过量的 HCl 导致配位效应。

$$AgCl+Cl^- \rightleftharpoons [AgCl_2]^-$$

而使 AgCl 溶解度增大，甚至能溶解。例如，在用 Cl^- 沉淀 Ag^+、Pb^{2+} 和 Hg_2^{2+} 等时，一般选择 $3mol\cdot L^{-1}$ HCl，而不选用浓盐酸。

(3) 沉淀的溶解

浓度是影响沉淀溶解平衡的重要因素。改变溶液中有关离子的浓度，可以引起沉淀溶解平衡的移动。根据溶度积规则，只要设法降低溶液中离子浓度，使 $Q_i<K_{sp}^{\ominus}$，则沉淀就会溶解。降低离子浓度常用的方法有：

① 生成气体　难溶碳酸盐可与足量的盐酸、硝酸等发生作用生成 CO_2 气体，而不断降低 CO_3^{2-} 浓度，使沉淀溶解。例如，向 $CaCO_3$ 饱和溶液中加盐酸，$CaCO_3$ 沉淀逐渐消失。

② 生成弱电解质　难溶金属氢氧化物一般能与相应的强酸反应生成弱电解质而溶解。例如，向 $Cu(OH)_2$ 饱和溶液中加盐酸，则 $Cu(OH)_2$ 沉淀逐渐消失。

【例 3-16】 欲使 0.10mol 的 ZnS 沉淀溶于 1.0L 盐酸中，求所需盐酸的最低浓度。已知 $K_{sp}^{\ominus}(ZnS)=2.2\times10^{-22}$。

解　当 0.10mol ZnS 完全溶于 1.0L 盐酸时，$c(Zn^{2+})=0.10mol\cdot L^{-1}$，$c(H_2S)=0.10mol\cdot L^{-1}$，反应如下。

$$ZnS(s)+2H^+(aq)\rightleftharpoons H_2S(aq)+Zn^{2+}(aq)$$

$$K^{\ominus}=\frac{c'(H_2S)c'(Zn^{2+})}{c'^2(H^+)}\cdot\frac{c'(S^{2-})}{c'(S^{2-})}=\frac{K_{sp}^{\ominus}(ZnS)}{K_{a1}^{\ominus}(H_2S)K_{a2}^{\ominus}(H_2S)}$$

所以
$$c'(H^+)=\sqrt{\frac{c'(H_2S)c'(Zn^{2+})K_{a1}^{\ominus}(H_2S)K_{a2}^{\ominus}(H_2S)}{K_{sp}^{\ominus}(ZnS)}}$$

$$=\sqrt{\frac{0.10\times0.10\times1.1\times10^{-7}\times7.1\times10^{-15}}{2.2\times10^{-22}}}$$

$$=0.081$$

$$c(H^+)=0.081mol\cdot L^{-1}$$

生成 H_2S 时消耗掉 0.20mol 盐酸，故溶解 0.10mol ZnS 所需盐酸的最低浓度为

$$(0.081+0.20)mol\cdot L^{-1}=0.281mol\cdot L^{-1}$$

③ 生成配离子　某些试剂能与难溶电解质中的金属离子反应生成配合物，从而破坏了沉淀溶解平衡，使沉淀溶解。例如，“定影”时用硫代硫酸钠（$Na_2S_2O_3$）溶液冲洗照片，则未感光的 AgBr 将被溶解，原因就是 $Na_2S_2O_3$ 与 AgBr 作用生成了可溶的配离子 $[Ag(S_2O_3)_2]^{3-}$。再如，向 AgCl 沉淀中加氨水，由于生成了 $[Ag(NH_3)_2]^+$ 而使 AgCl 沉淀溶解。

④ 发生氧化还原反应　例如，CuS 的溶度积很小，既难溶于水，又难溶于稀盐酸，但与具有强氧化性的硝酸相遇时，则会发生氧化还原反应生成单质 S 而溶解。

可见，沉淀的溶解是涉及多种平衡的复杂过程。

3.7.3　分步沉淀和沉淀的转化

(1) 分步沉淀

在实际工作中，溶液中往往同时存在着几种离子。当加入某种沉淀剂时，沉淀是按照一定的先后次序进行的，这种先后沉淀的现象称为分步沉淀。例如在浓度均为 $0.010mol\cdot L^{-1}$ 的 Cl^- 和 I^- 的混合溶液中，逐滴加入 $AgNO_3$ 溶液，开始只生成黄色的 AgI 沉淀，，稍后才出现白色的 AgCl 沉淀。

根据溶度积规则，生成沉淀所需沉淀剂浓度小的离子先被沉淀出来，即 Q_i 先达到 $K_{sp}^{\ominus}$ 的离子先被沉淀出来。对于同一类型的化合物，且离子浓度相同时，$K_{sp}^{\ominus}$ 小的先成为沉淀析出，$K_{sp}^{\ominus}$ 大的后成为沉淀析出。对于离子浓度不同或不同类型的化合物，则不能直接用 $K_{sp}^{\ominus}$

的大小判断沉淀的先后次序，需要通过计算，分别求出产生沉淀时所需沉淀剂的最低浓度，其值低者先沉淀。

【例 3-17】 在 2.0mol·L^{-1} $CuSO_4$溶液中，含有少量 Fe^{3+} 杂质，问应如何控制溶液 pH 才能达到除去 Fe^{3+} 杂质的目的（Fe^{3+} 浓度低于 10^{-6}mol·L^{-1}）？

已知 $K^{\ominus}_{sp}[Cu(OH)_2]=2.2\times10^{-20}$，$K^{\ominus}_{sp}[Fe(OH)_3]=4.0\times10^{-38}$。

解 （1）当 Fe^{3+} 浓度低于 10^{-6}mol·L^{-1}时，沉淀完全。使 Fe^{3+} 沉淀完全所需 OH^- 的最低浓度为

$$c'(OH^-)=\sqrt[3]{\frac{K^{\ominus}_{sp}[Fe(OH)_3]}{c'(Fe^{3+})}}=\sqrt[3]{\frac{4.0\times10^{-38}}{10^{-6}}}=3.4\times10^{-11}$$

$$pOH=-\lg(3.4\times10^{-11})=10.47$$

$$pH=14-[-\lg(3.4\times10^{-11})]=3.53$$

（2）使 Cu^{2+} 不产生沉淀，最高 OH^- 浓度为

$$c'(OH^-)=\sqrt{\frac{K^{\ominus}_{sp}[Cu(OH)_2]}{c'(Cu^{2+})}}=\sqrt{\frac{2.2\times10^{-20}}{2.0}}=1.05\times10^{-10}$$

$$c(OH^-)=1.05\times10^{-10}\,mol\cdot L^{-1}$$

$$pOH=-\lg c(OH^-)=-\lg(1.05\times10^{-10})=9.98$$

$$pH=14.00-pOH=14.00-9.98=4.02$$

计算结果说明 $Cu(OH)_2$开始沉淀时的 pH 值为 4.02，而 $Fe(OH)_3$定量沉淀完全时的 pH 值为 3.53。所以控制溶液的 pH 值在 3.53～4.02，就能实现除去杂质 Fe^{3+} 的目的。

利用分步沉淀分离混合离子时，当第二种沉淀刚好析出时，第一种离子应被沉淀完全，两者就可以被分离开。

（2）沉淀的转化

一种沉淀转化为另一种沉淀的现象称为沉淀的转化。例如，锅炉中的锅垢主要成分为 $CaSO_4$，既不溶于水又不溶于酸，难以除去。可以用 Na_2CO_3 溶液处理，使其转化为疏松的、溶于酸的 $CaCO_3$，以达到清除锅垢的目的。

【例 3-18】 有 0.10mol $BaSO_4$ 沉淀，每次用 1.0L 饱和 Na_2CO_3 溶液（浓度为 1.6mol·L^{-1}）处理，若使 $BaSO_4$ 中的 SO_4^{2-} 全部转移到溶液中去，需要反复处理多少次？

解 设每次处理后溶液中的硫酸根离子浓度为 $x$mol·L^{-1}

$$BaSO_4(s)+CO_3^{2-}(aq) \rightleftharpoons BaCO_3(s)+SO_4^{2-}(aq)$$

平衡浓度/mol·L^{-1}　　$1.6-x$　　　　　　x

$$K^{\ominus}=\frac{c'(SO_4^{2-})}{c'(CO_3^{2-})}=\frac{c'(SO_4^{2-})}{c'(CO_3^{2-})}\cdot\frac{c'(Ba^{2+})}{c'(Ba^{2+})}=\frac{K^{\ominus}_{sp}(BaSO_4)}{K^{\ominus}_{sp}(BaCO_3)}$$
$$=4.15\times10^{-2}$$

$$K^{\ominus}=\frac{c'(SO_4^{2-})}{c'(CO_3^{2-})}=\frac{x}{1.6-x}=4.15\times10^{-2}$$

解得 $x=0.064$，则每次处理硫酸钡溶解量为 0.064mol。

需要处理的次数为 0.10÷0.064=1.56，取整数，为 2 次。

比如，向含有 $PbCl_2$ 沉淀及其饱和溶液（约 55mL）的试管中，逐滴加入 $0.01mol \cdot L^{-1}$ KI 溶解，震荡试管，则白色沉淀 $PbCl_2$ 逐渐转变为黄色沉淀 PbI_2。其转化反应为

$$PbCl_2(s) + 2I^-(aq) \rightleftharpoons PbI_2(s) + 2Cl^-(aq)$$

由于 $K_{sp}^{\ominus}(PbI_2) < K_{sp}^{\ominus}(PbCl_2)$，所以向 $PbCl_2$ 饱和溶液中加入 KI 溶液后，将有更难溶解的 PbI_2 生成，溶液中 Pb^{2+} 浓度降低，使 $Q_i(PbCl_2) < K_{sp}^{\ominus}(PbCl_2)$，溶液对 $PbCl_2$ 不饱和，使沉淀溶解平衡向右移动。随着 KI 的不断加入，$PbCl_2$ 将逐渐溶解，并转化为 PbI_2 沉淀。

上述反应的平衡常数为

$$K^{\ominus} = \frac{c'^2(Cl^-)}{c'^2(I^-)} = \frac{c'^2(Cl^-)}{c'^2(I^-)} \cdot \frac{c'(Pb^{2+})}{c'(Pb^{2+})} = \frac{K_{sp}^{\ominus}(PbCl_2)}{K_{sp}^{\ominus}(PbI_2)} = \frac{1.6 \times 10^{-5}}{7.1 \times 10^{-9}} = 2.3 \times 10^3$$

$K^{\ominus}$ 值很大，表示此沉淀转化进行得相当完全。由此可见，对同一类型沉淀来说，溶度积较大的沉淀易于转化为溶度积较小的沉淀。

沉淀转化是一种难溶电解质不断溶解，而另一种难溶电解质不断生成的过程。通常同一类型的沉淀，由溶解度大的沉淀向溶解度小的沉淀转化，两种沉淀的溶解度之差越大，沉淀转化越容易进行。类型不同的沉淀之间的转化需要计算，求出 $K^{\ominus}$，以 $K^{\ominus}$ 的大小来判断是否能够转化。

3.8 胶体

大家都知道，将一把泥土放到水中，大粒的泥沙很快下沉，浑浊的细小土粒因受重力的影响最后也沉降于容器底部。如果把沙粒尽量研磨得更细，会发现什么现象？沙粒的尺寸磨得越小，当你停止搅拌这一混合物后，沙粒沉淀下来所需的时间越长。当沙粒研磨得足够小时，停止搅拌后沙粒并不沉淀下来，而是均匀地分布于水中，即沙粒悬浮在水中。人们把这些即使在显微镜下也很难观察到的微小颗粒称为胶体颗粒，含有胶体颗粒的体系称为胶体体系。

3.8.1 胶体的实质和分散体系的分类

分散颗粒非常细小，能够均匀分散在另一支持介质中的分散体系就叫胶体。其中胶体中的小颗粒叫分散相，支持分散相的介质叫分散介质。小颗粒的分散相非常细小以致肉眼都无法看到，但是它们大都由成百万上千万的原子组成，一般它们的直径在 1～100nm。尽管有时胶状分散体系是透明的，有时还很稳定，并且表现出溶液的依数性，但它们仍然不是溶液。按分散相的大小可把分散体系分为如下类型（见表 3-3）。

表 3-3 分散体系的分类（按分散相粒子的大小来分类）

分散系的粒径/nm	分散体系的类型
小于 1	分子(离子)溶液或混合气体
1～100	胶体
大于 100	粗分散体系(如乳浊液、悬浊液等)

另外胶体体系也可按分散相和分散介质的凝聚状态进行分类，如表 3-4 所示。这种分类方法是按分散介质的凝聚状态来进行分类，如分散介质是液体，则形成液溶胶（sol）；如分

散介质是气体，则形成气溶胶（aerosol）；如分散介质是固体，则形成固溶胶（solid sol）。该表中，除气-气构成的体系不属于胶体研究的范围外，其它各类体系中都有胶体研究的对象。其中尽管泡沫和乳状液就颗粒大小而言已超出胶体所研究的范围，属于粗分散体系，但由于它们的许多性质，如表面性质与胶体分散体系有着紧密的联系，通常也在胶体分散体系中研究。

表 3-4　分散体系的分类（按分散介质的凝聚状态来分类）

分散相	分散介质	类　型	实　例
气体 液体 固体	固体	固溶胶 (solid sol)	泡沫塑料 红宝石,珍珠 黄铜合金,有色玻璃
气体 液体 固体	液体	液溶胶(sol)	泡沫(如灭火泡沫) 乳状液(如牛奶,石油) 悬浮体,溶胶(如泥浆,涂料)
气体 液体 固体	气体	气溶胶 (aerosol)	— 雾 烟,尘

3.8.2　胶体的性质

高度分散、多相、聚结不稳定而动力稳定（在重力场中不易沉析）是胶体的基本性质。胶体的性质与胶体分散质粒子的大小有关，与溶液相比，它具有很多特殊性质。

(1) 光学性质

如果将一束光通过胶体，从侧面能看到一束光柱，这就是丁铎尔（J. Tyndall）效应（1869 年由丁铎尔发现）。其它分散体系也会发生此现象，但远没有胶体显著，因此这是一个很好的区别溶液和胶体的方法。或者让一束光通过一个较暗的房间，你可以看见尘埃颗粒在空中的光束中翩翩起舞，这是一种气溶胶。当光束射入分散体系时，可能发生两种情况：

① 若分散相的粒子大于入射光的波长，则主要发生光的反射和折射现象，粗分散体系属于这种情况。

② 若分散相的粒子小于入射光的波长，则主要发生光的散射。这时光绕过粒子向各个方向散射出去（光的波长不发生变化）。可见光的波长约在 400～700nm，而溶胶粒子的直径一般在 1～100nm，小于可见光的波长，因此发生光散射作用，出现了丁铎尔效应。

(2) 动力学性质

布朗（B. Brown）最早把花粉颗粒撒在水中用显微镜观察时，发现这些悬浮在水面上的花粉颗粒作无秩序的曲折运动，这种现象被称为布朗运动。用超显微镜观察溶胶中胶体粒子的运动时，也见到了同样的现象。这是因为周围分散介质的分子处于热运动状态，不均匀地撞击粒子。每一瞬间，胶粒受到冲击而产生的合力方向在不断改变，同时，胶粒本身也有热运动，因而胶粒产生不规则的布朗运动是胶粒和分散介质分子热运动的总结果。

在溶胶中，胶粒因受重力作用而下沉的现象称为沉降（sedimentation）。但胶粒的布朗运动必然使溶胶表现出扩散（diffusion）现象，即胶粒能自发地从高浓度向低浓度扩散。这样就能阻止胶粒因重力作用而沉降。这是溶胶具有动力学稳定性的原因。

(3) 电学性质

1809年莫斯科大学卢斯（E. F. Reuss）教授用两根玻璃管插在一块湿的黏土上，管中垫有洗净的细沙，加水使两管水面高度相同。管内各插入一电极，通以电流，发现在正极管中，黏土微粒透过细沙层上升，且液面下降；负极管中，没有泥浆出现，但液面升高。这个实验说明黏土微粒带有负电荷，故向正极移动；水带有正电荷，故向负极移动。人们把在外电场作用下，分散相粒子向某一电极移动的现象称为电泳（electrophoresis），从电泳方向可以判断胶粒所带电荷。大多数金属硫化物、硅酸、金、银等溶胶向正极迁移，胶粒带负电，称为负溶胶；大多数金属氢氧化物溶胶向负极迁移，胶粒带正电，称为正溶胶。若把溶胶充满多孔性隔膜（如活性炭、素烧磁片等），胶粒被吸附而固定。由于整个溶胶系统是电中性的，介质所带电荷与胶粒相反，这时在外电场作用下，液体介质将通过多孔隔膜向与介质电荷相反的电极方向移动。这种在电场中固相不动而液相反向移动的现象，称为电渗（electrosmosis）。

电泳和电渗都是由于分散相和分散介质作相对运动时产生的电动现象，它不仅具有理论意义，而且具有实际应用价值。电泳技术在氨基酸、多肽、蛋白质及核酸等物质的分离和鉴定方面有广泛的应用。土建施工中，经常采用电渗排水与电压致密处理压缩性高、渗透性小、饱含水分的软质黏土地基。在这种软质黏土中插入两个金属电极，并通入直流电，则黏土中水分向阴极渗出，可用真空泵抽出；同时带负电的黏土粒子在电场作用下，发生电泳现象，向阳极推挤。由于黏土粒子的电泳和水的电渗，导致软土地基的电渗排水和电压致密，使地基加固。又如，陶瓷用的黏土常含有氧化铁等杂质，可借助带负电的黏土的电泳来精选，在阳极附近得到纯净的黏土。工厂除尘也用到电泳原理，由于气溶胶可发生电泳现象（如在水泥、冶金等工厂中），因此通高压电于含烟尘的气体时，可除去大量烟尘以减小空气污染，净化环境，保护工人健康。此外，该技术还可用于电镀橡胶、电泳涂漆、纸浆、泥炭等的电渗脱水等。

3.8.3 溶胶的稳定性和聚沉

(1) 溶胶的稳定性

在生产和科研中，常常需要形成稳定的溶胶，例如墨水、油墨、涂料等。溶胶的颗粒大小保持不变，长时间不沉降，仍分散在分散剂中的性质称为溶胶的稳定性。溶胶稳定性的原因可归纳为以下三个方面。

① 溶胶的动力学稳定性　溶胶中由于胶粒的布朗运动和扩散作用不因重力作用而下沉，保持均匀分散的性质称为溶胶的动力学稳定性。胶粒的分散度越大，布朗运动越剧烈，动力学稳定性也就越大，胶粒就越不易下沉。

② 胶粒荷电的稳定作用　保持溶胶稳定性的最主要因素是胶粒荷电，同种胶粒都带有同号电荷。由于双电层的存在，使胶粒相互接近时，产生静电斥力，从而阻止胶粒的进一步靠近而合并，这就使溶胶得以相对稳定存在。胶粒带电越多，溶胶越稳定。

③ 溶剂化的稳定作用　溶剂化作用降低了胶粒的表面能，同时溶剂分子把胶粒包围起来，形成具有弹性的水合外壳。在胶粒相互碰撞时，胶粒周围的水合外壳（或水化层）具有一定的弹性，成为胶粒接近时的机械阻力，有利于溶胶的稳定。因此，水合外壳的存在起着阻碍聚结的作用。

（2）溶胶的聚沉

人们有时希望胶体越不稳定越好，如在净水中要设法破坏胶体。溶胶的稳定性是相对的、有条件的。只要减弱或消除使之稳定的因素，就能使胶粒聚集成较大颗粒（分散度降低）而沉降，这个过程叫做聚沉（coagulation）。

引起聚沉的因素很多。长久的放置可以使溶胶“陈化”而聚沉；加热不仅增加溶胶颗粒的动能和相互碰撞的机会，同时降低了胶核吸附电解质的能力，也有利于聚沉；光的照射以及将胶体溶液浓缩等都可以促进溶胶的聚沉。不过引起溶胶聚沉的最主要因素有以下。

① 电解质的作用　在胶体中加入电解质，这就增加了胶体中与胶粒电性相反的粒子的浓度，而给带电荷的胶体粒子创造了吸引相反电荷离子的有利条件，从而减少或中和原来胶粒所带电荷，使它们失去了保持稳定的因素。这时由于粒子的布朗运动，在相互碰撞时，就可以聚集起来迅速沉降。

例如，用豆浆做豆腐时，在一定温度下，加入 $CaSO_4$（或其它电解质溶液），豆浆中的胶体粒子带的电荷被中和，其中的粒子很快聚集而形成胶冻状的豆腐。在自然界中江河入海处常形成大量淤泥沉积的三角洲，原因就是海水与河水相混时，河水中携带的胶体物质（淤泥）遇到电解质（海水中的盐类）而发生聚沉。

② 溶胶的相互聚沉作用　胶粒电性相反的两种溶胶适量相互混合时，由于电性中和也会发生聚沉。聚沉的程度取决于两者的用量比例。相互聚沉的原因是电性中和；若部分中和聚沉不完全；完全中和处于等电状态则聚沉完全。此外，升高温度、增加溶胶的浓度、改变介质的 pH 等也能促使溶胶聚沉。

医学上常利用血液（胶体）相互聚沉现象判断血型；净化天然水时，常常在水中加入适量的明矾 $[KAl(SO_4)_2]\cdot 12H_2O$，在水中水解产生带正电的 $Al(OH)_3$ 胶体，来中和水中带负电的胶体污物（主要是黏土、硅酸溶胶等）而相互聚沉。又如墨水通常是有机染料的溶胶，两种墨水所用的染料可能带有不同的电荷，因此，同一支钢笔混用两种墨水常常会遇到聚沉现象。

③ 高分子化合物对溶胶作用　在溶胶中加入少量高分子化合物，有时会降低溶胶的稳定性，甚至发生聚沉，这种现象称为敏化作用。产生这种现象的原因可能是由于高分子化合物数量少时，无法将胶体颗粒表面完全覆盖，胶粒附着在高分子化合物上，质量变大而引起聚沉。但加入较多量的高分子化合物后，高分子物质被吸附在胶粒表面，包围住胶粒，使胶粒不易互相接触，从而增加溶胶的稳定性。这种作用叫做保护作用。例如，为了提高墨水的稳定性，常常加入明胶或阿拉伯胶。又如健康人的血液中所含的难溶盐，像碳酸镁、磷酸钙等，都是以溶胶状态存在，并且被血清蛋白等保护着。当发生疾病时，保护物质在血液中的含量将减小，这样会使溶胶发生聚沉而堆积在身体的各部分，使新陈代谢发生故障，形成某些器官的结石。

3.8.4 凝胶

高分子溶液和某些溶胶在适当的条件下能使整个系统转变成一种弹性的半固体状态的稠厚物质，这种现象称为胶凝作用，所形成的产物叫做凝胶（gel）或冻胶。例如，食品中的粉皮、奶酪，人体上的皮肤、肌肉，甚至河岸两旁的淤泥、土壤都是凝胶。生成凝胶的过程可看成是颗粒间结构网的形成和加固过程。由于高分子溶液中溶剂化了的长链（或溶胶的长型颗粒）在运动过程中相互碰撞，借助溶剂化作用相互联系起来，组成一个遍及于整个溶液（或溶胶）松软的立体结构网，大量的溶剂便被机械地包裹起来，失去它们的流动性，从而形成凝胶。例如，在硅酸溶液中加入电解质通常不发生沉淀，而是生成硅酸凝胶，随着存放时间的增长或干燥，会逐渐排出网络结构中的水分，而其骨架维持不变，此时凝胶便成为多孔性物质。干燥的硅酸凝胶（硅胶）具有很大的比表面，是一种很好的吸附剂，放在潮湿空气中能吸收水分，因而可作为干燥剂。硅酸凝胶也用于铸型的制造，由于具有一定机械强度的网状结构的凝胶存在于沙粒之间，使沙粒相互黏结在一起，从而使铸型具有一定强度。

某些凝胶经过振动或者搅动后，会变为溶胶；静置一段时间后溶胶又变为凝胶，这种现象叫做触变作用（thixotropy）。触变作用可以看作是一种可逆过程。

$$溶胶 \rightleftharpoons 凝胶$$

具有不对称结构的胶体颗粒常会发生触变作用。除了球状颗粒外，具有板状、片状颗粒的溶胶都容易触变。这类不对称的颗粒，容易形成结构网，但所形成的结构并不坚固，容易为机械力量所拆散。

触变现象在自然界和工业生产中常可遇到。如草原上的沼泽地，外观似草地，脚一踩立即成稀泥，人往往被陷没。膨润土分散在水中，其片状颗粒表面带负电荷，端头带正电荷。若膨润土的含量足够大，则颗粒之间的电键使分散系形成一种机械结构，膨润土水溶液呈固体状态；一经触动（摇晃、搅拌、振动或通过超声波、电流），颗粒之间的电键即遭到破坏，膨润土水溶液就随之变为流体状态。如果外界因素停止作用，水溶液又变为固体状态。再如，在石油钻探中，需要触变性泥浆。钻探泥浆在流动时变得稀薄，可以用动力较小的泵来维持泥浆的循环，使泥浆把岩粉带出来。当循环停止时，由于泥浆静止状态中形成网状结构可以维持岩屑的悬浮，避免大量沉降而造成卡钻事故。

建筑上的胶凝材料如石膏、石灰浆、水玻璃和水泥浆等，在结构形成过程中，都要经过一个胶凝阶段，并且一切工艺施工，如搅拌、浇灌、粘砌、粉刷都是在触变期完成的，并且利用其振捣失水、挤压捣实，提高混凝土制品的强度。因为凝胶的网状结构在振捣过程中，可以加快胶粒的碰撞结聚，增大网状结构的密实度，使游离水自空隙中析出，这就是凝胶的失水作用。失水作用将增大凝胶的强度。

3.9 表面活性剂

3.9.1 表面活性剂及其分类

多相体系中相之间存在着界面（interface）。人们习惯上仅将气-液，气-固界面称为表面（surface）。表面张力（surface tension）是液体表面层由于分子引力不均衡而产生的沿表面作用于任一界线上的张力。将水分散成雾滴，即扩大其表面，有许多内部水分子移到表面，就必须克服这种力对体系做功——表面功。显然这样的分散体系储存着较多的表面能（surface energy）。

表面活性剂（surface active agent，SAA）是那些溶入少量就能显著降低表面张力的物质，由亲水基和亲油基组成的一类物质。

表面活性剂分子具有不对称结构，分子中同时含有易溶于水的极性亲水基团（hydrophilic group，如—COOH，—$CONH_2$，—OH，—SO_3H 等）和不溶于水而易溶于油的非极性亲油基团（hydrophobic group，或称憎水基，如长链羟基）。用符号“○——”表示表面活性剂的分子模型。其中“○”为亲水基，“——”表示亲油基。这样一种特殊的两亲结构使表面活性剂不仅能防止油、水两相相互排斥，而且能把油和水两相联结起来，因而具有润湿或抗粘、乳化或破乳、起泡或消泡以及增溶、分散、洗涤等作用。

表面活性剂的种类繁多，可以从用途、物理性质及化学结构等方面进行分类。常用且方便的方法是按化学结构来分类。当表面活性剂溶于水时，能解离产生离子的称为离子型表面活性剂，根据其亲水基的电性不同分为三类：亲水基呈正电性称阳离子型（如羧酸盐R—COONa），呈负电性称阴离子型（如季铵盐酸盐 R_4NCl），同时具有阳离子和阴离子的称两性表面活性剂（如氨基酸型 R—$NHCH_2CH_2COOH$）。对于表面活性剂溶于水不能解离产生离子的就称为非离子型表面活性剂［如聚氧乙烯烷基胺 $R_2N(CH_2CH_2O)_nH$］。

3.9.2 表面活性剂的基本性质

表面活性剂分子不对称的亲水基和亲油基结构，决定了表面活性物质的界面吸附、分子的定向排列以及形成胶束这些基本性质。

当表面活性剂溶于水中，其亲水基由于受到水分子吸附，有强烈进入水中的趋势；而非极性基团则因其具有憎水性，倾向于翘出水面、进入非极性的空气或有机溶剂（油相）中，这样必然造成表面活性剂分子浓集在油、水相斥的界面上并规则的定向排列，发生溶液表面的吸附，从而降低了水的表面张力。

为什么表面活性剂浓度极稀时，浓度的增加可使溶液的表面张力急剧降低？为什么表面活性剂的浓度超过一定值后，溶液的表面张力又几乎不随浓度的增加而变化？这些问题可借助于图 3-4 进行解释。

图 3-4(a) 为表面活性剂浓度很稀时，表面活性剂分子在溶液表面和内部的分布情况。

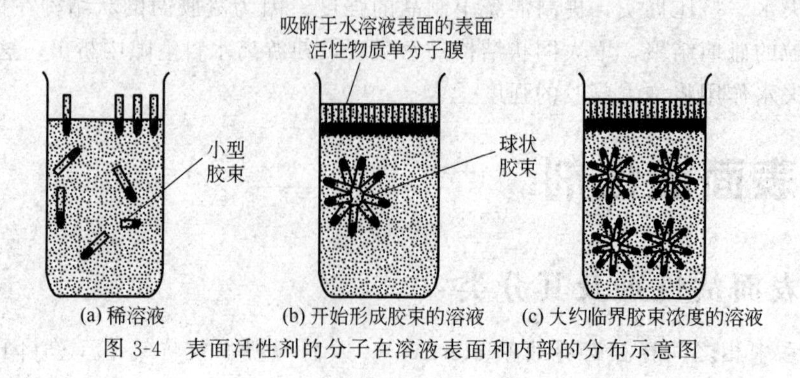

图 3-4　表面活性剂的分子在溶液表面和内部的分布示意图

此时，若稍微增大表面活性剂的浓度，它就会很快地聚集到水面，极性基团朝着水相，非极性基团指向空气或油相，空气和水的接触面减小，溶液的表面张力急剧下降。另一部分表面活性剂分散在水中，有的以单分子形式存在，有的三三两两相互接触，憎水基靠拢在一起形成简单的聚集体。

图 3-4(b) 表示表面活性剂浓度足够大并达到饱和状态，水溶液表面刚刚挤满一层定向排列的单分子膜。实验结果表明，在饱和吸附层中，不论其链的长短如何（如 C_2H_5— 和 C_6H_{13}—的链长之比为 1∶2），每个分子所占的面积等于 $20.5\times10^{-20}\,m^2$，此数值实际就是碳氢链的横截面积，这更进一步说明表面活性剂分子是紧密而有规则地定向排列在表面层中。此时，空气与水处于完全隔离状态。在溶液中形成憎水基向里、亲水基向外的胶束（micelle）。胶束的形状可以是球状、棒状或层状。把表面活性剂形成胶束的最低浓度，称为临界胶束浓度，用 CMC（critical micelle concentration）表示。实验表明，CMC 不是一个确定的数值，而是一个窄的浓度范围。如离子型 SAA 的 CMC 一般约在 10^{-3}～$10^{-2}\,mol\cdot dm^{-3}$。

图 3-4(c) 是表面活性剂超过临界胶束浓度的情况。这时液面上早已形成紧密、定向排列的单分子膜，达到饱和状态。若再增大表面活性剂的浓度，只能增加胶束的个数或增加每个胶束所包含的分子数。由于胶束是亲水性的，不具有表面活性，不能使表面张力进一步降低。

胶束的存在已被 X 射线衍射图谱及光散射实验所证实。临界胶束浓度是表面活性剂的溶液性质发生显著变化的“分水岭”，在临界胶束浓度的前后，不仅溶液的表面张力在显著变化，其它许多物理性质如电导率、渗透压、蒸气压、光学性质、去污能力及可溶性等皆产生很大差异。可见，溶液表面张力的降低取决于表面活性剂分子的界面层的定向排列，而胶束的形成会争夺溶液界面上的活性分子，影响表面张力进一步降低。因此，如果能增加临界胶束浓度，抑制胶束的形成，将会增加表面活性剂的作用。

3.9.3 表面活性剂的应用

表面活性剂由于具有润湿或抗粘、乳化或破乳、起泡或消泡以及增溶、分散、洗涤、防腐、抗静电等一系列物理化学作用及相应的实际应用价值，成为一类灵活多样、用途广泛的精细化工产品。表面活性剂除了在日常生活中作为洗涤剂，还广泛地应用于工业、农业、民用、医药、地质、采矿、食品、纺织等各个行业。根据其用途的不同，取了不同的名称，如洗涤剂、乳化剂、湿润剂、浮选剂等。限于篇幅，仅举数例如下。

(1) 润湿作用

液体在与固体接触时，由于表面张力的作用接触面有扩大的趋势，液体沿固体表面扩展的一种现象。例如，水滴在一块清洁的玻璃板上，会在玻璃表面铺展形成一层很薄的水膜，这叫完全润湿。而汞滴在玻璃上，或水滴在石蜡或荷叶上，不能很好地铺展而成为球形，我们认为汞不能润湿玻璃，水不能润湿石蜡或荷叶。可见，润湿是指液体在固体表面铺展或贴附的现象；液体在固体表面不能铺展，接触面有收缩成球形的趋势，就是不润湿。热力学定义为：凡是固液两相接触后，系统的表面吉布斯自由能降低的现象统称为润湿。从微观角度看，当液体对固体表面的附着力大于液体分子本身的内聚力时，将发生润湿，反之则不润湿。

液体对固体的湿润程度常用接触角（又称为润湿角）θ 来衡量。当接触角 $\theta<90°$ 时，液体能够湿润固体；反之 $\theta>90°$ 时，液体则不能湿润固体。通常加入表面活性剂可以改善液体对固体的湿润性能，这可由式(3-26) 看出：

$$\cos\theta=(\sigma_{气固}-\sigma_{液固})/\sigma_{气液} \tag{3-26}$$

式中，$\sigma_{气固}$ 与固体的种类有关，固体一定时，$\sigma_{气固}$ 为定值。$\sigma_{气液}$ 和 $\sigma_{液固}$ 分别为液体表面张力和液固界面张力，加入表面活性剂后，它们数值均变小。这样上式右边的数值变大，为保持等式成立，θ 必然变小。这说明了表面活性剂能降低表面张力，使 θ 变小，从而增加湿润作用。

凡能被液体润湿的固体称亲液性固体，不被液体所润湿者，则称为憎液性固体。固体表面润湿性能与其结构有关。水为常见液体，是极性化合物，所以亲水性固体多半为离子型或分子极性较强的物质，如棉布、沙石、玻璃、陶瓷、木材、混凝土等。憎水性固体多为非极性或分子极性极弱的物质，如石墨、植物叶、沥青、石蜡、合成树脂、橡胶等。

润湿现象在金属焊接与加工、农药、材料、洗涤、矿物浮选、注水采油、印染等方面有着广泛的应用。

例如，锡焊料在助焊剂（如酸性的 $ZnCl_2$ 浓溶液）存在下之所以能使焊件焊牢，是因为助焊剂能把金属表面残存的金属氧化膜彻底清除，液体助焊剂聚集于焊点上保护它不再氧化及污染，结果增大了固气界面张力，提高了润湿性，使助焊剂先与金属形成零度的接触角，但随后又能被黏附力更大的熔融焊锡所代替，使焊锡在被焊物体的表面铺展开来。

熔模精密铸造工艺是指用蜡做成模型，在其外表裹一层黏土等耐火材料，加热使蜡熔化流出，从而得到由耐火材料形成的空壳，再将金属熔化后灌入空壳，待金属冷却后将耐火材料敲碎得到金属模件，这种加工金属的工艺就叫精密铸造，也称为熔模铸造或失蜡铸造。在熔模精密铸造结壳工艺中，需要在蜡膜表面均匀涂上一层调有 50%左右石英粉的水玻璃涂料。由于蜡模是非极性物质，涂料对蜡模的润湿性较差，涂层往往有发花现象，直接影响产品质量。为此可在水玻璃涂料中加入少量表面活性剂（如烷基磺酸钠或烷基苯磺酸钠），其中—SO_3^- 能与涂料牢固结合，而 R—或 R—⟨苯环⟩— 是亲油性的，能与蜡模结合，即涂料与石蜡润湿，使涂层均匀。

普通棉布纤维中有醇羟基团而呈亲水性，故易被水沾湿，若在棉布表面附着一层氟化烷烃一类的化合物，亲水基与棉纤维的醇羟基结合，憎水基伸向空气使接触角加大，于是改变了棉布的润湿渗水性质，制成了“防雨布”。类似的，某些高分子化合物，如丙烯酸酯或者有机硅乳液，可以用作建筑物（如墙体）的防水剂。喷洒农药消灭虫害时，在农药中加入少量的表面活性剂（用作润湿剂）以增强药液对植物及虫体的润湿性，使药液在植物叶子表面上铺展，提高杀虫效果。

(2) 乳化（分散）作用

乳状液（emulsion）是一种液体以液珠形式分散在与它不相混溶的另一种液体中而形成的粗分散体系。通常所见的乳状液一相是水，极性很大；另一相是有机物，极性很小，习惯上称为“油”。在乳状液中分散相（内相）是不连续相，而分散介质（外相）是连续相。如果油分散在水中，称为水包油型乳状液，用 O/W 表示，如牛奶、豆浆、农药乳剂等。在化妆品中，水包油时主要功能基团是亲水型，一般称为“露”，比如洗发露、嫩肤露等。如果是水分散在油中，称为油包水型乳状液，用 W/O 表示，如原油、人造黄油等。在化妆品中，油包水型乳状液被称为“霜”，如嫩白霜、晚霜等。相比而言，“油包水”更有利于锁水保湿，适合干燥的秋冬季节使用。

显然，乳状液是一种高度分散的系统，其相界面很大，具有颇高的表面吉布斯自由能，是热力学上的不稳定系统。但事实上乳状液却能够相对稳定地存在下去，为什么呢？这是因为其中有些物质分散在分散质的表面时，形成薄膜或双电层，可使分散相带有电荷，这样就能阻止分散相的小液滴互相凝结，降低表面吉布斯自由能，使形成的乳浊液比较稳定，这种物质统称为乳化剂（emulsifier）。如牛奶中蛋白质就充当了乳化剂这一角色。将煤油和水混合振荡形成的乳状液，静置片刻又分成两层，分层是一个自发过程，其结果导致系统的表面吉布斯自由能降到最低。但若加入少量肥皂作为乳化剂，再振荡之，也能形成稳定的乳状液。

乳状液在工业生产和人类生活中应用很广。例如近年来国内外研究应用的燃油掺水技术，燃油和水在合适的表面活性剂和助表面活性剂作用下借助外力作用（如超声乳化）形成 W/O（油包水）型微乳液，可使燃油燃烧完全，节省油耗，减少 NO_x、CO 排放量。又如，沥青是建筑上广为采用的廉价且来源丰富的防水、防腐、防潮材料，通常制成乳化沥青，即先在一定温度的水中加入少量乳化剂，再将沥青热熔后慢慢倒入，同时高速搅拌，使沥青分散成微小颗粒均匀分布在水中，形成 O/W 型乳状液。采用乳化沥青可在常温下施工，改变了过去热施工的复杂施工方法，利于安全生产，减轻劳动强度，提高工效。又如，第 4 章电解应用章节中电镀液通常包括含有沉积金属的主盐、阳极活性剂、酸碱缓冲液和乳化剂等。此外，诸如纺织工业中用的柔软整理剂、防水剂、纺织油剂等，食品工业中用的人造奶油、人造巧克力、冰淇淋等的制作，水果保鲜、化妆品中的护肤用品及唇膏的制造，以及多种医药、农药、针剂的生产都要用到表面活性剂的乳化作用。例如，在制作蛋糕时，搅拌入空气形成乳沫，乳化剂中饱和脂肪酸链可使面糊和气室的分界区域形成光滑的薄膜状结构，这将会稳定气室，同时增加气室数量。添加乳化剂，可使面糊比重下降、蛋糕体积增大，并获得良好的品质及外观。

分散作用与乳化作用相似，只是在分散液（悬浊剂）中分散相不是小液滴，而是固体微粒。因实用中乳化剂与分散剂几乎是相同的表面活性剂，故常统称为乳化分散剂。如水泥在与水拌和时，水泥小颗粒间由于缺少同性静电荷，在水中分散性差，以致部分水泥颗粒因受凝聚力作用而结成小团，不易均匀拌和。通常这种结成小团块的部分约占水泥总量的10％～30％，造成原料的极大浪费，并影响工程质量。为此需在拌水泥时加入少量表面活性剂，以起分散作用。分散对洗涤、染料、涂料等具有重要意义。

(3) 发泡和消泡

从上节可以得知，泡沫是不溶性气体分散在液体或熔融固体中所形成的分散系统。例如，肥皂泡沫、啤酒泡沫都是气体分散在液体中的泡沫；塑料泡沫、泡沫玻璃则是气体分散在固体中的泡沫。泡沫是一种分散系统，它是热力学上的不稳定系统，液体中分散的小气泡要自动聚结成大气泡，逸出液面、破裂，与大气混同。纯水不易起泡，热水冲入杯里形成的少量气泡会很快上升破灭，而肥皂水里吹入空气或搅拌后能形成较稳定的气泡。这种作用称为发泡作用或者起泡作用。能稳定起泡的物质称为发泡剂或起泡剂。发泡剂大多是表面活性剂，它能增加泡沫稳定性的作用机理与乳化剂相似。

泡沫的应用十分广泛。例如，泡沫灭火就是利用硫酸铝和碳酸氢钠反应时生成大量CO_2气体，在液相中形成大量气泡，覆盖在燃烧物表面，以隔绝空气，达到灭火的目的。又如，土建施工中，在水泥、沙石和水拌和成混凝土时，其中会有约1%～2%的空气，形成的气泡处于水泥微粒的间隙中，掺入少量的表面活性剂，如松香树脂、烷基磺酸钠等（称引气剂），能使气体（空气）在混凝土制品中稳定存在，可制得隔热、隔声、防湿性能较好的加气混凝土。此外，泡沫浮选矿物技术是用泡沫把矿石中所需成分与泥、黏土等分离，使有用的矿物成分吸着于气泡上而浮于矿浆表面，矿渣则沉于矿浆底部。

但有时泡沫会给人们带来麻烦，需要破坏泡沫。主要方法有两类：一种是机械的方法，如搅拌、改变温度、压力等；另一种是化学方法，例如，加入少量碳链（如C_5～C_6）的醇或醚，因其表面活性大，能顶走原来的发泡剂，但因自身碳链较短不能形成坚固的膜，泡沫就破了。这种抑制或消除泡沫的作用称为消泡作用，起消泡作用的表面的活性剂称为消泡剂。如建筑涂料的生产中，会因原料间的物理、化学作用而产生气泡，影响生产操作和涂料质量，故需在涂料中加入少量磷脂三丁酯作为消泡剂。再如，乳化沥青在运输和施工过程中常常会有发泡现象，过多的泡沫影响乳化沥青的储存和运输。除了采用机械方法，如输送乳化沥青时从罐的下部引入，减少由于冲击产生的泡沫；还可以采用化学方法，加入消泡剂，如酒精、异丙醇等。

3.10 水和水体污染

水是世界上分布最广的资源之一，也是人类与生物体赖以生存和发展必不可少的物质。世界上可供人类利用的水资源很少，仅占地球水资源的1%左右。不仅如此，由于人类活动使得大量污染物排入水体，造成水体污染，水质下降，因此水资源的保护就显得更加重要。

3.10.1 天然水的组成

天然水中一般含有可溶性杂质和悬浮物质（包括悬浮物、颗粒物、水生生物等），可溶性物质的成分十分复杂，主要是在岩石的风化过程中，经水溶解迁移的地壳矿物质。

(1) 天然水中的主要离子组成

天然水中的主要离子有K^+、Na^+、Ca^{2+}、Mg^{2+}、HCO_3^-、NO_3^-、Cl^-和SO_4^{2-}，为天然水中常见的八大离子，占天然水中离子总量的95%～99%。它们的含量根据河流、湖泊等不同类型的水体有着明显的差别，它们的组成特征是天然水化学成分的主要基础。

(2) 水中的金属离子

水溶液中金属离子的表示式常写成M^{n+}，其代表的是简单的水合金属阳离子$M(H_2O)_x^{n+}$。它可通过化学反应达到最稳定的状态，如酸碱反应、沉淀反应、配位反应及氧化还原反应等，是它们在水中达到最稳定状态的过程。

(3) 溶解在水中的气体

很多气体，如O_2、H_2、N_2、CO_2、CH_4和NH_3等都可以溶解在水中，但主要气体成分是氧气和二氧化碳。溶解氧是水环境中绝大多数生物生存的必要条件，二氧化碳是水生植物光合作用必需的重要物质。

(4) 水生生物

水生生物可直接影响许多物质的浓度，其作用有代谢、摄取、转化、存储和释放等。在水生生态系统中生存的生物体，可以分为自养生物和异养生物。自养生物利用太阳能或化学能量，把简单、无生命的无机元素引进至复杂的生命分子中即组成生命体。藻类是典型的自养水生生物，通常 CO_2、NO_3^-、PO_4^{3-} 多为自养生物的 C、N、P 源。利用太阳能将无机物合成有机物的生物体称为生产者。异养生物利用自养生物产生的有机物作为能源合成它自身生命的原始物质。

3.10.2 水体污染

(1) 污水的水质特性

污水的水质特性必须从其物理特性、化学组分、生物成分三方面来考虑。

① 物理特性　主要包括浊度、颜色、气味、嗅味、温度、固体悬浮物浓度、放射性。

② 化学组分　污染水体水质的化学组分分为有机物、无机物两类。污染水体水质中主要的有机物组分有：碳氢化合物、脂肪、油和润滑脂、农药、酚、蛋白质、表面活性剂等；主要无机物组分有：碱、酸、氯化物，含有重金属、氮、磷等化合物。这些污染物在污染水体中可以呈多种相态，其中气体组分主要有硫化氢、甲烷和氧气等。

③ 生物成分　污水中主要生物成分是微生物，包括细菌、放线菌、真菌、藻类、原生动物和病毒等。这些微生物可能是原污水带来的，也可能是在污水排放后滋生的，说明污水本身有适合于微生物生存的各方面条件。微生物含量高的污水适合于使用生物法处理。

由于污水性质的复杂性、多样性，因此彻底分析清楚污水中所含的污染物成分及其含量是相当困难的。因此，我们常常根据各种污染物的污染特点，将其划分为以下几种主要类型：

① 固体悬浮物　造成水的浊度和色度的主要组分。污水中常见的固体悬浮物有：泥沙、生物污泥、化学污泥等。

② 有机污染物　如生活及食品工业污水中所含的碳水化合物、蛋白质、脂肪等，还包括人工合成的有机高分子物质如农药、有机合成染料等，以及这些高分子物质的中间体和生物代谢物质等。生活污水和许多工业废水中含有大量的 N、P 物质，许多有机污染物具有耗氧性质，即在水体中被微生物的生化作用分解和氧化，所以要大量消耗水中的氧气，使水质变黑发臭，影响甚至窒息水中鱼类及其它水生生物。

③ 重金属　主要来自于采矿业以及金属品加工等，其中汞、镉、铅、铬、砷危害最大。重金属在水体中不能被微生物降解，在生物体内能富集和传递，并且不同的重金属价态表现出不同的毒性。

④ 酸、碱　许多工业生产排放大量酸性和碱性废水，使水体 pH 发生变化，破坏其自然缓冲作用，消灭或抑制细菌及微生物的生长，阻碍水体自净作用。同时，增加水中无机盐类和水的硬度，给工业和生活用水带来不利因素，也会引起土壤盐渍化。

⑤ 石油类　原油或其它油类在水面形成油膜，隔绝氧气与水体的气体交换，在漫长的

氧化分解过程中会消耗大量的水中溶解氧，堵塞鱼类等动物的呼吸器官，黏附在水生植物或浮游生物上，从而导致大量水鸟和水生生物的死亡，甚至引发水面火灾等。

⑥ 难降解的有机物　来自于有机合成工业，主要指有机氯化合物和多环有机化合物。由于其生物难降解性质，将导致在环境和生物体内富集，并具有“三致”危害性。

⑦ 放射性物质　主要来自于采矿业的排水和核电站的废水，常见的放射性污染物有铀、钍、钚等。

(2) 常见的污水水质指标

① 悬浮固体（suspended solid，SS）　悬浮固体是指在悬浮固体中600℃下灼烧所失去的质量，用它表示悬浮固体中的有机物更为合理。常用的悬浮固体单位是 $g \cdot L^{-1}$ 或 $mg \cdot L^{-1}$。

由于水常常是流动的，水中的固体含量是指随水流流动而不至于下沉的固体物。一般的废水中溶解性固体量是非常低的，因此悬浮固体的总量能代表水中的总的固体物的量。假如让流动的水静止，其悬浮固体可能会下沉。

② 生化需氧量（biological oxygen demand，BOD）　生化需氧量是指 1L 废水中有机污染物在好氧微生物作用下进行氧化分解时所消耗的溶解氧，单位是 $mg \cdot L^{-1}$。BOD 即是对水中可生物降解的有机成分的间接指标，也是进行生化反应需氧量的直接反映，它是废水生物处理中最重要的参数之一。

由于微生物的降解作用较缓慢，废水中有机物完全降解完毕需要大约 20 天左右的时间。因此，为实用起见，一般取 5 天所消耗的氧来作为指标，简称为 BOD_5。另外，由于温度不一样，微生物降解作用也不一样，因此控制温度为 20℃。

测定工业废水的 BOD_5 时，接种的生物菌种须经驯化。或者说，测定不同废水的 BOD_5 需要接种适应该工业废水的微生物污泥或生物膜。当废水中含有比较高的 NH_3 浓度时，为防止硝化菌氧化 NH_3 而消耗额外的氧，还需加 NH_3 的抑制剂。在有毒物质存在下 BOD_5 的测定方法，除用螯合剂束缚有毒金属，还可以连续搅动瓶中的液体，增加溶氧浓度。有时还需要在测定装置中添加适量的生物营养剂。

③ 化学需氧量（chemical oxygen demand，COD）　用强氧化剂（重铬酸钾或高锰酸钾）在酸性条件下能将废水中有机物彻底矿化，其中碳水化合物被氧化为 H_2O 和 CO_2，此时所测定的氧（重铬酸钾或高锰酸钾中的化合态氧）的消耗量即为化学需氧量。由重铬酸钾法测定得出的化学需氧量，简称为 COD_{Cr}；由高锰酸钾法测定得出的化学需氧量简称为 COD_{Mn}。

它是表示水中还原性物质多少的一个指标。水中的还原性物质有各种有机物、亚硝酸盐、硫化物、亚铁盐等，其中有机物是主要的。因此，化学需氧量（COD）又往往作为衡量水中有机物质含量多少的指标。化学需氧量越大，说明水体受有机物的污染越严重。

由于强氧化剂对有机物的氧化作用比微生物的生物氧化作用更强烈和彻底，因此废水的 COD 值一般总是大于 BOD 值。对于生活污水 BOD_5 和 COD_{Cr} 的比值大致为 0.4～0.8。BOD_5 和 COD_{Cr} 的比值（B/C）大小常常被用来判断废水能否用好氧生物法来处理或者判断用好氧生物法处理能够进行到怎样的程度。另外，该比值可以间接地衡量原废水中生物毒性物质含量的高低。由于生物需氧量的测定是在好氧条件下进行的，因此污水的 BOD 指标对指导厌氧生物处理仅具有一定的参考意义。

④ 总有机碳（total oxygen carbon，TOC） 前面反映有机物浓度的指标 BOD、COD 虽说测定方法成熟、有效性好，但测定所花的时间较长：BOD_5 一般需 5 天，COD 一般需加热沸腾 2h。另外废水中的有机物浓度不高时测定的精度不高。为了快速测定废水的有机物浓度，特别是废水中含微量有机物的情况下，往往测定废水的 TOC 值来反映有机物浓度。

TOC 测定过程中，污水样品在约 950℃下高温燃烧，用红外线仪定量测出燃烧中所生成的 CO_2 量，此时测得的碳的含量为废水中的总碳（TC）含量。总碳中包含有机碳和以 CO_2 和 HCO_3^- 形式存在的无机碳。如在高温燃烧前，将废水进行酸化曝气，去除无机碳后用同样的方法测定的废水的含碳量即为总有机碳 TOC。总有机碳的单位为 $mg \cdot L^{-1}$，生活污水的 TOC 一般为 100～350$mg \cdot L^{-1}$，其值略高于 BOD_5。

⑤ 营养物质 水体中营养物质主要指氮和磷。有关氮的指标有：有机氮、氨氮、总凯氏氮、硝态氮和总氮等。有关磷的指标有：有机磷、正磷酸盐、聚合磷和总磷等。

有关 N、P 的指标之所以重要，不仅因为它们是水体富营养化的主要原因，而且也是废水生物处理过程中的重要因素。另外，不同形态的 N、P 也反映了污水处理过程的不同阶段。工业废水因为缺乏必要的 N、P 将严重影响生物处理效果。

⑥ 有毒物质 污水中对人体健康或其它生物危害较大的有毒物质往往需要单独测定。常用的有毒物质指标有：氰化物、甲基汞、砷化物、镉、铅、六价铬、酚和醛等。

⑦ 酸度及碱度 酸度用 pH 来表示；碱度指水中 HCO_3^- 和 CO_3^{2-} 的含量，一般以 $CaCO_3$的含量来计算。碱度的大小某种程度上也能反映 pH 的大小，当 pH 较小时，碱度也小，pH 大则碱度也大。废水中碱度的高低还决定了污水的缓冲性能强弱，对污水处理有重要影响。

3.10.3 污水的处理

污水处理方法就是利用物理、化学和生物的方法对废水进行处理，使废水净化，减少污染，以致成为达到污水回收、复用，充分利用的水资源。污水处理方法主要分为物理处理法、化学处理法和生物处理法三类。

(1) 污水的物理处理方法

污水的物理处理方法借助物理学原理，对水中污染物主要起分离作用，处理过程中并没有改变污染物的化学性质和赋存形态。污水的物理处理方法主要有：筛滤和阻留、重力沉降、上浮和离心等。

① 筛滤和阻留 废水的筛滤和阻留就是采用多孔介质（如格栅、网、纤维织物等）和颗粒床层对水中所含的悬浮物或污泥絮体进行分离的一种物理处理方法。在城市污水处理中，最常用的筛滤、阻留设备是格栅。

② 重力沉降 重力沉降又称为沉淀，其本质是水中固体颗粒在重力的作用下通过沉降，逐渐改变了原有的位置而沉到水底，从水中分离出来。用沉降法处理污水的构筑物是沉淀池。沉淀池按水流方向分为三种形式：平流式、竖流式和辐流式，分别适合于处理小流量、中等流量和大流量的污水。

③ 上浮 用于去除污水中漂浮的污染物，或通过投加药剂、加压溶气等措施使一些污染物上浮而被去除。根据被分离污染物的亲水性强弱、密度大小，上浮法又可分为自然浮上

法和气泡浮上（简称“气浮”）法及药剂浮选法。

④ 离心　利用装有废水的容器高速旋转形成的离心力去除废水中悬浮颗粒的方法。按离心力产生的方式可分为水旋分离器和离心机两种类型。分离过程中，悬浮颗粒质量大，受到较大离心力的作用被甩向外侧，废水则留在内侧，各自通过不同的出口排出，使悬浮颗粒从废水中分离出来。

(2) 污水的化学处理方法

即通过化学反应和传质作用来分离、去除废水中呈溶解、胶体状态的污染物，或将其转化为无害物质的废水处理法。在化学处理法中，以投加药剂产生化学反应为基础的处理单元是：混凝、中和、氧化还原等；而以传质作用为基础的处理单元则有：萃取、汽提、吹脱、吸附、离子交换以及电渗析和反渗透等。后两种处理单元又合称为膜分离技术。其中运用传质作用的处理单元既具有化学作用，又有与之相关的物理作用，所以也可从化学处理法中分出来，成为另一类处理方法，称为物理化学法。

① 化学混凝　化学混凝法的主要处理对象是水中的胶体污染物。胶体污染物是水中污染物的重要组成之一，但由于其稳定性而难于从水中分离。化学混凝是指通过降低胶体表面电荷和压缩双电层，使得胶体微粒发生凝聚；对于高分子混凝剂还可以通过吸附架桥以及沉淀网捕使得凝聚后的微粒进一步“长大”而形成较大的絮体（此过程称为絮凝），由此加速污染物的分离。

在水处理中能够起混凝作用的化学药剂非常多，按其成分可以划分为无机混凝剂和有机混（絮）凝剂两种；按相对分子质量大小有常规低分子混凝剂和高分子混凝剂。常用的无机低分子混凝剂有：硫酸铝、氯化铝、硫酸亚铁、三氯化铁、生石灰等；常用的无机高分子混凝剂有：聚合氯化铝、聚合硫酸铁、聚合硫酸铝铁等；常见的天然高分子混凝剂有：淀粉、壳聚糖、海藻酸钠、纤维素和木质素等；常用的合成有机高分子絮凝剂有：聚丙烯酰胺、聚丙烯酸钠等。

② 化学中和与沉淀　工矿业生产中往往产生大量的酸碱废水，如金属酸洗废水和味精发酵废水以及铁矿采矿排水都是典型的酸性废水，而造纸废水则是典型的碱性废水。酸碱废水除 pH 偏离常值外，还同时含有大量其它污染物质。酸碱废水处理中除采用中和法使得 pH 达标外，还应该使得其它污染物也得到有效的净化。

③ 化学氧化与还原　该法是通过药剂与废水中污染物的氧化还原反应，把废水中有毒、有害污染物的毒害性降低或者易于分离。废水中的有机污染物（色、嗅、味、COD）及还原性无机离子（CN^-、S^{2-}、Fe^{2+}、Mn^{2+}）都可用氧化法来消除它的危害。废水中的重金属离子（Hg^{2+}、Cd^{2+}、Cu^{2+}、Ag^+、Cr^{6+}、Ni^{2+}等）都可通过还原法去除。废水处理中最常用的氧化剂是空气、臭氧及氯气、次氯酸钠、漂白粉、漂白精等氯系氧化剂。最常用的还原剂是硫酸亚铁、亚硫酸钠和铁屑等。

④ 吸附　吸附法可以高效地去除水中多种污染物质，如重金属离子、氨氮和有机污染物，也可以有效地降低水的色度和浊度。吸附法利用多孔性的固体物质使污水中的一种或多种物质被吸附在固体表面而去除。这种有吸附能力的多孔性物质亦称为吸附剂。能作为吸附剂的固体物质必须具有较大的吸附容量和一定的机械强度及较好的化学稳定性，在水中不致溶解，不能含有毒物质。吸附剂的种类很多，如活性炭、含腐殖酸煤、硅酸钙、沸石等。

⑤ 离子交换　离子交换法是利用离子交换剂的交换基团同水中的金属离子进行交换反

应，将金属离子态物质置换到交换剂上予以除去。离子交换剂可分为无机的和有机的两类。无机离子交换剂有磺化煤、天然绿沙、沸石等。有机离子交换一般是指人工合成的交换树脂，它是一种有机高分子聚合物，其骨架是由高分子电解质和横键交联物质组成的空间网状结构，其上面结合着许多能进行离子交换的基团。按交换基团的不同，离子交换树脂分为阳离子型和阴离子型两大类。阳离子交换树脂含有活泼的可与阳离子进行交换的酸性基团；阴离子交换树脂含有可与阴离子进行交换的碱性基团。

⑥ 电解　这是一种利用铝（或铁）作为可溶性阳极，在直流电场下对废水进行电解的方法。通电后，阳极金属（铝或铁）放电成为金属离子溶入废水中并水解形成氢氧化铝或氢氧化铁胶体，同时废水中的重金属离子在阴极与 OH^- 结合形成金属氢氧化物，与吸附在阳极处的氢氧化物胶体上一起沉淀除去。此外，废水中的金属离子还可直接在阴极上获得电子还原为金属单质沉积在阴极上。

⑦ 膜分离法　膜分离法是利用膜的选择性（孔径大小），以膜的两侧存在的能量差作为推动力，由于溶液中各组分透过膜的迁移率不同而实现分离、提纯和富集的一种方法。膜是所有分离过程的核心，是具有选择性分离功能的材料。膜分离法包括反渗透法、电渗析法、扩散渗析法、液膜法和超滤法等。

膜技术以其高效、节能、设备简单、操作方便等特点，在水处理领域中的应用越来越广泛。由于工业的发展，大量工业废水排入水体，膜分离法既能对工业废水进行有效的净化，又能回用其中的有用物质，同时还可节省能源。膜分离法在处理电镀废水、造纸废水、重金属废水、含油废水和印染废水这五大类主要工业废水中都得到了广泛的应用。膜分离中的微滤、超滤和纳滤所组成的饮用水处理方法，对去除地表水中的微米级的颗粒优于常规水处理技术中的过滤能力，而且还具有去除过滤所不具备的纳米级微粒的能力，可有效去除水中的悬浮物、细菌、病毒、无机物、农药以及其它有机污染物等杂质，符合饮用水水质不断提高的要求。

(3) 污水的生物处理方法

即通过微生物的代谢作用，使废水中呈溶液、胶体以及微细悬浮状态的有机污染物，转化为稳定、无害的物质的废水处理法。根据作用微生物的不同，生物处理法又可分为需氧生物处理和厌氧生物处理两种类型。废水生物处理广泛使用的是需氧生物处理法，按传统，需氧生物处理法又分为活性污泥法和生物膜法两类。活性污泥法本身就是一种处理单元，它有多种运行方式。属于生物膜法的处理设备有生物滤池、生物转盘、生物接触氧化池以及生物流化床等。生物氧化塘法又称自然生物处理法。厌氧生物处理法，又名生物还原处理法，主要用于处理高浓度有机废水和污泥，使用的处理设备主要为消化池。

练习题

3-1　什么是分散系？液体分散系可以分为哪几类？

3-2　什么是稀溶液的依数性？它适用于浓溶液和电解质溶液吗？

3-3　在水中加入少量蔗糖后，水的凝固点会有何变化？为什么？

3-4　什么是渗透压？产生渗透压的原因和条件是什么？

3-5　什么是同离子效应和盐效应？它们对弱酸弱碱的解离平衡有何影响？

3-6 什么是缓冲溶液？组成缓冲溶液的物质（缓冲对）应满足什么条件？

3-7 下列说法是否正确？说明理由。

（1）相同浓度的一元酸，它们的氢离子浓度相同。

（2）$BaSO_4$、AgCl 难溶于水，水溶液导电不显著，故为弱电解质。

（3）将氨水稀释一倍，则氢氧根离子的浓度减小为原来的一半。

（4）凡是盐都是强电解质。

（5）HAc 溶液中加入 NaAc 后产生同离子效应，所以往 HCl 溶液中加入 NaCl 也会产生同离子效应。

（6）溶度积大的沉淀都容易转化为溶度积小的沉淀。

（7）两种难溶盐比较，$K_{sp}^{\ominus}$较大者其溶解度也大。

（8）用相同浓度的氢氧化钠中和同一物质的量的醋酸和盐酸溶液，则消耗的氢氧化钠溶液的体积相同。

3-8 按质子理论，磷酸二氢根既可以释放质子又可以获得质子，试定性说明为什么磷酸二氢钠溶液显酸性而不是显碱性。

3-9 在氨水中分别加入下列物质时，氨水的解离度和溶液的 pH 如何变化？

（1）HCl （2）NaOH （3）加水稀释 （4）NH_4Cl

3-10 溶解度和溶度积都能表示难溶电解质在水中的溶解趋势，二者有何异同？

3-11 往 $ZnSO_4$ 溶液中通入 H_2S，ZnS 的沉淀往往很不完全，甚至不沉淀。若往 $ZnSO_4$ 溶液中先加入适当的 NaAc，再通入 H_2S，则 ZnS 几乎可完全沉淀。为什么？

3-12 简述表面活性剂和临界胶束浓度的定义。按照表面活性剂化学结构的不同，可将它们分成哪些类型？

3-13 胶体颗粒为什么会带电？分别在什么情况下带正电和负电？

3-14 试举例说明，为什么一般情况下阳离子表面活性剂与阴离子表面活性剂不能混合使用？

3-15 混合物、溶液和胶体有什么区别？

3-16 乳化剂为什么能增加乳化液的稳定性？什么叫 O/W 型和 W/O 型乳状液？

3-17 下列分散系统分别属于哪一类型？

（1）食盐水

（2）牛奶

（3）在沸水中滴入 $FeCl_3$ 溶液，由于水解生成 $Fe(OH)_3$ 深红色液体

3-18 胶体颗粒为什么会带电？在何种情况下带正电？在何种情况下带负电？为什么？

3-19 试解释：

（1）江河入海处，为何会形成三角洲？

（2）加明矾为何能使浑浊的水澄清？

（3）使用不同型号的墨水，为什么常常会使钢笔堵塞？

（4）重金属中毒的患者，为什么喝了牛奶可使症状减轻？

3-20 $CaCl_2$ 既可作为拌制混凝土的防冻剂，又可作为其促凝剂，它们各自依据的物理化学原理是什么？

3-21 高锰酸钾耗氧量、化学需氧量和生化需氧量三者有何区别？它们之间关系如何？

除了它们之外还有哪些水质指标可以用来判别水体中有机物质含量的多寡?

3-22 污水处理物理方法有几大类?

3-23 简述气浮法和膜分离法处理污水的原理。

3-24 试比较污水处理中物理吸附和化学吸附的主要区别。

3-25 已知在标准状况下1体积的水可吸收500体积的氨气，此氨水的密度为$0.90g \cdot L^{-1}$。求此氨溶液的质量分数和物质的量浓度。

3-26 20℃时将0.515g血红素溶于适量水中，配成50.0mL溶液，测得此溶液的渗透压为375Pa。求：

(1) 溶液的浓度c;

(2) 血红素的相对分子质量;

(3) 此溶液沸点升高值和凝固点下降值;

(4) 用(3)的计算结果说明能否用沸点升高和凝固点下降的方法测定血红素的相对分子质量。

3-27 用质子理论判断下列物质哪些是酸?哪些是碱?哪些既是酸又是碱?并分别找出它的共轭关系。

$H_2PO_4^-$; CO_3^{2-}; NH_3; NO_3^-; H_2O; HSO_4^-; HS^-; HCl

3-28 奶油腐败后的分解产物之一为丁酸(C_3H_7COOH)，有恶臭。今测得$0.20mol \cdot L^{-1}$丁酸溶液的pH为2.50，求丁酸的$K_a^\ominus$为多少?

3-29 已知下列各种弱酸的$K_a^\ominus$值，求它们的共轭碱的$K_b^\ominus$值，并比较各共轭碱的相对强弱。

(1) $K_a^\ominus(HCN)=6.2\times10^{-10}$

(2) $K_a^\ominus$(苯甲酸)$=6.2\times10^{-5}$

(3) $K_a^\ominus$(苯酚)$=1.1\times10^{-10}$

(4) $K_a^\ominus(HAsO_2)=6.0\times10^{-10}$

(5) $K_{a_1}^\ominus(H_2C_2O_4)=5.9\times10^{-2}, K_{a_2}^\ominus=6.4\times10^{-5}$

3-30 对于下列溶液：$0.1mol \cdot L^{-1}$ HCl，$0.01mol \cdot L^{-1}$ HCl，$0.1mol \cdot L^{-1}$ HF，$0.01mol \cdot L^{-1}$ HF，问：

(1) 哪一种具有最高的$c(H^+)$;

(2) 哪一种具有最低的$c(H^+)$;

(3) 哪一种具有最低的解离度;

(4) 哪两种具有相似的解离度。

3-31 计算下列溶液的pH。

(1) $0.0500mol \cdot L^{-1}$的HCl溶液;

(2) $5.00\times10^{-7}mol \cdot L^{-1}$的HCl溶液;

(3) $0.2000mol \cdot L^{-1}$的HAc溶液;

(4) $4.00\times10^{-5}mol \cdot L^{-1}$的HAc溶液;

(5) $0.300mol \cdot L^{-1}$的H_3PO_4溶液。

3-32 将$0.2mol \cdot L^{-1}$的HAc和$0.2mol \cdot L^{-1}$HCl等体积混合，求：(1) 混合溶液的

pH 值。(2) 溶液中 HAc 的解离度。($K^{\ominus}_{HAc}=1.76\times10^{-5}$)

3-33　计算 $0.10mol\cdot L^{-1}H_2S$ 溶液中 $c(H^+)$、$c(S^{2-})$。

3-34　已知 $NH_3\cdot H_2O$ 的 $K^{\ominus}_b=1.8\times10^{-5}$，求 $0.1mol\cdot L^{-1}NH_3\cdot H_2O$ 的 pH 值。

3-35　将 0.20mol NaOH 和 0.20mol NH_4NO_3 配成 1.0L 混合溶液，求此混合溶液的 pH 值。

3-36　计算 $0.10mol\cdot L^{-1}H_2SO_4$ 溶液的 pH。

3-37　$H_2PO_4^-$ 的 $K^{\ominus}_{a_2}=6.2\times10^{-8}$，则其共轭碱的 $K^{\ominus}_b$ 是多少？如果在溶液中 $c(H_2PO_4^-)$ 和其共轭碱的浓度相等时，溶液的 pH 将是多少？

3-38　欲配制 250mL pH 5.0 的缓冲溶液，问在 125mL1.0mol·L^{-1}NaAc 溶液中应加多少毫升 6.0mol·L^{-1}的 HAc 和水？

3-39　欲配制 1L pH 10.00 的 NH_3-NH_4Cl 的缓冲溶液，现有 250mL 10mol·L^{-1}的 $NH_3\cdot H_2O$ 溶液，还需称取 NH_4Cl 固体多少克？

3-40　配制 pH 5.0 的缓冲溶液 400mL，需取 0.10mol·L^{-1} HAc 和 0.10mol·L^{-1} NaAc 溶液各多少毫升（已知 HAc 的 $pK_a=4.75$）？

3-41　0.20mol·$L^{-1}NH_3$ 和 0.10mol·L^{-1}HCl 溶液各 100mL 相混合，已知 NH_3 的 $pK_b=4.75$，求混合溶液的 pH。

3-42　现有一份 HCl 溶液，其浓度为 0.20mol×L^{-1}。

(1) 欲改变其酸度到 pH 4.0 应加入 HAc 还是 NaAc？为什么？

(2) 如果向这个溶液中加入等体积的 2.0mol·L^{-1} NaAc 溶液，溶液的 pH 值是多少？

(3) 如果向这个溶液中加入等体积的 2.0mol·L^{-1} HAc 溶液，溶液的 pH 值是多少？

(4) 如果向这个溶液中加入等体积的 2.0mol·L^{-1} NaOH 溶液，溶液的 pH 值是多少？

3-43　今有三种酸 $(CH_3)_2AsOOH$，$ClCH_2COOH$，CH_3COOH，它们的标准解离常数 $K^{\ominus}$分别为 6.4×10^{-7}，1.4×10^{-5}，1.76×10^{-5}。试问：

(1) 欲配制 pH 6.50 缓冲溶液，用哪种酸最好？

(2) 需要多少克这种酸和多少克 NaOH 以配制 1.00L 缓冲溶液？其中酸和它的共轭碱的总浓度等于 1.00mol·L^{-1}。

3-44　溶液中 Fe^{3+} 和 Mg^{2+} 的浓度均为 0.01mol·L^{-1}，欲通过生成氢氧化物使二者分离，问溶液的 pH 值应控制在什么范围？($K^{\ominus}_{sp}[Fe(OH)_3]=2.79\times10^{-39}$，$K^{\ominus}_{sp}[Mg(OH)_2]=5.61\times10^{-12}$)

3-45　已知 $NH_3\cdot H_2O$ 的 $K^{\ominus}_b=1.8\times10^{-5}$，求：(1) 0.1mol·$L^{-1}NH_3\cdot H_2O$ 的 pH。(2) 在 100mL 0.1mol·$L^{-1}NH_3\cdot H_2O$ 溶液中加入 0.95g $MgCl_2$ 固体，是否有 $Mg(OH)_2$ 沉淀产生？(3) 若有沉淀，要使其溶解，需加入多少克 NH_4Cl 固体？($M(MgCl_2)=95g\cdot mol^{-1}$，$M(NH_4Cl)=53.5g\cdot mol^{-1}$，$K^{\ominus}_{sp}[Mg(OH)_2]=1.2\times10^{-11}$)

3-46　已知 CaF_2 溶解度为 $2\times10^{-4}mol\cdot L^{-1}$，求其溶度积 $K^{\ominus}_{sp}$。

3-47　已知 $Zn(OH)_2$ 的溶度积为 1.2×10^{-17} (25℃)，求其溶解度。

3-48　在 1.0L AgBr 饱和溶液中加入 0.119g KBr，有多少 AgBr 沉淀出来？

3-49　在 100mL 0.20mol·L^{-1} $AgNO_3$ 溶液中加入 100mL 0.20mol·L^{-1} HAc 溶液。问：

（1）是否有 AgAc 沉淀生成？

（2）在上述溶液中再加入 1.7g NaAc，有何现象？已知 $K_{sp}^{\ominus}(AgAc)=4.4\times10^{-3}$。

3-50　10mL 0.10mol·L^{-1} $MgCl_2$ 和 10mL 0.010mol·L^{-1} 氨水混合时，是否有 $Mg(OH)_2$ 沉淀产生？

3-51　在 1.0mol·L^{-1} $NiSO_4$ 溶液中，$c(Fe^{3+})=0.10mol\cdot L^{-1}$，问应如何控制溶液的 pH，才能达到除去 Fe^{3+} 的目的？已知 $K_{sp}^{\ominus}[Fe(OH)_3]=6.0\times10^{-38}$，$K_{sp}^{\ominus}[Ni(OH)_2]=1.6\times10^{-16}$。

第4章

氧化还原与电化学

化学反应可以分为两大类：一类是在反应过程中，反应物之间没有发生电子转移，如酸碱反应、沉淀反应和配位反应等；另一类是在反应过程中，反应物之间发生电子转移，即氧化还原反应。

氧化还原反应在实际应用中非常广泛，如食物的腐败、金属的腐蚀都是氧化还原反应，这些都对人类不利，要努力去避免。但金属的制备、氯碱工业、硫酸硝酸制备等也都是氧化还原反应，这些都是对人类有利的，我们要加以利用。我们通常应用的蓄电池以及在空间技术上应用的高能电池都发生着氧化还原反应，否则就不可能把化学能变成电能，或把电能变成化学能。还有人和动物的呼吸，是将葡萄糖氧化为二氧化碳和水的过程。通过呼吸把储藏在食物中的分子内能转变为存在于三磷酸腺苷（ATP）的高能磷酸键的化学能，化学能再维持人和动物进行机械运动、维持体温、合成代谢、细胞的主动运输等所需要的能量。因此掌握氧化还原反应基本知识对生活和工作都是很有意义的。

4.1 氧化还原反应的基本概念

4.1.1 氧化和还原

有电子得失或电子对偏移的化学反应，称为氧化还原反应（oxidation-reduction reaction)。还原（reduction）是物质获得电子的作用，氧化（oxidation）是物质失去电子的作用。例如

氧化反应 $$Zn(s)-2e^{-}\rightleftharpoons Zn^{2+}(aq)$$

还原反应 $$Cu^{2+}(aq)+2e^{-}\rightleftharpoons Cu(s)$$

以上两式皆为半反应，电子得失是同时进行的。因此，氧化反应和还原反应必须联系在一起才能进行。如果将上述两式合并就是一个完整的氧化还原反应。

$$Zn(s)+Cu^{2+}(aq)\rightleftharpoons Zn^{2+}(aq)+Cu(s)$$

在氧化还原反应中，得电子者为氧化剂（oxidant），如 Cu^{2+}，氧化剂自身被还原；失电子者为还原剂（reductant），如 Zn，还原剂自身被氧化。氧化剂得到的电子数等于还原剂

失去的电子数。

在上述的例子中，氧化剂得到的电子和还原剂失去的电子都很明显。而在下述反应中

$$H_2(g)+Cl_2(g) \longrightarrow 2HCl(g)$$

氯化氢分子中的氢原子并不失去电子，氯原子也不得到电子，仅仅因为氯原子的电负性大于氢原子，它们之间的一对共用电子偏向氯原子。此类反应也属于氧化还原反应。由此可见，氧化还原反应的本质在于电子得失或者偏移。

4.1.2 氧化数

氧化数（oxidation number）是指某元素一个原子的表观核电荷数。这种表观核电荷数是假设把共用电子指定给电负性较大的原子而求得的。例如，在 HCl 中，由于氯的电负性比氢大，成键电子划归氯，所以氯的氧化数为－1，氢为＋1。但是用这种方法确定原子氧化数有时遇到困难，因为有些化合物，特别是一些结构复杂的化合物，它们的电子结构本身就不容易确定，更谈不上电子的划分。为了避开这些困难，人们从经验中总结出一套规则，可以方便地确定原子的氧化数。它包括以下四条：

① 在单质中（如 Zn、N_2 等），原子氧化数为零。

② 在中性分子中，所有的原子氧化数代数和为零。

③ 在复杂离子中，所有的原子氧化数代数和应等于离子的电荷数。

④ 若干关键元素的原子在化合物中的氧化数有定值。氢原子的氧化数为＋1；氧原子的氧化数为－2；卤素原子在卤化物中的氧化数为－1；硫原子在硫化物中的氧化数为－2。但是也有例外，如活泼金属氢化物（如 NaH 和 CaH_2 等）中氢原子的氧化数为－1；过氧化氢中氧原子的氧化数为－1 等。

根据以上规则就可以计算化合物中其它原子的氧化数。例如，在 CrO_4^- 中，Cr 的氧化数 x 可以根据下式求得：

$$x+(-2)\times 4=-1$$

$$x=+7$$

在有些离子化合物中，原子的氧化数与化合价往往相同，但在共价化合物中，两者并非完全一致。共价数是指形成共价键时共用电子对的对数（不分正负）。例如，在 CH_4、CH_3Cl、CH_2Cl_2、$CHCl_3$ 和 CCl_4 中，C 的氧化数依次分别为－4、－2、0、＋2 和＋4，而 C 的化合价皆为＋4。此外，化合价是整数，但氧化数可能为分数。如连四硫酸钠（$Na_2S_4O_6$）中 S 的氧化数为 $+\frac{5}{2}$，Fe_3O_4 中 Fe 的氧化数为 $+\frac{8}{3}$。氧化数与化合价虽然不相同，但是有一定联系。

根据氧化数的概念，氧化数降低的过程称为还原，氧化数升高的过程称为氧化。氧化数升高的物质是还原剂，氧化数降低的物质是氧化剂。

4.2 原电池

4.2.1 原电池

把锌粒放在硫酸铜溶液中，锌溶解而铜析出，发生的氧化还原反应为

$$Zn + Cu^{2+} \rightleftharpoons Zn^{2+} + Cu$$

这个反应的实质是锌原子失去电子被氧化为锌离子；铜离子得到电子被还原成铜原子。在此反应中电子转移是无序的，反应中放出的化学能转化为热能，使反应体系温度升高。

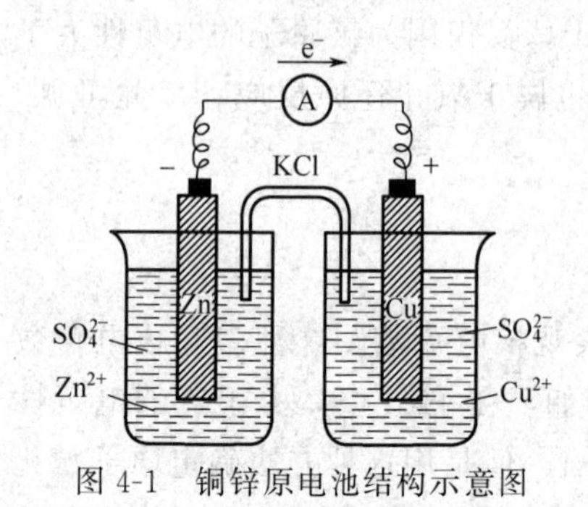

图 4-1　铜锌原电池结构示意图

在图 4-1 中，一个容器中加入 $ZnSO_4$ 溶液和锌片，另一个容器中加入 $CuSO_4$ 溶液和铜片，中间用盐桥（内部填充含饱和氯化钾溶液的琼脂）连接起来，用导线将两金属片连接并串联一个安培计，可以看到安培计发生偏转，证明中间有电子转移；如果去掉盐桥，安培计指针不动。从指针偏转方向来看，可以判断电流从铜极流向锌极（电子从锌极流向铜极）。这种借助于氧化还原反应将化学能转变为电能的装置叫原电池。

在原电池中，电子流出的电极称为负极，发生氧化反应；电子流入的电极称为正极，发生还原反应。因此上述反应中，Zn 为负极，Cu 为正极，发生的反应分别为

负极　　$Zn(s) \rightleftharpoons Zn^{2+}(aq) + 2e^-$

正极　　$Cu^{2+}(aq) + 2e^- \rightleftharpoons Cu(s)$

将上述两个反应相加得到铜锌原电池总反应

$$Zn(s) + Cu^{2+}(aq) \rightleftharpoons Zn^{2+}(aq) + Cu(s)$$

原电池是由两个半电池和盐桥组成。每个半电池由氧化态物质（高氧化数）和还原态物质（低氧化数）组成，如 Zn^{2+}/Zn、Cu^{2+}/Cu，称之为电对。电对不一定由金属和金属离子组成，同一金属不同氧化态的离子（如 Fe^{3+}/Fe^{2+} 和 MnO_4^-/Mn^{2+} 等）或者非金属与相对应的离子（如 H^+/H_2、Cl_2/Cl^- 和 O_2/OH^- 等）都可以组成电对。在半电池中进行的氧化态和还原态相互转化的反应叫电极反应

$$\text{氧化态} + ne^- \rightleftharpoons \text{还原态}$$

为了简明起见，通常采用符号表示原电池，例如铜锌电池的电池符号为

$$(-)Zn \mid Zn^{2+}(c_1) \parallel Cu^{2+}(c_2) \mid Cu(+)$$

Fe^{3+}/Fe^{2+} 和标准氢电极组成的原电池符号为

$$(-)Pt \mid H_2(100kPa) \mid H^+(1mol \cdot L^{-1}) \parallel Fe^{3+}(c_1), Fe^{2+}(c_2) \mid Pt(+)$$

其中，“|”表示两相之间的界面；“‖”表示盐桥；“(－)、(＋)”分别表示负极和正极。习惯上把负极写在左边，正极写在右边。

原电池电池符号的书写具体方法如下：

① 若组成电极物质中无金属时，应插入惰性电极。如 Pt，石墨 C，这些电极只导电而不参与电极反应。例如：$Fe^{3+}(c_1)$，$Fe^{2+}(c_2) \mid Pt$。

② 组成电极中的气体物质应在导体这一边，后面应注明压力，用逗号与电极分开。例如：$H^+(c) \mid H_2(p)$，Pt。

③ 电极中含有不同氧化态同种离子时，高氧化态离子靠近盐桥，低氧化态离子靠近电极，中间用“,”分开。溶液与电极之间用单竖线分开。例如：$Sn^{4+}(c_1)$，$Sn^{2+}(c_2) \mid Pt$。

④ 电极反应（半反应）中反应物和对应的氧化或还原的产物都应该出现在电池符号当中。例如：$O_2 + 2H_2O + 4e^- \rightleftharpoons 4OH^-$，对应的电池符号为：$Pt \mid O_2(p) \mid H_2O, OH^-(c)$。这

里的“H_2O”是反应物，因此需要写在电池符号中。又如，$Cr_2O_7^{2-}+14H^++6e^- \rightleftharpoons 2Cr^{3+}+7H_2O$，对应的电池符号为：$Cr_2O_7^{2-}(c_1),H^+(c_2),Cr^{3+}(c_3)|$ Pt。这里的“H_2O”不是氧化或还原的产物，因此不需要写在电池符号中。

⑤ 优先考虑气体与电极的相对位子，再考虑同一元素高价态离子和低价态离子的相对位子。当 H^+ 和 H_2O 作为介质参与反应的时候，一般写在两种物质的中间。例如，$Pt|O_2(p)|\ H_2O,OH^-(c)$。

4.2.2 原电池的能量变化

(1) 电池反应的 $\Delta_r G_m^{\ominus}$ 与电动势 E 的关系

原电池中发生着化学反应，在电动势作用下产生的电流对外还要做功。这种做功的形式可以看成，将电量为 q 的电子移动到离电场 E 无穷远的地方，则所做的功为 W，其表达式为

$$W=-qE \tag{4-1}$$

式中取“－”是因为整个过程是在克服电场对电子的吸引力而做功，电子受力方向与电子移动的方向相反。其中电量 q 应为电子的物质的量 n 与法拉第常数 F 的乘积，即 $q=nF$。法拉第常数 F 表示 1mol 电子所带的电量，其值约为 $96500C \cdot mol^{-1}$。

因此，式(4-1) 可变换为

$$W=-nFE \tag{4-2}$$

根据热力学原理，恒温恒压，无限缓慢的可逆条件下，对于一个可以自发进行的反应，其摩尔吉布斯函数变 $\Delta_r G_m$ 等于体系对环境所做的最大非体积功 W，即

$$\Delta_r G_m=W \tag{4-3}$$

由式(4-2) 和式(4-3) 得

$$\Delta_r G_m=-nFE \tag{4-4}$$

若原电池中各组分物质均处于标准状态，有关离子的活度为 $1mol \cdot L^{-1}$，气体的压力为 100kPa，则以上公式可以表示为

$$\Delta_r G_m^{\ominus}=-nFE^{\ominus} \tag{4-5}$$

其中 $E^{\ominus}$ 表示标准电动势。

式(4-4) 和式(4-5) 是电化学中的重要公式，其左边代表热力学物理量，而右边为电化学中的重要物理量。这两个公式将热力学和电化学有机地联系起来，被称为热力学和电化学的“桥梁公式”。

对于一般的可逆电池反应

$$aA(aq)+bB(aq) \rightleftharpoons cC(aq)+dD(aq)$$

根据热力学等温方程式，摩尔反应吉布斯函数变还可表示为

$$\Delta_r G_m=\Delta_r G_m^{\ominus}+RT\ln\frac{\{c(C)/c^{\ominus}\}^c\{c(D)/c^{\ominus}\}^d}{\{c(A)/c^{\ominus}\}^a\{c(B)/c^{\ominus}\}^b}$$

该式联立式(4-4) 和式(4-5)，整理得到

$$E=E^{\ominus}-\frac{RT}{nF}\ln\frac{\{c(C)/c^{\ominus}\}^c\{c(D)/c^{\ominus}\}^d}{\{c(A)/c^{\ominus}\}^a\{c(B)/c^{\ominus}\}^b} \tag{4-6a}$$

式(4-6a) 也可表示为

$$E=E^{\ominus}-\frac{RT}{nF}\ln\frac{\{c'(C)\}^c\{c'(D)\}^d}{\{c'(A)\}^a\{c'(B)\}^b} \tag{4-6b}$$

式(4-6b) 中，c'均为相对平衡浓度，是平衡浓度与标准浓度 $c^{\ominus}$ 的比值，量纲为 1。式(4-6a) 及式(4-6b) 被称为能斯特（Nernst）方程。该方程式中的浓度项只是一个指代，当原电池中出现气体物质时，则用气体的压力来表示；如果是溶液，就用浓度来表示。

值得注意的是，从式(4-6b) 可知，电池的电动势 E 是一个与物质本性（标准电动势 $E^{\ominus}$、转移电子数 n）和温度（T）有关的物理量，与电池反应的计量式写法无关。

比如，当可逆电池反应写成

$$\frac{1}{2}a\,\mathrm{A(aq)}+\frac{1}{2}b\,\mathrm{B(aq)} \rightleftharpoons \frac{1}{2}c\,\mathrm{C(aq)}+\frac{1}{2}d\,\mathrm{D(aq)}$$

当参与电池反应的物质的量减半时，式(4-6b) 中转移电子数也相应变为$\frac{1}{2}n$，代入式(4-6b) 得

$$E=E^{\ominus}-\frac{RT}{\frac{1}{2}nF}\ln\frac{\{c'(\mathrm{C})\}^{\frac{1}{2}c}\{c'(\mathrm{D})\}^{\frac{1}{2}d}}{\{c'(\mathrm{A})\}^{\frac{1}{2}a}\{c'(\mathrm{B})\}^{\frac{1}{2}b}}$$

$$=E^{\ominus}-\frac{RT}{nF}\ln\frac{\{c'(\mathrm{C})\}^{c}\{c'(\mathrm{D})\}^{d}}{\{c'(\mathrm{A})/c^{\ominus}\}^{a}\{c'(\mathrm{B})\}^{b}}$$

由此可见，电池反应方程式中计量数的改变不会影响电动势的数值。

(2) 电池反应的标准平衡常数 $K^{\ominus}$ 与标准电动势 $E^{\ominus}$ 的关系

我们再将式(4-5) 和热力学公式 $\Delta_r G_m^{\ominus}=-RT\ln K^{\ominus}$结合，可以得到

$$\Delta_r G_m^{\ominus}=-nFE^{\ominus}=-RT\ln K^{\ominus}$$

则

$$\ln K^{\ominus}=\frac{nFE^{\ominus}}{RT} \tag{4-7}$$

若上式中的 $T=298.15\mathrm{K}$，代入 F 和 R 的数值，并且改为常用对数表示，可整理得到

$$\lg K^{\ominus}=\frac{nE^{\ominus}}{0.0592} \tag{4-8}$$

一般情况下，电动势可以较为精确的测量，由测定得到的标准电动势 $E^{\ominus}$就可以计算出标准平衡常数 $K^{\ominus}$。这相对于测量溶液的浓度或气体的压力再来求算平衡常数要更简便、准确。

4.3 电极电势

4.3.1 标准电极电势

电极电势产生的根本原因是由于电池中正、负极得失电子的趋势差异造成的。就好像由于地势差，水会从地势高的地方流到地势低的地方。电池中的电流的方向是从电势高的一端流向电势低的一端，这与电子流动的方向相反。那么电势差是如何产生的呢？

1889 年，德国化学家能斯特（H. W. Nernst）在解释金属活动顺序表时提出了“双电层理论”(electron double layer theory)。双电层理论认为金属浸泡在溶液中时，会同时出现两种相反的趋势。我们以金属锌为例来说明这个双电层形成的过程。

由于金属锌是一种较为活泼的金属，当把金属锌浸泡在含有锌离子的溶液中时，锌表面上的锌离子受极性溶剂水的吸引，有溶解到溶液中去的趋势。由于金属锌的表面失去了锌离子，而电子依然留在锌表面，使得锌表面带负电荷。与此同时，溶液中的正离子会受到锌表

面负电荷的吸引而靠过来。这样就初步形成了一个双电层。

然而，溶液中还存在另一个过程，也就是溶液中的锌离子也会受锌表面的负电荷吸引与锌表面发生碰撞，锌离子得到电子后就沉积在金属表面。这个过程显然减少了锌表面溶解时所带的负电荷。当溶解和沉积的速率相等时，这两个过程达到平衡状态，金属表面形成一个稳定的双电层［图 4-2(a)］。如果以上溶液中的锌离子浓度很高时，或完全换成不活泼的金属（如铅）浸泡在其离子溶液中，同样做以上这个实验，会得到相反的双电层［图 4-2(b)］。

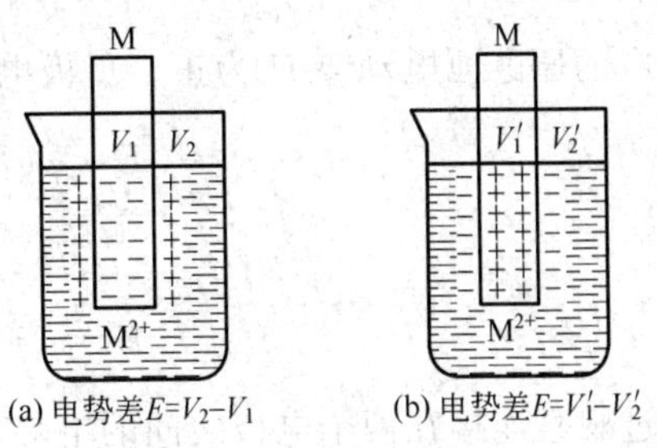

(a) 电势差$E=V_2-V_1$　(b) 电势差$E=V_1'-V_2'$

图 4-2　金属电极电势

正是由于双电层的形成，导致了电势差的产生，从而具有了电极电势。又由于双电层中正、负电荷数量以及相对位置的不同，使得产生的电极电势有差别。将具有不同电极电势的电极用导线连接起来，电子就会流动形成电流。

电极电势（electrode potential）用 E（氧化态/还原态）来表示。对于金属离子来说，电极电势可以表示为 M^{n+}/M 表示，单位为 V（伏特）。比如，锌的标准电极电势以 $\varphi^{\ominus}(Zn^{2+}/Zn)$表示，铜的标准电极电势以 $E^{\ominus}(Cu^{2+}/Cu)$ 表示。电子是从电极电势低的一端（负极）流向电极电势高的一端（正极），而电流的方向正好相反。原电池的电动势就是构成原电池的两个电极的电极电势的差值，表示为

$$E=\varphi(\text{正极})-\varphi(\text{负极})$$

其中 φ（正极）和 φ（负极）分别表示正极和负极的电极电势。

单个电极的电极电势 φ 是客观存在的，但无法用实验的方法测定。能够测定得到的是电极组成电池后电动势 E 的数值。目前，国际上统一规定“标准氢电极”的电极电势为零，其它电极的电极电势数值都是通过与“标准氢电极”比较而确定的。

凡电对中的氧化态和还原态都是标准态，即组成电极的离子的浓度都为 $1\text{mol}\cdot\text{L}^{-1}$，气体的分压为 100kPa，液体和固体都是纯净物质，这时的电极电势称为标准电极电势 $E^{\ominus}$。

4.3.2　标准氢电极

标准氢电极是指处于标准状态下的氢电极，表示为

$$\text{Pt}|H_2(100\text{kPa})|H^+(1\text{mol}\cdot\text{L}^{-1})$$

$$E^{\ominus}(H^+/H_2)=0.0000\text{V}$$

标准氢电极的结构和组成如图 4-3 所示。

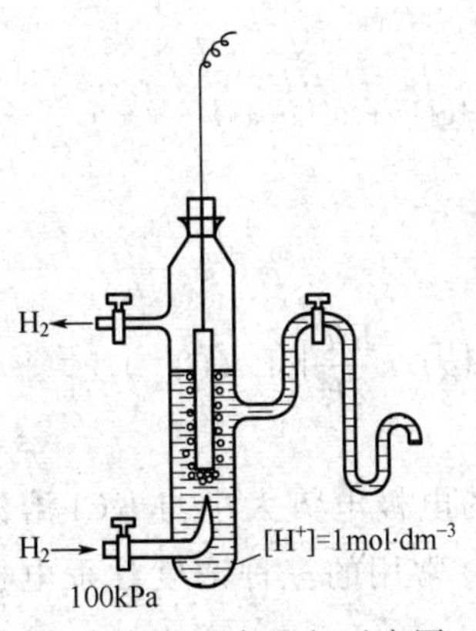

图 4-3　标准氢电极示意图

制备标准氢电极时，是将铂片镀上一层蓬松的铂黑，并把它浸入 H^+ 浓度为 $1\text{mol}\cdot\text{L}^{-1}$的稀硫酸溶液中，在 298.15K 时不断通入纯氢气流，保持电极内液面上方的气压为 100kPa。由于氢气被铂黑所吸附并达到饱和，将其浸泡在酸液中构成电极 H^+/H_2，对应的电极反应为

$$H_2(g)\rightleftharpoons 2H^+(aq)+2e^-$$

标准氢电极的电极电势确定后，就可以利用它来测定其它电极的电极电势了。具体方法：待测电极与标准氢电极相连，

构成原电池，用电池符号表示为

(一)标准氢电极‖待测电极(+)

或

(一)待测电极‖标准氢电极(+)

对应的原电池电动势 E 为正、负极电极电势之差，即

$$E=\varphi(\text{待测电极})-\varphi^{\ominus}(H^+/H_2)$$

或

$$E=\varphi^{\ominus}(H^+/H_2)-\varphi(\text{待测电极})$$

通过观察连接在两个电极之间的电势（位）计指针偏转的方向，可判断出原电池中正、负极（指针指示的方向为电流的方向，电子流动的方向与其相反）。

例如，在 298.15K，用电位计测得标准氢电极和标准 Zn 电极所组成的原电池的电动势 $E=0.76V$，根据上式计算 $\varphi^{\ominus}(Zn^{2+}/Zn)=-0.76V$。用同样的办法可测得 $\varphi^{\ominus}(Cu^{2+}/Cu)$ 电对的电极电势为 $+0.34V$。

电极的 $\varphi^{\ominus}$ 为正值表示组成电极的氧化型物质得电子的倾向大于标准氢电极中的 H^+，如铜电极中的 Cu^{2+}；若电极的 $\varphi^{\ominus}$ 为负值，则组成电极的氧化型物质得电子的倾向小于标准氢电极中的 H^+，如锌电极中的 Zn^{2+}。

标准氢电极在制备时要求比较严格，比如氢气的纯度要很高，并且氢气的压力要维持稳定，酸性溶液的浓度也要保持一定等，而铂片在溶液中也会因为吸附其它物质而失去活性。因此制备标准氢电极是比较困难的。在实际测量中，会使用更易于制备、保存，更方便使用，且电极电势也较稳定的电极，即参比电极。

4.3.3 参比电极

参比电极的电极电势是通过标准氢电极来确定的，测定方法同上。当参比电极的电极电势确定后，就可以用这些参比电极来测量未知电极的电极电势了。

最常见的参比电极有甘汞电极、氯化银电极等。

(1) 甘汞电极

甘汞电极是由金属汞和 Hg_2Cl_2 及 KCl 溶液组成，其构造如图 4-4 所示。其电极反应为

$$Hg_2Cl_2(s)+2e^- \rightleftharpoons 2Hg(l)+2Cl^-(aq)$$

其电极电势为

$$\varphi(Hg_2Cl_2/Hg)=\varphi^{\ominus}(Hg_2Cl_2/Hg)-\frac{RT}{2F}\ln[c(Cl^-)/c^{\ominus}]^2$$

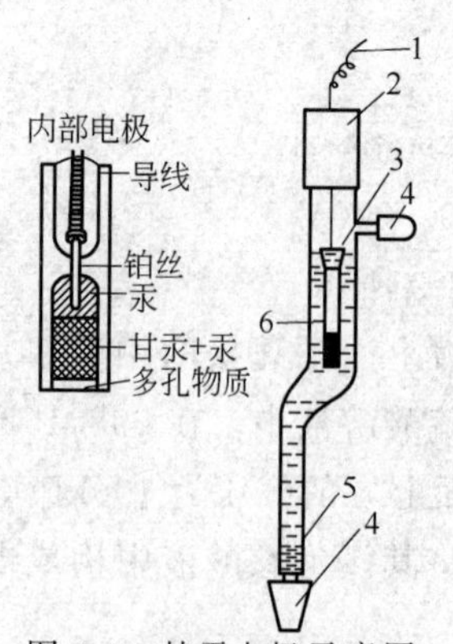

图 4-4 甘汞电极示意图

1—导线；2—绝缘体；3—内部电极；4—橡皮帽；5—多孔物质；6—饱和 KCl 溶液

从计算式中可以看出，甘汞电极的电极电势大小与 KCl 溶液中 Cl^- 浓度有关。在 298.15K 下，常用的三种浓度甘汞电极的电极电势大小见表 4-1。

表 4-1 甘汞电极的电极电势与 KCl 浓度的关系

KCl 浓度	饱和(SCE)	$1.0\text{mol}\cdot\text{L}^{-1}$	$0.1\text{mol}\cdot\text{L}^{-1}$
电极电势 φ/V	+0.2412	+0.2801	+0.3337

(2) 氯化银电极

氯化银电极的电极反应为

$$AgCl(s)+e^- \rightleftharpoons Ag(s)+Cl^-(aq)$$

其电极电势为

$$\varphi(AgCl/Ag)=\varphi^{\ominus}(AgCl/Ag)-\frac{RT}{F}\ln[c(Cl^-)/c^{\ominus}]$$

由上式可知，其电极电势也与 Cl^- 浓度有关。在 298.15K 下，$c(Cl^-)=1\text{mol}\cdot\text{L}^{-1}$，$\varphi(AgCl/Ag)=0.2223\text{V}$。

4.3.4 标准电极电势表

将不同氧化还原电对的标准电极电势数值按照由小到大的顺序排列，得到电极反应的标准电极电势表（见附录 6）。其特点如下。

① 一般采用电极反应的还原电势，每一电极的电极反应均写成还原反应形式，即

$$\text{氧化型}+ne^- \rightleftharpoons \text{还原型}。$$

② 标准电极电势是平衡电势，每个电对 $\varphi^{\ominus}$ 值的正负号，不随电极反应进行的方向而改变。例如

$$I_2(s)+2e^- \rightleftharpoons 2I^-(aq) \qquad \varphi^{\ominus}=+0.5355\text{V}$$

$$2I^-(aq)-2e^- \rightleftharpoons I_2(s) \qquad \varphi^{\ominus}=+0.5355\text{V}$$

③ $\varphi^{\ominus}$ 值的大小可用于判断在标准状态下电对中氧化型物质的氧化能力和还原型物质的还原能力的相对强弱，而与参与电极反应物质的数量无关。

例如

$$I_2(s)+2e^- \rightleftharpoons 2I^-(aq) \qquad \varphi^{\ominus}=+0.5355\text{V}$$

$$\frac{1}{2}I_2(s)+e^- \rightleftharpoons I^-(aq) \qquad \varphi^{\ominus}=+0.5355\text{V}$$

④ $\varphi^{\ominus}$ 值仅适合于标态时的水溶液的电极反应。对于非水、高温、固相反应，则有一定局限性。而对于非标态的反应可用能斯特（Nernst）方程计算。

4.3.5 能斯特方程及电极电势的应用

(1) 电极电势的能斯特方程

利用标准氢电极或参比电极可以测定待测电极的电极电势。但大多数情况下，待测电极并不处在标准状态下，因此需要讨论非标准状态下电极电势的确定方法。

电极电势的大小不仅由电对本性决定，而且还与反应的温度、物质的浓度、压力等因素有关。一个任意给定的电极的电极反应表示为

$$a\text{Ⓐ}(\text{氧化态})+ne^- \rightleftharpoons b\text{Ⓑ}(\text{还原态})$$

根据式(4-6)，以上反应对应的电极电势表示式为

$$\varphi=\varphi^{\ominus}-\frac{RT}{nF}\ln\frac{\{c'(\text{还原态})\}^b}{\{c'(\text{氧化态})\}^a} \tag{4-9}$$

该式也可整理为

$$\varphi=\varphi^{\ominus}+\frac{RT}{nF}\ln\frac{\{c'(\text{氧化态})\}^a}{\{c'(\text{还原态})\}^b} \tag{4-10}$$

式(4-9) 中，若将 R (8.314J·mol^{-1}·K^{-1})、F (96500C·mol^{-1})、T (298.15K) 的数值代入计算，并改用常用对数表示，则整理得到

$$\varphi=\varphi^{\ominus}-\frac{0.0592}{n}\text{V}\lg\frac{\{c'(\text{还原态})\}^b}{\{c'(\text{氧化态})\}^a} \tag{4-11}$$

式(4-9)～式(4-11) 都可称为电极电势的能斯特方程，它与电动势的能斯特方程的形式是相同的。在使用能斯特方程时，应注意以下几点：

① 电池或电极反应中，某物质若为纯固体或纯液体，则对应的能斯特方程中该物质的浓度项为“1”。

② 电池或电极反应中，若物质为气体，则能斯特方程中该物质的相对浓度 $c/c^{\ominus}$ 用相对压力 $p/p^{\ominus}$ 表示。

③ 若在电池或电极反应中，除氧化态、还原态物质外，还有其它参加反应的物质，如 H^+、OH^- 等，则也应把这些物质的浓度在能斯特方程中表示出来。

(2) 电极电势的应用

电极电势值是电化学中很重要的数据，除了可以用来计算原电池的电动势和电池反应的摩尔吉布斯函数变以外，还可以解决化学中许多其它的问题。

① 比较氧化剂和还原剂的相对强弱　一般情况下，在外界条件相同时，电极电势相对大的电极做氧化剂，电极电势相对小的做还原剂。氧化还原反应的规律是

较强氧化剂＋较强还原剂 $\rightleftharpoons$ 较弱还原剂＋较弱氧化剂

【例 4-1】 试判断反应：$Pb^{2+}(aq)+Sn(s) \rightleftharpoons Pb(s)+Sn^{2+}(aq)$，在标准态时哪一个电对作为氧化剂，哪一个电对作为还原剂？

解　已知：$\varphi^{\ominus}(Pb^{2+}/Pb)=-0.1262\text{V}$，$\varphi^{\ominus}(Sn^{2+}/Sn)=-0.1375\text{V}$

因为 $\varphi^{\ominus}(Pb^{2+}/Pb)>\varphi^{\ominus}(Sn^{2+}/Sn)$，所以 Pb^{2+}/Pb 电对作为氧化剂，Sn^{2+}/Sn 电对作为还原剂。

【例 4-2】 试判断反应：$Pb^{2+}(aq)+Sn(s) \rightleftharpoons Pb(s)+Sn^{2+}(aq)$，在 $c(Pb^{2+})=0.001\text{ mol}\cdot\text{L}^{-1}$，$c(Sn^{2+})=1.0\text{mol}\cdot\text{L}^{-1}$ 时，哪一个电对作为氧化剂，哪一个电对作为还原剂？

解　已知：$\varphi^{\ominus}(Pb^{2+}/Pb)=-0.1262\text{V}$，$\varphi^{\ominus}(Sn^{2+}/Sn)=-0.1375\text{V}$

利用能斯特公式可计算

$$\begin{aligned}\varphi(Pb^{2+}/Pb)&=\varphi^{\ominus}(Pb^{2+}/Pb)+\frac{0.0592}{2}\text{V}\lg\frac{c'(Pb^{2+})}{1}\\&=-0.1262\text{V}+\frac{0.0592}{2}\text{V}\lg0.001\\&=-0.2150\text{V}\end{aligned}$$

而 Sn^{2+}/Sn 电对处在标准状态，因此

$$(Sn^{2+}/Sn)=\varphi^{\ominus}(Sn^{2+}/Sn)=-0.1375\text{V}$$

$$\varphi(Pb^{2+}/Pb)<\varphi(Sn^{2+}/Sn)$$

所以 Pb^{2+}/Pb 电对作为还原剂，Sn^{2+}/Sn 电对作为氧化剂。

② 判断氧化还原反应进行的方向　根据最小自由能原理，在不做非体积功的恒温恒压

条件下，若一个化学反应自发向右进行，则反应的吉布斯函数变 $\Delta G<0$。又根据公式(4-4)可知，若能设计出一个原电池，使电池反应正好是所需判断的化学反应，则当 $\Delta G<0$ 时，即为 $-nFE<0$。也就是说，判断氧化还原反应自发方向的判据可以变化为电池反应中电动势 $E>0$。

【例 4-3】 已知 $\varphi^{\ominus}(MnO_2/Mn^{2+})=+1.224V$，$\varphi^{\ominus}(Cl_2/Cl^-)=+1.358V$，试判断反应：

$$MnO_2(s)+4HCl(aq)\rightleftharpoons MnCl_2(aq)+Cl_2(g)+2H_2O(l)$$

在标准状态下能否自发进行？为什么实验室常用浓盐酸来制取氯气？[设 $c(Mn^{2+})=1mol\cdot L^{-1}$]

解 由于 $\varphi^{\ominus}(MnO_2/Mn^{2+})<\varphi^{\ominus}(Cl_2/Cl^-)$，因此在以上反应中 MnO_2/Mn^{2+} 电对作为还原剂，Cl_2/Cl^- 电对作为氧化剂，反应自发向左进行。即在标准状态下，该反应不能正向自发进行。

若改变盐酸的浓度，使用浓盐酸，即 $c(HCl)=12mol\cdot L^{-1}$，该反应中各电对电极电势的大小会发生改变，利用能斯特公式可以计算。

MnO_2/Mn^{2+} 电对的电极反应为

$$MnO_2(s)+4H^+(aq)+2e^-\rightleftharpoons Mn^{2+}(aq)+2H_2O(l)$$

则

$$\varphi(MnO_2/Mn^{2+})=\varphi^{\ominus}(MnO_2/Mn^{2+})+\frac{0.0592}{2}V\lg\frac{[c'(H^+)]^4}{c'(Mn^{2+})}$$

$$=(1.224+\frac{0.0592}{2}\lg\frac{12^4}{1})V$$

$$=1.352V$$

Cl_2/Cl^- 电对的电极反应为

$$Cl_2(g)+2e^-\rightleftharpoons 2Cl^-(aq)$$

则

$$\varphi(Cl_2/Cl^-)=\varphi^{\ominus}(Cl_2/Cl^-)+\frac{0.0592}{2}V\lg\frac{p(Cl_2)/p^{\ominus}}{[c(Cl^-)/c^{\ominus}]^2}$$

要使得总反应正向自发进行，则生成的氯气应该从反应体系中逸出，因此 $p(Cl_2)>p^{\ominus}$，为了便于计算至少为 $p(Cl_2)=p^{\ominus}$，代入上式得

$$\varphi(Cl_2/Cl^-)=\left(1.358+\frac{0.0592}{2}\lg\frac{1}{12^2}\right)V=1.294V$$

此时，$\varphi(MnO_2/Mn^{2+})>\varphi(Cl_2/Cl^-)$，因此以上氧化还原反应能正向自发进行。

③ 判断氧化还原反应进行的程度　在 298.15K，标准状态下，公式(4-8) 建立了标准平衡常数 $K^{\ominus}$ 与标准电动势 $E^{\ominus}$ 之间的联系。只要能设计出一个原电池，其电池反应正好是需讨论的化学反应，就可以通过该原电池的 $E^{\ominus}$ 推算该反应的标准平衡常数 $K^{\ominus}$，从而判断出该反应进行的程度。

【例 4-4】 试估算反应：$Zn(s)+Cu^{2+}(aq)\rightleftharpoons Zn^{2+}(aq)+Cu(s)$ 在 298.15K 标准状态下该反应进行的限度。

解 已知：$\varphi^{\ominus}(Zn^{2+}/Zn)=-0.7618V$，$\varphi^{\ominus}(Cu^{2+}/Cu)=+0.3419V$

则　$E^{\ominus}=\varphi^{\ominus}(Cu^{2+}/Cu)-\varphi^{\ominus}(Zn^{2+}/Zn)=[+0.3419-(-0.7618)]V=+1.1037V$

又 $\lg K^{\ominus}=\dfrac{nE^{\ominus}}{0.0592}$，其中 $n=2$，代入计算得

$$\lg K^{\ominus}=\frac{2\times1.1037}{0.0592}\approx37.29$$

$$K^{\ominus}=1.94\times10^{37}$$

因此，说明该反应向右进行的程度很大。

【例 4-5】 已知 $\varphi^{\ominus}(AgCl/Ag)=+0.2223V$，试设计原电池求算反应

$$Ag^{+}(aq)+Cl^{-}(aq)\rightleftharpoons AgCl(s)$$

在 298.15K 下，标准平衡常数 $K^{\ominus}$。

解 由于题目给出的反应不是氧化还原反应，因此无法将其直接设计成原电池。

通过在以上反应式的两边分别加上相同的物质，使其出现氧化还原电对，从而确定组成原电池的电极及电解质溶液。例如

$$Ag^{+}(aq)+Cl^{-}(aq)+Ag(s)\rightleftharpoons AgCl(s)+Ag(s)$$

分别写出电极反应

负极 $\quad Ag(s)+Cl^{-}(aq)\rightleftharpoons AgCl(s)+e^{-} \qquad \varphi^{\ominus}(AgCl/Ag)=+0.2223V$

正极 $\quad +)\ Ag^{+}(aq)+e^{-}\rightleftharpoons Ag(s) \qquad \varphi^{\ominus}(Ag^{+}/Ag)=+0.7996V$

电池的总反应为 $\quad Ag^{+}(aq)+Cl^{-}(aq)\rightleftharpoons AgCl(s)$

该电池反应与题目中给出的反应式完全相同，若求出该反应对应的标准电动势 $E^{\ominus}$，则可进一步求出其对应的标准平衡常数 $K^{\ominus}$。

因此

$$\begin{aligned}E^{\ominus}&=\varphi^{\ominus}(Ag^{+}/Ag)-\varphi^{\ominus}(AgCl/Ag)\\&=(+0.7996V)-(+0.2223V)\\&=+0.5773V\end{aligned}$$

$$\lg K^{\ominus}=\frac{nE^{\ominus}}{0.0592}=\frac{1\times0.5773}{0.0592}=9.75$$

$$K^{\ominus}=5.65\times10^{9}$$

④ 计算原电池的电动势

【例 4-6】 已知以下电极反应及对应的标准电极电势。

$$MnO_4^{-}(aq)+8H^{+}(aq)+5e^{-}\rightleftharpoons Mn^{2+}(aq)+4H_2O(l),\ \varphi^{\ominus}(MnO_4^{-}/Mn^{2+})=+1.507V$$

$$Fe^{3+}(aq)+e^{-}\rightleftharpoons Fe^{2+}(aq),\ \varphi^{\ominus}(Fe^{3+}/Fe^{2+})=+0.771V$$

当 $c(MnO_4^{-})=c(H^{+})=0.10mol\cdot L^{-1}$，$c(Mn^{2+})=0.010mol\cdot L^{-1}$，$c(Fe^{3+})=0.10mol\cdot L^{-1}$，$c(Fe^{2+})=0.010mol\cdot L^{-1}$时，试求两电对组成原电池后的电极电势值是多少？

解 判断氧化还原反应进行的方向的经验规则：

当 $E^{\ominus}>0.2V$ 时，反应一般正向进行；

当 $E^{\ominus}<-0.2V$ 时，反应一般逆向进行；

当 $-0.2V<E^{\ominus}<0.2V$ 时，反应可能正向进行，也可能逆向进行，此时必须考虑浓度的影响。

因为 $\varphi^{\ominus}(MnO_4^{-}/Mn^{2+})-\varphi^{\ominus}(Fe^{3+}/Fe^{2+})=0.736V>0.2V$ 所以 (MnO_4^{-}/Mn^{2+}) 电对为正极，(Fe^{3+}/Fe^{2+}) 电对为负极。

又由于 $c(MnO_4^{-})=c(H^{+})=0.10mol\cdot L^{-1}$，$c(Mn^{2+})=0.010mol\cdot L^{-1}$，

当电极反应为 $MnO_4^-(aq)+8H^+(aq)+5e^- \rightleftharpoons Mn^{2+}(aq)+4H_2O(l)$

则 $\varphi_{(+)}=\varphi(MnO_4^-/Mn^{2+})$

$$=\varphi^{\ominus}(MnO_4^-/Mn^{2+})+\frac{0.0592}{n}V\lg\frac{[c'(MnO_4^-)][c'(H^+)]^8}{c'(Mn^{2+})}$$

$$=\left(1.507+\frac{0.0592}{5}\lg\frac{0.10\times0.10^8}{0.010}\right)V=1.424V$$

同理，$c(Fe^{3+})=0.10mol\cdot L^{-1}$，$c(Fe^{2+})=0.010mol\cdot L^{-1}$，对应电极反应

$$Fe^{3+}(aq)+e^- \rightleftharpoons Fe^{2+}(aq)$$

$$\varphi_{(-)}=\varphi(Fe^3/Fe^{2+})=\varphi^{\ominus}(Fe^{3+}/Fe^{2+})+\frac{0.0592}{n}V\lg\frac{c'(Fe^{3+})}{c'(Fe^{2+})}$$

$$=\left(0.771+\frac{0.0592}{1}\lg\frac{0.10}{0.010}\right)V=0.830V$$

因为 $E=\varphi_{(+)}-\varphi_{(-)}$

所以两电对组成原电池后的电动势为 $E=1.424V-0.830V=0.594V$

【例 4-7】 将银棒插入 $AgNO_3$ 溶液中，将铂片插入含有 $FeSO_4$ 和 $Fe_2(SO_4)_3$ 的溶液中，并用盐桥连接，组成电池。

已知（1）$c(Ag^+)=c(Fe^{2+})=c(Fe^{3+})=1mol\cdot L^{-1}$；

（2）$c(Ag^+)=0.1mol\cdot L^{-1}$，$c(Fe^{2+})=c(Fe^{3+})=1mol\cdot L^{-1}$。

试分别写出两种情况下的电池符号表示式，并计算其电动势。

解 $\varphi^{\ominus}(Ag^+/Ag)=+0.7996V$，$\varphi^{\ominus}(Fe^{3+}/Fe^{2+})=+0.771V$

（1）当 $c(Ag^+)=c(Fe^{2+})=c(Fe^{3+})=1mol\cdot L^{-1}$ 时，所有物质处在标准状态，$\varphi^{\ominus}(Ag^+/Ag)>\varphi^{\ominus}(Fe^{3+}/Fe^{2+})$，因此 Fe^{3+}/Fe^{2+} 为负极，Ag^+/Ag 为正极，则电池符号为

$$(-)Pt|Fe^{3+}(1mol\cdot L^{-1}),Fe^{2+}(1mol\cdot L^{-1})\parallel Ag^+(1mol\cdot L^{-1})|Ag(+)$$

$$E_1=[\varphi^{\ominus}(Ag^+/Ag)+0.0592V\lg c(Ag^+)]-\left[\varphi^{\ominus}(Fe^{3+}/Fe^{2+})+0.0592V\lg\frac{c'(Fe^{3+})}{c'(Fe^{2+})}\right]$$

$$=(0.7996-0.771)V=0.0286V$$

（2）当 $c(Ag^+)=0.1mol\cdot L^{-1}$，$c(Fe^{2+})=c(Fe^{3+})=1mol\cdot L^{-1}$时，对应的电极电势分别为

$$\varphi(Ag^+/Ag)=\varphi^{\ominus}(Ag^+/Ag)+0.0592V\lg c(Ag^+)$$

$$=(0.7996+0.0592\lg0.1)V=0.7404V$$

$$\varphi(Fe^{3+}/Fe^{2+})=\varphi^{\ominus}(Fe^{3+}/Fe^{2+})+0.0592V\lg\frac{c'(Fe^{3+})}{c'(Fe^{2+})}=0.771V$$

因 $\varphi(Fe^{3+}/Fe^{2+})>\varphi(Ag^+/Ag)$，因此 Fe^{3+}/Fe^{2+} 为正极，Ag^+/Ag 为负极，对应的电池符号为

$$(-)Ag|Ag^+(0.1mol\cdot L^{-1})\parallel Fe^{3+}(1mol\cdot L^{-1}),Fe^{2+}(1mol\cdot L^{-1})|Pt(+)$$

$$E_2=\varphi(Fe^{3+}/Fe^{2+})-\varphi(Ag^+/Ag)=(0.771-0.7404)V=0.0306V$$

4.4 化学电源

化学电源是指将化学能转变为电能的装置。到目前为止，化学电源已有 100 多年的发展历史。在这 100 多年的发展过程中，新型的化学电源不断出现，其性能不断改善，应用更加广泛。化学电源提供的是直流电，因此电流比较稳定，并且由于其体积一般比较小，非常便于携带。随着能源危机的加剧，环境污染问题的日益突出，化学电源的研制工作变得更加重要和迫切。一般将化学电源分为一次电池、二次电池和燃料电池三类。

4.4.1 一次电池

一次电池是指放电后不能通过外来电源充电或补充化学物质使其复原的电池。一般的原电池都属于这一类电池，比如丹尼尔电池、锌锰干电池、锌汞电池等。日常普遍使用的一次电池是锌锰干电池（图 4-5）。

电池的外壳为锌皮，为电池的负极。中间插入碳棒，为电池的正极。在正、负极之间填充 MnO_2（57%）、炭黑（21%）、NH_4Cl（8%）、$ZnCl_2$（1%）、H_2O 的糊状物。其电池符号为

$$(-)Zn \mid ZnCl_2, NH_4Cl(糊状) \mid MnO_2 \mid C(+)$$

电池放电过程中的电极反应为

负极 $$Zn(s) \longrightarrow Zn^{2+}(aq) + 2e^-$$

正极 $$2MnO_2(s) + 2H_2O(l) + 2e^- \longrightarrow 2MnOOH(s) + 2OH^-(aq)$$

放电过程中，发生在电池里的非氧化还原反应为

$$Zn^{2+} + 2NH_4Cl + 2OH^- \longrightarrow [Zn(NH_3)_2]Cl_2 + 2H_2O$$

电池总反应为

$$Zn(s) + 2MnO_2(s) + 2NH_4Cl \longrightarrow 2MnOOH(s) + Zn(NH_3)_2Cl_2$$

可以看出在锌锰干电池中，NH_4Cl 的主要作用是利用其与 Zn^{2+} 的配位作用，减少电池反应过程中得到的 Zn^{2+} 的量，使得电池反应能不断正向进行下去，以保持电池的电动势大小。

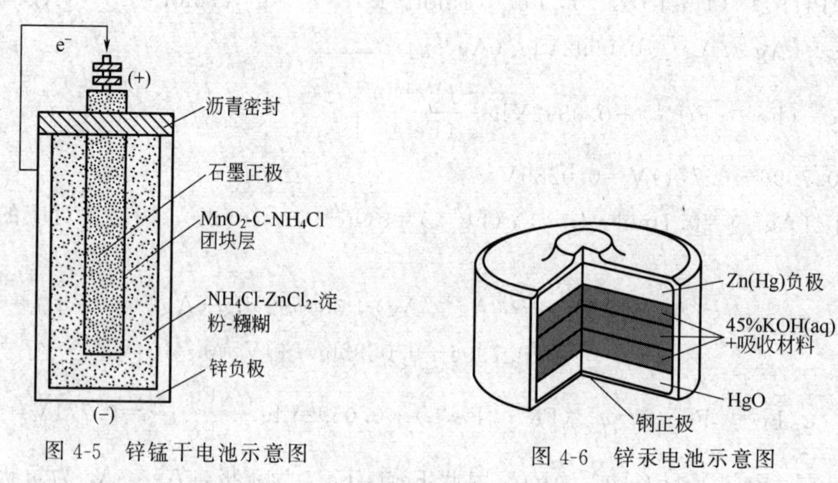

图 4-5 锌锰干电池示意图　　图 4-6 锌汞电池示意图

目前市场上销售的锌锰干电池大多为碱性锌锰干电池。它是将 NH_4Cl 用 KOH 来代替，其性能可以高出普通锌锰干电池 5 倍多。

锌汞电池（图 4-6）因为外形像纽扣，因此也被称为“纽扣电池”。这种电池的负极为

锌汞齐，正极为碳粉和 HgO，饱和 ZnO 的 KOH 糊状物为电解质（ZnO 与 KOH 形成 $[Zn(OH)_4]^{2-}$ 配离子）。其电池符号为

$$(-)Zn(Hg)|KOH(糊状，饱和 ZnO)|HgO|C(+)$$

此外，常见的纽扣电池还有锌银电池、锂电池等。这些电池的最大特点是放电平稳，电压变化不大。最普通的锌银电池的正极是氧化汞加石墨，或者是氧化银加石墨，负极材料是金属锌，电解质是强碱氢氧化钾。锌银电池的优点在于放电量电压稳定，连续使用性能好。锂电池由于金属锂的密度小、电池能量密度大、电池电压高，因此使用价值很高。

4.4.2 二次电池

二次电池是指电池放电后可以通过外来电源充电使之再生的电池。因这种电池有储存电能的作用，所以也被称为蓄电池。常见的二次电池有铅蓄电池、镉镍电池、氢镍电池、锂离子电池等。二次电池主要用于启动电源、移动电源、小型仪器设备用电源、空间电源等，被广泛用于宇航、国防、运输系统、电子仪器和日常生活中。

(1) 铅蓄电池

铅蓄电池的结构见图 4-7。两组铅锑合金格板（有孔穴）填充不同的物质后，交替排列，作为电极的导电材料。在一组格板的孔穴中填充海绵状金属铅，作为电池的负极；在另一组格板的孔穴中填充二氧化铅，作为正极；格板间注入密度为 1.25～1.30g·L^{-1}的稀硫酸（30%）作为电解质溶液。

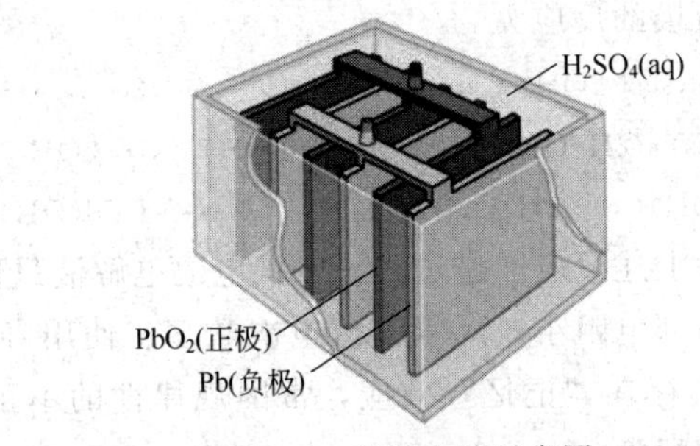

图 4-7　铅蓄电池示意图

该蓄电池的电池符号可以表示为

$$(-)Pb|PbSO_4(s)|H_2SO_4(aq)|PbSO_4(s)|PbO_2|Pb(+)$$

铅蓄电池放电时，正、负极的反应为

负极　$Pb(s)+SO_4^{2-}(aq) \rightleftharpoons PbSO_4(s)+2e^-$

正极　$PbO_2(s)+4H^+(aq)+SO_4^{2-}(aq)+2e^- \rightleftharpoons PbSO_4(s)+2H_2O(l)$

电池反应　$Pb(s)+PbO_2(s)+2H_2SO_4(aq) \rightleftharpoons 2PbSO_4(s)+2H_2O(l)$

铅蓄电池充电时，在两极上发生的反应为以上反应的逆反应，即为电解池的作用。

阴极　$PbSO_4(s)+2e^- \rightleftharpoons Pb(s)+SO_4^{2-}(aq)$

阳极　$PbSO_4(s)+2H_2O(l) \rightleftharpoons PbO_2(s)+4H^+(aq)+SO_4^{2-}(aq)+2e^-$

电池反应　$2PbSO_4(s)+2H_2O(l) \rightleftharpoons Pb(s)+PbO_2(s)+2H_2SO_4(aq)$

铅蓄电池的优点是充放电性能优良、稳定可靠、温度及电流密度适应性强、价格低廉等。其主要的缺点是体积大、笨重。另外，由以上反应可知，若铅蓄电池内的电解质发生泄

漏，会影响电池的使用寿命，而且腐蚀性的电解质危害更大。

(2) 镉镍电池

镉镍电池是以氢氧化镍为正极活性物质的碱性蓄电池，负极活性物质为不同形态的镉（图 4-8）。

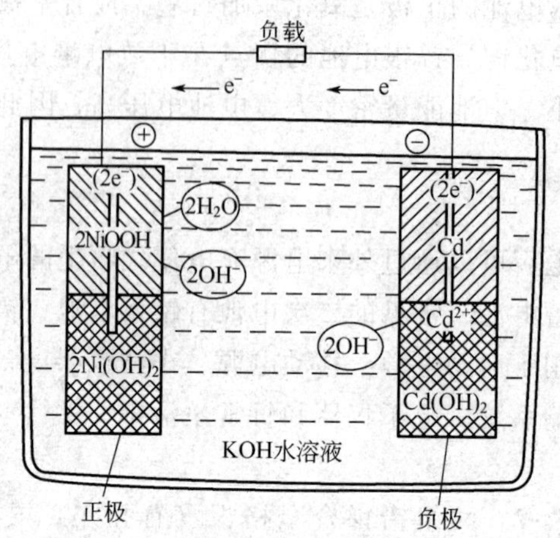

图 4-8　镉镍电池工作原理示意图

其电池符号表示为

$$(-)Cd|KOH(1.19\sim1.21g\cdot L^{-1})|NiO(OH)|C(+)$$

镉镍电池放电时，正、负极的反应为

负极　$Cd(s)+2OH^-(aq) \rightleftharpoons Cd(OH)_2(s)+2e^-$

正极　$2NiO(OH)(s)+2H_2O(l)+2e^- \rightleftharpoons 2Ni(OH)_2(s)+2OH^-(aq)$

电池反应　$Cd(s)+2NiO(OH)(s)+2H_2O(l) \rightleftharpoons 2Ni(OH)_2(s)+Cd(OH)_2(s)$

同样，镉镍电池充电时为上述反应的逆过程。镉镍电池电解液只作为电流的传导体，浓度不起变化，因此其优点是内部电阻小、反复充放电次数多、使用寿命长、使用维护方便、能在低温环境下工作等。但其存在“记忆”效应，常因规律性的不正确使用造成电性能下降，而且会对环境产生严重的污染。

如果改变正、负极的活性物质，还能制作出其它的碱性蓄电池，如氢镍电池、镍铁电池、镍锌电池等。目前使用较多的是镉镍电池和氢镍电池。

氢镍电池是由氢离子和金属镍合成，电量储备比镉镍电池多 30%，比镉镍电池更轻，使用寿命也更长，并且对环境无污染。氢镍电池作为当今迅速发展起来的一种高能绿色充电电池，凭借能量密度高、可快速充放电、循环寿命长以及无污染等优点在笔记本电脑、便携式摄像机、数码相机及电动自行车等领域得到了广泛应用。但是其主要缺点是制造成本比镉镍电池高，性能比锂电池低。

(3) 锂离子电池

锂离子二次电池是日本索尼公司于 1991 年以 $LiCoO_2$ 为正极材料，炭黑为负极材料开始商业化的锂离子电池。锂离子电池由于能量密度大、质量轻、体积小、循环性能优异、充放电速度快、低自放电、无记忆效应等优点，商品化以来得到了各国大力研发，目前已广泛应用于笔记本电脑、手机、数码产品等便携式电子产品，是目前性能最好的二次电池。锂离子电池常用嵌锂的层状化合物如 $LiCoO_2$、$LiNiO_2$、$LiMn_2O_4$ 等和橄榄石

结构的 $LiMPO_4$（M＝Fe、Mn 等）作为正极材料，用能够脱嵌锂离子的碳材料如石墨、碳纤维等作为负极材料，电解质一般采用 $LiClO_4$、$LiPF_6$ 或 $LiBF_4$ 与碳酸乙烯酯（EC）、碳酸丙烯酯（PC）、碳酸二乙酯（DEC）、碳酸二甲酯（DMC）等混合的非水溶剂体系，隔膜一般采用可以让锂离子通过而电子不能通过的高分子薄膜如聚乙烯、聚丙烯微孔膜。

锂离子电池的电极反应不是一般电池中的氧化还原反应，而是锂离子在充放电时在正、负极之间的嵌入与脱出，因此锂离子电池又称为“摇椅式电池”。电池充电时，电池的正极上有 Li^+ 生成，生成的 Li^+ 经过电解液运动到负极。达到负极的 Li^+ 就嵌入到碳材料中。电池放电时，嵌在负极中的锂离子脱出，又运动回正极。以 $LiCoO_2$ 为正极材料，炭黑为负极材料为例，锂离子电池可以简单表示为

$$(-)C(s) \mid LiPF_6(EC:DMC=1:1)(aq) \mid LiCoO_2(s)(+)$$

负极 $Li_xC_6(s)-xe^- \longrightarrow 6C(s)+xLi^+$

正极 $Li_{1-x}CoO_2(s)+xLi^++xe^- \longrightarrow LiCoO_2(s)$

电池反应 $Li_xC_6(s)+Li_{1-x}CoO_2(s) = 6C(s)+LiCoO_2(s)$

4.4.3 燃料电池

燃料电池是一类连续将燃料氧化过程中产生的化学能转化为电能的化学电池，又称为连续电池。在能量的转化过程中，既无污染又无噪声。这种电池的最大特点是，它不是将两电极材料全部储存在电池内部，而是在电池工作的过程中，不断从外界补充氧化剂和还原剂，而氧化还原反应的产物也不断被排出电池。

依据电解质的不同，燃料电池分为碱性燃料电池（AFC）、磷酸型燃料电池（PAFC）、熔融碳酸盐燃料电池（MCFC）、固体氧化物燃料电池（SOFC）及质子交换膜燃料电池（PEMFC）等。最原始、最简单的燃料电池是碱性氢氧燃料电池，其结构见图 4-9。

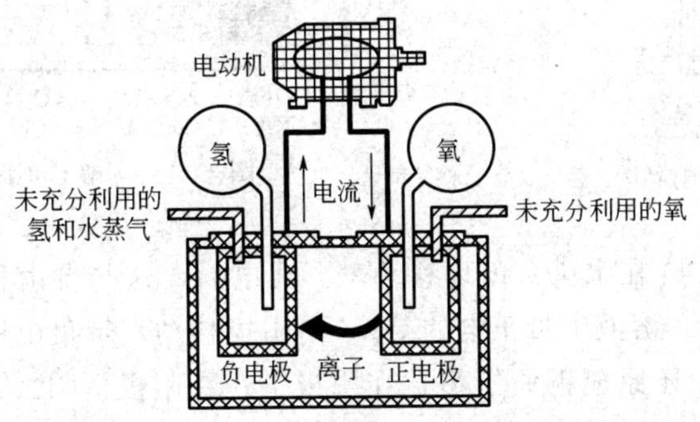

图 4-9　碱性氢氧燃料电池工作原理示意图

其电池符号可以表示为

$$(-)C \mid H_2(p_1) \mid NaOH(aq) \mid O_2(p_2) \mid C(+)$$

电极上发生的反应为

负极 $H_2(g)+2OH^-(aq) \longrightarrow 2H_2O(l)+2e^-$

正极 $O_2(g)+2H_2O(l)+4e^- \longrightarrow 4OH^-(aq)$

电池反应 $2H_2(g)+O_2(g) \longrightarrow 2H_2O(l)$

燃料电池的优点有能量转换效率高、洁净、无污染、噪声低和模块积木化强等，既可以

集中供电，也适合分散供电。但由于成本高，系统比较复杂，仅限于一些特殊用途，如飞船、潜艇、军事、电视中转站、灯塔和浮标等方面。

4.5 电解

4.5.1 电解原理

将电能转化为化学能的装置叫电解池。电解池构成三要素为：直流电源、电极（阴、阳极）、电解质溶液（或熔融电解质）。电解质中的离子常处于无秩序的运动中，通直流电后，离子作定向运动。阳离子向阴极移动，在阴极得到电子，被还原；阴离子向阳极移动，在阳极失去电子，被氧化。

例如，在水电解过程中，OH^- 在阳极失去电子，被氧化成氧气放出；H^+ 在阴极得到电子，被还原成氢气放出。所得到的氧气和氢气，即为水电解过程的产品（图 4-10）。

又如，工业上电解 $CuCl_2$ 溶液（图 4-11）。首先强电解质 $CuCl_2$ 在水中完全解离。

$$CuCl_2 \longrightarrow Cu^{2+} + 2Cl^-$$

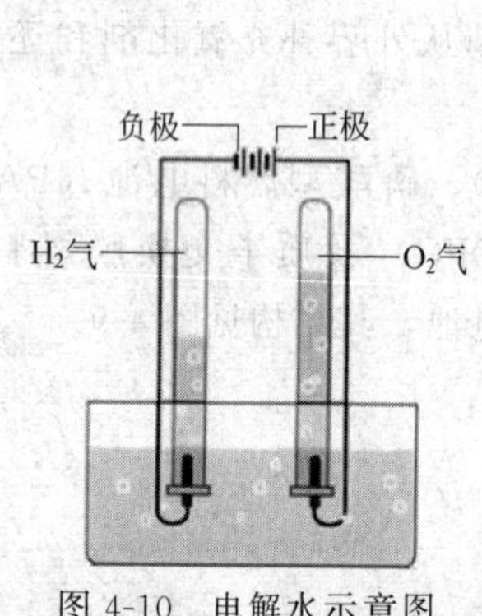

图 4-10 电解水示意图

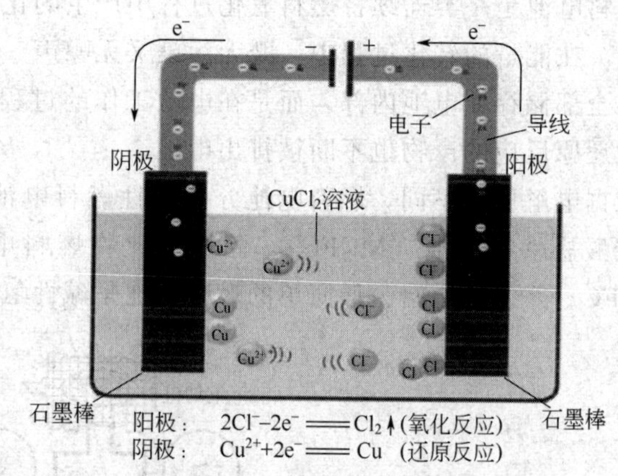

图 4-11 电解 $CuCl_2$ 溶液

通电前，Cu^{2+} 和 Cl^- 在水里自由地移动着。通电后，这些自由移动着的离子，在电场作用下，改作定向移动。溶液中带正电的 Cu^{2+} 向阴极移动，带负电的 Cl^- 向阳极移动。在阴极，Cu^{2+} 获得电子而还原成铜原子覆盖在阴极上；在阳极，Cl^- 失去电子而被氧化成氯原子，并两两结合成氯分子，从阳极放出。

阴极 $$Cu^{2+}(aq) + 2e^- \longrightarrow Cu(s)$$

阳极 $$2Cl^-(aq) - 2e^- \longrightarrow Cl_2(g)$$

前面介绍了原电池的工作原理及应用，这里比较一下原电池和电解池两者的区别和联系：

① 原电池是将化学能转变为电能的装置，电解池是将电能转变为化学能的装置。

② 原电池中有正、负两个电极，正极上发生还原反应，也被称为阴极；负极上发生氧化反应，也被称为阳极。而在电解池中，将与外部电源负极一端连接的称为阴极，发生还原反应；与外部电源正极连接的称为阳极，发生氧化反应。总之，无论是原电池还是电解池，

发生氧化过程的电极就是阳极，发生还原过程的电极就是阴极。

在电解的过程中，电子从外部电源的负极沿导线进入电解池的阴极，而另一方面，电子又从电解池的阳极离去沿导线回流到外部电源的正极。在电解池的两极反应中，阴、阳两极上得失电子的过程都叫做放电。通过放电过程，导线中电子导电与电解池中离子导电联系起来。

电解广泛应用于冶金工业中，如从矿石或化合物中提取金属（电解冶金）或提纯金属（电解提纯），以及从溶液中沉积出金属（电镀）。电解是一种非常强有力的促进氧化还原反应的手段，许多很难进行的氧化还原反应，都可以通过电解来实现。例如，可将熔融的氟化物在阳极上氧化成单质氟，熔融的锂盐在阴极上还原成金属锂。电解工业在国民经济中具有重要作用，许多有色金属（如钠、钾、镁、铝等）和稀有金属（如锆、铪等）的冶炼及金属（如铜、锌和铅等）的精炼，基本化工产品（如氢、氧、烧碱、氯酸钾、过氧化氢和乙二腈等）的制备，还有电镀、电抛光和阳极氧化等，都是通过电解实现的。

4.5.2　电解的应用

电解在化工、冶金、机械、电子、航空、航天、轻工、仪表等方面的应用是相当广泛的。

(1) 化工制备

利用电解的方法可以制取许多重要的化工产品，比如氯碱工业中，利用电解食盐水的方法制备烧碱（NaOH）。

阳极反应　　$2Cl^-(aq) - 2e^- \longrightarrow Cl_2(g)$

阴极反应　　$2H^+(aq) + 2e^- \longrightarrow H_2(g)$

总的电解反应　　$2NaCl(aq) + 2H_2O(l) \xrightarrow{\text{电解}} 2NaOH(aq) + H_2(g) + Cl_2(g)$

此外，常见的电解制备工艺还有：电解 K_2MnO_4 水溶液可制取 $KMnO_4$；先电解 $(NH_4)_2SO_4$ 制得 $(NH_4)_2S_2O_8$，再将 $(NH_4)_2S_2O_8$ 水解制得 H_2O_2；将 Al_2O_3 加入到熔解剂 $3NaF \cdot AlF_3$（冰晶石）和 CaF_2（降低熔盐的熔点）中，在高温（约 970℃）下电解熔盐制得；以粗铜作为阳极，$H_2SO_4 + CuSO_4$ 水溶液作为电解液，精铜作为阴极，通电后可将粗铜精炼到纯度为 99.99%的精铜等。

(2) 电镀

电镀是应用电解的方法将一种金属覆盖到另一种金属零件表面上的过程。电镀是电解方法在机械制造部门的重要应用。一般将待镀工件作为阴极，需要镀到工件表面上的金属作为阳极。

比如，欲在螺丝钉、水泥钉等工件上镀锌，则用被镀工件作为阴极，金属锌作为阳极，在锌盐溶液中进行电镀。这里使用的锌盐溶液不是一般的含锌离子的盐溶液，而是锌的配合物溶液，即 $Na_2[Zn(OH)_4]$。这样做的目的是为了使电镀的过程中，配离子内界的锌离子逐步释放出来，这样电镀沉积下来的金属层才会比较致密、光滑、厚薄均匀。

(3) 阳极氧化

有些金属在空气中自动形成一层氧化物膜，这层膜可以使金属内部免遭腐蚀。如果在人为控制下，使得金属表面生成氧化物膜，起到保护金属部件的作用，这种方法就叫做阳极氧化技术。

比如，铝合金的机械强度比纯铝要大很多，但合金铝的耐蚀性却不如纯铝。为了达到保护铝合金，防止其被腐蚀的目的，常用阳极氧化的方法使其表面形成一层厚度为 5～300μm 的氧化膜。利用电解的方法，将待保护的金属作为阳极，使其被氧化。阳极氧化法处理后的铝合金，具有较高的硬度、耐磨性、抗腐蚀性、良好的耐热性、优良的绝缘性。硬质阳极氧化膜熔点高达 2320K，耐击穿电压高达 2000V。氧化膜薄层中具有大量的微孔，可吸附各种润滑剂，适合制造发动机汽缸或其它耐磨零件；膜微孔吸附能力强可着色成各种美观艳丽的色彩。

(4) 电刷镀

电刷镀是用电解方法在工件表面获取镀层的过程（工作原理见图 4-12）。主要应用于改善和强化金属材料工件的表面性质，使之获得耐磨损、耐腐蚀、抗氧化、耐高温等方面的一种或数种性能。在机械修理和维护方面，电刷镀广泛地应用于修复因金属表面磨损失效、疲劳失效、腐蚀失效而报废的机械零部件，恢复其原有的尺寸精度，具有维修周期短、费用低、修复后的机械零部件使用寿命长等特点，尤其是对大型和昂贵机械零部件的修复，其经济效益更加显著。在施镀过程中基体材料无变形、镀层均匀致密与基体结合力强，是修复金属工件表面失效的最佳工艺。

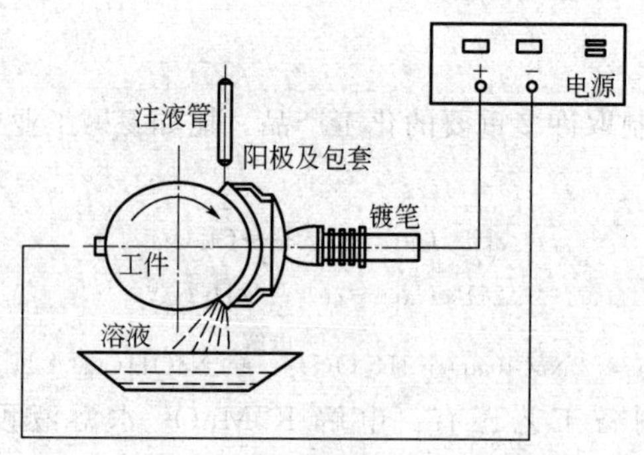

图 4-12　电刷镀工作原理示意图

电镀刷的阴极一般为清洁处理过的待修复工件，它被固定在一个轴承上，电镀过程中不断旋转。其阳极也被称为“镀笔”，为石墨或铂铱合金、不锈钢等（起到导通电流的作用），外部包上棉花包套，用以浸满电镀液。电镀过程中，工件保持旋转状态，镀笔的棉花包套与工件接触，电镀液从镀笔上方滴加到镀笔上，在外部直流电的作用下，电镀液中的金属离子不断沉积到工件表面。

电刷镀技术省时省力，可节约大量资金，是设备及零部件恢复尺寸和提高耐磨性能的有效手段。如葛洲坝电厂水轮发电机主轴价值几十万元，因其端部有 0.15～0.96mm 的凹痕而不能投入使用。而仅花费几百元的费用，采用电刷镀就可对其进行修复了。

4.6 金属腐蚀

金属腐蚀现象十分普遍，它会直接或间接地对生产和生活造成巨大的经济损失。每年由于腐蚀而报废的钢铁设备相当于钢铁年产量的 25%左右。腐蚀甚至还会引起停工停产、环境污染、危及人身安全等严重问题。而另一方面，腐蚀也有可利用之处。比如，不能用传统机械加工的工件可利用腐蚀方法进行加工等。因此，合理利用和有效防止金属腐蚀的发生对人类社会意义重大。

4.6.1 腐蚀的分类

金属的腐蚀是指金属受环境介质的化学或电化学作用而被破坏的现象。因此，金属腐蚀一般分为化学腐蚀和电化学腐蚀两大类。

(1) 化学腐蚀

单纯由化学作用而引起的腐蚀称为化学腐蚀。化学腐蚀原理比较简单，属于一般的氧化还原反应。金属在干燥气体（气体中即使含有水，也是以气相的水蒸气状态存在）或无导电性的非水溶液中的腐蚀，都属于化学腐蚀。比如，绝缘油、润滑油、液压油等，以及干燥空气中的 O_2、H_2S、SO_2 和 Cl_2 等物质与电气、机械设备中的金属接触时，在金属表面生成相应的氧化物、硫化物、氯化物等，这些都属于化学腐蚀。

化学腐蚀相对其它类型的腐蚀来说并不算普遍，只有在较为特殊条件下才发生。例如，化工厂里的氯气与铁反应生成氯化亚铁：$Cl_2 + Fe \longrightarrow FeCl_2$。此外，化学腐蚀受温度的影响较大，温度越高越容易发生这种类型的腐蚀。例如，钢材、锅炉、管道等在高温下容易被氧化，产生严重的腐蚀，其主要过程如下：

钢材的脱碳过程

$$Fe_3C(s)(\text{渗碳体}) + O_2(g) \rightleftharpoons 3Fe(s) + CO_2(g)$$

$$Fe_3C(s) + CO_2(g) \rightleftharpoons 3Fe(s) + 2CO(g)$$

$$Fe_3C(s) + H_2O(g) \rightleftharpoons 3Fe(s) + CO(g) + H_2(g)$$

普通铁质氧化过程

$$Fe(s) + H_2O(g) \rightleftharpoons FeO(s) + H_2(g)$$

$$2Fe(s) + 3H_2O(g) \rightleftharpoons Fe_2O_3(s) + 3H_2(g)$$

$$3Fe(s) + 4H_2O(g) \rightleftharpoons Fe_3O_4(s) + 4H_2(g)$$

如图 4-13 所示，在渗碳体与水蒸气的反应中，渗碳体会从邻近的尚未反应的区域不断迁移到钢铁表面，使得钢铁内部的 Fe_3C 逐渐减少。同时，在钢材表面形成脱碳层。而在脱碳过程中产生的氢气又会扩散渗入钢铁内部，使得钢铁硬度减小、疲劳极限降低，造成钢铁产生所谓的“氢脆”，危害较大。

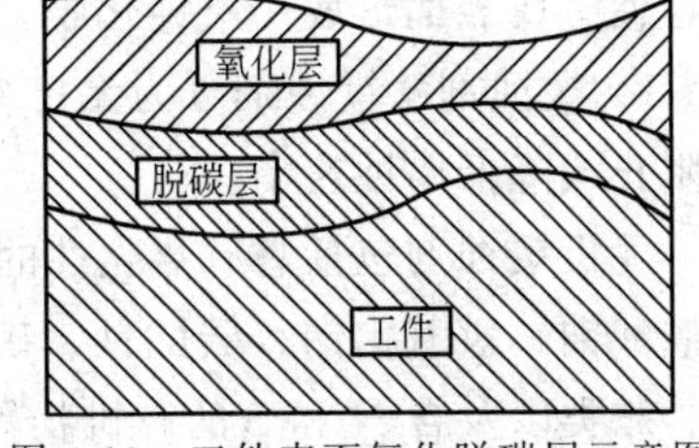

图 4-13 工件表面氧化脱碳层示意图

(2) 电化学腐蚀

由于形成了原电池而引起的腐蚀称为电化学腐蚀。电化学腐蚀的普遍性来源于发生电化学腐蚀的环境的普遍性。只要组成环境的介质中有凝聚态的水存在，哪怕介质中只含有很少量的凝聚态的水，金属材料的腐蚀就以电化学腐蚀的过程进行。金属多数情况下暴露于含有凝聚态水的介质环境，比如在大气中，即使相对湿度只有 70%，在金属材料的表面上也会有凝聚态的水膜。因此，电化学腐蚀现象是非常普遍的。

金属的电化学腐蚀原理与原电池作用本质是一样的。通常把引起腐蚀的原电池称为腐蚀电池。腐蚀电池中失电子（氧化反应）的电极称为阳极（原电池中称为负极）；得电子（还原反应）的电极称为阴极（原电池中称为正极）。因此，金属为阳极，发生氧化反应；阴极根据腐蚀类型不同，得到的产物也不同。

电化学腐蚀常见的类型有析氢腐蚀和吸氧腐蚀。

① 析氢腐蚀　较为活泼的金属，比如铁制品暴露于空气中，其表面附有水膜，或浸泡在酸性溶液中时，容易发生析氢腐蚀。其阴极反应为

$$2H^+(aq)+2e^- \longrightarrow H_2(g)$$

② 吸氧腐蚀　在中性介质或弱酸条件下，金属铁已经不太可能发生析氢腐蚀了，但铁在大气中仍然会被腐蚀。这种在中性或弱酸性介质中发生的吸收氧气的电化学腐蚀称为吸氧腐蚀。其阴极反应为

$$O_2(g)+2H_2O(l)+4e^- \longrightarrow 4OH^-(aq)$$

大多数金属的电极电势比 $\varphi(O_2/OH^-)$ 小得多，因此许多金属都容易发生吸氧腐蚀。甚至在酸性较强的溶液里，金属发生析氢腐蚀的同时，也会伴随吸氧腐蚀的进行。其进行的速率受温度、水膜厚度等因素的影响。

4.6.2　金属腐蚀的防护

金属的腐蚀过程无处不在，并无时无刻不在发生。它的危害巨大，为了降低腐蚀的破坏性，我们必须找到合理的办法来保护金属，阻止这个过程的发生。

目前，金属防腐的方法有很多。从外因来看，通过改变环境的方法涉及对介质的处理（干燥、脱气和脱盐等）、加缓蚀剂、使用与环境隔离的涂层等。从内因来看，可以根据不同的用途，选用不同的金属或非金属使其组成耐腐合金，以防止金属的腐蚀。除此之外，还应从金属防腐的角度去合理设计金属工件的结构，同时还要尽量避免电极电势差别较大的金属相互接触。如果无法避免，可以在两种金属之间用橡皮、塑料或陶瓷等不导电的材料将其分隔开。下面介绍几种常见的金属防护方法。

(1) 改变介质对金属材料的影响

① 隔绝金属与介质的接触　将金属与环境隔离是一种比较直接的防护方法，比如前面提到的电镀，就是在金属表面穿上一层防护服，抵御外部的侵蚀。此外，利用化学处理的方法，使金属表面形成一层钝化膜，比如氧化膜、磷化膜等，也能起到保护金属的作用。

② 缓蚀剂　缓蚀剂分为无机缓蚀剂和有机缓蚀剂。将缓蚀剂加入到有腐蚀性的介质中，能阻止或降低腐蚀速率。

无机缓蚀剂包括具有氧化性的铬酸钾、重铬酸钾、硝酸钠、亚硝酸钠等，以及非氧化性的硅酸钠、氢氧化钠、碳酸钠、磷酸钠、碳酸氢钙等。有机缓蚀剂是指琼脂、糊精、动物胶、胺类以及含 N 和 S 的有机物等。

缓蚀剂的作用原理实际上也是在金属表面形成一层保护膜，防止金属被介质腐蚀。例如，无机缓蚀剂一般与金属物形成难溶物，附着于金属表面，使内部金属与腐蚀性介质隔离。

$$Fe^{2+}(aq)+2OH^-(aq) \longrightarrow Fe(OH)_2(s)$$

$$3Fe^{2+}(aq)+2PO_4^{3-}(aq) \longrightarrow Fe_3(PO_4)_2(s)$$

而有机缓蚀剂一般认为是由于金属在腐蚀性介质中刚开始溶解时，表面带上负电荷，因此能将有机缓蚀剂的离子或分子吸附在表面上，形成一层难溶而腐蚀性介质又很难透过的保护膜。

③ 干燥剂　金属的腐蚀往往是由于有水分子的参与，因此采取吸收水分子的方法，可以起到一定防护作用。比如，精密的仪表暴露于空气中，如果利用干燥剂吸收空气中水分，就可以在一定程度上起到保护仪表的作用。在分析天平里放入硅胶，当硅胶由蓝色变为粉红色时，说明这种干燥剂已经失去吸水的效果，需要及时更换。

(2) 电化学防护

如果设法将被保护的金属作为腐蚀电池的阴极，就能使其不再因失电子而被氧化腐蚀了，这种方法称为电化学保护法。

① 牺牲阳极保护法　牺牲阳极保护法是将较活泼的金属或其合金连接在被保护的金属上，形成腐蚀电池的方法（如图 4-14 所示）。例如，在大型船舶的船身外部放置锌块。由于锌比船身（铁质）活泼，因此锌块就成为腐蚀电池的阳极而被腐蚀，船身为阴极得以保护。

② 外加电流法　外加电流法是将被保护的金属作为阴极与另一作为阳极的附加电极在直流电的作用下，使阴极受到保护的方法（如图 4-15 所示）。这种方法更为直接，但需要消耗外部能量。

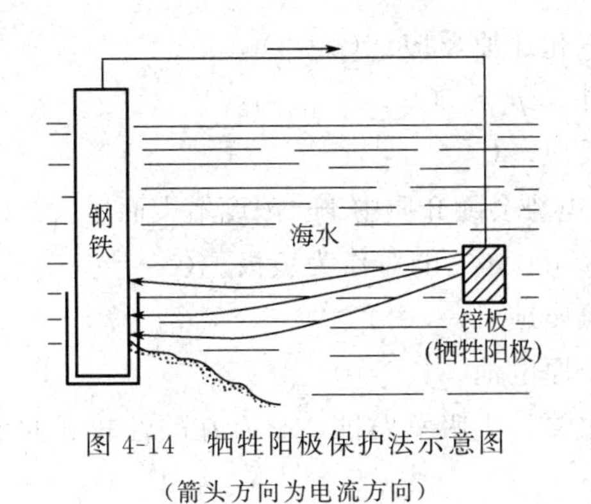

图 4-14　牺牲阳极保护法示意图

（箭头方向为电流方向）

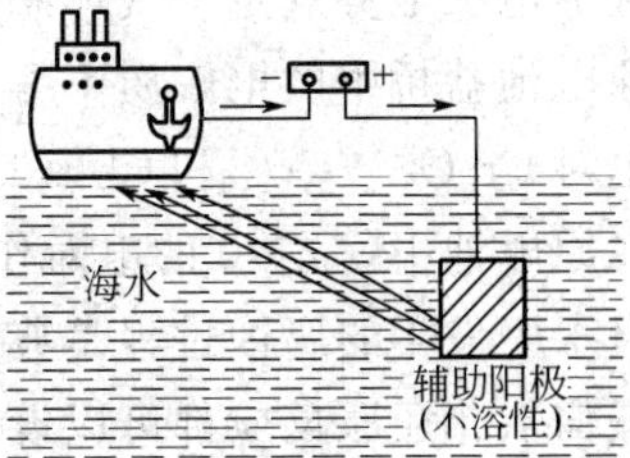

海水
辅助阳极
(不溶性)

图 4-15　外加电流防护示意图

练习题

4-1　请写出以下划线元素的氧化数。

$\underline{Pb}O_2$　　$Na_2\underline{Fe}O_4$　　$Na_2\underline{O}_2$　　$Na_2\underline{S}_2O_8$　　$K_2\underline{Cr}_2O_7$　　$K_2\underline{Mn}O_4$

$H_2\underline{C}_2O_4$　　$CH_3\underline{C}H_2OH$　　$Ca\underline{H}_2$　　$K\underline{Cr}(SO_4)_2 \cdot 12H_2O$

4-2　什么叫原电池？它由哪几个部分组成？原电池和电解池的区别在哪里？

4-3　请判断下列物质哪些可以作为氧化剂，哪些可以作为还原剂？并按照氧化还原能力由大到小的顺序排列。

MnO_4^-，Sn^{4+}，$S_2O_8^{2-}$，Fe^{2+}，Fe^{3+}，Fe，H_2O_2，$Cr_2O_7^{2-}$，Li，Cl^-，Cu^+，Hg_2^{2+}

4-4　非标准状态下电极电势受哪些因素的影响？

4-5　常见的参比电极有哪些？标准氢电极的电极电势为 0 吗？

4-6　常见的化学电源有哪几种？请写出铅蓄电池充、放电时的两极反应。

4-7　利用电极电势的概念，解释以下现象产生的原因。

(1) 为何 H_2S 水溶液配制以后必须尽快用完？

(2) $FeCl_2$ 溶液中为何要放入单质 Fe？

（3）为何金属 Ag 无法从稀 H_2SO_4 或 HCl 溶液中置换出 H_2？

4-8　试比较化学腐蚀和电化学腐蚀的区别。通常金属在空气中的腐蚀主要是析氢腐蚀还是吸氧腐蚀？请写出这种腐蚀电池的阴极反应。

4-9　金属防护的方法有哪些？牺牲阳极保护法的基本原理是什么？

4-10　金属加工后的废切削液中含 2%～5%的 $NaNO_2$，它是一种环境污染物。利用 NH_4Cl 溶液来处理此废切削液，使 $NaNO_2$ 转化为无毒物质。该处理过程涉及两步反应：

第一步：$NaNO_2+NH_4Cl \rightleftharpoons NaCl+NH_4NO_2$

第二步：$NH_4NO_2 \xrightarrow{\triangle} N_2\uparrow+2H_2O$

以上反应哪一个发生的是氧化还原反应？这个氧化还原反应中，氧化剂是哪一种物质？还原剂又是哪一种物质？氧化数发生变化的是哪一种元素？

4-11　是非判断题（对者打“√”，错者打“×”）

（1）某一电对的反应式无论采用何种形式书写，只要电极反应的条件相同，电对的电极电势就不会改变。（　　）

（2）能产生电势的化学反应其实质都是氧化还原反应。（　　）

（3）标准电极电势规定了气体总压力条件为 $p^{\ominus}$。（　　）

（4）原电池盐桥中的电解质不参与电池反应。（　　）

（5）电对 $Cr_2O_7^{2-}/Cr^{3+}$ 和 Cl_2/Cl^- 的电极电势会随介质中 H^+ 浓度增大而增大。（　　）

（6）在原电池中，$\varphi>0$ 的电对作为正极，$\varphi<0$ 的电对作为负极。（　　）

（7）海水中发生的腐蚀过程是典型的析氢腐蚀。（　　）

（8）任何氧化还原反应都可以设计成一个原电池。（　　）

（9）钢铁在大气的中性或弱酸性水膜中主要发生吸氧腐蚀，只有在酸性较强的水膜中才主要发生析氢腐蚀。（　　）

（10）牺牲阳极保护法是将活泼的金属作为腐蚀电池中的阳极，不断被还原而消耗掉，从而达到被保护金属不遭腐蚀的目的。（　　）

4-12　选择题

（1）4000C 的电量相当于电池反应转移了（　　）mol 的电子。

A. 0.0414　　B. 4.14×10^{20}　　C. 4.14　　D. 0.414

（2）将下列电极反应中有关离子浓度加倍，对应的 φ 反而减小的是（　　）。

A. $Cu^{2+}+2e^- \rightleftharpoons Cu$　　B. $2H^++2e^- \rightleftharpoons H_2$

C. $Cl_2+2e^- \rightleftharpoons 2Cl^-$　　D. $Fe^{3+}+e^- \rightleftharpoons Fe^{2+}$

（3）已知某氧化还原反应的 $\Delta_rG_m^{\ominus}$、$K^{\ominus}$、$E^{\ominus}$，下列对三者值判断合理的是（　　）。

A. $\Delta_rG_m^{\ominus}<0$，$K^{\ominus}>1$，$E^{\ominus}<0$　　B. $\Delta_rG_m^{\ominus}<0$，$K^{\ominus}>1$，$E^{\ominus}>0$

C. $\Delta_rG_m^{\ominus}>0$，$K^{\ominus}>1$，$E^{\ominus}<0$　　D. $\Delta_rG_m^{\ominus}>0$，$K^{\ominus}>1$，$E^{\ominus}>0$

（4）在标准条件下，下列反应均向正方向进行。

$$Cr_2O_7^{2-}+6Fe^{2+}+14H^+ \rightleftharpoons 2Cr^{3+}+6Fe^{3+}+7H_2O$$

$$2Fe^{3+}+Sn^{2+} \rightleftharpoons 2Fe^{2+}+Sn^{4+}$$

它们中间最强的氧化剂是（　　），最强的还原剂是（　　）。

A. $Cr_2O_7^{2-}$　　B. Cr^{3+}　　C. Fe^{3+}　　D. Fe^{2+}　　E. Sn^{4+}　　F. Sn^{2+}

（5）下列各组物质可能共存的是（　　）。

A. Cu^{2+}，Fe^{3+}，Sn^{4+}，Ag　　B. Cu^{2+}，Fe^{2+}，Fe，Ag^{+}

C. Cu^{2+}，Fe^{3+}，Fe，Ag^{+}　　D. I^{-}，Fe^{3+}，Fe^{2+}，Sn^{4+}

(6) 已知反应 $2Fe^{2+}+Cl_2 \rightleftharpoons 2Fe^{3+}+2Cl^{-}$ 的 $E=0.60V$，且 Cl_2、Cl^{-} 均处于标准状态，则 $c(Fe^{3+})/c(Fe^{2+})$ 为（　）。

A. 0.60　　B. 2.01　　C. 14.2　　D. 1.42

(7) 将氢电极 [$p(H_2)=100kPa$] 插入纯水中与标准氢电极组成原电池，则其电动势 E 为（　）。

A. 0.414V　　B. −0.414V　　C. 0V　　D. 0.828V

(8) 已知 $\varphi^{\ominus}(Fe^{3+}/Fe^{2+})=0.769V$，$\varphi^{\ominus}(Fe^{2+}/Fe)=-0.409V$，$\varphi^{\ominus}(O_2/H_2O_2)=0.695V$，$\varphi^{\ominus}(H_2O_2/H_2O)=1.763V$，在标准状态下，酸性的 H_2O_2 溶液中加入适量 Fe^{2+}，其产物是（　）。

A. Fe^{3+}，O_2　　B. Fe^{3+}，H_2O　　C. Fe，H_2O　　D. Fe，O_2

(9) 25℃时，铜锌原电池中 Zn^{2+} 和 Cu^{2+} 的浓度分别为 $0.10mol \cdot L^{-1}$ 和 $1.0 \times 10^{-9} mol \cdot L^{-1}$，则此原电池电动势比标准铜锌原电池电动势（　）。

A. 下降 0.48V　　B. 上升 0.48V　　C. 上升 0.24V　　D. 下降 0.24V

(10) 电镀工艺是将欲镀零件作为电解池的（　）；阳极氧化是将需处理的部件作为电解池的（　）。

A. 阴极　　B. 阳极　　C. 正极　　D. 负极

4-13　根据下列反应设计原电池，用电池符号表示，并写出对应的半反应式。

(1) $2H_2(g)+O_2(g) \rightleftharpoons 2H_2O(l)$

(2) $Cr_2O_7^{2-}(aq)+6Cl^{-}(aq)+14H^{+}(aq) \rightleftharpoons 2Cr^{3+}(aq)+3Cl_2(g)+7H_2O(l)$

(3) $2Fe^{2+}(aq)+Cl_2(g) \rightleftharpoons 2Fe^{3+}(aq)+2Cl^{-}(aq)$

(4) $Pb(s)+2H^{+}(aq)+2Cl^{-}(aq) \longrightarrow PbCl_2(s)+H_2(g)$

(5) $MnO_4^{-}(aq)+5Fe^{2+}(aq)+8H^{+}(aq) \rightleftharpoons Mn^{2+}(aq)+5Fe^{3+}(aq)+4H_2O(l)$

4-14　根据给定条件，判断下列反应自发进行的方向。

(1) 标准状态下，$2Fe^{2+}(aq)+Sn^{4+}(aq) \rightleftharpoons 2Fe^{3+}(aq)+Sn^{2+}(aq)$

(2) $Cu^{2+}(0.052mol \cdot L^{-1})+2Ag(s) \rightleftharpoons Cu(s)+2Ag^{+}(0.50mol \cdot L^{-1})$

(3) $2H_2(g)+O_2(g) \rightleftharpoons 2H_2O(l)$　$\Delta_r G_m^{\ominus}=-474.26kJ \cdot mol^{-1}$

4-15　在 298.15K 时，有下列反应

$$H_3AsO_4(aq)+2I^{-}(aq)+2H^{+}(aq) \rightleftharpoons H_3AsO_3(aq)+I_2(s)+H_2O(l)$$

已知该反应组成的原电池的标准电动势 $E^{\ominus}=0.0245V$，计算该反应的 $\Delta_r G_m^{\ominus}$、反应进行的方向及 $K^{\ominus}$。

4-16　试比较标准状态下，$KMnO_4$、Cl_2、$FeCl_3$ 在酸性介质中的氧化能力；$SnCl_2$、Zn、H_2S 在酸性介质中的还原能力。

4-17　298.15K 下，若下列原电池的电动势为 0.600V，电池符号为

$$(-)Pt, H_2(100kPa) \mid H^{+}(?) \parallel Cu^{2+}(1.0mol \cdot L^{-1}) \mid Cu(+)$$

则溶液的 H^{+} 浓度应为多少？

4-18　对于反应　$Ag^{+}(aq)+Fe^{2+}(aq) \longrightarrow Ag(s)+Fe^{3+}(aq)$

(1) 已知该反应对应的电池的标准电极电势 $E^{\ominus}=0.030V$，计算 25℃时该反应的平衡

常数。

（2）当等体积且浓度均为2.0mol·L^{-1}的Ag^+和Fe^{2+}混合时，达平衡后，Fe^{2+}的平衡浓度为多大？

4-19 某原电池中的一个半电池是由金属钴浸在1.0mol·L^{-1} Co^{2+}溶液中组成的，另一半电池则由铂（Pt）片浸在1.0mol·L^{-1} Cl^-的溶液中，并不断通入Cl_2(100.0kPa）组成。测得其电动势为1.642V；钴电极为负极。

（1）写出电池反应方程式。

（2）由$\varphi^\ominus(Cl_2/Cl^-)$可计算出$\varphi^\ominus(Co^{2+}/Co)$为多少？

（3）$p(Cl_2)$增大时，电池的电动势将如何变化？

（4）当Co^{2+}的浓度为0.050mol·L^{-1}，其它条件不变，电池的电动势为多少？

4-20 已知铅蓄电池放电时的两个半反应为

$$PbSO_4(s)+2e^- \rightleftharpoons Pb(s)+SO_4^{2-}(aq) \quad \varphi^\ominus(PbSO_4/Pb)=-0.3555V$$

$$PbO_2(s)+4H^+(aq)+SO_4^{2-}(aq)+2e^- \rightleftharpoons PbSO_4(s)+2H_2O(l) \quad \varphi^\ominus(PbO_2/PbSO_4)=1.6913V$$

（1）写出总反应方程式。

（2）计算电池反应标准电动势。

（3）计算电池反应的标准平衡常数。

第5章 物质结构基础

前面主要从宏观的角度讨论了化学变化中质量、能量变化的关系，主要应用化学热力学和化学动力学讨论物质间化学反应的可能性和现实性。物质的物理性质和化学性质都取决于物质的组成和结构。物质进行化学反应的基本微粒是原子。化学反应的实质是原子的重排。原子为什么会重排？原子内部结构是怎样的？原子的重排跟原子内部结构有关联吗？诸多问题引导着科学家们进行不断深入的研究。在一般的化学反应（除核反应外）中，原子核并不发生变化，只和核外电子的数目及运动状态有关。因此，研究原子结构，主要是研究核外电子的运动状态。本章将简要介绍有关物质结构的基础知识。

5.1 核外电子的运动状态

古希腊唯物主义哲学家，原子论的奠基人之一留基博（Leucippus）认为，世间万物都是由不可分割的物质组成的。其继承者德漠克利特（Democritus）提出万物的本源是原子和虚空。“原子”一词由此提出。他认为原子是不可再分的物质微粒，虚空是原子运动的场所。

但同时代的亚里士多德（Aristotle）等人却反对这种物质的原子观，他们认为物质是连续的，这一观点在中世纪占压倒性优势。随着科学的进步和实验技术的发展，16世纪后，物质的原子观逐渐得到诸多科学家的支持。直到1803年，英国哲学家道尔顿（J. Dalton）提出了较为完整的原子理论模型。限于当时科学技术的发展，这一原子理论模型被证实错误百出，但是道尔顿明确了化学家们研究的方向。

5.1.1 核外电子运动的量子化特性

太阳或白炽灯发出的白光，通过三棱镜的分光作用，可形成红、橙、黄、绿、青、蓝、紫等连续波长的光谱，这种光谱叫连续光谱。而像气体原子（或离子）受激发后则产生不同种类的光，这些光经过三棱镜分光后，得到分离的、彼此间隔的线状光谱，或称原子光谱。任何原子被激发后都能产生原子光谱，光谱中每条谱线表征光的相应波长和频率。不同的原子有不同的特征光谱。为了探讨原子的结构，瑞典物理学家埃格斯特朗（A. J. Angstrom）将一只充有低压氢气的放电管，通过高压电流，再用三棱镜分出氢原子放射出的光谱，得到四条不连续的可见光谱区域内的光谱线，即 H_α、H_β、H_γ、H_δ，它们的波长分别为656.2nm、486.1nm、434.0nm、410.2nm。氢原子光谱是最简单的原子光谱。对于氢原子光谱是线状光谱的实验事实，经典物理学以电子绕核作圆周运动为原子结构模型已无法解释。

1913年，丹麦物理学家尼尔斯·玻尔（N. Bohr）根据巴尔末（J. Balmer）、里德堡（J. R. Rydberg）、卢瑟福（E. Rutherford）的研究成果，结合普朗克（M. Planck）的量子理论和爱因斯坦（A. Einstein）光子学说，提出了新的原子模型假设，成功地解释了氢原子光谱的成因和规律。

玻尔的原子模型有以下两个假设。

① 核外电子按一定的轨道运动，在此轨道上运动的电子不放出能量也不吸收能量。

② 在一定轨道上运动的电子有一定的能量，该能量只能取某些由量子化条件决定的正整数值。根据量子化条件，可推导出氢原子核外轨道的能量公式：

$$E_n=-\frac{R_H}{n^2} \quad 或 \quad E_n=-\frac{13.6}{n^2}\text{eV}$$

R_H 为里德堡常数，其值为 2.179×10^{-18}J。

$n=1，2，3，4\cdots$

第一条假设回答了原子可以稳定存在的问题。氢原子在正常状态时，电子尽可能地处于能量最低的轨道，这种状态称为基态。氢原子处于基态时，电子在 $n=1$ 的轨道上运动，能量最低，为13.6eV（或 2.179×10^{-18}J）；其半径为52.9pm，称为玻尔半径。所以原子可以稳定存在。

第二条假设是玻尔把量子化条件引入原子结构中，得到了核外电子运动的能量是量子化的结论。表征微观粒子运动状态的某些物理量只能是不连续的变化，称为量子化。核外电子运动能量的量子化，是指电子运动的能量只能取一些不连续的能量状态，又称为电子的能级。当氢原子受到放电等能量激发时，电子由基态跃迁到激发态。但处于激发态的电子是不稳定的，它可以自发地回到能量较低的轨道，并以光子的形式释放出能量，因为两个轨道即两个能级的能量差是确定的，所以发射出来的射线有确定的频率。因为能级是不连续的，即量子化的，造成氢原子光谱是不连续的线状光谱，各谱线有各自的频率。

玻尔理论虽然成功地解释了氢原子光谱，但是它却不能解释多电子原子光谱，甚至也不能解释氢原子光谱的精细结构（氢原子光谱的每条谱线实际上是由若干条很靠近的谱线组成的）。因为玻尔理论虽人为地引进了经典物理中所没有的量子化概念，但它的基础仍然建立在经典物理学之上。

5.1.2 核外电子运动的波粒二象性

1905年3月，爱因斯坦（A. Einstein）在德国《物理年报》上发表了题为《关于光的产生和转化的一个推测性观点》的论文。他认为对于时间的平均值，光表现为波动性；对于时间的瞬间值，光表现为粒子性。这是历史上第一次揭示微观客体波动性和粒子性的统一，即波粒二象性。这一科学理论最终得到了学术界的广泛接受。受此启发，1924年法国理论物理学家德布罗意（Louis Victor de Broglie）采用类比法，提出微观粒子均具有波粒二象性的假设。这种具有波粒二象性的微观粒子，其运动状态和宏观物体的运动状态不同。例如，飞机、导弹、人造卫星等的运动，在任何瞬间，可根据经典力学理论，准确地同时测定它的位置和动量（或速度）。而对于具有波粒二象性的微观粒子，却不能同时求得准确的位置和动量。所以经典力学运动轨道的概念在微观世界中不再适用，即符合测不准原理。

测不准原理表明，核外电子不可能沿着一条如玻尔理论所指的固定轨道运动。核外电子的运动规律，只能用统计的方法，指出它在核外某处出现的可能性，也就是概率的大小。

5.1.3 核外电子运动状态的描述

由于微观粒子的运动具有波粒二象性的特征，所以核外电子的运动状态不能用经典的牛顿力学来描述，而需用量子力学来描述，即以电子在核外出现的概率密度、概率分布来描述电子运动的规律。因此，量子力学中引用波函数来描述电子的运动状态。

(1) 波函数和四个量子数

1926 年，奥地利物理学家薛定谔（E. Schrödinger）为了描述电子运动规律，提出了著名的薛定谔方程：

$$\frac{\partial^2 \psi}{\partial x^2}+\frac{\partial^2 \psi}{\partial y^2}+\frac{\partial^2 \psi}{\partial z^2}+\frac{8\pi^2 m}{h^2}(E-V)\varphi=0$$

此方程为二阶偏微分方程，式中 ψ 为波函数，不是具体数值。E 是总能量，V 是势能，m 是微粒质量，h 是普朗克常数，x、y、z 是微粒的空间坐标。习惯上将波函数称为原子轨道，但不是电子运动的轨迹。

从薛定谔方程解得的波函数是包括了空间坐标 x，y，z 的函数，常记为 $\varphi(r, y, z)$。方程的解是一系列波函数 ψ 的具体函数表达式，为了具体研究原子轨道，人们又引入了三个参数 n、l、m，外加描述电子自旋特征的 m_s，从而确定所研究的原子核外某电子状态。

其中，n 为主量子数，$n=1, 2, 3\cdots$　　（n 个任意非零的正整数）

l 为角量子数，$l=0, 1, 2, 3, \cdots, n-1$　　（n 个从零开始的正整数）

m 为磁量子数，$m=+l, \cdots, 0, \cdots, -l$　　（从 $+l$ 经过零到 $-l$ 的整数）

m_s 为自旋量子数，$m_s=+\frac{1}{2}$ 或 $-\frac{1}{2}$

① 主量子数 n　主量子数 n 是决定电子能量高低的重要因素。对单电子原子或离子而言，n 值越大，电子的能量越高。

主量子数又称为电子层数，n 相同的电子为一个电子层。常用电子层的符号如下。

当 $n=$	1	2	3	4	5	6	7…
电子层符号	K	L	M	N	O	P	Q…

② 角量子数 l　角量子数 l 确定原子轨道的形状，并在多电子原子中和主量子数一起决定电子的能量。

对于给定的 n，量子力学证明 l 只能取小于 n 的零和正整数。

$$l=0, 1, 2, 3, 4, \cdots, n-1$$

相应的能级符号（亚层）s，p，d，f，g…

③ 磁量子数 m　磁量子数 m 决定原子轨道在空间的取向。某种形状的原子轨道，在空

间有不同的伸展方向，而得到几个空间取向不同的原子轨道。

磁量子数 m 可以取值：$m=0$，±1，±2，…，$\pm l$，共有 $2l+1$ 个取值，一种取向相当于一个轨道。

磁量子数 m 与角量子数 l 的关系和它们确定的亚层中的轨道数如下：

l	m	亚层中的轨道数
0	0	1s
1	+1　0　−1	3p
2	+2　+1　0　−1　−2	5d
3	+3　+2　+1　0　−1　−2　−3	7f

④ 自旋量子数 m_s　自旋量子数 m_s 的取值有两个，为 $\pm\frac{1}{2}$，代表着电子在原子轨道中不同的自旋方向。

电子层、亚层、原子轨道、运动状态与量子数之间的关系见表 5-1。

表 5-1　电子层、亚层、原子轨道、运动状态与量子数之间的关系

电子层		亚层(能级)				磁量子数 m	自旋量子数 M_s	电子层中总的轨道数	状态数	
主量子数 n	光谱符号	角量子数 l	原子轨道符号	亚层数	轨道数				各轨道	各电子层
1	K	0	1s	1	1	0	$\pm\frac{1}{2}$	1	2	2
2	L	0 1	2s 2p	2	1 3	0 −1,0,+1	$\pm\frac{1}{2}$	4	2 6	8
3	M	0 1 2	3s 3p 3d	3	1 3 5	0 −1,0,+1 −2,−1,0,+1,+2	$\pm\frac{1}{2}$	9	2 6 10	18
4	N	0 1 2 3	4s 4p 4d 4f	4	1 3 5 7	0 −1,0,+1 −2,−1,0,+1,+2 −3,−2,−1,0,+1,+2,+3	$\pm\frac{1}{2}$	16	2 6 10 14	32
				n	$2l+1$			n^2		$2n^2$

(2) 概率密度与电子云

ψ 是描述核外电子运动状态的数学表达式，但它本身没有具体的物理意义。ψ 的物理意义可通过 ψ^2 来体现。而 ψ^2 可认为是电子在原子空间某点附近单位微体积中电子出现的概率，叫做概率密度（或不严格地叫做电子密度），所以某一体积中电子出现的概率应为 $|\psi|^2$ 与体积的乘积。处于一定运动状态下的电子，有一定的概率密度分布。

电子云是电子在原子核外空间概率密度分布的形象描述。电子云图像中的每一个小黑点表示电子出现在核外空间的一次概率（不表示一个电子）。概率密度越大，电子云图像中的小黑点越密，见图 5-1。

电子出现的概率除用概率密度图形象表示外，也可用电子云的界面图来表示（见图 5-2）。

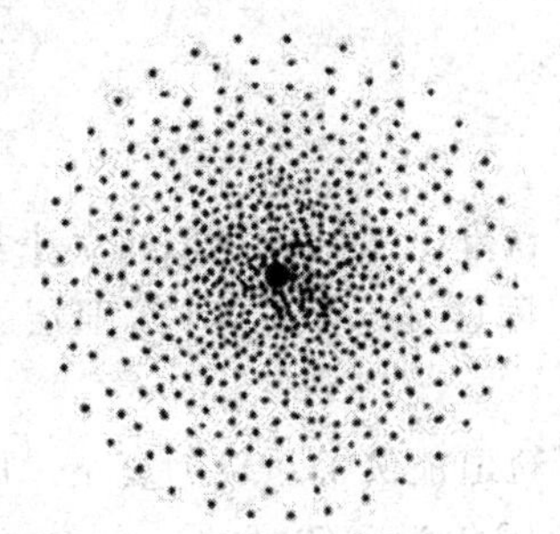

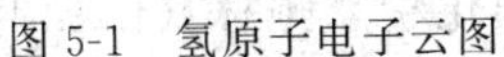

图 5-1　氢原子电子云图

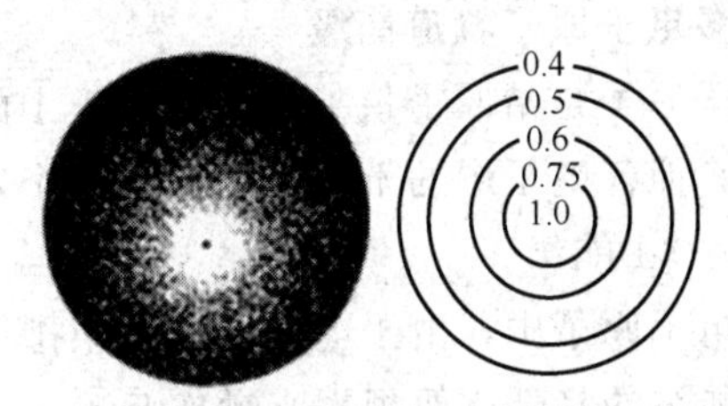

图 5-2　氢原子 1s 电子云界面图与等概率密度图

(3) 波函数的径向部分 $R(r)$ 和角度部分 $Y(\theta,\varphi)$

氢原子的波函数是一个三维空间的函数，很难用适当的、简单的图形表示清楚。氢原子的波函数可以分离为径向部分 $R(r)$ 和角度部分 $Y(\theta,\varphi)$ 的乘积：

$$\psi(r,y,z)=R(r)Y(\theta,\varphi)$$

$R(r)$ 表示该函数只随距离 r 而变化，$Y(\theta,\varphi)$ 表示该函数只随角度 θ、φ 而变。因此，可以采用分离的办法来讨论波函数。

① 波函数的角度分布图　波函数的角度分布图与主量子数无关。例如，1s、2s、3s 其角度分布图都是完全相同的球形。p 型、d 型、f 型轨道也是如此，所以在这种图中常不写轨道符号前的主量子数。原子轨道组成分子轨道时，常用到波函数的角度分布图，见图 5-3。

② 波函数的径向分布图　由图 5-4 可以清晰地看出，核外电子距离原子核远近及最大概率分布状况。在图中，ns 比 np 多一个离核较近的峰，np 比 nd 多一个离核较近的峰，nd 也比 nf 多一个离核较近的峰，这些离核较近的峰都伸到 $(n-1)$ 各峰的内部，且伸入程度不一，对多电子原子的能级分裂和电子排布造成了一些影响，这种现象即为后面讲述的钻穿效应。

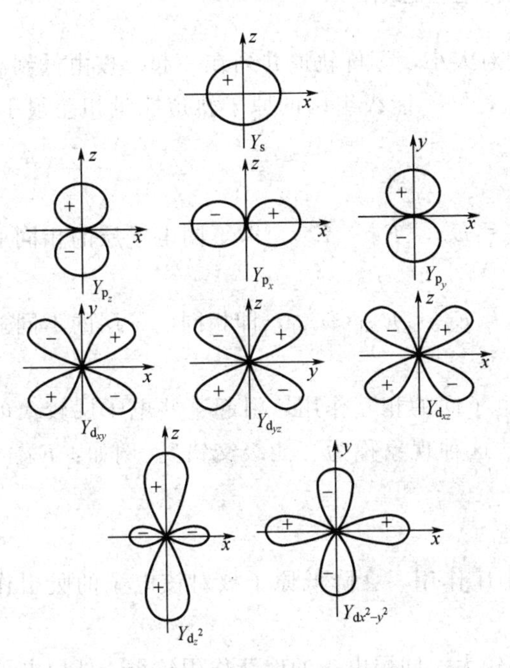

图 5-3　s、p、d 原子轨道的角度分布图

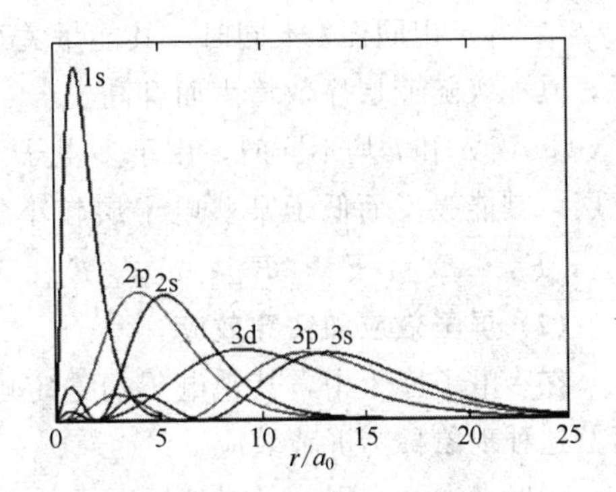

图 5-4　氢原子各种状态的径向分布图

5.1.4 多电子原子轨道能级

(1) 多电子原子轨道能级

多电子原子是指原子核外电子数大于1的原子。由于核外电子的能量取决于主量子数和角量子数，即各电子层的不同亚层都有一个对应的能级，因此2s、2p、3d等亚层又分别称为2s、2p、3d能级。

在多电子原子中，由于电子间的互相排斥作用，原子轨道能级关系较为复杂。原子中各原子轨道能级的高低主要根据光谱实验确定，故常采用美国化学家鲍林（L. C. Pauling）的原子轨道近似能级图（见图5-5）。

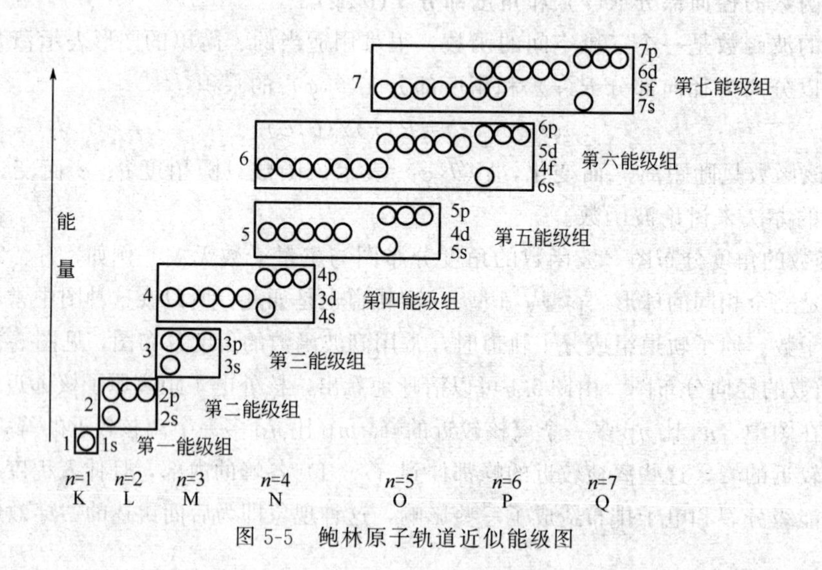

图5-5 鲍林原子轨道近似能级图

图5-5中原子轨道位置的高低表示能级的相对大小，等价轨道并列在一起。按由低到高顺序，将能级相近的原子轨道划分为7个能级组，同一能级组内的原子轨道能量相差很小，不同能级组之间能量相差较大。

按鲍林原子轨道能级分布，规律如下：

① 当 n 不同而 l 相同时，其能量关系为 $E_{1s}<E_{2s}<E_{3s}<E_{4s}$，即不同电子层的相同亚层，其能级随电子层序数增大而升高。

② 当 n 相同而 l 不同时，其能量关系为 $E_{ns}<E_{np}<E_{nd}<E_{nf}$，即相同电子层的不同亚层，其能级随亚层序数增大而升高。

③ 当 n 和 l 均不同时，由于多电子原子中电子间的相互作用，引起某些电子层较大的亚层，其能级反而低于某些电子层较小的亚层，这种现象称为"能级交错"。例如：$E_{4s}<E_{3d}$；$E_{5s}<E_{4d}$；$E_{6s}<E_{4f}$；$E_{7s}<E_{5f}$。

(2) 屏蔽效应和钻穿效应

在多电子原子中，其它电子与选定电子的排斥作用，会降低原子核对该电子的吸引作用，这种现象称为屏蔽效应。

一般来讲，内层电子对外层电子的屏蔽作用较大，同层电子的屏蔽作用较小，外层电子对较内层电子可近似地看作不产生屏蔽作用。屏蔽作用会降低原子核对外层电子的吸引力，从而导致原子的化学活性增加。

在多电子原子中，电子进入原子内部空间的作用，称为钻穿效应。钻穿效应越大的电子其能量越低。

多电子原子中的每一个电子既受到内层和同层其它电子的屏蔽作用，又受到逃避这种屏蔽向内层钻穿使能量降低作用的影响，从而产生了“能级交错”现象。这样可以比较圆满地解释 $E_{4s}<E_{3d}$ 等能级交错现象，也为解释过渡元素原子的一些化学性质奠定了基础。

化学视野

莱纳斯·鲍林（L. C. Pauling，1901—1994），美国著名化学家，量子化学和结构生物学的先驱者之一，见图 5-6。1954 年因在化学键方面的工作取得诺贝尔化学奖，1962 年因反对核弹在地面测试的行动获得诺贝尔和平奖，成为两位获得诺贝尔奖不同奖项的人之一（另一人为居里夫人）。

图 5-6　莱纳斯·鲍林

鲍林自 1930 年开始致力于化学键的研究，1931 年 2 月发表价键理论，1939 年出版了在化学史上有划时代意义的《化学键的本质》一书。由于鲍林在化学键本质以及复杂化合物物质结构阐释方面杰出的贡献，而获得了 1954 年诺贝尔化学奖。1932 年，鲍林提出了电负性概念，并确定了很多元素的电负性的数值。电负性有助于预计各种化合物的离子性或共价性的程度，在阐明无机化合物的性质以及化学键的稳定性方面有一定的作用，它是鲍林对现代无机化学和物理化学理论的一大贡献。鲍林是把“共振”这一术语用于化学键的第一位科学家。凯库勒（F. Kekule）在苯环学说中曾经提出了苯的结构式。鲍林根据量子力学原理，假定苯分子中双键的位置是不固定的，双键的位置可以以很快的速度来回摆动。所以上述两种结构之间的互变是如此迅速，以致很难用一个结构来描述。这就是鲍林提出的用来描述化学结构的“共振”概念。鲍林的研究领域也包括化学向生物学和医学的渗透。例如，他提出了纤维状蛋白质分子的 α-螺旋体模型；他的有关镰状细胞贫血和其它遗传性溶血性贫血的异常血蛋白的研究则具有开创的意义；他还研究维生素 C 与癌症发病率和死亡率的关系以及维生素 C 对治疗感冒的功能。

5.2　原子核外电子的排布与元素周期律

5.2.1　基态原子的核外电子排布规律

根据原子光谱实验结果，科学家们提出基态原子核外电子分布符合下列三个规律。

① 能量最低原理　基态多电子原子的核外电子总是尽可能地分布到能量最低的原子轨道，这称为能量最低原理。电子在原子中的所处状态应尽可能地使整个体系能量最低，这样的体系才最稳定。

根据能量最低原理和原子轨道近似能级图可确定基态多电子原子核外电子的填充顺序，即构造原理：

1s，2s，2p，3s，3p，4s，3d，4p，5s，4d，5p，6s，4f，5d，6p …

构造原理只是对大多数的电中性基态原子电子组态的总结，而不是所有原子。

② 保里不相容原理　基态多电子原子中不可能同时存在 4 个量子数完全相同的电子。换句话说，在一个原子轨道里最多且只能容纳 2 个自旋方向相反的电子。应用保里不相容原理，可以确定每个电子层中电子的最大容量，见表 5-2。

表 5-2　不同电子层、亚层电子的最大容量

电子层	1	2		3			4			
	K	L		M			N			
电子亚层	1s	2s	2p	3s	3p	3d	4s	4p	4d	4f
亚层轨道数	1	1	3	1	3	5	1	3	5	7
亚层电子最大容量	2	2	6	2	6	10	2	6	10	14
电子层轨道数	1	4		9			16			
电子层最大容量	2	8		18			32			

用电子组态（又称电子构型、电子排布）可清楚表示基态多电子原子核外电子分布。例如

($_6$C)　　$1s^2\ 2s^2\ 2p^2$

($_{19}$K)　　$1s^2\ 2s^2\ 2p^6\ 3s^2\ 3p^6 4s^1$

③ 洪德规则　基态多电子原子中的电子分布到能量相同的等价轨道时，总是尽可能先以自旋相同方向的形式，单独地占据能量相同的轨道。能量相同的等价轨道又称简并轨道。

例如，2p 能级有 3 个简并轨道，如果 2p 能级上有 3 个电子，它们将分别处于 $2p_x$、$2p_y$ 和 $2p_z$ 轨道，而且自旋方向平行（如氮原子）。2p 能级有 4 个电子，其中一个轨道将有 1 对自旋方向相反的电子，这一对电子处于哪个 2p 轨道是没有差别的。

原子实（原子结构内层与稀有气体原子核外电子分布相同的那部分实体）表示式可简化电子结构式的书写。原子实通常用加有方括号的稀有气体元素符号表示，而其余外围电子仍用电子排布式表示。例如

($_6$C)：[He]$2s^2\ 2p^2$　　($_{19}$K)：[Ar]$4s^1$　　($_{24}$Cr)：[Ar]$3d^5\ 4s^1$

在化学反应时，原子中可能参与形成化学键的电子称为价电子。价电子在原子核外的排布称为价电子构型（或价电子组态）。应用价电子构型可方便讨论化学反应规律。

由光谱实验结果可以得到准确的原子核外电子排布。周期系中有约 20 个元素的基态电中性原子的电子组态不符合构造原理，其中的常见元素是：

元素	按构造原理的组态	实测组态
($_{24}$Cr)	[Ar]$3d^4 4s^2$	[Ar]$3d^5 4s^1$
($_{29}$Cu)	[Ar]$3d^9 4s^2$	[Ar]$3d^{10} 4s^1$

铬的组态为 $(n-1)d^5 ns^1$，而不是 $(n-1)d^4 ns^2$，这被称为“半满结构”——5 个 d 轨道各有一个电子，且自旋平行。

铜、银、金基态原子电子组态为 $(n-1)d^{10} ns^1$，而不是 $(n-1)d^9 ns^2$，这被总结为“全满结构”。

等价轨道全充满、半充满和全空结构的体系相对能量较低，体系状态比较稳定，这些属于洪德规则的特例。

考察元素周期表还可发现，第五周期有较多副族元素的电子组态不符合构造原理。多数具有 $5s^1$ 的最外层构型，尤其是钯（$4d^{10}$），是最特殊的例子。这表明第五周期元素的电子组态比较复杂，难以用简单规则来概括，一切以原子光谱实验结果为准。

5.2.2 核外电子分布与元素周期律

元素单质及其化合物的性质随原子序数（核电荷数）递增而呈周期性的变化规律，称为元素周期律。元素周期律总结和揭示了元素性质从量变到质变的特征、规律及联系。元素周期律的图表形式称为元素周期表。

(1) 周期与能层

周期的划分与能层数的划分完全一致，每个能层数都独立对应严格周期，目前已知元素最多有 7 个能层，所以共有 7 个周期。见表 5-3。

周期序数＝该周期元素原子的电子层数（^{46}Pd 除外）＝能层数

各周期元素的数目＝相应能层中原子轨道所能容纳的电子数

表 5-3 周期与最外轨道、最外能层的对应关系

周期序数	最外轨道	最外能层序数	最外能层轨道总数	最外能层可容纳的电子数	周期内元素种类	电子层数
1(特短周期)	1s	1	1	2	2	1
2(短周期)	2s 2p	2	1＋3＝4	8	8	2
3(短周期)	3s 3p	3	1＋3＝4	8	8	3
4(长周期)	4s 3d 4p	4	1＋3＋5＝9	18	18	4
5(长周期)	5s 4d 5p	5	1＋3＋5＝9	18	18	5
6(特长周期)	6s 4f 5d 6p	6	1＋3＋5＋7＝16	32	32	6
7(未完成周期)	7s 5f 6d 7p	7	1＋3＋5＋7＝16	32	未完成	7

(2) 族与价电子构型

元素周期表中共有 16 个族：8 个主族（A 族）和 8 个副族（B 族），族序号用罗马数字表示。

主族元素的族序数与其原子最外层电子数和价电子数相等；主族常用相应第二周期元素命名，如硼族、碳族、氮族、氧族等。

ⅢB～ⅦB 族序数等于其价电子数；ⅠB、ⅡB 副族元素的族序数则等于最外层 s 电子数目；ⅧB 族序数是外层[$(n-1)d+ns$]电子数为 8、9、10 的三列 9 个元素。由于 B 副族元素位于元素周期表的中部，因此又习惯称其为过渡元素；副族常以相应第四周期元素命名，分别称钪副族、钛副族、钒副族等；ⅧB 族中的铁、钴和镍（第四周期元素）又称铁系元素；钌、铑、钯、锇、铱和铂（第五、六周期元素）则总称铂系元素；镧系元素和锕系元素也叫做内过渡元素，在周期表中它们都排在ⅢB 之前。

(3) 周期元素分区

周期表中的元素除了按周期和族划分外，还按价电子构型划分为 s 区、d 区、ds 区、p 区 4 个区，副表（镧系和锕系）是 f 区元素（见图 5-7）。

每个区各元素的原子结构特征如下。

① s 区 包括ⅠA 族和ⅡA 族元素，最外层只有 1～2 个 s 电子，价电子构型为 $ns^{1\sim2}$。

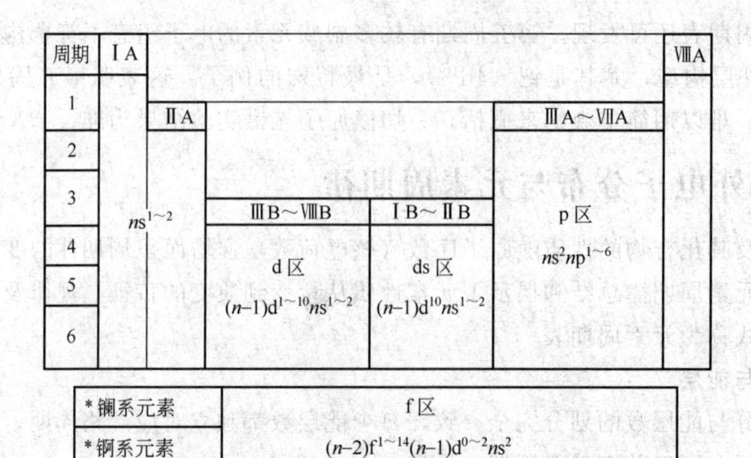

图 5-7　元素周期表分区示意图

② p 区　包括ⅢA 族至ⅧA 族元素，最外层除了 2 个 s 电子之外，还有 1～6 个 p 电子（He 无 p 电子），价电子构型为 $ns^2np^{1\sim6}$。

③ d 区　包括ⅢB 族和ⅧB 族元素，最外层除了 2 个（个别为 1 个，Pd 无）s 电子之外，次外层还有 1～10 个 d 电子，价电子构型为 $(n-1)d^{1\sim10}ns^{1\sim2}$。

④ ds 区　包括ⅠB、ⅡB 副族，最外层的电子数与 s 区元素相同，次外层全满，价电子构型为 $(n-1)d^{10}ns^{1\sim2}$。

⑤ f 区　包括镧系元素和锕系元素，价电子构型为 $(n-2)f^{1\sim14}(n-1)d^{0\sim2}ns^2$。

化学视野

门捷列夫与元素周期表

元素周期律的发现，凝聚着包括德国的迈耶尔（J. L. Meyer）在内的许多科学家的心血，但是以比较完整的表的方式将其具体化起来，这是一位天才的俄罗斯科学家的功绩，这位学者的名字是德米特里·伊凡诺维奇·门捷列夫（Дмитрий Иванович Менделеев）(1834—1907)，见图 5-8。

门捷列夫在批判地继承前人工作的基础上，对大量实验事实进行了订正、分析和概括，总结出这样一条规律：元素（以及由它所形成的单质和化合物）的性质随着相对原子质量的递增而呈周期性的变化，即元素周期律。他根据元素周期律编制了第一个元素周期表，把已经发现的 63 种元素全部列入表中，从而初步完成了使元素系统化的任务。

图 5-8　门捷列夫肖像画

在门捷列夫编制的周期表中，还留有很多空格，这些空格应由尚未发现的元素来填满。门捷列夫从理论上计算出这些尚未发现的元素的最重要性质，断定它们介于邻近元素的性质之间。例如，在锌与砷之间的两个空格中，他预言这两个未知元素的性质分别为类铝和类硅。就在他预言后的四年，法国化学家布阿勃朗用光谱分析法，从闪锌矿（EnS）中发现了镓。实验证明，镓的性质非常像铝，也就是门捷列夫预言的类铝。镓的发现，具有重大的意义，它充分说明元素周期律是自然界的一条客观规律，为以后元素的研究，新元素的探索，新物资、新材料的寻找，提供了一个可遵循的规律。若干年后，他的预言都得到了证实。门捷列夫工作的成功，引起了科学界的震动。人们为了纪念他的功绩，就把元素周期律和周期表称为门捷列夫元素周期律和门捷列夫元素周期表。

5.2.3 原子参数的周期性

原子半径、电离能、电负性等概念被总称为“原子参数”，广泛用于解释元素的物理、化学性质。

(1) 原子半径

原子的大小可以用“原子半径”来描述。但由于电子层没有明确的界线，所以原子核到最外层电子的距离难以确定。人们假定原子呈球形，并且原子半径具有加和性。基于此假定以及原子的不同存在形式，原子半径分为金属半径、范德华半径和共价半径。

在同一周期中，从左到右随着原子序数的增加，核电荷数增大，主族元素的原子半径逐渐减小；副族元素的原子半径减小缓慢，且不规则，原因是增加的（$n-1$)d 电子对最外层 ns 电子的排斥作用，部分抵消了原子核的吸引力；同样，镧系元素由于增加的（$n-2$)f 电子对最外层 ns 电子的排斥，使其原子半径收缩幅度大大降低，造成第六周期的一些元素原子半径与第五周期同族元素原子半径相当，这种现象称为镧系收缩；稀有气体的原子半径突然变大，这主要是因为稀有气体的原子半径不是共价半径，而是范德华半径。

同一主族元素，从上到下尽管核电荷数增多，但由于电子层数增多的因素起主导作用，因此原子半径显著增大；但副族元素，原子半径一般只是稍有增大，且不规则，这与核电荷数显著增多有关。

(2) 电离能

电离能是指基态的气体原子失去电子变成气态阳离子，克服核电荷引力所需消耗的能量，单位为 $kJ \cdot mol^{-1}$。基态的气体原子失去最外层的一个电子成为+1 价气态正离子所需的能量，称为第一电离能（I_1）；由+1 价气态正离子再失去一个电子成为+2 价气态正离子所需的能量，称为第二电离能（I_2）；依此类推。同一元素各级电离能的大小顺序是 $I_1 < I_2 < I_3 < I_4$。通常所称电离能均为第一电离能。

第一电离能的大小常用来衡量原子失去电子的难易程度。元素第一电离能越小，原子失去电子越容易。

电离能都是正值，因为使原子失去外层电子总是需要吸收能量来克服核对电子的吸引力，元素第一电离能的周期性变化见图 5-9。

由图 5-9 看出，同一周期自左至右，主族元素第一电离能逐渐增大，ⅡA、ⅤA、Ⅷ族元素的电离能较高。这是因为随核电荷数的增加，原子半径减小，原子核对最外层电子的吸引力逐渐增强的缘故；而ⅡA、ⅤA、Ⅷ族元素最外层电子分别处于半满、全充满状态，失去电子需要消耗更高的能量，因此，第一电离能相对较高。

同一主族元素自上而下，随电子层的递增，原子半径增大，原子核对最外层电子的吸引力逐渐减小，故元素的第一电离能依次减小。

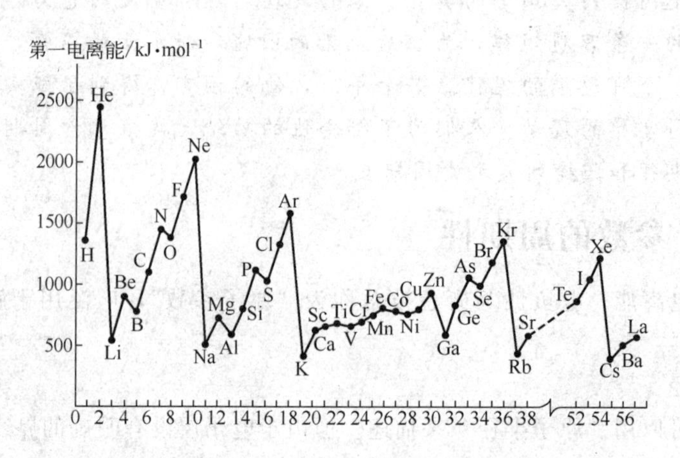

图 5-9　原子第一电离能的变化规律

副族元素的第一电离能主要决定于原子半径，电离能变化规律不规则。第一电离能大小是碱金属最活泼而稀有气体最不活泼的最主要原因。

(3) 电负性

原子在分子中吸引成键电子的能力称为元素电负性，用来确定化合物中的原子对电子吸引能力的相对大小。例如，在 HF 分子中有一对共用电子对，事实表明，HF 分子是极性分子，氢原子带正电，氟原子带负电，表明氟原子吸引电子的能力大于氢原子，即氟的电负性比氢的电负性大。

通常用鲍林的电负性数据来说明元素原子的电负性大小，他指定氟的电负性为 4.0，并借助热化学数据计算求得其它元素的电负性，见图 5-10。

元素电负性的大小可全面衡量原子得失电子的能力，进而判断元素金属性和非金属性的

族 周期	1	2	3	4	5	6	7	8	9	10	11	12	13	14	15	16	17	18
1	H 氢 2.20																	He 氦 4.16
2	Li 锂 0.98	Be 铍 1.57											B 硼 2.04	[illegible]	[illegible]	[illegible]	[illegible]	Ne 氖 4.79
3	Na 钠 0.93	Mg 镁 1.31											Al 铝 1.61	Si 硅 1.98	P 磷 2.19	[illegible]	[illegible]	Ar 氩 3.24
4	K 钾 0.82	Ca 钙 1.01	Sc 钪 1.36	Ti 钛 1.54	V 钒 1.63	Cr 铬 1.66	Mn 锰 1.55	Fe 铁 1.83	Co 钴 1.88	Ni 镍 1.92	Cu 铜 1.90	Zn 锌 1.65	Ga 镓 1.81	Ge 锗 2.01	As 砷 2.18	[illegible]	[illegible]	[illegible]
5	Rb 铷 0.82	Sr 锶 0.95	Y 钇 1.22	Zr 锆 1.33	Nb 铌 1.59	Mo 钼 2.16	Tc 锝 1.91	Ru 钌 2.20	Rh 铑 2.28	Pd 钯 2.20	Ag 银 1.93	Cd 镉 1.69	In 铟 1.78	Sn 锡 1.96	Sb 锑 2.05	Te 碲 2.12	[illegible]	[illegible]
6	Cs 铯 0.79	Ba 钡 0.89	*	Hf 铪 1.32	Ta 钽 1.51	W 钨 [illegible]	Re 铼 1.93	Os 锇 2.18	Ir 铱 2.20	Pt 铂 2.28	[illegible]	Hg 汞 2.00	Tl 铊 1.62	Pb 铅 2.33	Bi 铋 2.02	Po 钋 1.99	At 砹 2.22	Rn 氡 2.43
7	Fr 钫 0.71	Ra 镭 0.92	**	Rf 钅卢	Db 钅杜	Sg 钅喜	Bh 钅波	Hs 钅黑	Mt 钅麦	Ds 钅达	Rg 钅仑	Cn 钅哥	Uut	Fl	Uup	Lv	Uus	Uuo
镧系	*	La 镧 1.11	Ce 铈 1.12	Pr 镨 1.13	Nd 钕 1.14	Pm 钷 1.13	Sm 钐 1.17	Eu 铕 1.19	Gd 钆 1.21	Tb 铽 1.13	Dy 镝 1.22	Ho 钬 1.23	Er 铒 1.24	Tm 铥 1.25	Yb 镱 1.26	Lu 镥 1.27		
锕系	**	Ac 锕 1.09	Th 钍 1.32	Pa 镤 1.54	U 铀 1.38	Np 镎 1.36	Pu 钚 1.28	Am 镅 1.13	Cm 锔 1.28	Bk 锫 1.35	Cf 锎 1.29	Es 锿 1.31	Fm 镄 1.34	Md 钔 1.33	No 锘 1.36	Lr 铹 1.34		

图 5-10　元素电负性表

相对强弱。电负性大，原子易得电子；反之，易失电子。通常非金属元素的电负性在 2.0 以上，金属元素的电负性在 2.0 以下。

元素电负性也呈周期性变化。同一周期从左到右，主族元素随核电荷数增加原子半径减小，原子核对电子的吸引力增强，电负性依次增大，元素的非金属性增强，金属性减弱；同一主族，从上到下，虽然核电荷数有所增加，但原子半径增大起主导作用，因而原子吸引电子能力逐渐减弱，电负性依次变小，元素的非金属性减弱，金属性增强。过渡元素的电负性递变不明显，它们都是金属，但金属性都不及ⅠA、ⅡA 两族元素。在周期表中，右上方的氟元素电负性最大，而左下方的铯元素电负性最小。

5.3 价键理论

5.3.1 离子键理论

(1) 离子键的形成

当活泼金属原子同活泼非金属原子在一定反应条件下互相靠近时，活泼金属原子可能失去最外层的价电子形成带正电荷的阳离子，而活泼非金属原子可能得到电子使最外电子层充满形成带负电荷的阴离子。

阳离子和阴离子之间由于静电引力而互相吸引，当它们充分接近时，原子核之间同性电荷的排斥作用也逐渐增强，当吸引力和排斥力达到平衡时，就形成了稳定的化学键。这种阴、阳离子间通过静电作用而形成的化学键，称为离子键。离子键的本质是静电作用。

离子键大多存在于固体中，通过离子键结合的固体叫做离子型晶体，其特点是具有较高的熔沸点，在熔融状态或溶于水后均能导电。离子键也可以存在于气态分子中。

离子键的特征是无方向性和饱和性。离子的电场分布是球形对称的，可从各个不同方向上吸引异号离子，故离子键无方向性。只要周围空间容许，离子可以吸引尽可能多的异号离子，因此离子键无饱和性。当一个 Na^+ 与一个 Cl^- 相互靠近成键时，阴、阳离子的电荷并没有相互抵消，每个离子仍能从不同方向继续吸引异号离子，但受两个原子核的平衡距离限制，每个 Na^+（或 Cl^-）周围空间只允许有 6 个 Cl^-（或 Na^+）相结合。距离较远的异号离子不过是引力较弱，并非是静电力已饱和。

由于离子型化合物中的离子并不是带电荷的刚性球体，正、负离子原子轨道也有部分重叠。离子化合物中离子键的成分取决于元素的电负性差值，差值越大，离子性越强。

(2) 离子的电子构型

离子的电子构型是指原子得到或失去电子形成离子时的外层电子构型。由不同电子构型的离子形成的离子化合物，其性质、化学键都略有不同。

所有简单阴离子的电子构型都是 8 电子构型，并与其相邻稀有气体相同。如 F^-、O^{2-} 与 Ne 的组态相同；S^{2-}、Cl^- 与 Ar 的组态相同；Se^{2-}、Br^- 与 Kr 的组态相同；Te^{2-}、I^- 与 Xe 的组态相同；Po^{2-}、At^- 与 Rn 的组态相同。元素正离子在电离能允许的前提下，依次失去一部分电子，生成 M^{n+}（$n \leqslant 3$），但由于外围（包括最外层）组态的差别，虽然惰气组态的正离子为数较多，但也还有一些其它形式的组态。阳离子电子构型可分为如下几种：

① 2 电子构型（即 He 型）：如 H^-、Li^+、Be^{2+} 均为 $1s^2$。

② 8 电子构型：主族金属原子失去最外层电子后，均能形成 8 电子构型。例如，Na^+、Mg^{2+}、K^+、Ba^{2+}、Ca^{2+}、Sr^{3+}和 Al^{3+} 等均为 ns^2np^6。

③ 18 电子构型：ds 区元素失去最外层电子后，均能形成 18 电子构型，如 Cu^+、Ag^+、Au^+、Zn^{2+}、Cd^{2+}、Hg^{2+}、Ga^{3+}、In^{3+}、Tl^{3+} 等均为 $ns^2np^6nd^{10}$。

④（18+2）电子构型：ⅣA、ⅤA 元素失去全部最外层 p 电子后所形成，如 Sn^{2+}、Sb^{3+}、Bi^{3+}，均为$(n-1)s^2(n-1)p^6(n-1)d^{10}ns^2$。

⑤ 9～17 电子构型：由 d 区和 ds 区元素失去全部最外层 s 电子和部分次外层 d 电子后所形成，如 Ti^{3+}（$3s^23p^63d^1$），V^{3+}（$3s^23p^63d^2$），Cr^{2+}（$3s^23p^63d^4$），Cu^{2+}（$3s^23p^63d^9$）等，均为 $ns^2np^6nd^{1\sim9}$。

(3) 离子半径

离子的半径是假定在离子晶体中相邻离子彼此相接触，其离子间距为阴、阳离子的半径之和所推算出来的。

根据实验数据，归纳出离子半径的规律如下。

① 阳离子半径小于其原子半径，简单阴离子半径大于其原子半径。例如

$$Na > Na^+, F^- > F$$

② 同一周期电子层结构相同的阳离子半径随离子电荷数的增加而减小。例如

$$Na^+ > Mg^{2+} > Al^{3+}$$

③ 主族中同族同电荷的离子，从上到下，随层数增多离子半径增大，例如

$$Li^+ < Na^+ < K^+ < Rb^+ < Cs^+, F^- < Cl^- < Br^- < I^-$$

④ 同一元素的不同电荷的阳离子，电荷数高者半径小。例如

$$Fe^{3+} < Fe^{2+}$$

⑤ 在原子轨道中运动的电子，不仅受到核电荷的吸引作用，还受到其它电子的排斥作用。电子之间的排斥作用将减弱原子核对电子的吸引作用。将吸引电子的净正电荷称为有效电荷。过渡金属及内过渡金属相同电荷离子均是随 Z^*（有效核电荷）的增大而减小。例如

$$Ti^{3+} > V^{3+} > Cr^{3+} > Mn^{3+} > Fe^{3+}$$

镧系金属离子（Ln^{3+}）及锕系金属离子（An^{3+}）在同系中均是随 Z^* 增加而半径依次收缩。

⑥ 周期表中，相邻族的左上方和右下方斜对角的阳离子半径比较接近。这是由于层数增加使半径增大而电荷升高使半径减小的影响部分抵消的结果。例如

$$Li^+(60pm) \approx Mg^{2+}(65pm)$$

5.3.2 共价键本质

原子间通过共用电子对而形成的化学键，称为共价键。例如

$$H\cdot + \cdot H \longrightarrow H\cdot\cdot H$$

共价键本质是原子轨道重叠。共价键形成的本质是 1927 年由英国物理学家海特勒（W. Heitler）和德国物理学家伦敦（F. London）用量子力学处理 H_2 分子的形成而阐明的，如图 5-11 所示。

E 为一个氢原子的能量，当两个氢原子相互靠近时，如果电子自旋相反，则两个 1s 轨道发生重叠，使两个原子核间电子云密度增大。这既增强了两核对电子云的吸引，又削弱了原子核之间的相互排斥，因而能形成稳定的 H_2 分子，直至两原子核之间达到平衡距离

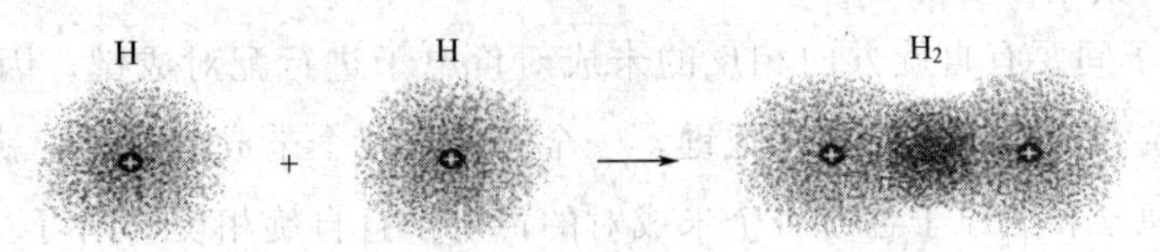

图 5-11　H_2 分子中共价键形成示意图

(74pm) 时，系统的能量降到最低点，形成稳定的 H_2 分子，此状态称为 H_2 分子的基态；若两个电子自旋相同，核间排斥增大，系统能量升高，则处于不稳定状态，不能形成 H_2 分子。

总之，价键理论继承了路易斯共享电子对的概念，又在量子力学理论的基础上，指出共价键的本质是由于原子轨道的重叠，原子核间概率密度增大，吸引原子核而成键。

5.3.3　价键理论的基本要点与共价键的特点

1927 年，海特勒（W. Heitler）和伦敦（F. London）用量子力学处理氢分子薛定谔方程，解决了两个氢原子之间化学键的本质问题，使共价键理论从典型的路易斯理论发展到现代共价键理论。现代共价键理论是以量子力学为基础，描述原子形成分子的过程中核外电子的运动状态的变化，需要求解薛定谔方程。但分子体系的薛定谔方程很复杂，严格求解非常困难，于是采取某些近似假设加以简化计算。不同的近似处理方法代表了不同的物理模型，分别发展为不同的共价键理论。现代共价键理论主要有价键理论、杂化轨道理论、价层电子对互斥理论和分子轨道理论等。这里主要介绍价键理论和杂化轨道理论。

(1) 价键理论（valence-bond theory）**的基本要点**

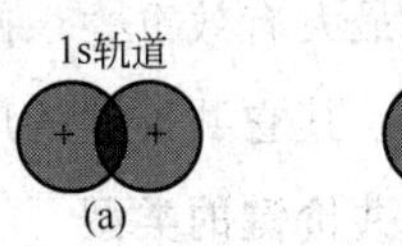

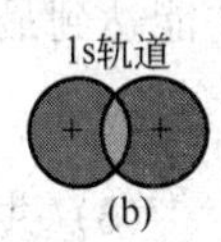

图 5-12　氢分子的两种状态

用量子力学处理氢分子结构结果表明，当两个氢原子相互靠近时，若两个原子的核外电子自旋相反，此时两个 1s 轨道的电子云互相重叠，在两原子核之间形成一个电子出现概率密度较大的区域，两核间产生了吸引力，系统能量降低，从而形成了稳定的共价键，使氢原子结合成氢分子，即形成了氢分子的“基态”[图 5-12（a）]。当两个原子的核外电子自旋相同，此时两核之间电子云密度较单个原子而言更为稀疏，电子互相排斥。两个氢原子之间不能成键，即形成氢分子的“排斥态”[图 5-12（b）]。

从能量的角度来看，将孤立的氢原子的能量视为零，氢分子的能量（E）随核间距离（d）的变化关系如图 5-13 所示。如果两个氢原子的核外电子自旋相反，当它们相互靠近时，两原子相互吸引，随着核间距离变小，体系的能量下降。当两个氢原子的核间距离约为 74pm 时（实验值），体系能量最低，这个最低能量（$436\text{kJ}\cdot\text{mol}^{-1}$）就是 H—H 键的键能。此时两个氢原子之间形成了稳定的共价键，结合成为氢分子，即为氢分子的基态。当两个氢原子进一步靠近，两核之间的斥力增大，从而使体系的能量迅速升高。而当核外电子自旋方向相同的两个氢原子相互靠近时，将会产生排斥作用，使体系的能量高于两个单独存在的氢原子能量之和，并且两个氢原子越靠近，体系的能量越高，不能形成稳定的氢分子，为排斥态。

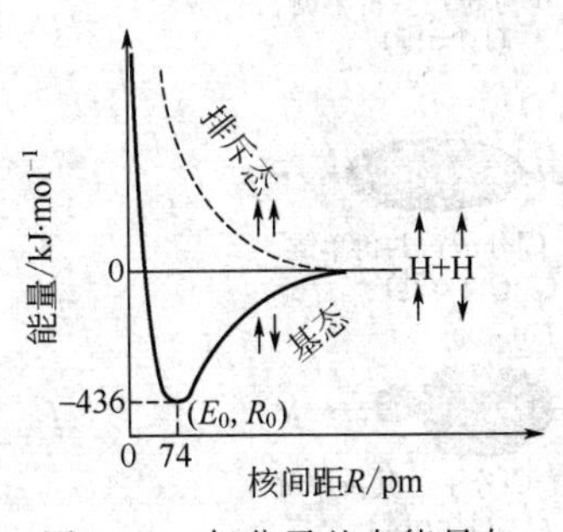

图 5-13　氢分子基态能量与核间距离的关系曲线

价键理论就是把上述量子力学对氢分子的处理结果推广

到其它分子体系，其基本要点有：

① 在成键原子间要有自旋方向相反的未成对价电子进行配对成键。因此每个未成对电子只能与一个自旋相反的未成对电子成键，一个原子有几个未成对电子，就可以形成几个共价键。例如，氢原子和氯原子各有一个未成对的价电子且自旋相反，则可以配对形成共价单键：H—Cl。有两个或两个以上的自旋方向相反的单电子，可能形成两个或两个以上的共价键。

② 形成共价键的原子轨道要进行最大重叠，成键原子间电子出现的概率密度越大，形成的共价键越稳定。

(2) 共价键的特点

① 共价键有饱和性：在形成共价键时，一个电子和另一个电子配对以后，就不能再和其它原子的电子配对了。因此，一个原子有几个未成对电子，便可与其它原子的几个自旋相反的未成对电子配对成键，这就是共价键的饱和性。例如，He、Ne 和 Ar 等稀有气体原子没有未成对电子，其单质只能为单原子分子；而 N 原子有 3 个未成对电子，可与另一个氮原子自旋方向相反的三个未成对电子配对形成共价三键，得到 N_2 分子，第三个氮原子无法再与之结合。

② 共价键有方向性：原子轨道中，除 s 轨道是球形对称没有方向性外，其它轨道均有一定的伸展方向。在形成共价键时，原子轨道只有沿电子云密度最大的方向进行同号重叠，才能达到最大有效重叠，使系统能量处于最低状态，这称为共价键的方向性。因此除 H_2 分子形成外，其它共价键的形成均有方向限制。

(3) 共价键的类型

① σ 键和 π 键　由于原子轨道的形状不同，它们可以以不同方式重叠。根据重叠方式的不同，共价键主要分为 σ 键和 π 键。

原子轨道沿核间连线进行同号重叠所形成的共价键叫做 σ 键。σ 键的特点是重叠部分集中于两核之间，通过并对称于键轴，即沿键轴旋转时其重叠程度及符号不变。形成 σ 键的电子称为 σ 电子。可形成 σ 键的轨道有 s-s，s-p_x，p_x-p_x 等，见图 5-14。

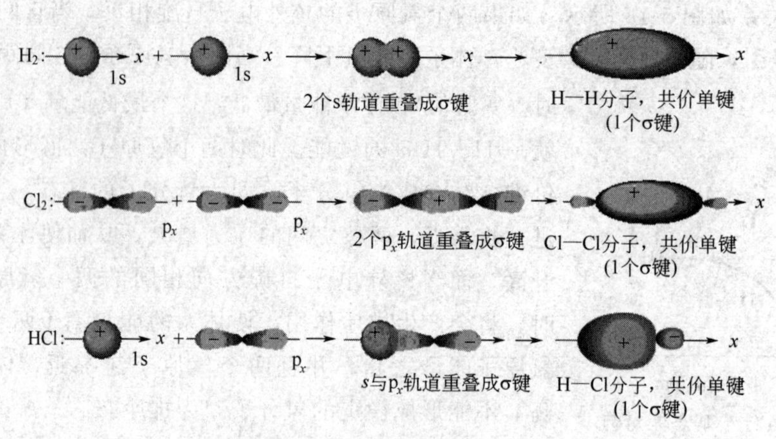

图 5-14　各种 σ 键形成示意图

例如，H—H 键、H—Cl 键、Cl—Cl 键、均为 σ 键。

原子轨道垂直于两核连线，并相互平行而进行同号重叠所形成的共价键叫 π 键。π 键重叠部分在键轴的两侧并对称于与键轴垂直的平面，见图 5-15。

例如 N 原子的价电子构型为 $2s^2 2p^3$，3 个未成对的 2p 电子分布在三个互相垂直的 $2p_x$、$2p_y$、$2p_z$ 原子轨道上。当两个 N 原子沿 x 方向接近形成 N_2 分子时，两个 $2p_x$ 形成 σ 键，而垂直于 p_x 的 2 个 N 原子 p_y-p_y、p_z-p_z 轨道，只能在核间连线两侧形成两个互相垂直的 π 键，如图 5-16 所示。

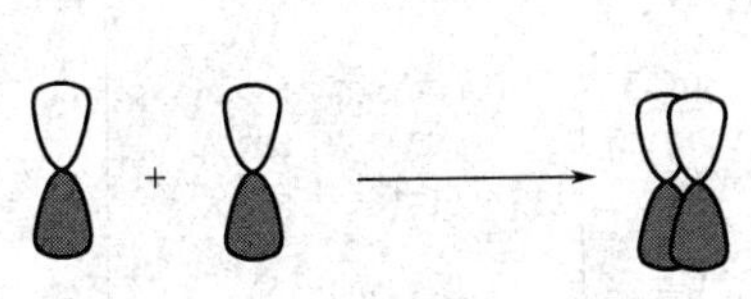

图 5-15 π 键形成示意图

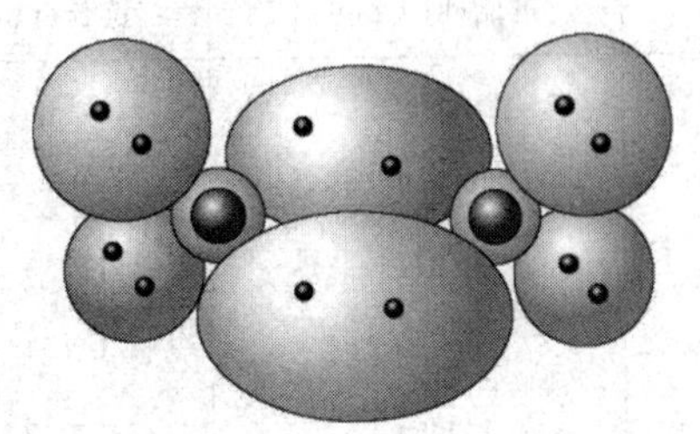

图 5-16 N_2 中分子共价键形成示意图

如果原子之间只有 1 对电子，形成的共价键是单键，通常总是 σ 键；如果原子间的共价键是双键，由一个 σ 键一个 π 键组成；如果是三键，则由一个 σ 键和两个 π 键组成。

② 配位键　共价键中共用的两个电子由两个原子分别提供，但也可以由一个原子单独提供。凡共用的一对电子由一个原子单独提供的共价键叫做配位共价键，简称配位键。在配位键中，提供电子对的原子称为电子给予体；接受电子对的原子称为电子接受体。配位键用符号“→”表示，箭头指向电子接受体。如 CO 分子中，碳原子的两个未成对的 2p 电子可与 O 原子的两个未成对的 2p 电子形成两个共价键。此外，O 原子的一对已成对的 2p 电子还可与 C 原子的一个 2p 空轨道形成一个配位键，其结构式可写为：C≜O。

配位键的形成必须具备如下条件：电子给予体的价电子层有孤对电子；电子接受体的价电子层有空轨道。

配位键是共价键的一种，也具有方向性和饱和性的特征。但应该注意，正常共价键和配位键的区别，仅在于键的形成过程中，在键形成以后，两者就没有区别了。很多无机化合物的分子或离子都有配位键，如 NH_4^+、HBF_4、$[Cu(NH)_4]^{2+}$、SO_4^{2-} 等。有一些重要的天然物质如血红素、叶绿素的分子里都有配位键。一些有机合成的催化反应的研究也应用了配位键理论。

(4) 共价键参数

共价键的性质可以用一些物理量来描述，如键能、键长、键角、键的极性等，这些物理量统称为键参数。

① 键能　若要断开某化学键，则必须由外界提供能量以克服键的结合力。断开化学键所需能量可衡量该化学键的强弱。键能的定义为：在标准状态下，将 1mol 理想气态分子 AB 断裂成气态 A 原子和 B 原子，所需的能量称为这种键的解离能，用符号 E 表示，单位为 $kJ \cdot mol^{-1}$。键能的数值通常用一定温度下该反应的标准摩尔反应焓变表示，如不指明温

度，应为 298.15K。例如

$$HCl(g) \longrightarrow H(g) + Cl(g) \quad \Delta_r H_m^{\ominus} = 431kJ \cdot mol^{-1}$$

则在 298.15K、100kPa 下，H—Cl 键的键能为 $\Delta_r H_m^{\ominus} = 431kJ \cdot mol^{-1}$。

一般来说，键能可以用来衡量化学键的牢固程度。键能越大，化学键越牢固。双键的键能比单键的键能大得多，但不等于单键键能的两倍。同样，三键键能也不是单键键能的三倍。表 5-4 中列出了一些共价键的键能值。

表 5-4 某些键能和键长的数据（298.15K）

共价键	键能/kJ·mol^{-1}	键长/pm	共价键	键能/kJ·mol^{-1}	键长/pm
H—H	436.00	74.1	F—F	156.9±9.6	141.2
H—F	568.6±1.3	91.7	Cl—Cl	242.95	198.8
H—Cl	431.4	127.5	Br—Br	193.78	228.1
H—Br	366±2	141.4	I—I	152.55	266.6
H—I	299±1	160.9	C—C	346	154
O—H	462.8	96	C═C	610.00	134
S—H	347	134	C≡C	835.1	120
N—H	391	101.2	O═O	497.31±0.17	120.7
C—H	413	109	S═S	24.6±6	188.9
Si—H	318	148	N≡N	948.9±6.3	109.8
Na—H	201±21	188.7	C≡N	889.5	116

② 键长　分子内成键两原子核间的平衡距离称为键长，用符号 L_b 表示，单位为 nm 或 pm。键长数据可以用分子光谱或 X 射线衍射方法测得。从大量实验数据发现，同一种键在不同分子中的键长数值相近，这说明一个键的性质主要取决于成键原子的本性。通过实验测定各种共价化合物中同类型共价键键长，求出它们的平均值，即为共价键键长数据。一些共价键的键长也列在表 5-4 中。键长数据越大，表明两原子间的平衡距离越远，原子间相互结合的能力越弱。两个确定的原子之间，如果形成不同的化学键（单键或双键），其键长越短，键能越大，键越牢固。两个相同原子所组成的共价单键键长的一半长度，即为该原子的共价半径，即 A—B 键的键长约等于 A 和 B 的共价半径之和。

③ 键角　综合考虑共价键的键能和键长，可以判断一个共价键的强弱。要描述一个共价型分子的空间构型，除了要了解原子间的距离外，还需要了解相邻的共价键之间的夹角，以便确定原子在空间的相对位置。分子中相邻的两个共价键之间的夹角，称为键角，通常用符号 θ 表示，单位为“°”、“′”。其数据可以用分子光谱和 X 射线衍射法测得。

键角和键长是反映分子空间构型的重要参数。如果知道了某分子内部全部化学键的键长和键角的数据，那么分子的几何构型便可以确定了。如水分子中，已知 L_b(H—O)＝95.8pm，键角 $\theta = 104°45'$，则可知水分子为 V 形（或角形）。又如，CO_2 分子的键角为 180°，由此可知 CO_2 分子一定是直线型的。

④ 共价键的极性　当两个电负性不同的原子之间形成化学键时，由于它们吸引电子的

能力不同，使共用电子对部分地或完全偏向于其中一个原子。两个原子的正电荷中心和负电荷中心不重合，键有了极性，称为极性共价键，如 HCl。同种元素的原子因电负性相同，则正、负电荷中心重合，两原子间电荷分布是均匀的，形成非极性共价键，如 F_2、Cl_2 等。两个成键原子之间的电负性差值越大，共价键的极性越大，因而可用成键原子电负性差值大小来衡量共价键的极性大小。

5.3.4 杂化轨道理论

价键理论成功地阐明了共价键的本质及特性，但是在解释分子的空间构型时遇到了困难。例如，实验结果表明：甲烷分子是由四个完全等同的 C—H 共价键结合而成的正四面体分子，键角为 109°28′。根据价键理论，甲烷分子的 C 原子的电子排布为 $1s^2 2s^2 2p_x^1 2p_y^1$，只有两个单电子，只能形成两个共价键，键角应该为 90° 左右，这与事实不符。为了解决这些矛盾，解释多原子分子的几何构型，即分子中各原子在空间的分布情况，1931 年鲍林提出了杂化轨道理论，在推动价键理论的发展方面取得了突破性的成就。

(1) 杂化轨道理论的基本要点

杂化轨道理论认为，原子间相互作用形成分子时，为了增强成键能力使分子稳定性增加，同一个原子中能量相近的不同类型的原子轨道重新组合成轨道数目不变，能量、形状和方向与原来不同的新的原子轨道，这些新的原子轨道称为杂化轨道。杂化轨道的形成过程称为杂化。不同类型的杂化轨道有不同的空间取向，从而决定了共价型多原子分子或离子有不同的空间构型。

杂化轨道具有如下特性：

① 杂化轨道是由原子轨道组合而成的，为了能有效组合，要求参与杂化的同一原子中的原子轨道能量必须相近，一般是同能级组上的轨道才能杂化。

② 杂化轨道成键能力大于未杂化轨道，因为杂化轨道的形状变成“一头大一头小”了。杂化轨道用大的一头与其它原子的轨道重叠，重叠部分比未杂化轨道大得多，从而使得成键能力增强了。

③ 杂化前后轨道数目不变。

④ 杂化后轨道伸展方向和形状发生改变。

(2) 常见杂化轨道与分子构型

参与杂化的原子轨道可以是 s 轨道和 p 轨道，也可以有 d 和 f 轨道参与。根据参加杂化的原子轨道类型及数目不同，可以组成不同类型的杂化轨道。这里只介绍 s 和 p 轨道组合所形成的杂化轨道。

① sp^3 杂化　由同一原子的 1 个 ns 轨道和 3 个 np 轨道发生的杂化称为 sp^3 杂化。每个杂化轨道含 1/4s 轨道成分和 3/4p 轨道成分。例如，在 CH_4 分子形成过程中，基态 C 原子价电子层的 1 个 2s 电子被激发到 2p 能级的空轨道中，随之与三个 2p 轨道发生杂化，形成 4 个等价的 sp^3 杂化轨道，每个 sp^3 杂化轨道各含有 1 个未成对电子。

如图 5-17 所示，sp^3 杂化轨道的形状为一头大、一头小，大头分别指向正四面体的四个顶点，轨道夹角为 109°28′。每个杂化轨道较大的一端各与 1 个 H 原子的 1s 轨道发生“头碰头”重叠，形成了正四面体构型的 CH_4 分子，如图 5-18 所示。

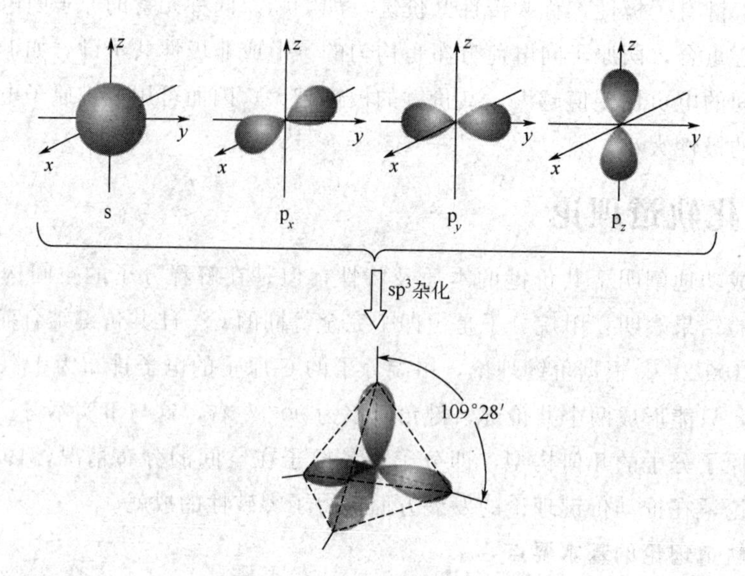

图 5-17　sp^3 杂化轨道形成示意图

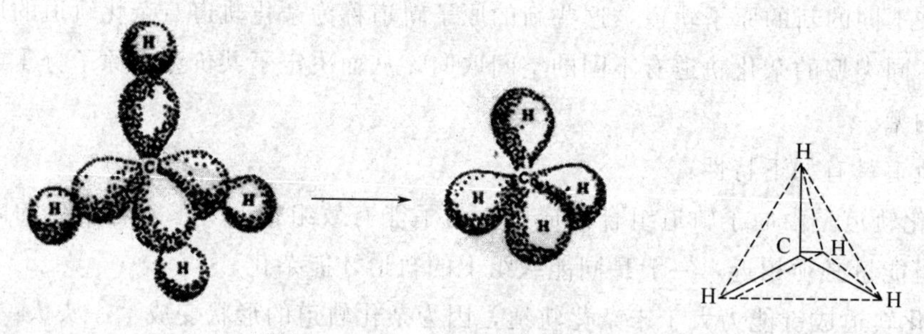

图 5-18　甲烷分子的形成示意图

同样 CCl_4 分子的中心原子采取了 sp^3 杂化方式与配位原子成键。

② sp^2 杂化　由同一原子的 1 个 ns 轨道和 2 个 np 轨道发生的杂化称为 sp^2 杂化。每个杂化轨道含 1/3s 轨道成分和 2/3p 轨道成分。sp^2 杂化轨道的形状也表现出一头大、一头小，形状与 sp^3 杂化轨道大致相似。sp^2 杂化轨道间夹角为 120°，空间构型为平面三角形。例如，BF_3 分子中，中心原子 B 的杂化。

B 原子的 3 个 sp^2 杂化轨道各与 1 个 F 原子的 $2p_x$ 轨道进行“头碰头”同号重叠，形成平面三角形的 BF_3 分子，见图 5-19。

再如，BCl_3 和 CO_3^{2-} 的中心原子均采取了 sp^2 杂化方式与配位原子成键。

③ sp 杂化　由同一原子的 1 个 ns 轨道和 1 个 np 轨道发生的杂化称为 sp 杂化。每个杂化轨道含 1/2s 轨道成分和 1/2p 轨道成分。两个杂化轨道在空间伸展方向呈直线，夹角为 180°。例如，$BeCl_2$ 分子中，中心原子 Be 的杂化。

sp 杂化伸展方向和 $BeCl_2$ 分子空间构型见图 5-20。

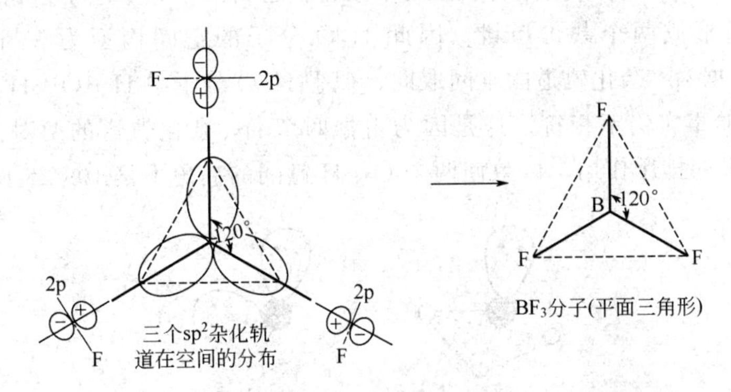

图 5-19　BF_3 分子中化学键形成示意图

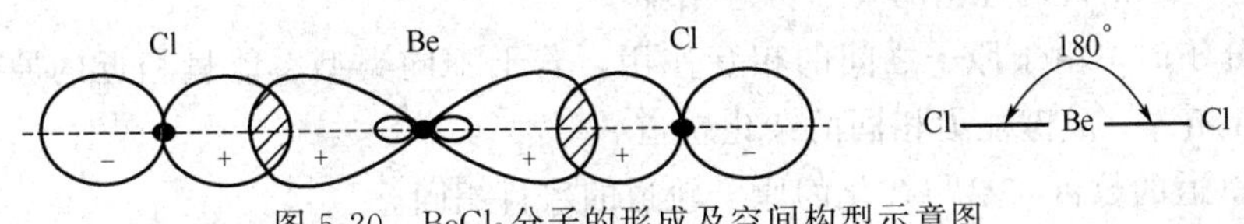

图 5-20　$BeCl_2$ 分子的形成及空间构型示意图

应用 sp 杂化轨道理论说明 CO_2 和乙炔分子的空间构型。根据实验测定，CO_2 分子中的 3 个原子成一直线，C 原子居中。为了说明 CO_2 分子的这一构型，一般认为 C 原子的外层电子 $2s^2 2p^2$ 在成键时经激发，并发生 sp 杂化，形成 2 个 sp 杂化轨道。另两个未参与杂化的 2p 轨道仍保持原状，并与 sp 杂化轨道相互垂直。碳原子的 2 个 2p 轨道上的电子分别与两个氧原子剩下的未成对 2p 电子形成 π 键。

乙炔分子（C_2H_2）中，每个 C 原子用 2 个 sp 杂化轨道分别与 1 个 H 原子及相邻的 C 原子成键，而未杂化的 2 个 2p 轨道相互形成 π 键，所以 C_2H_2 分子中的 C≡C 键是由一个 σ 键和两个 π 键所组成。

④ 不等性杂化　上述各杂化方式形成的杂化轨道，其形状、能量完全相同，称为等性杂化轨道。但是由于孤对电子的存在而造成的各个杂化轨道不等同的杂化，叫做不等性杂化。

在 NH_3 分子形成过程中，N 原子的一个 2s 轨道和三个 2p 轨道也采取 sp^3 杂化。由于 N 原子的一对孤对电子占据了一个 sp^3 杂化轨道，剩下的三个杂化轨道为单电子占据，故只能与三个 H 原子的 1s 轨道形成三个共价单键。因此 NH_3 分子的空间构型为三角锥形（图 5-21(a)]。由于孤对电子所占的体积较大，对 N—H 键有一定的排斥作用，因此 N—H 键之间的夹角为 107°18′。

根据价键理论，在 H_2O 分子中，O 原子的电子结构式为 $1s^2 2s^2 2p^4$，氧原子中 2s 电子和两个 2p 电子已成对（已成对的 2p 电子称为孤对电子）不参加成键，另外两个 2p 单电子与两个 H 原子的 1s 电子配对可形成两个共价键，其键角似乎应为 90°。但实际测定 H_2O 分子的键角为 104.5°，价键理论无法解释这一事实。杂化轨道理论认为，在形成 H_2O 分子时，O 原子的一个 2s 轨道和三个 2p 轨道也采取 sp^3 杂化。在四个 sp^3 杂化轨道中，有两个杂化轨道被两对孤对电子所占据，剩下的两个杂化轨道为两个成单电子占据，故只能与两个H原子的1s轨道形成两个共价单键。因此H_2O分子的空间构型为V形结构［图5-21(b)］。但是，根据sp^3杂化轨道的空间取向，似乎H_2O分子中H—O—H键角的夹角应为109°28′，这与实验事实仍不相符。这是因为占据两个sp^3杂化轨道的两对孤对电子所占据的杂化轨道有较大的排斥作用，以致使两个O—H键间的夹角不是109°28′而是104.5°。

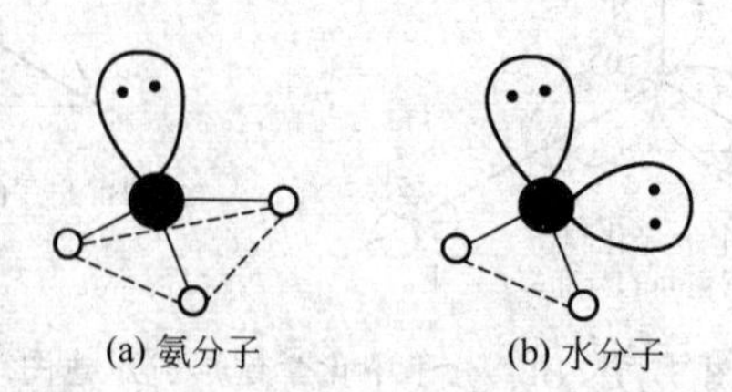

图5-21　氨分子和水分子空间构型示意图

综上所述，杂化轨道理论的要点可总结如下：

a. 形成分子时，由于原子之间的相互作用，若干不同类型、能量相近的原子轨道组合起来形成能量相等、成键能力相同的杂化轨道。

b. 杂化轨道的数目与参与杂化的原子轨道的数目相同。

c. 杂化轨道可分为等性杂化和不等性杂化两种，这对分子的构型有影响。

d. 杂化轨道成键时要满足原子轨道最大重叠原理，即原子轨道重叠越多，形成的共价键越稳定。一般杂化轨道的成键能力比各原子轨道的成键能力强。

e. 杂化轨道成键时，要满足化学键间最小排斥原理。键与键之间排斥力的大小决定于键的方向，即决定于杂化轨道的夹角。一般各轨道之间总是尽可能的远离。

表5-5总结了杂化轨道的类型以及相应分子的空间构型之间的关系。

表5-5　杂化轨道的类型以及相应分子的空间构型之间的关系

杂化轨道类型	sp	sp^2	sp^3	sp^3(不等性)	
参与杂化的原子轨道数	2	3	4	1个ns，3个np	
杂化轨道的数目	2	3	4	4	
杂化轨道间的夹角	180°	120°	109°28′	90°<θ<109°28′	
空间构型	直线	平面三角形	四面体	三角锥	V
实例	$BeCl_2$ CO_2 $HgCl_2$	BF_3 BCl_3 NO_3^{2-}	CH_4 CCl_4 $CHCl_3$	NH_3 PH_3	H_2O H_2S

5.4　分子的极性

任何共价键分子中，都存在带正电荷的原子核和带负电荷的电子。尽管整个分子是电中性的，但可设想分子中两种电荷分别集中于一点，分别称为正电荷重心和负电荷重心，即："＋"极和"－"极。如果正、负电荷重心重合，则分子无极性。否则，称为极性分子。

双原子分子的极性和化学键的极性是一致的。例如，H_2、O_2、N_2和Cl_2分子由非极性共价键结合，它们都是非极性分子；HF、HCl、HBr和HI等分子由极性共价键结合，正、负电荷重心不重合，它们都是极性分子。

多原子分子的极性由分子组成和结构决定。若分子构型是对称的，则为非极性分子；反之，则为极性分子。例如 CO_2 分子中的 C—O 键虽为极性键，但由于 CO_2 分子是直线型，结构对称。两边键的极性相互抵消，整个分子的正、负电荷重心重合，因此 CO_2 分子是非极性分子；而 H_2O 分子是 V 形的，构型不对称，分子正、负电荷重心不重合，故为极性分子。

分子极性的大小可用偶极矩来衡量。即

$$\mu = ql$$

式中　μ——偶极矩，C·m；

q——分子正电荷重心的电量，C；

l——正、负电荷重心的距离，m。

偶极矩是矢量，规定方向由正电荷中心指向负电荷中心。

偶极矩 $\mu=0$ 的分子叫做非极性分子，如同核双原子分子的实测偶极矩都等于零，是非极性分子。

偶极矩 $\mu \neq 0$ 的分子叫做极性分子。如异核双原子分子 HF、HCl、HBr、HI 等都是极性分子，其极性依次减小。

5.4.1　分子间的吸引作用

分子间力是一类弱作用力。化学键的键能数量级达 10^2 kJ·mol^{-1}，甚至 10^3 kJ·mol^{-1}，而分子间力的能量只达 $10^{-2} \sim 10^{-1}$ kJ·mol^{-1} 的数量级，比化学键弱得多。相对于化学键，大多数分子间力又是短程作用力，只有当分子或基团距离很近时才显现出来。

(1) 范德华力

范德华力最早是由荷兰科学家范德华（J. D. van der Waals）研究实际气体对理想气体状态方程的偏差提出来的。范德华力普遍地存在于固、液、气态任何微粒之间。若微粒相距稍远，可忽略。范德华力没有方向性和饱和性，不受微粒之间的方向与个数的限制。分为色散力、诱导力和取向力。

① 取向力　极性分子本身存在的正、负两极称为固有偶极。当两个极性分子充分靠近时，固有偶极就会发生同极相斥、异极相吸的取向（或有序）排列。这种极性分子与极性分子之间的固有偶极之间的静电引力称为取向力，又叫定向力。

取向力主要在极性分子与极性分子之间存在。取向力的本质是静电引力，其大小决定于极性分子的偶极矩。分子的极性越强，偶极矩越大，取向力越大。如 HCl、HBr、HI 的偶极矩依次减小，因而其取向力依次减小。此外，取向力还受温度的影响，温度越高，取向力越弱。

对大多数极性分子，取向力仅占其范德华力构成中的很小份额，只有少数强极性分子例外。

② 诱导力　极性分子的固有偶极相当于一个微小的电场，当非极性分子与其充分靠近时，就会被极性分子所极化（在电场作用下，分子正、负电荷重心发生偏离而产生或增大偶极的现象），进而产生诱导偶极。这种诱导偶极与极性分子的固有偶极之间的静电引力称为诱导力。

诱导力主要存在于极性分子与非极性分子之间、极性分子与极性分子之间。

诱导力的本质是静电引力，其大小决定于极性分子的固有偶极矩大小和诱导偶极矩。极化率越大，分子越容易变形，在同一固有偶极作用下产生的诱导偶极矩就越大。极化率相同的分子在固有偶极矩较大的分子作用下产生的诱导力也较大。分子间的距离越大，诱导力越弱，且诱导力随距离增大而迅速减小。诱导力与温度无关。

③ 色散力　非极性分子的偶极矩为零，似乎不存在相互作用。事实上，分子内的原子核和电子在一刻不停的运动。在某一瞬间，正、负电荷重心发生相对位移，使分子产生瞬时偶极。当两个或多个非极性分子在一定条件下充分靠近时，就会由于瞬时偶极而发生异极相吸的作用。这种由瞬时偶极而产生的相互作用力，称为色散力。

瞬时偶极很短暂，稍现即逝。但由于原子核和电子时刻在运动，瞬时偶极不断出现，异极相邻的状态也时刻出现，所以分子间始终存在色散力。

任何分子都会产生瞬时偶极，因此色散力不仅是非极性分子之间的作用力，也存在于极性分子与极性分子之间、极性分子与非极性分子的相互作用之中。

色散力的本质是静电引力，其大小与分子的变形性有关。通常组成、结构相似的分子，相对分子质量越大，分子越易变形，其色散力就越大。例如，稀有气体从 He 到 Xe，卤素单质从 F_2 到 I_2，卤化硼从 BF_3 到 BI_3，卤素氢化物从 HF 到 HI 等，随着相对分子质量的增大，色散力递增。色散力没有方向性，分子的瞬时偶极距的矢量方向在时刻变动着。

三种分子间力中，色散力是所有分子都有的最普遍存在的范德华力，一般是范德华力的主要构成部分，取向力次之，诱导力最小。表 5-6 为不同分子的分子间作用力大小。

表 5-6　分子间作用力的分配

分子	取向力/kJ·mol^{-1}	诱导力/kJ·mol^{-1}	色散力/kJ·mol^{-1}	总分子间力/kJ·mol^{-1}
HCl	3.305	1.004	16.820	21.155
NH_3	13.305	1.548	14.937	29.826
H_2O	36.259	1.925	8.996	47.280

(2) 分子间力对物质性质的影响

分子间力一般不会影响物质的化学性质，但会影响物质的熔点和沸点。共价化合物的熔化与汽化，需要克服分子间力。分子间力越强，物质的熔、沸点越高。在元素周期表中，由同族元素生成的单质或同类化合物，其熔、沸点往往随着相对分子质量增大而升高。

例如，按 He、Ne、Ar、Kr 和 Xe 的顺序，相对分子质量增加，分子体积增大，变形性增大，色散力随之增大，故熔、沸点升高。卤素单质都是非极性分子，常温下 F_2 和 Cl_2 是气体，Br_2 是液体，而 I_2 是固体，也反映了从 F_2 到 I_2 色散力依次增大的事实。卤化氢分子是极性分子，按 HCl→HBr→HI 顺序，分子的偶极矩递减，变形性递增，分子间的取向力和诱导力依次减小，色散力明显增大，致使这几种物质的熔、沸点依次升高，这也说明在分子间色散力起主要作用（见表 5-7）。

表 5-7 卤化氢物质沸点和熔点

卤化氢	HF	HCl	HBr	HI
沸点/℃	−83	−115	−87	−51
熔点/℃	20	−85	−67	−35

分子间力对物质溶解性也有影响，结构相似的物质易于相互溶解。极性分子易溶于极性溶剂之中，非极性分子易溶于非极性溶剂之中，这个规律称为“相似相溶”规律。例如，极性相似的 NH_3 和 H_2O 有较强的互溶能力；非极性的碘单质（I_2）易溶于非极性的苯或四氯化碳（CCl_4 中）溶剂中，而难溶于水。

依据“相似相溶”规律，在工业生产中和实验室中可以选择合适的溶剂进行物质的溶解或混合物的萃取分离。例如在石油开采过程中，利用表面活性剂增溶作用“驱油”，将黏附在岩层沙石上的油洗下，提高石油采收率。使用水溶性的石油磺酸盐驱油，可以与少量增溶的表面活性剂，如二烷基苯聚氧乙烯烷基磺酸盐混合，可提高驱油效率。因该表面活性剂上的二烷基可以是直链，也可以是支链，每个烷基具有 6～14 个碳原子，则二烷基结构具有足够的亲油性，而烷基磺酸盐结构与石油磺酸盐、盐水相溶性好，从而降低了油水界面张力，驱油效果提高。

5.4.2 氢键

氢键以 X—H⋯Y 表示，并将 X—Y 间的距离定为氢键的键长。其中 X—H 中 σ 键的电子云趋向高电负性的 X 原子，导致屏蔽小的带正电性的氢原子核，它强烈地被另一个高电负性的 Y 原子所吸引。X、Y 通常是 F、O 和 N 等原子，以及按双键或三重键成键的碳原子。

$$>C—H\cdots O \quad 和 \quad >C—H\cdots N$$

$$\equiv C—H\cdots O \quad 和 \quad \equiv C—H\cdots N$$

氢键作用力大小介于共价键和范德华力之间，它的形成不像共价键那样需要严格的条件，它的结构参数如键长、键角和方向性等都可以在相当大的范围内变化，具有一定的适应性和灵活性。氢键的键能虽然不大，但对物质的物理性质的影响却很大，其原因有以下。

① 由于物质内部趋向于尽可能多的生成氢键以降低体系的能量，即在具备形成氢键条件的固体、液体甚至气体中都尽可能多生成氢键（可称为形成最多氢键原理）。

② 因为氢键键能小，它的形成和破坏所需要的活化能也小，加上形成氢键的空间条件比较灵活，在物质内部分子间和分子内不断运动变化的条件下，氢键仍能不断断裂和形成，在物质内部保持一定数量的氢键结合。

氢键的形成对物质的各种物理性质会发生深刻的影响，在人类和动植物的生理生化过程中也起十分重要的作用。

(1) 氢键的结构

氢键的几何形态可用图 5-22 中的 R、r_1、r_2、θ 等参数表示。许多实验研究工作对氢键的几何形态已归纳出下列普遍存在的情况：

① 大多数氢键 X—H⋯Y 是不对称的，即 H 原子距离 X 较近，距离 Y 较远。

② 氢键 X—H⋯Y 可以为直线型，$\theta=180°$；也可为弯曲型，即 $\theta<180°$。虽然直线型在

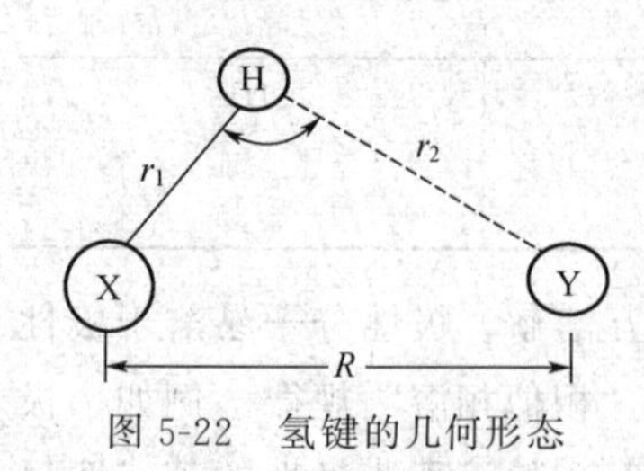

图 5-22 氢键的几何形态

能量上有利，但很少出现，因为它受晶体中原子的排列和堆积所限制。

③ X和Y之间的距离作为氢键的键长。如同所有其它的化学键一样，键长越短，氢键越强。当X…Y间距离缩短时，X—H的距离增长。

④ 氢键键长的实验测定值比X—H共价键键长加上H原子和Y原子的范德华半径之和短。例如，通常O—H…O氢键键长为276pm，它比O—H的共价键键长（109pm）及H…O之间范德华力接触距离（120pm+140pm）的总和369pm短。

（2）氢键对化合物性质的影响

下面从三方面分析氢键的形成与物质性能的关系。

① 物质的溶解性能　水是应用最广的极性溶剂。汽油、煤油等是典型的非极性溶剂，俗称为油。溶质分子在水中和油中的溶解性质，可用“相似相溶”原理表达。水是极性较强的分子，水分子之间有较强的氢键生成，水分子既可为生成氢键提供H，又能有孤对电子接受H。氢键是水分子间的主要结合力。油分子不具极性，分子间依靠较弱的范德华力结合。所以对溶质分子，凡能为生成氢键提供H与接受H者，均和水相似，例如，ROH、RCOOH、Cl_3CH、$R_2C=O$和$RCONH_2$等，均可通过氢键和水结合，在水中溶解度较大。而不具极性的碳氢化合物，不能和其它物质生成氢键，在水中溶解度很小。在同一类型的溶质分子中，如ROH，随着R基团加大，在水中溶解度越来越小。

从热力学来看，$\Delta G=\Delta H-T\Delta S$，自发进行的过程焓减少。溶质分子和溶剂分子混合，熵总是增加的，即溶解过程ΔS为正值；只要ΔH项不是很大的正值，不超过$T\Delta S$项，就会溶解。若溶质和溶剂相似，溶质和溶剂分子间相互作用能和原来溶质、溶剂单独存在时变化不大，ΔH不大，故易互溶。如果溶质和溶剂差异很大，例如水和苯，当苯分子进入水内，会破坏原来水内部较强的氢键，同时也破坏原来苯分子间较强的色散力，而代之以水和苯分子间的诱导力。这种诱导力在分子间作用力中占的比重较小，故ΔH变成较大的正值，超过$T\Delta S$项，ΔG成为正值，使溶解不能进行，所以水和苯不易互溶。丙酮、二氧六环、四氢呋喃等，既能接受H与水分子生成氢键，又有很大部分和非极性的有机溶剂相似，所以它们能与水和油等多种溶剂混溶。随着温度升高，$T\Delta S$项也相应增大，因此温度升高后溶解度一般也增大。

② 物质的熔、沸点　由于气态物质分子间作用力可忽略不计，汽化过程将使分子间作用力消失。所以分子间作用力愈大的液态和固态物质，其汽化焓愈大，沸点愈高，愈不易汽化。熔化过程也需要克服部分分子间作用力，但因影响熔点和熔化焓的因素较多，其规律性不如沸点和汽化焓明显。

结构相似的同系物质，若系非极性分子，色散力是分子间的主要作用力；随着相对分子质量增大，极化率增大，色散力加大，熔、沸点升高，但若分子间存在氢键，结合力较色散力强，会使熔、沸点显著升高。图5-23列出各种氢化物的沸点，由图可见，HF、H_2O、NH_3等由于分子间有较强氢键生成，沸点就特别高。主族元素氢化物的汽化焓，其大小规律和它们的沸点高低一致。

分子间生成氢键，熔点、沸点会上升；分子内生成氢键，一般熔点、沸点要降低。例

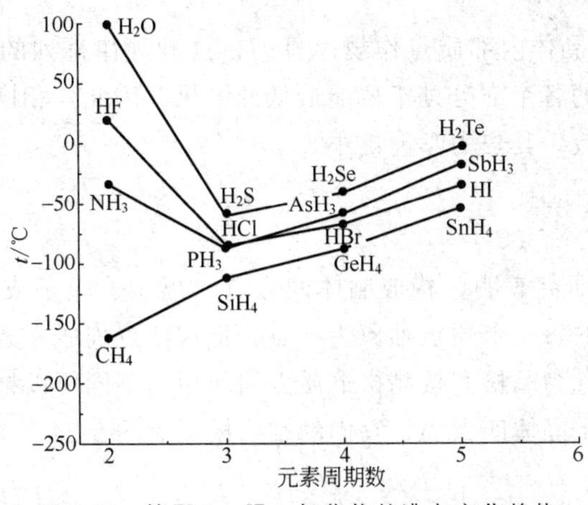

图 5-23 第ⅣA～ⅦA 氢化物的沸点变化趋势

如，邻硝基苯酚生成分子内氢键，熔点为 45℃，而生成分子间氢键的间位和对位硝基苯酚，其熔点分别为 96℃和 114℃。

③ 黏度和表面张力 分子间生成氢键，黏度会增大。例如甘油和浓硫酸等都是黏度较大的液体。水的表面张力很高，其根源也在于水分子间的氢键。

5.5 晶体性质与常见晶体结构类型

5.5.1 晶体的性质

人们很早就注意到一些具有规则几何外形的固体，如岩盐、石英等，并将其称为晶体。显然，这是不严格的，它不能反映出晶体内部结构本质。事实上，晶体在形成过程中，由于受到外界条件的限制和干扰，往往并不是所有晶体都能表现出规则几何外形。相反，一些非晶体在某些情况下也能呈现规则的几何外形。因此，晶体和非晶体的本质区别并不在于外形，而在于内部结构的规律性。迄今为止，已经对五千多种晶体进行了详细的 X 射线研究，实验表明，组成晶体的粒子（原子、离子或分子）在空间的排列都是周期性的，称之为长程有序；而非晶体内部的分布规律则是长程无序。

各种晶体由于其组分和结构不同，因而不仅在外形上各不相同，而且在性质上也有很大的差异。尽管如此，在不同晶体之间，仍存在着某些共同的特征，主要表现在下面几个方面。

① 自限性 指晶体能自发形成几何多面体外形的性质。

② 解理性 当晶体受到敲打、剪切、撞击等外界作用时，沿某一个或几个具有确定方位的晶面劈裂开来的部分，但其物理化学性质是相同的。

③ 各向异性 沿晶格的不同方向，原子排列的周期性和疏密性不尽相同，由此导致晶体在不同方向上的物理化学特性不同，这就是晶体的各向异性。例如，测试石墨的电导率，沿石墨晶体的不同方向测得的电导率数值差异较大。

④ 对称性 指晶体的等同部分可以通过一定的操作而发生规律重复的性质。实验表明，晶体的许多物理、化学性质都与其几何外形的对称性有关。例如，晶体具有周期性结构，各个部分都按同一方式排列。当温度升高，热振动加剧，晶体开始熔化时，各部分需要同样的

温度，因而有固定的熔点。

⑤ 最小热力学能　晶体内部质点作规律排列，这种规律排列的质点是质点间的引力与斥力达到平衡，使晶体的各个部分处于位能最低的结果。因此，相同热力学条件下晶体与非晶体的液体、气体相比较，其热力学能更小。

5.5.2 晶体的类型

用X射线衍射实验研究表明，构成晶体的质点（离子、原子或分子）在空间作有规则的排列。如果把晶体中的每一个质点抽象为一点，把这些点连成一条条直线，便构成了空间格子，这些空间格子被称为晶格。按晶格上质点间作用力不同可以把晶体分为金属晶体、原子晶体、分子晶体和离子晶体四大类，它们的结构模型见图5-24。

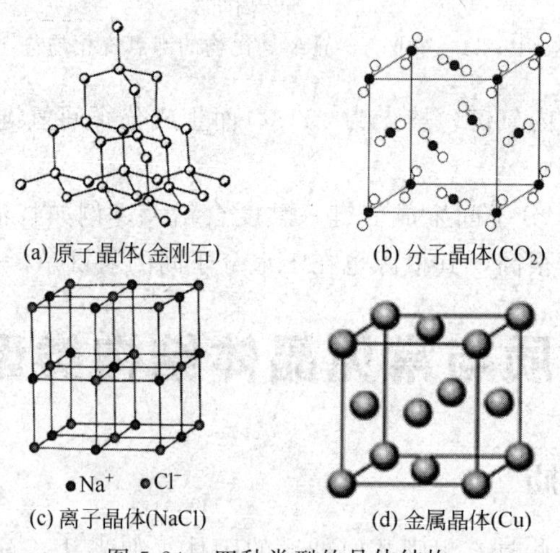

图5-24　四种类型的晶体结构

(1) 原子晶体

原子晶体中晶格质点是中性原子。原子间以共价键结合，构成一个含无数个原子的巨大分子。在这类晶体中，不存在独立的小分子，而只能把整个晶体看成一个大分子。以典型原子晶体二氧化硅（SiO_2）为例，每一个硅原子位于正四面体的中心，氧原子位于正四面体的顶点，每一个氧原子和两硅原子相连。如果这种连接向整个空间延伸，就形成了三维网状结构的巨型“分子”。由于原子之间相互结合的共价键非常强，要打断这些键而使晶体熔化必须消耗大量能量，所以原子晶体一般具有较高的熔点、沸点和硬度。在通常情况下，原子晶体不导电，也是热的不良导体，熔化时也不导电，但半导体硅等可有条件的导电。

能形成原子晶体的元素不多，只有价电子数接近4、原子半径小的元素，如C、Si、Ge、B等，常见的原子晶体有：晶体锗（Ge）、单质硅（Si）、金刚石（C）、二氧化硅（SiO_2）、碳化硅（SiC）和氮化硼（立方）（BN）等。

原子晶体在工业上多被用作耐磨、耐熔或耐火材料。金刚石、金刚砂都是极重要的磨料；SiO_2 是应用极广的耐火材料；石英和它的变体，如水晶、紫晶、燧石和玛瑙等，是工业上的贵重材料；碳化硅（SiC）、氮化硼（立方）（BN）、氮化硅（Si_3N_4）等是性能良好的高温结构材料。下面以高温结构材料为例，介绍几种重要的原子晶体在工业中的应用。

氧化铝陶瓷（人造刚玉）是一种极有前途的高温结构材料。它的熔点很高，可作为高级耐火材料，如坩埚、高温炉管等。利用氧化铝硬度大的优点，可以制造在实验室中使用的刚玉球磨机，用来研磨比它硬度小的材料。用高纯度的原料，使用先进工艺，还可以使氧化铝陶瓷变得透明，可制作高压钠灯的灯管。

氮化硅陶瓷也是一种重要的结构材料，它是一种超硬物质，密度小，本身具有润滑性，并且耐磨损，除氢氟酸外，它不与其它无机酸反应，抗腐蚀能力强；高温时也能抗氧化。而且它还能抵抗冷热冲击，在空气中加热到1000℃以上，急剧冷却再急剧加热，也不会碎裂。正是由于氮化硅具有如此良好的特性，人们常常用它来制造轴承、汽轮机叶片、机械密封环、永久性模具等机械构件。

氮化硼陶瓷是白色、难溶、耐高温的物质。将 B_2O_3 与 NH_4Cl 共熔，或将单质硼在 NH_3 中燃烧均可制得BN。通常制得的氮化硼是石墨型结构，俗称白色石墨。另一种是金刚石型，与石墨转变为金刚石的原理类似，石墨型氮化硼在高温（1800℃）、高压（800MPa）下可转变为金刚石型氮化硼，即立方体氮化硼（BN）。这种氮化硼中B—N键长（156pm）与金刚石的C—C键长（154pm）相似，密度也和金刚石相近，它的硬度和金刚石不相上下，而耐热性比金刚石好，是新型耐高温的超硬材料，用于制作钻头、磨具和切割工具。

（2）分子晶体

分子晶体中晶格质点是共价分子。质点间作用力比分子内的共价键弱。在非极性分子晶体中，质点间作用力主要是范德华力；在极性分子晶体中，除范德华力外，有些还存在氢键。

分子晶体是由分子组成的，可以是极性分子，也可以是非极性分子。分子间的作用力很弱，分子晶体具有较低的熔、沸点，硬度小、易挥发，许多物质在常温下呈气态或液态。例如，O_2、CO_2 是气体，乙醇、冰醋酸是液体。同类型的分子晶体，其熔、沸点随相对分子质量的增加而升高，例如卤素单质的熔、沸点按 F_2、Cl_2、Br_2、I_2 顺序递增；非金属元素的氢化物，按周期系同主族由上而下熔、沸点升高；有机物的同系物随碳原子数的增加，熔、沸点升高。但HF、H_2O、NH_3、CH_3CH_2OH 等分子间，除存在范德华力外，还有氢键的作用力，它们的熔、沸点较高。分子晶体在固态和熔融状态时都不导电。

（3）离子晶体

离子晶体中晶格质点是离子，质点间以离子键结合，作用力较范德华力大，因而离子晶体具有较分子晶体熔、沸点高的特性。同时，虽然离子晶体本身呈电中性，但在熔融态或溶液中，离子易于解离，因此具有一定的导电性。

离子晶体中正、负离子或离子基团在空间排列上具有交替相间的结构特征，因此具有一定的几何外形。例如，NaCl是正立方体晶体，Na^+ 与 Cl^- 相间排列，每个 Na^+ 同时吸引6个 Cl^-，每个 Cl^- 同时吸引6个 Na^+。不同的离子晶体，离子的排列方式可能不同，形成的晶体类型也不一定相同。离子晶体通常根据阴、阳离子的数目比，用化学式表示该物质的组成，如NaCl表示氯化钠晶体中 Na^+ 与 Cl^- 个数比为1∶1，$CaCl_2$ 表示氯化钙晶体中 Ca^{2+} 与 Cl^- 个数比为1∶2。

离子晶体整体上具有电中性，这决定了晶体中各类正离子带电量总和与负离子带电量总和的绝对值相当，并导致晶体中正、负离子的组成比和电价比等结构因素间有重要的制约关系。

如果离子晶体中发生错位，正、正离子相切，负、负离子相切，彼此排斥，离子键失去作用，故无延展性。如 $CaCO_3$ 可用于雕刻，而不可用于锻造。因为离子键的强度大，所以离子晶体的硬度高。又因为要使晶体熔化就要破坏离子键，所以要加热到较高温度，故离子晶体具有较高的熔、沸点。

(4) 金属晶体

金属晶体中晶格质点主要是金属原子，有些是金属正离子。质点间的金属原子只有少数价电子参与形成少电子多中心的金属键，金属键不具有方向性和饱和性。因为金属原子易于失去电子，这些电子可以自由地在整个金属晶格内运动，导致金属晶体具有强导电性；同时金属键不是固定于两个质点间，质点作相对滑动时不会破坏金属的结构，所以金属还具有延展性和良好的机械加工性能。由于金属键的存在，使得不同金属的原子间距不一，不同金属的熔、沸点大小相差很大。

综合以上内容，总结四种不同晶体的物理性质见表 5-8。

表 5-8 晶体的基本类型和物理性质的关系

晶体类型	离子晶体	原子晶体	分子晶体	金属晶体
晶格点上的微粒	正、负离子	原子	分子(极性或非极性)	金属原子或金属正离子(自由电子在其间)
微粒间的作用力	离子键	共价键	分子间力(有的还有氢键)	金属键
熔点、沸点	较高	高	低	一般较高，部分低
硬度	较大	大	小	一般较大，部分小
延展性	差	差	差	良
导电性	水溶液或熔融态易导电	绝缘体或半导体	绝缘体	良导体
实例	NaCl，MgO，Na_2SO_4	金刚石，Si，Ge，SiC，SiO_2，B_4C，GaAs	CO_2，CH_4，H_2O，CCl_4，I_2，He	钠、铝、铁等金属单质与合金
应用	耐火材料，电解质	高硬材料，半导体	低温材料，绝缘材料，溶剂	金属及合金材料

此外，有一些晶体，其内部可能同时存在着若干种不同的作用力，具有若干种晶体的结构和性质，这类晶体称为混合型晶体。石墨晶体就是一种典型的混合型晶体。石墨晶体具有层状结构，如图 5-25 所示，处在平面层的每一个碳原子采用 sp^2 杂化轨道与相邻的三个碳原子以 σ 键相连接，键角为 120°，形成由无数个正六角形连接起来的、相互平行的平面网状结构层。每个碳原子还剩下一个 p 电子，其轨道与杂化轨道平面垂直，这些 p 电子都参与形成同层碳原子之间的 π 键（由多个原子共同形成的 π 键叫做大 π 键）。大 π 键中的电子沿层面方向的活动能力很强，与金属中的自由电子有某些类似之处（石墨可作为电极材料），故石墨沿层面方向电导率大。石墨层内相邻碳原子之间的距离为 142pm，以共价键结合。相邻两层间的距离为 335pm，相对较远，因此层与层之间引力较弱，与分子间力相仿。正由于层间结合力弱，当石墨晶体受到石墨层相平行的力的作用时，各层较易滑动，裂成鳞状薄片，故石墨可用作铅笔芯和润滑剂。

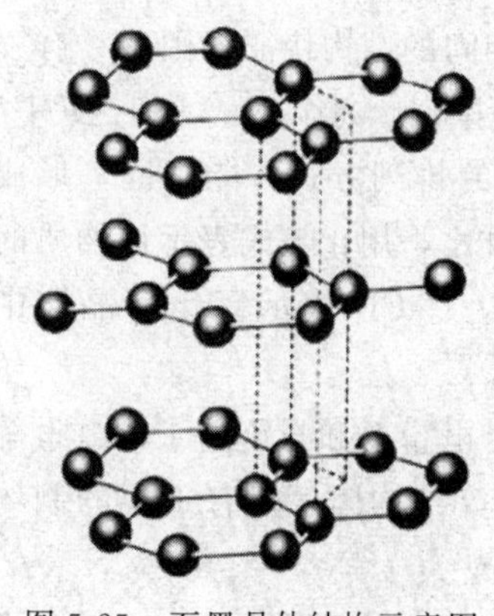

图 5-25 石墨晶体结构示意图

石墨晶体内既有共价键，又有类似金属键那样的非定域键

(成键电子并不定域于两个原子之间)，还有分子间力在共同起作用，因此可称为混合键型的晶体。属于这类晶体的还有：CaI_2、CdI_2、MgI_2 和 $Ca(OH)_2$ 等。滑石、云母、黑磷等也都属于层状过渡型晶体。另外，纤维状石棉属链状过渡型晶体，链中 Si 和 O 间以共价键结合，硅氧链与阳离子以离子键结合，结合力不及链内共价键强，故石棉容易被撕成纤维。

化学视野

达尼埃尔·谢赫特曼与准晶体

瑞典皇家科学院 2011 年 10 月 5 日宣布，将 2011 年诺贝尔化学奖授予以色列科学家达尼埃尔·谢赫特曼（D. Shechtman）(图 5-26)，以表彰他发现了“准晶体”这一突出贡献。瑞典皇家科学院称，准晶体的发现从根本上改变了以往化学家对物体的构想。

准晶体，是一种介于晶体和非晶体之间的固体。准晶体具有与晶体相似的长程有序的原子排列，但是准晶体不具备晶体的平移对称性。准晶体是 1982 年由以色列科学家谢赫特曼等人首先于急冷 Al-Mn 合金中发现的。谢赫特曼等在一篇题为《具有长程取向序而无平移对称序的金属相》的论文中，报道了他们在急冷凝固的 Al-Mn 合金中发现一种包括五重旋转轴在内的二十面体点群对称的合金相，并称之为二十面体相，由此揭开了准晶体研究的序幕。准晶体的发现在固体科学界产生了很大的震动。科学周刊报道此发现的标题竟然是“晶体学的瓦解”。晶体学的泰斗、诺贝尔化学奖得主鲍林也拒绝接受 5 次旋转对称。但谢赫特曼等将其观察到的合金相解释为具有长程准周期平移序的合金相，这并没有违背“周期性晶体不可能具有五次或七次以上旋转对称”的法则。1984 年首次关于准晶体的报告发表后，立即在国际上掀起了强烈的准晶体研究热潮。

图 5-26　达尼埃尔·谢赫特曼（D. Shechtman）

但是当时只有少数科学家接受这是一种新晶体。关键在于，谢赫特曼实验使用的是电子显微镜，而晶体学界的标准实验工具是更为精确的 X 射线，他们不太信任电子显微镜的结果。不能用 X 射线的原因是生长出来的晶体太小。一直到 1987 年终于有人将生长出来足够大的准晶体，用 X 射线拍摄出更好的图像，科学家中的“主流”才接受了准晶体的发现。

虽然准晶体最初是从急冷亚稳相中发现的，但热力学稳定的准晶体相也很快就被合成出来，科研人员甚至在俄罗斯一条河流的矿物中发现了天然的准晶体 $Al_{63}Cu_{24}Fe_{13}$。由于特殊的原子位置排列，准晶体也具有一些特殊的性质，如低的电导和热导、硬度高、抗腐蚀性强。准晶体作为不粘锅涂层和医疗用手术针头已得到了应用，更多的（如在柴油发动机、催化、热电等方面）应用正在进一步开发中。

练习题

5-1　试论述下列名词的意义：

(1) 能级交错　(2) 量子化　(3) 波粒二象性　(4) 简并轨道　(5) 保里不相容原理

(6) 洪德规则 (7) 屏蔽效应 (8) 电离能 (9) 电负性

5-2 波尔理论如何解释氢原子光谱是线状光谱？该理论有何局限性？

5-3 试述四个量子数的意义及它们的取值规则。

5-4 多电子原子核外电子的填充依据什么规则？在能量相同的简并轨道上电子如何排布？

5-5 原子半径通常有哪几种？其大小和哪些因素有关？

5-6 为什么各周期中稀有气体原子的电离能最高？

5-7 为什么ⅡA族元素Be和Mg，ⅤA族元素N和P，ⅡB族元素Zn、Cd和Hg在电离能曲线上出现小高峰？

5-8 请解释为什么同一主族元素自上而下电离能总趋势是减小的。

5-9 共价键强度可用哪些物理量来衡量？试比较下列各物质的共价键强度，按由强到弱排列。

$$H_2 \quad F_2 \quad O_2 \quad HCl \quad N_2 \quad C_2 \quad B_2$$

5-10 下列说法是否正确？为什么？

(1) 分子中的化学键为极性键，则分子也为极性分子。

(2) 色散力仅存在于非极性分子间。

(3) 极性分子之间只有取向力，极性分子与非极性分子之间只存在诱导力，非极性分子之间只存在色散力；

(4) 氢键就是氢与其它元素形成的化学键；

(5) 极性键构成极性分子，非极性键构成非极性分子；

(6) 偶极矩大的分子，正负电荷中心离得远，所以极性大。

5-11 试用杂化轨道理论说明 BF_3 是平面三角形，而 NF_3 是三角锥形。

5-12 H_2O、NH_3 和 HF 为什么沸点在同族氢化物中是最高的？

5-13 乙醇和甲醚相对分子质量相同，为什么其沸点前者比后者高？

5-14 邻硝基苯酚熔点（45℃）比间位熔点（96℃）和对位熔点（114℃）都低，请解释。

5-15 常见晶体有哪几种基本类型？各类晶体性质如何？

5-16 试说明石墨的结构是混合键型的晶体结构。利用石墨作为电极或润滑剂各与它的哪一部分结构有关？

5-17 下列哪些量子数是不合理的，为什么？

(1) $n=2 \quad l=1 \quad m=0$

(2) $n=2 \quad l=2 \quad m=-1$

(3) $n=3 \quad l=0 \quad m=0$

(4) $n=3 \quad l=1 \quad m=+1$

(5) $n=2 \quad l=0 \quad m=-1$

(6) $n=2 \quad l=3 \quad m=+2$

5-18 元素的原子最外层仅有一个电子，该电子的量子数是 $n=4$，$l=0$，$m=0$，$m_s=+1/2$，问：

(1) 符合上述条件的元素有几种？原子序数各为多少？

（2）写出相应元素原子的电子排布式，并指出在周期表中的位置。

5-19　在下面的电子构型中，通常第一电离能最小的原子具有哪一种构型？

（1）ns^2np^3　（2）ns^2np^4　（3）ns^2np^5　（4）ns^2np^6

5-20　第四周期的A、B、C三种元素，其价电子数依此为1、2、7，其原子序数按A、B、C顺序增大。已知A、B次外层电子数为8，而C次外层电子数为18，根据结构判断：

（1）C与A的简单离子是什么？

（2）B与C两元素间能形成何种化合物？试写出化学式。

5-21　某一元素的原子序数为24，问：

（1）该元素原子的电子总数是多少？

（2）它的电子排布式是怎样的？

（3）价电子构型是怎样的？

（4）它属第几周期，第几族？主族还是副族？最高氧化物的化学式是什么？

5-22　写出下列元素中第一电离能最大和最小的元素。

（1）K；（2）Ca；（3）Na；（4）Mg；（5）N；（6）P；（7）Al；（8）Si

5-23　指出下列各对分子间存在的分子间作用力的类型（取向力、诱导力、色散力和氢键）：

（1）苯和CCl_4　（2）甲醇和H_2O

（3）CO_2和H_2O　（4）HBr和HI

5-24　用杂化轨道理论解释为何PCl_3是三角锥形，且键角为101°，而BCl_3却是平面三角形的几何构型。

5-25　下列化合物中哪些自身能够形成氢键？

C_2H_6，H_2O_2，C_2H_5OH，CH_3CHO，H_3BO_3，H_2SO_4，$(CH_3)_2O$

5-26　试问下列分子中哪些是极性的？哪些是非极性的？为什么？

CH_4，$CHCl_3$，BCl_3，NCl_3，H_2S，CS_2

5-27　指出下列各组物质熔点由大到小的顺序。

（1）NaF　KF　CaO　KCl　（2）SiF_4　SiC　$SiCl_4$

（3）AlN　NH_3　PH_3　（4）Na_2S　CS_2　CO_2

5-28　试由下列各物质的沸点，推断它们分子间力的大小，列出分子间力由大到小的顺序，这一顺序与相对分子质量的大小有何关系？

Cl_2(−34.1℃)；O_2(−183.0℃)；N_2(−198.0℃)；H_2(−252.8℃)；

I_2(181.2℃)；Br_2(58.8℃)

第6章 无机物单质及化合物

6.1 元素化学概述

6.1.1 元素的发现

迄今为止，人们已发现和合成了118种元素，其中地球上天然存在的元素有92种。第92号元素铀之后的元素在自然界中并不存在，都必须通过人工合成方式获得，均具有放射性。

元素的发现与人类文明进步有着密切的关系。从史前到中世纪的千年时间只发现了14种元素（碳、硫、金、银、铜、铁、锡、铅、汞、砷、锌、锑、铬和铋）。18世纪的工业革命促进了化学的变革，化学进入实验室科学阶段，在这个世纪发现了20种元素。19世纪科学技术迅速进步，物理化学、无机化学和有机化学等化学的分支学科相继确立，在此期间发现了包括稀土元素在内的50种元素。20世纪科技发展从宏观进入微观领域，初步揭示了物质的内在奥秘。由于旧量子论和量子力学的发展，1900～1949年发现13种元素。由于核能的释放和利用，使新元素的发现不再受天然存在的局限，对那些因半衰期短、在自然界无法长期存在的放射性元素也可以通过人工核反应制造。1950～1999年发现16种元素，21世纪后又发现了5种元素，其中117号元素已经提交给国际纯粹与应用化学联合会审核。

6.1.2 元素在自然界中的分布

人类赖以生存的地球深约6470km，依次由地核、地幔和地壳构成。地壳的表面被岩石、水和大气所覆盖。元素在地壳中的含量称为丰度，常用质量分数来表示。表6-1列出了地壳中含量排前十位元素的丰度。丰度最大的元素是O，它与丰度最小的元素Rn(6×10^{-16}）相差高达10^{17}倍。这十种元素占99.22%，其余元素仅占0.78%。这表明，地壳中少数元素在数量上起决定性作用，而大部分元素处于从属地位。

表6-1 地壳中主要元素的丰度

元素	O	Si	Al	Fe	Ca	Na	K	Mg	H	Ti
丰度/%	48.6	26.3	7.73	4.75	3.45	2.74	2.47	2	0.76	0.42

海洋是化学元素的巨大资源宝库。在人类已经发现的118种化学元素中，已有81种在

海水中被检出。海水中各种化学元素可分为常量元素和微量元素。常量元素即浓度大于 $1mg \cdot L^{-1}$的元素，一般指氯、钠、镁、硫、钙、钾、溴、碳、锶、硼和氟 11 种元素，其余均为浓度等于或低于 $1mg \cdot L^{-1}$的微量元素。随着科学技术的飞速发展，将会更多地发现存在于海水中的化学元素。由于海水的总体积（约 $1.4\times10^9 km^3$）十分巨大，虽然某些元素的含量极低，但在海水中的总含量却十分惊人，例如，I_2 总量达 $7.0\times10^{13} kg$。

大气也是化学元素的重要自然来源之一。大气中主要存在氮、氦、氖、氩、氪和氙等单质，也有化合物，如二氧化碳、一氧化碳、二氧化硫和水蒸气等。具体成分及丰度为（%）：氮（78.084）、氧（20.946）、氩（0.934）、水蒸气（0.25）、二氧化碳（0.032）、氖（0.0018）、氦（0.00052）、甲烷（0.0002）、氪（0.0001）、氢（0.00005）、氙（0.000008）、臭氧（0.000001）和其它（0.001421）。

6.1.3 元素的分类

根据研究目的的不同，元素常见的分类方法有两种。

(1) 金属与非金属

根据元素的性质进行分类，元素可分为金属元素与非金属元素。在元素周期表中，以 B-Si-As-At 和 Al-Ge-Se-Po 两条对角线为界，处于对角线左下方元素的单质均为金属，包括 s 区、ds 区、d 区、f 区及部分 p 区元素；处于对角线右上方元素的单质为非金属，仅为 p 区的部分元素；处于对角线上的元素称为准金属，其性质介于金属和非金属之间，大多数的准金属可作为半导体。

(2) 普通元素和稀有元素

根据元素在自然界中的分布及应用情况，可将元素分为普通元素和稀有元素。稀有元素一般指在自然界中含量少，或被人们发现得较晚，或对它们研究得较少，或难以从原料中提取或工业上制备及应用较晚的元素。例如，钛在地壳中丰度虽然不低，但它分布分散、难以提纯，直到 20 世纪 40 年代才被重视，并被归入稀有金属。前四周期中（Li、Be、稀有气体除外），ds 区元素为普通元素，其余为稀有元素。除稀有气体和硒、碲以外，稀有元素都是金属。

通常稀有元素按照性质的不同可分为六类：轻稀有金属（如锂、铷、铯、钫、铍等），难熔稀有金属（如钛、锆、铪、钽、钨、钼、钒、铼和锝等），稀有分散元素（即在自然界中不形成独立矿物，而以杂质状态分散存在于其它元素的矿物中的元素，如铼、镓、铟、铊、锗、硒和碲等），稀有气体，稀土金属，放射性稀有元素（如钋、镭、锕系元素）。稀有元素常用于黑色和有色冶金工业以制造特种钢、超硬合金和耐火合金等，在原子能工业、化学工业、电气工业、电子管、半导体、超音速飞机、火箭技术方面都占重要地位。稀有元素的名称具有一定的相对性，与普通元素的界限正逐渐消失。

6.1.4 元素在自然界的存在形式

元素在自然界中的存在形式有两大类：单质和化合物。

较活泼的金属和非金属元素在自然界主要以化合物形式存在，只有不太活泼的元素以单质形式存在。

金属元素中以自然金属形式产出者主要是贵金属铂系元素和金，其次是自然银和自然铜，还有元素砷、锑、铋等。砷、锑往往呈金属互化物 SbAs（砷锑矿）形式产出。比较活泼的金属，如铁、钴和镍呈金属单质形式仅见于铁陨石中，而在地壳中往往成类质同象（也称类质同晶）混入其它自然金属中，如粗铂矿、镍铁矿及自然铂中。

绝大多数元素，活泼和较活泼的元素都主要以化合物形式产出。如氧化物、硫化物、卤化物以及含氧酸盐，如硝酸盐、硫酸盐、碳酸盐、硅酸盐与硅铝酸盐、磷酸盐、钼酸盐、钒酸盐、砷酸盐和硼酸盐等，其中以硅酸盐最复杂、分布量最大，构成了地壳的主体。

6.2 金属概论

6.2.1 金属物理通性与分类

在迄今发现的 118 种元素中，一般认为金属元素有 96 种，非金属元素有 22 种。但是金属和非金属之间没有严格的界限。在常温下，除汞以外，所有金属都是固体，这是由金属晶体结构特性决定的。金属具有以下共同的物理和力学性能。

① 具有金属的表面光泽。除铜呈紫红色和金呈金黄色以外，其它金属均呈现银灰色的金属光泽。

② 具有良好的导电性和导热性。金属都是电的良导体，其中银、铜、金的导电性最佳，铝其次。一般来说，金属的导电性随温度升高而降低。导电性好的材料，其导热性也好。若某些零件在使用中需要大量吸热或散热时，则要用导热性好的材料。如凝汽器中的冷却水管常用导热性好的铜合金制造，以提高冷却效果。固体物质的导热性和导电性分别用热导率（K）和电导率（σ）来表示，在一定温度下绝大多数金属的 K 与 σ 的比值是常数。

③ 具有良好的延展性。金属都具有延性，可拉成丝；同时金属又具展性，可压成薄片，因此金属具有良好的机械加工性能。金属的延展性可用金属键理论来解释：当金属受外力作用时，金属晶体中各层粒子间易发生相对滑动。由于金属晶体中自由电子的不停运动，各层之间仍然保持金属键的联系，虽然金属发生变形，但不致断裂，因而表现出良好的延展性。

根据颜色，通常把金属分为黑色金属和有色金属（非铁金属）。因为锰和铬在生产中很少单独使用，故黑色金属一般泛指铁及其合金，其表面常有一层灰黑色的氧化膜；有色金属是指铁、锰、铬元素以外的所有金属。

根据密度的大小，金属又可分为轻金属和重金属。密度小于 $5g \cdot cm^{-3}$ 的金属称为轻金属，如铝、镁、钾、钙、锶和钡等；密度大于 $5g \cdot cm^{-3}$ 的金属称为重金属，如铜、铅、锌、镉、钴、镍和汞等。根据金属熔点的高低，金属还可分为低熔点金属和高熔点金属。低熔点金属多集中在 s 区、p 区和第ⅡB 族；高熔点金属多集中在 d 区。

此外，像银、金以及铂族元素（钌、铑、钯、铱、铂），其化学性质特别稳定，在地壳中储量很小，往往伴生于其它矿物中（铂族金属主要伴生于铜镍矿床中），开采和提取都比较困难，所以一般价格较贵，称为贵金属。另外，在自然界含量很小，分布分散，发现较晚，或提取困难，在工业上应用较晚的金属，如锂、铷、铯、铍、镓、铟、铊、锗、锆、铪、铌、钽、铼及稀土元素称为稀有金属。

6.2.2 金属在自然界中存在状态

金属由于其结构及性质方面的差异，它们在自然界的存在形式各有特点。少数性质极不活泼的金属，如Au、Ag、Hg、铂系等通常以单质形式存在。性质稍活泼的金属可以单质及化合物形式存在，如Fe在自然界有各种铁矿石，也有陨石。第ⅠA族及ⅡA中的Mg性质活泼，其卤化物大都溶解在海水和潮水中，少数埋藏于不受流水冲刷的岩石下面，如常见的食盐（NaCl），光卤石（$KCl \cdot MgCl_2 \cdot 6H_2O$）等。第ⅡA族元素常以碳酸盐、硫酸盐、磷酸盐及硅酸盐等难溶性的化合物形式存在，形成五光十色的岩石矿物，构成坚硬的地壳，如菱镁矿（$MgCO_3$）、重晶石（$BaSO_4$）、石膏（$CaSO_4 \cdot 2H_2O$）等。过渡金属元素则主要以稳定的氧化物及硫化物形式存在，如磁铁矿（Fe_3O_4）、褐铁矿（$2Fe_2O_3 \cdot 3H_2O$）、赤铁矿（Fe_2O_3）、软锰矿（MnO_2）、金红石（TiO_2）、赤铜矿（$CuS \cdot FeS$）和辉铜矿（Cu_2S）等。p区金属元素为亲硫元素，它们常以难溶的硫化物形式存在，如辉锑矿（Sb_2S_3）、辉铋矿（Bi_2S_3）和方铅矿（PbS）等。

我国金属的储存量极为丰富。U、W、Sn、Mo、Ti、Sb、Hg、Pb、Zn、Fe、Au、Ag、Mg及稀土的储量均居世界前列，其中稀土矿储量占世界总储量的23%左右。Cu、Al和Mn等矿的储量在世界上也占有重要地位。虽然从总量上看，我国已探明的矿藏储量的潜在价值仅次于美国和俄罗斯，居世界第三位，堪称世界矿藏资源大国，但人均矿藏资源占有量还不及世界平均水平的1/2，在世界上排到第80位以后。而且我国的多数矿种，特别是铁、铜、铝等大宗矿产品，富矿少，贫矿多；矿产资源分布很不平衡，不利于工业布局；伴生矿多，分选冶炼困难。随着中国经济的发展，需要大量的矿产品及相关的能源与原材料加工制品，现在我国已成为矿产品第二消费大国和矿产品净进口大国，当前面临的矿产资源危机已经不亚于迫在眉睫的能源危机。

6.2.3 金属的一般制备方法

从自然界获取金属单质的过程称为金属的提炼。金属的提炼方法有火法、湿法和电冶金三大类。

(1) 火法冶金

火法冶金就是在利用燃料燃烧或电能产生的热或某些化学反应所放出的热的高温条件下，将矿石或精矿经受一系列的物理化学变化过程，使其中的金属与脉石（包括石英、石灰石和长石等）或其它杂质分离，从而得到金属的冶金方法，是最古老、现代应用规模最大的金属冶炼方法。钢铁生产应用火法冶金，重有色金属硫化矿主要采用火法冶金。此法因没有水溶液参加，故又称干法冶金。火法冶金的主要化学反应是氧化还原反应。火法冶炼金属在我国有着悠久的历史，早在商周时期，我国的青铜冶铸技术，生铁及炼钢技术就已经发展到相当高的水平，为现代冶金技术奠定了坚实的基础。相对而言，湿法冶金起步较晚，其规模远小于火法。

火法冶金与其它两种方法相比，具有如下优点：①高温下反应快，单位设备生产率和劳动生产率高，投资省，经营费用低；②能充分利用硫化精矿本身的能量，可以降低单位能耗；③有利于综合利用原料中的有价成分金、银；④高温炉渣的组成稳定，对环境的污染程度低，便于堆存。其缺点是含尘烟气处理费高，热辐射大和粉尘多。

一般来说，从金属矿石中提炼出金属一般步骤依次是矿石的富集、冶炼和精炼。

① 金属矿石在提炼之前，往往需先选矿，即用物理或化学方法将矿物原料中的有用矿物和无用矿物（通常称脉石）或有害矿物分开，或将多种有用矿物分离开的工艺过程，以提高矿石的品位（有效成分的含量）。选前矿物原料准备作业，有粉碎（包括破碎和磨碎）、筛分和分级，有时还包括洗矿。矿物原料经粉碎作业后进入选别作业，根据矿石中有用成分与脉石的密度、磁性、黏度和熔点等性质的不同又可分别用水选、浮选、磁选、浮选、电选、拣选和化学选等，这是选矿的主体部分。

② 由于大部分金属在矿石中均以氧化型形式存在，因此必须采用适当的还原方法使呈正氧化态的金属元素得到电子变为金属原子。根据金属的存在形式，金属还原过程的热力学及其它诸多因素，工业上冶炼金属的方法主要有热分解法、热还原法、电解法和氧化法等。高温热分解法即火法是最常用的方法；对于某些非常活泼的金属如 Na、Al 等往往采用溶盐电解法。金、铂等常以单质形式存在于自然界，这时需要在适宜条件下将它们氧化，再用还原剂还原，这属于湿法冶金的范畴。

③ 精炼是将含有少量杂质的金属进一步处理以提高纯度。根据金属和杂质的不同特性，火法精炼有区域精炼和气相精炼等。区域精炼是通过对金属棒料从一端到另一端逐步加热熔化并凝固，利用凝固时发生的溶质在液相中富集来使棒料中溶质向先熔化的一端富集，从而使另一端获得纯度较高金属的精炼方法。气相精炼是利用金属单质或化合物的沸点与所含杂质的沸点不同的特点，通过加热控制温度使之分离的精炼方法。按反应方法可分为气相热分解法和气相还原法两种。适于用气相精炼法的金属是高熔点、难挥发的，并且必须是能够生成在低温易于合成，在高温易于分解的挥发性化合物的金属。

(2) 湿法冶金

湿法冶金就是在低温下（一般低于 100℃）用适当的溶剂来处理矿石、精矿或半成品，借助化学作用，如氧化、还原、中和、水解及配位等反应，对原料中的金属进行提取和分离的过程。湿法冶金包括浸出、过滤、净化和提取。湿法冶金作为一项独立的技术，是在第二次世界大战时期迅速发展起来的。在提取铀等一些矿物质的时候不能采用传统的火法冶金，而只能用化学溶剂把它们分离出来。陈家镛先生（1922—）是我国最早从事湿法冶金的专家，他针对我国云南东川大型低品位、难选氧化铜矿的特点，研究加压氨浸流程，并在我国开拓了加压湿法冶金新技术以及有毒矿产资源综合利用的清洁生产工艺；研究碳酸化转化处理含铅金矿的新工艺；采取湿法冶金方法制取复合、超细等特殊粉末材料，填补了我国这方面的空白，并长期组织生产，满足了工业建设的需要。

湿法冶金与火法冶金相比其优点是：适于处理低品位矿物原料和复杂矿物原料；容易满足矿物原料综合利用的要求；劳动条件好，容易解决环境污染问题等。其缺点是：生产能力低，设备庞大，费用高，能耗较大，难以回收矿物原料中的贵金属等。

(3) 电冶金

电冶金是应用电能从矿石或其它原料中提取、回收和精炼金属的冶金过程，有电炉冶炼、熔盐电解和水溶液电解等。电炉冶炼是利用电能获得冶金所要求的高温而进行的冶金生产。熔盐电解是利用电热维持熔盐所要求的高温，又利用直流电转换的化学能自熔盐中还原金属。水溶液电解是利用电能转化的化学能使溶液中的金属离子还原为金属析出，或使粗金属阳极经由溶液精炼沉积于阴极。利用电解精炼的金属有铜、金、银、铂、镍、铁、铅、锑、锡和铋等。

6.3 非金属单质

6.3.1 周期系中非金属元素

非金属元素共有22种，除H位于s区外，其它非金属元素都集中在p区，分别位于周期表ⅢA～ⅧA，其中砹、氡为放射性元素。非金属单质除硼、碳、硅为原子晶体外，大多是分子晶体。处于金属与非金属元素交界的磷、砷、硒、碲，甚至碳的单质都出现了过渡型的同素异晶现象。这种晶型的过渡也是金属性与非金属性之间存在某种过渡的表现之一。

非金属只占元素总数的1/6左右，但是无机化合物中酸、碱、单质及各种氧化物、氢化物，有机化合物中的烷烃、烯烃、炔烃、醇和醚都与非金属元素有着密切的关系。非金属矿物种类繁多，在国防、宇航事业以及高科技新材料的开发中有着特殊的地位和作用。

6.3.2 非金属单质的结构与物理性质

非金属单质大多由2个或多个原子以共价键相结合而成。在这些非金属元素中，稀有气体具有稳定的ns^2np^6（氦为$1s^2$）外层电子构型，因而表现出特殊的化学稳定性。其余非金属元素的外层电子构型为$ns^2np^{1\sim5}$（氢为$1s^1$）。它们大多具有较强的获得电子或吸引电子的倾向，这可从它们具有较大的第一电离能和电负性看出。非金属元素大多有可变的氧化数，最高正氧化数在数值上等于它们所处的族数n。由于电负性比较大，所以它们还有负氧化数，其最低负氧化数的绝对值等于$8-n$。

非金属元素单质的熔、沸点与其晶体类型有关。属于原子晶体的硼、碳、硅等单质的熔、沸点都很高。属于分子晶体的物质熔、沸点都很低，其中一些单质常温下呈气态（如稀有气体及F_2、Cl_2、O_2、N_2）或液态（如Br_2）。氦是所有物质中熔点（－272.2℃）和沸点（－246.4℃）最低的。液态的He、Ne、Ar以及O_2、N_2等常用来作为低温介质，如利用He可获得0.001K的超低温。金刚石是原子晶体，其熔点（3350℃）和硬度是所有单质中最高的。根据这种性质，金刚石被用作钻探、切割和刻痕的硬质材料。石墨是混合型晶体，它的熔点（3527℃）也很高。由于石墨具有良好的化学稳定性、传热导电性，在工业上用作电极、坩埚和热交换器的材料。

非金属单质一般是非导体，也有一些单质具有半导体性质，如硼、碳、硅、磷、砷、硒、碲、碘等。在单质半导体材料中以硅和锗为最好，其它如碘易升华，硼熔点（2300℃）高。磷的同素异形体中，白磷剧毒（致死量0.1g），不能作为半导体材料。

6.3.3 非金属单质的化学性质

非金属元素单质的化学性质主要取决于其组成原子的性质，大体上表现为：化学惰性

(如稀有气体)；强氧化性（如 F_2、Cl_2、Br_2、O_2)；以还原性为主（如 H_2、C、Si、B、P、As)。以下主要从非金属元素单质的几种反应来讨论其化学性质。

(1) 与金属反应

绝大多数非金属能与金属直接化合生成盐、氧化物、氮化物和碳化物。比如氧气和卤素能与大多数活泼金属直接反应，并放出大量的热。

$$2Na + Cl_2 \longrightarrow 2NaCl \qquad \Delta_r H_m^{\ominus} = -822.3kJ \cdot mol^{-1}$$

$$3Fe + 2O_2 \longrightarrow Fe_3O_4 \qquad \Delta_r H_m^{\ominus} = -1118.4kJ \cdot mol^{-1}$$

但它们在常温下不能与不活泼的金属（如铂系金属 Ru、Rh、Pd、Os、Ir、Pt）反应。氯气在 250℃以上的高温下才能与 Pt 发生反应，生成 $PtCl_2$。

化学性质稳定的氮气在高温或高压放电下“活化”后也能与许多活泼金属反应生成相应的氮化物。例如

$$3Mg + N_2 \longrightarrow Mg_3N_2$$

$$6Li + N_2 \longrightarrow 2Li_3N$$

氢在加热时能与活泼金属反应生成离子型氢化物。

$$2Li + H_2 \longrightarrow 2LiH$$

(2) 与非金属反应

① 与 H_2 反应生成气态氢化物（以极性键形成气态氢化物，水是液态）。例如：

$$H_2 + Cl_2 \longrightarrow 2HCl$$

② 与 O_2 反应生成非金属氧化物，除 NO、CO 外，皆为成盐氧化物。由于常温下，氧气的化学性质不很活泼，所以非金属元素与氧气的反应都不很明显。除白磷可在空气中自燃外，硼、碳、红磷、硫等都需加热才能与氧气化合成相应的氧化物 B_2O_3、CO_2、P_2O_5、SO_2。非金属单质形成氧化物由易到难的程度为：P、S、C、Si、N、I、Br、Cl，大多数非金属氧化物是酸性氧化物。

氮气在常温下不能与氧气反应，基于这种性质，可用它作为防止金属氧化脱碳的保护气体。由于反应 $N_2 + O_2 \longrightarrow 2NO$ 中 $\Delta_r H_m^{\ominus} = 180.5kJ \cdot mol^{-1} > 0$，$\Delta_r S_m^{\ominus} = 24.77J \cdot mol^{-1} \cdot K^{-1} > 0$，因此可以通过提高温度促使反应进行。比如，汽车发动机、锅炉的高温燃烧、雷电等条件下，能得到氮气的氧化物，这也成为大气的一种污染源。

(3) 与水反应

非金属单质中只有卤素能在常温下与水反应。其中，氟气与水反应程度最剧烈。

$$2F_2 + 2H_2O \longrightarrow 4HF + O_2$$

Cl_2、Br_2、I_2 均与水发生歧化反应，反应的剧烈程度随原子序数的增大依次减小。

$$Cl_2 + H_2O \longrightarrow HCl + HClO(\text{漂白剂})$$

硼、碳、硅等在高温下能与水蒸气作用。例如

$$C + H_2O(g) \longrightarrow CO + H_2$$

该反应是制造水煤气（$CO + H_2$）或工业制氢的一种途径。

(4) 与碱溶液反应

卤素（除 F 外）均能与碱反应。

$$X_2+2NaOH(稀)\longrightarrow NaX+NaXO+H_2O$$

$$3X_2+6NaOH(浓)\longrightarrow 5NaX+NaXO_3+3H_2O$$

该反应可以看作是卤素与水反应后被碱中和的结果。

硼、硅、磷、硫等单质也能与较浓的强碱反应。例如

$$3S+6KOH(浓)\longrightarrow 2K_2S+K_2SO_3+3H_2O$$

$$Si+2NaOH+H_2O\longrightarrow Na_2SiO_3+2H_2$$

$$P_4+3NaOH+3H_2O\longrightarrow 3NaH_2PO_2+PH_3$$

(5) 与氧化性酸反应

非金属元素不能从酸中置换出氢气，即非金属不与非氧化性的酸反应。不太活泼的非金属 C、S、P、I_2 等具有较强还原性，可被硝酸和浓硫酸等强氧化性酸氧化。

$$C+2H_2SO_4(浓)\longrightarrow CO_2+2SO_2+2H_2O$$

$$C+4HNO_3(浓)\longrightarrow CO_2+4NO_2+2H_2O$$

$$S+2H_2SO_4(浓)\longrightarrow 3SO_2+2H_2O$$

$$S+6HNO_3(浓)\longrightarrow H_2SO_4+6NO_2+2H_2O$$

$$P+5HNO_3(浓)\longrightarrow H_3PO_4+5NO_2+H_2O$$

$$3P(白磷)+5HNO_3(稀)+2H_2O\longrightarrow 3H_3PO_4+5NO$$

$$I_2+10HNO_3(浓)\longrightarrow 2HIO_3+10NO_2+4H_2O$$

6.3.4 非金属单质的一般制备方法

(1) 氧化阴离子法

① 电解法（可制取 Cl_2、F_2、O_2 等）

$$2NaCl\longrightarrow 2Na+Cl_2$$

$$2KHF_2\longrightarrow 2KF+H_2+F_2 \text{（Cu 作为容器、阴极，石墨作为阳极）}$$

② 用强氧化剂氧化

$$2KMnO_4(浓)+16HCl(浓)\longrightarrow 2KCl+2MnCl_2+Cl_2+8H_2O$$

$$4HCl(浓)+MnO_2\longrightarrow MnCl_2+Cl_2+2H_2O$$

$$2NaI+Cl_2\longrightarrow 2NaCl+I_2$$

(2) 氧化负价原子（热分解法）

$$2KMnO_4\longrightarrow K_2MnO_4+MnO_2+O_2$$

$$2H_2S+O_2(不足)\longrightarrow 2S+2H_2O$$

$$CH_4+O_2(不足)\longrightarrow C+2H_2O$$

(3) 还原正价元素

用强还原剂将不太活泼的非金属从它们的化合物中还原出来，这种反应往往需要在高温下进行。

$$SiCl_4+2H_2\longrightarrow Si+4HCl$$

$$B_2O_3+3H_2\longrightarrow 2B+3H_2O$$

$$P_2O_5+5C\longrightarrow 2P+5CO$$

$$2C+SiO_2\longrightarrow 2CO+Si$$

$$2Mg+SiO_2\longrightarrow 2MgO+Si$$

6.4 主族元素化合物

6.4.1 主族元素化合物的物理性质

(1) 卤化物

卤素和电负性比它小的元素生成的化合物叫做卤化物。一般来说，组成卤化物的两个元素若电负性相差很大，则形成离子型卤化物；若两元素的电负性相差不大，则形成共价型卤化物。从总的情况看，金属的氟化物及活泼金属的卤化物为离子型卤化物；碘化物及一般金属的氯化物、溴化物和所有非金属的卤化物为共价型化合物，其间也有一些过渡型卤化物。

离子型卤化物具有一般盐类的特征，如熔点和沸点较高，在水溶液中或熔融状态下都能导电等。电负性最大的氟与电负性最小、离子半径最大的铯化合而形成的 CsF 是典型的离子化合物。共价型卤化物的熔、沸点按 F、Cl、Br、I 顺序升高。这是因为非金属卤化物分子间的色散力随着相对分子质量的增大而增强的缘故。有些高氧化值的金属卤化物的特征是熔、沸点一般较低，易挥发，能溶于非极性溶剂，熔融后不导电。

大多数金属卤化物易溶于水，常见的金属卤化物中，AgCl、Hg_2Cl_2、$PbCl_2$ 和 CuCl 是难溶的。溴化物和碘化物的溶解性和相应的氯化物相似。氟化物的溶解度与其它卤化物有些不同。例如，CaF_2 难溶，而其它卤化钙则易溶；AgF 易溶，而其它卤化银则难溶。同一金属的不同卤化物，离子型卤化物的溶解度按 F、Cl、Br 和 I 顺序增大；共价型卤化物的溶解度则按 F、Cl、Br 和 I 顺序减小。

由于卤离子能和许多金属离子形成配合物，所以难溶金属卤化物常常可以与相应的卤离子发生配位溶解过程。卤离子也可以和许多共价型卤化物形成配合物，如 HgI_4^{2-}、$FeCl_4^-$ 和 SiF_6^{2-} 等。

(2) 氧化物

电负性比氧小的元素与氧形成的二元化合物叫氧化物。除轻稀有气体（He、Ne、Ar）外，其余元素都可形成氧化物。s 区元素的氧化物为离子晶体，熔、沸点较高；p 区元素的氧化物一般属于分子晶体，熔、沸点较低。氧化物按照其组成可以分为正常氧化物（含氧离子 O^{2-}）、过氧化物（含过氧离子 O_2^{2-}）、超氧化物（含超氧离子 O_2^-）和臭氧化物（含臭氧离子 O_2^{3-}）等。按照对酸、碱的不同反应，氧化物可分为酸性、碱性、两性和中性氧化物。中性氧化物又称为不成盐氧化物，比如 CO、N_2O、NO 等，它们既不与酸反应，又不与碱反应，同时也不溶于水。按照成键类型，氧化物还可以分为共价型、离子型和过渡型氧化物。活泼金属（Na、K、Ca、Al 等）的氧化物属于离子型，非金属氧化物均属于共价型，准金属氧化物（Sb_2O_3）也具有共价性。

氧化物的熔、沸点取决于该物质的化学键型和晶格类型。一般离子型氧化物的熔、沸点高，比如 BeO(2578℃)，MgO(2800℃)，CaO(2900℃)，SrO(2430℃)，BaO(1973℃)。大多数共价型氧化物熔点比较低，比如 CO_2(−78.8℃升华)，Cl_2O_7(−91.5℃熔化)，SO_3(16.8℃熔化，44.8℃升华)，N_2O_5(30℃熔化，47℃升华)等。过渡型氧化物的熔、沸点高低取决于物质中离子键和共价键成分所占的比例，含离子键成分较多则熔、沸点偏高，反之则偏低。而一些巨型分子共价型氧化物的熔点也会比较高，比如 SiO_2（1713℃）。

(3) 硅酸盐

硅酸盐是指硅、氧与其它化学元素（主要是铝、铁、钙、镁、钾、钠等）结合而成的化合物的总称。硅酸盐有可溶性和不可溶性两大类，除碱金属以外，其它金属的硅酸盐均难溶，天然硅酸盐是不溶的。地壳的95%是硅酸盐矿，它们是碱金属、碱土金属、铝、镁及铁等的硅氧化合物，可以看作是碱性氧化物和酸性氧化物组成的复杂化合物，其用通式表示为 $a\mathrm{M}n_xO_y \cdot b\mathrm{SiO_2} \cdot c\mathrm{H_2O}$。几种天然硅酸盐的化学式为：

高岭土　$Al_2O_3 \cdot 2SiO_2 \cdot 2H_2O$

白云母　$K_2O \cdot 3Al_2O_3 \cdot 6SiO_2$

石棉　$CaO \cdot MgO \cdot 6SiO_2$

正长石　$K_2O \cdot Al_2O_3 \cdot 6SiO_2$

泡沸石　$Na_2O \cdot 3Al_2O_3 \cdot 2SiO_2 \cdot nH_2O$

天然硅酸盐的组成复杂，其复杂性在于阴离子。阴离子的基本结构单元是 SiO_4 四面体，硅原子占据中心，四个氧原子占据四角。这些四面体，依着四面体，结合不同的物质，形成了各类硅酸盐。它们大多数熔点高，化学性质稳定，是重要的建筑材料，水泥、玻璃、陶瓷等工业都建立在硅酸盐的化学基础上。

在可溶性硅酸盐中，硅酸钠具有广泛的应用价值。Na_2SiO_3 是一种玻璃态物质，常因含有铁而呈蓝色，溶于水后成为黏稠溶液，商品名为水玻璃（俗称泡花碱）。水玻璃在工业上用作黏合剂，木材等经它浸泡后可以防腐、防火。

天然沸石是重要的铝硅酸盐，属立体结构，具有多孔性，有许多空穴，这些空穴能吸收水分子，也能吸收一定大小的气体分子，所以沸石能作为干燥剂和吸附剂。沸石还能作为中性离子交换剂，例如钠沸石 $Na_2[Al_2Si_3O_{10}] \cdot 2H_2O$ 中的 Na^+ 可以和 Ca^{2+} 进行交换。人工合成的沸石叫作分子筛，它是由硅氧四面体和铝氧四面体结构单元组成的体型结构。分子筛的比表面积很大（$500 \sim 1000\mathrm{m^2 \cdot g^{-1}}$），孔径均匀，具有较高的机械强度和热稳定性，常用作干燥剂和催化剂。

6.4.2 主要主族元素化合物的化学性质及一般反应规律

(1) 卤化物

各种卤化物的热稳定性差别较大。对于主族元素的金属卤化物来说，s 区元素的卤化物大多数热稳定性较为稳定；而 p 区元素的卤化物一般稳定性较差。比如，$CaCl_2$ 的热稳定性高于 $PbCl_2$。如果金属元素相同，其氧化数也一样，则卤化物的热稳定性按 F、Cl、Br、I 的顺序降低。主要原因是卤离子随着原子序数的增大，其还原性也随之变大，而金属离子具有一定的氧化性，两者结合在一起稳定性就会降低。比如，AlF_3、$AlCl_3$、$AlBr_3$ 的稳定性依次降低。又如，PbX_4 中，PbF_4 较稳定；$PbCl_4$ 为黄色油状液体，在低温下稳定，室温下分解为 $PbCl_2$ 和 Cl_2，在潮湿空气中水解而冒烟；$PbBr_4$ 的稳定性更差；由于 Pb^{4+} 的氧化性与 I^- 的强还原性使得 PbI_4 不能稳定存在。

无机化合物中除强酸强碱盐外，一般都存在水解的可能性。无机物的水解性是一种十分重要的化学性质。有时需要利用盐类的水解性，比如制备氢氧化铁溶胶；有时却又需要避免其水解性，比如配制 $SnCl_2$ 溶液等。

共价型卤化物以及一些金属卤化物遇水发生水解反应，不同的卤化物水解产物类型往往

不同。一般生成含氧酸、碱式盐或卤氧化物。例如

$$SnCl_2+H_2O \longrightarrow Sn(OH)Cl+HCl$$

$$SnCl_3+H_2O \longrightarrow SnOCl+2HCl$$

$$BiCl_3+H_2O \longrightarrow BiOCl+2HCl$$

$$BCl_3+3H_2O \longrightarrow H_3BO_3+3HCl$$

(2) 氧化物

氧化物 R_xO_y 的酸碱性，首先取决于 R 的金属性或非金属性的强弱，即与 R 在周期表中的位置有关，其次与 R 的氧化数有关。

s 区元素即碱金属和碱土金属，它们与氧能形成多种类型的二元化合物。碱金属中的锂和所有碱土金属在空气中燃烧时，生成正常氧化物 Li_2O 和 RO。其它碱金属的正常氧化物是用金属与它们的过氧化物或硝酸盐作用得到的。例如

$$Na_2O_2+2Na \longrightarrow 2Na_2O$$

$$2KNO_3+10K \longrightarrow 6K_2O+N_2$$

此外，碱土金属的碳酸盐、硝酸盐等热分解也能得到氧化物 RO。

碱金属氧化物与水化合成碱性氢氧化物 ROH。Li_2O 与水反应很慢，Rb_2O 和 Cs_2O 与水发生剧烈反应，甚至爆炸。碱土金属的氧化物都是难溶于水的白色粉末。碱土金属氧化物中，BeO 几乎不与水反应，MgO 与水缓慢反应生成相应的碱。CaO、SrO、BaO 遇水都能生成相应的碱，并放出大量的热。其中 BeO 和 MgO 可作为耐高温材料，CaO（生石灰）是重要的建筑材料。

一般来说，p 区元素形成的氧化物，特别是非金属元素氧化物及氧化数较高（例如，氧化数高于+4）的金属氧化物大多是共价型化合物，其水溶液显酸性或能被碱中和，例如 B_2O_3、CO_2、N_2O_3、NO_2、N_2O_5 等，它们是酸性氧化物。此外，还有一些氧化物，它们能溶于水，也不能被酸、碱所中和，称为中性氧化物，例如 CO、N_2O、NO 等。

总的来说，某元素如有几种不同氧化数的氧化物，其酸碱性有所不同。一般高氧化数的氧化物酸性比低氧化数的显著，但不能认为高氧化数的只显酸性，低氧化数的只显碱性，中间氧化数的一定显两性。大多数非金属氧化物和某些高氧化数的金属氧化物均显酸性，大多数金属氧化物显碱性，一些金属氧化物和少数非金属氧化物呈两性。

按照周期表的顺序，将氧化物的酸碱性概括成表 6-2。

表 6-2 氧化物的酸碱性

碱性	两性	酸性				
Li_2O	BeO	B_2O_3	CO_2	N_2O_4		
Na_2O	MgO	Al_2O_3	SiO_2	P_2O_3	SO_2	Cl_2O_7
K_2O	CaO	Ga_2O_3	GeO_2	As_2O_5	SeO_2	Br_2O
Pb_2O	SrO	In_2O_3	SnO_2	Sb_2O_3	TeO_2	I_2O
Cs_2O	BaO	Tl_2O	PbO_2	Bi_2O_3	PbO_2	

(3) 碳酸盐

碳酸为二元酸，因此可生成酸式盐和正盐。正盐中除碱金属（不包括 Li）和铵盐以外都难溶于水。对于难溶的碳酸盐（如 $CaCO_3$），其碳酸氢盐有较大的溶解度［如

$Ca(HCO_3)_2$]，但 $NaHCO_3$、$KHCO_3$ 和 NH_4HCO_3 的溶解度比相应正盐的溶解度小，这是由于 HCO_3^- 通过氢键形成二聚离子或多聚链状离子的结果，如图 6-1 所示。

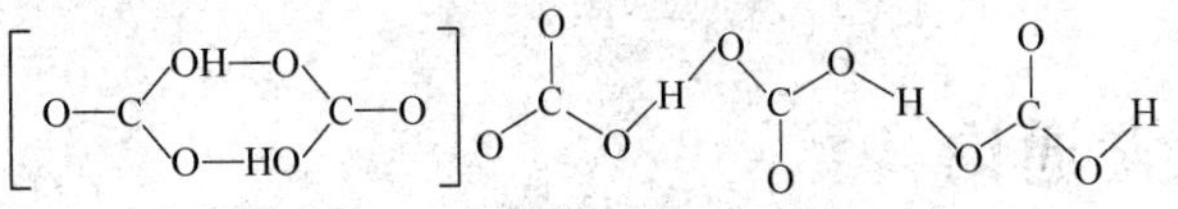

图 6-1　HCO_3^- 的二聚离子和多聚链状离子形式

① 碳酸盐的水解性　可溶性碳酸盐具有强烈的水解性，当金属离子与碱金属碳酸盐溶液作用时，可能生成碳酸盐、碱式碳酸盐或氢氧化物，其具体情况视金属离子 M^{n+} 的水解性和生成物的溶度积而定。例如

$$2Ag^+ + CO_3^{2-} \longrightarrow Ag_2CO_3\downarrow \text{（碱土金属离子、}Mn^{2+}\text{、}Ni^{2+}\text{也有类似性质）}$$

$$2Cu^{2+} + 2CO_3^{2-} + H_2O \longrightarrow Cu_2(OH)_2CO_3\downarrow + CO_2\uparrow \text{（}Be^{2+}\text{、}Zn^{2+}\text{、}Co^{2+}\text{也有类似性质）}$$

$$2Al^{3+} + 3CO_3^{2-} + 3H_2O \longrightarrow 2Al(OH)_3\downarrow + 3CO_2\uparrow \text{（}Fe^{3+}\text{、}Cr^{3+}\text{也有类似性质）}$$

② 碳酸盐的热不稳定性　碳酸盐的热稳定性呈现一定的规律性，其受热分解的难易程度与阳离子的极化力有关，这主要取决于阳离子的电荷数、离子半径及电子层结构（2、18+2、18、9～17、8 电子）。阳离子的极化力越强，它们的碳酸盐越不稳定；极化力小的阳离子相应的碳酸盐稳定性高。必须注意的是，在电荷数、离子半径、电子层结构三个条件中，离子的大小与电荷数是决定性的条件，只有当这两个条件接近时，离子的价层构型才起明显作用。

以下说明其具体的规律性。

a. 碱金属碳酸盐、碳酸氢盐和碳酸的热稳定性顺序为

$$M_2CO_3 > MHCO_3 > H_2CO_3$$

这是因为 H^+ 的极化力比较强（裸露质子，半径小），它甚至可以钻到 O^{2-} 电子云中，使得 H_2CO_3 极易发生分解，产生 CO_2 和 H_2O。

b. 碱土金属碳酸盐的热稳定性顺序为

$$BeCO_3 < MgCO_3 < CaCO_3 < SrCO_3 < BaCO_3$$

它们的电荷数相同，极化力随阳离子半径递增而逐渐减弱，M^{2+} 争夺 O^{2-} 的能力逐渐减弱，热稳定性递增。

c. 当电荷数相同，半径相近时，非稀有气体构型的阳离子组成的碳酸盐的热稳定性通常低于稀有气体构型阳离子的碳酸盐，如表 6-3 所示。

表 6-3　几种碳酸盐热稳定性的比较

MCO_3	$CaCO_3$	$SrCO_3$	$BaCO_3$	$FeCO_3$	$CdCO_3$	$PbCO_3$
M^{2+} 半径(CN=6)/pm	99	118	135	78	95	119
价电子构型	8	8	8	16	18	18+2
周期	4	5	6	4	5	6
分解温度	1173	1563	1633	555	633	573

由于 CO_3^{2-} 呈平面三角形（图 6-2），其中 C 原子以 sp^2 杂化，每个 sp^2 杂化轨道（各有一个电子）与 O 的 $2p_x$ 轨道（有一个电子）重叠形成 σ 键，C 中未参与杂化的 p_z 轨道与每个 O 的 $2p_z$ 轨道形成一个 π_4^6（4 中心，6 电子）的大 π 键。

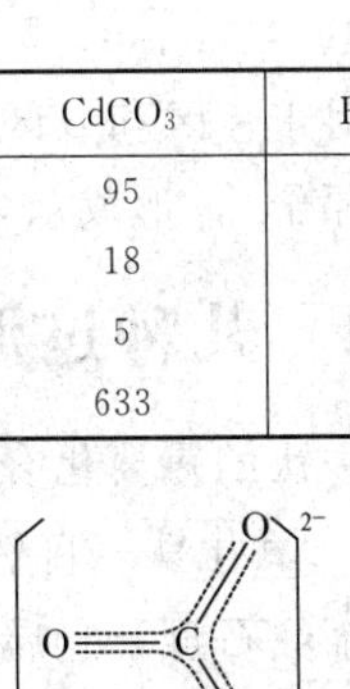

$3\sigma+\pi_4^6$

图 6-2　CO_3^{2-} 的结构

6.5 过渡元素及配位化合物

6.5.1 过渡元素通论

目前对于过渡元素包括的元素范围有几种不同的观点。通常是指ⅢB族～ⅧB族的元素，也称为d区元素。另外一种观点认为，ds区的铜分族在化学性质上与d区元素有许多共同特性，也被列入过渡元素中。为了叙述的方便，有时把ⅠB族、ⅡB族（ds区元素）全部包括在内，统称过渡元素（广义过渡元素）。因为它们都是金属，因此又称为过渡金属。

将这些元素按周期分为三个系列。第四周期中从Sc到Zn为第一过渡系元素；第五周期中从Y到Cd为第二过渡系元素；第六周期中从La到Hg为第三过渡系元素。另外，将第ⅧB族细分为铁系元素（Fe、Co、Ni）和铂系元素（Ru、Rh、Pd、Os、Ir、Pt）。第六周期中从57号元素（La）到71号元素（Lu），共15种元素统称为镧系元素。第七周期中，从第89号元素（Ac）到第103号元素（Lr），共15种元素统称为锕系元素。镧系和锕系元素都是放射性元素。钪、钇和镧系元素（共17种）统称为稀土元素。

过渡元素的物理化学性质主要取决于电子结构。过渡元素有许多不同于s区和p区元素的特征，比如"变价多"、"颜色多"、"配合物多"等。

(1) 物理性质

在d区中，不仅s电子参与形成金属键，d电子也可以参与成键，所以它们都具有较高的熔点、沸点、汽化热等。一般熔点高的金属也具有较大数目的未成对电子，硬度也高。比如，熔点最高的金属是W（3410℃），硬度最大的金属是Cr（硬度为9），密度最大的金属是Os（$22.48g \cdot cm^{-3}$）。

(2) 化学性质

过渡金属单质的化学"活性"（指热力学倾向）有较大的差别，钪分族为活泼的金属，铂系金属为惰性金属。第一过渡系金属较活泼，第二、三过渡系金属较稳定。

过渡元素存在多种氧化态，这与它们具有未饱和的价电子层结构和（$n-1$）d与ns能量相近有关。除了s电子可以参与成键外，d电子也可以部分或全部参加成键，这是导致d区元素具有价态多样性的根本原因。例如，Mn的价电子构型为$3d^5 4s^2$，它的氧化数有0、1、2、3、4、5、6、7。

相对于s区和p区元素来说，过渡元素的明显特征是常作为配合物的形成体（中心离子或中心原子），形成众多的配位化合物，这部分知识将在6.5.3节详细介绍。

6.5.2 几种过渡元素化合物的简介

(1) 钛的重要化合物

① 二氧化钛　自然界中TiO_2有三种晶型，金红石型、锐钛矿型和板钛矿型，其中最重要的是金红石型，它属于简单四方晶系。TiO_2的生产主要采用硫酸法和氯化法。以下为硫酸法制备TiO_2的主要方程式：

$$TiO_2 \cdot FeO(钛铁矿) + 2H_2SO_4 \longrightarrow TiOSO_4 + FeSO_4 + 2H_2O$$

$$TiOSO_4 + 2H_2O \longrightarrow TiO_2 \cdot H_2O\downarrow + H_2SO_4$$

将水解得到的水合二氧化钛过滤洗涤，然后在800～1000℃下煅烧，即得产物TiO_2。

纯净的TiO_2俗称钛白，冷时为白色，热时为浅黄色。TiO_2不溶于水和烯酸，微溶于碱，属两性氧化物。在强碱和强酸溶液中均缓慢溶解。与碱反应生成偏钛酸盐；与热、浓的硫酸反应生成$TiOSO_4$和H_2O。

二氧化钛颜料是优质的白色颜料，占白色颜料总用量的80%以上，在全部无机颜料中也占50%以上，其消费量已成为经济学家用来衡量一个国家生活水平的主要标志之一。钛白具有折射率高、着色力强、遮盖力大，化学性能稳定及无毒等优点。因此钛白大量用于涂料、造纸、塑料、搪瓷、橡胶、化纤、医药、食品、化妆品等工业部门。

② 四氯化钛　四氯化钛（$TiCl_4$）是分子晶体，在常温下是一种无色有刺激性臭味的液体，熔点为－23℃，沸点为136℃。$TiCl_4$在水或潮湿空气中都极易水解，将它暴露在空气中会发烟。

$$TiCl_4+3H_2O \longrightarrow H_2TiO_3+4HCl$$

利用$TiCl_4$的水解性，在军事上用来制作烟幕弹；在农业上，将$TiCl_4$洒布在农田或果园的四周，白色的烟雾就像一条巨大的棉被覆盖在农田或果园上，既可防霜冻，又可消灭虫害。

(2) 铬的重要化合物

① 铬（Ⅲ）盐　最重要的铬（Ⅲ）盐有硫酸铬和铬钒。硫酸铬由于含结晶水不同而有不同的颜色，如$Cr_2(SO_4)_3\cdot 18H_2O$紫色、$Cr_2(SO_4)_3\cdot 6H_2O$绿色、$Cr_2(SO_4)_3$桃红色。硫酸铬与碱金属硫酸盐形成铬钒$MCr(SO_4)_2\cdot 12H_2O$或$M_2SO_4\cdot Cr_2(SO_4)_3\cdot 24H_2O$($M=Na^+$、$K^+$、$Rb^+$、$Cs^+$、$NH_4^+$、$Tl^+$)。用$SO_2$还原$K_2Cr_2O_7$的$H_2SO_4$溶液可制得铬钾矾。

$$K_2Cr_2O_7+H_2SO_4+3SO_2 \longrightarrow K_2SO_4\cdot Cr_2(SO_4)_3+H_2O$$

铬钾矾广泛用于皮革鞣制和染色过程中。

在酸性水溶液中，Cr^{3+}表现出极大的稳定性，其还原性很弱，只有像过二硫酸铵、高锰酸钾这样的很强的氧化剂，才能将Cr^{3+}氧化。

$$2Cr^{3+}+3S_2O_8^{2-}+7H_2O \xrightarrow[\text{Ag 催化}]{} Cr_2O_7^{2-}+6SO_4^{2-}+14H^+$$

$$10Cr^{3+}+6MnO_4^-+11H_2O \xrightarrow{\triangle} 5Cr_2O_7^{2-}+6Mn^{2+}+22H^+$$

② Cr_2O_3和$Cr(OH)_3$　三氧化二铬（Cr_2O_3）为绿色固体，熔点很高，为2263K。它常用作绿色颜料，俗称“铬绿”；也用于制备耐高温陶瓷及用铝热法制备金属铬及有机合成的催化剂。

Cr_2O_3与α-Al_2O_3同晶，微溶于水，具有两性，溶于H_2SO_4生成紫色的硫酸铬。

$$Cr_2O_3+3H_2SO_4 \longrightarrow Cr_2(SO_4)_3+3H_2O$$

溶于浓NaOH生成深绿色的亚铬酸钠。

$$Cr_2O_3+2NaOH+3H_2O \longrightarrow 2NaCr(OH)_4$$

灼烧过的Cr_2O_3不溶于酸，难溶于碱，但可用熔融法变成可溶性的盐。

$$Cr_2O_3+3K_2S_2O_7 \xrightarrow{\text{熔融}} Cr_2(SO_4)_3+3K_2SO_4$$

$$Cr_2O_3+2NaOH \xrightarrow{\text{熔融}} 2NaCrO_2+H_2O$$

向铬（Ⅲ）盐溶液中加碱，可析出灰蓝色水合三氧化二铬($Cr_2O_3\cdot nH_2O$)的胶状沉淀，即所谓氢氧化铬[$Cr(OH)_3$]。$Cr(OH)_3$ 也具有两性，溶于酸生成 Cr^{3+}，溶于碱生成亮绿色的 $Cr(OH)_4^-$。

$$Cr(OH)_3 + 3H^+ \rightleftharpoons Cr^{3+} + 3H_2O$$

$$Cr(OH)_3 + OH^- \rightleftharpoons Cr(OH)_4^-$$

$Cr(OH)_3$ 在溶液中存在着如下反应。

$$\underset{\text{(紫色)}}{Cr^{3+}} + 3OH^- \rightleftharpoons \underset{\text{(灰蓝色)}}{Cr(OH)_3} \rightleftharpoons H^+ + \underset{\text{(深绿色)}}{CrO_2^-} + H_2O$$

无论是 Cr^{3+} 还是 $Cr(OH)_4^-$，在水中都发生水解作用。Cr^{3+} 的水解常数 $K_h = 1.6 \times 10^{-4}$，因此 Cr^{3+} 盐溶液显酸性，而 $Cr(OH)_4^-$ 只能存在于碱性介质中。

③ 铬酸盐和重铬酸盐　在铬酸盐和重铬酸盐中，最重要的是钠盐和钾盐。K_2CrO_4 为黄色晶体，$K_2Cr_2O_7$ 为橙红色晶体（俗称红矾钾）。$K_2Cr_2O_7$ 在高温下溶解度大（100℃时为102g/100g水），在低温下溶解度小（0℃时为5g/100g水），$K_2Cr_2O_7$ 易通过重结晶法提纯；而且 $K_2Cr_2O_7$ 不易潮解，又不含结晶水，故常用作化学分析中的基准物。

在铬酸盐溶液中加入足够量的酸时，溶液由黄色变为橙红色，而在重铬酸盐溶液中加入足够量的碱时，溶液由橙红色变为黄色。这是因为在铬酸盐或重铬酸盐溶液中存在如下平衡。

$$\underset{\text{(黄色)}}{2CrO_4^{2-}} + 2H^+ \rightleftharpoons \underset{\text{(橙红色)}}{Cr_2O_7^{2-}} + H_2O$$

CrO_4^{2-} 和 $Cr_2O_7^{2-}$ 的相互转化取决于溶液的 pH。实验证明，当 pH 为 11 时，Cr(Ⅵ) 几乎全部以 CrO_4^{2-} 形式存在；而当 pH 为 1.2 时，几乎全部以 $Cr_2O_7^{2-}$ 形式存在。

重铬酸盐大都易溶于水；而铬酸盐（除钾盐、钠盐、铵盐外）一般都难溶于水。向重铬酸盐溶液中加入 Ba^{2+}、Pb^{2+} 或 Ag^+ 时，可使上述平衡向生成 CrO_4^{2-} 的方向移动，生成相应的铬酸盐沉淀。

$$Cr_2O_7^{2-} + 2Ba^{2+} + H_2O \longrightarrow \underset{\text{(颜料：柠檬黄)}}{2BaCrO_4} \downarrow + 2H^+$$

$$Cr_2O_7^{2-} + 2Pb^{2+} + H_2O \longrightarrow \underset{\text{(颜料：铬黄)}}{2PbCrO_4} \downarrow + 2H^+ \quad \text{(此反应用于鉴定 } CrO_4^{2-}\text{)}$$

$$Cr_2O_7^{2-} + 4Ag^+ + H_2O \longrightarrow \underset{\text{(砖红色)}}{2Ag_2CrO_4} \downarrow + 2H^+$$

由 Cr 的电势图可知，重铬酸盐在酸性溶液中是强氧化剂，可以氧化 H_2S、H_2SO_3、HCl、HI 和 $FeSO_4$ 等，本身被还原为 Cr^{3+}。

$$Cr_2O_7^{2-} + 3H_2S + 8H^+ \longrightarrow 2Cr^{3+} + 3S \downarrow + 7H_2O$$

$$Cr_2O_7^{2-} + 3SO_3^{2-} + 8H^+ \longrightarrow 2Cr^{3+} + 3SO_4^{2-} \downarrow + 4H_2O$$

$$Cr_2O_7^{2-} + 6I^- + 14H^+ \longrightarrow 2Cr^{3+} + 3I_2 \downarrow + 7H_2O$$

$$Cr_2O_7^{2-} + 6Fe^{2+} + 14H^+ \longrightarrow 2Cr^{3+} + 6Fe^{3+} \downarrow + 7H_2O \text{(可用于 } Fe^{2+} \text{ 含量的测定)}$$

$K_2Cr_2O_7$ 的饱和溶液与浓 H_2SO_4 混合后，即得实验室常用的铬酸洗液。铬酸洗液的氧化性很强，在实验室中用于洗涤玻璃器皿上附着的油污。

在 $Cr_2O_7^{2-}$ 的溶液中，加入 H_2O_2，再加一些乙醚，轻轻摇荡，乙醚层中出现蓝色的 $CrO(O_2)_2$，或写成 CrO_5。

$$Cr_2O_7^{2-}+4H_2O_2+2H^+ \longrightarrow 2CrO(O_2)_2+5H_2O$$

这一反应常用来鉴定Cr(Ⅵ)的存在。$CrO(O_2)_2$ 不稳定，放置或微热时会分解为 Cr^{3+} 并放出 O_2。$CrO(O_2)_2$ 在乙醚或戊醇中比较稳定。

(3) 锰的重要化合物

① 二氧化锰　二氧化锰（MnO_2）是一种重要的氧化物，显弱碱性，呈棕黑色粉末状，晶体呈金红石结构，以软锰矿形式存在于自然界中，不溶于水。MnO_2 是 Mn 最稳定的氧化物，显弱酸性。在酸性溶液中，MnO_2 有强氧化性。例如，浓 HCl 或浓 H_2SO_4 与 MnO_2 在加热时反应式为

$$MnO_2+4HCl(浓) \longrightarrow MnCl_2+Cl_2\uparrow+2H_2O$$
$$2MnO_2+2H_2SO_4(浓) \longrightarrow 2MnSO_4+O_2\uparrow+2H_2O$$

在实验室中常利用上述第一个反应制取少量 Cl_2。

MnO_2 也具有一定的还原性，与碱共溶时，可被空气中的 O_2 所氧化，生成绿色的锰酸盐。

$$2MnO_2+4KOH+O_2 \longrightarrow 2K_2MnO_4+2H_2O$$

MnO_2 在工业上有许多用途。MnO_2 是一种被广泛采用的氧化剂，将它加入熔融态的玻璃中可以除去带色杂质。制造干电池时，将 MnO_2 加入干电池中可以消除极化作用，氧化在电极上产生的 H_2。MnO_2 还是一种催化剂，如可以加快 $KClO_3$ 或 H_2O_2 的分解速率及涂料在空气中的氧化速率。

② 高锰酸钾　锰（Ⅵ）的化合物中最重要、应用最广的是高锰酸钾 $KMnO_4$，俗称灰锰氧。$KMnO_4$ 是深紫色晶体，能溶于水，是一种重要的和常用的强氧化剂。

工业上用 Cl_2 氧化 K_2MnO_4 或电解 K_2MnO_4 的碱性溶液来制备 $KMnO_4$。

$$2MnO_4^{2-}+Cl_2 \longrightarrow 2MnO_4^-+2Cl^-$$

$$2MnO_4^{2-}+2H_2O \xrightarrow{电解} 2MnO_4^-+H_2\uparrow+2OH^-$$

（阳极）　　　　（阴极）

制备 $KMnO_4$ 的最好方法是电解 K_2MnO_4，此法不但产率高，而且无副产品。

$KMnO_4$ 是一种较稳定的化合物，但加热到200℃以上时会分解并放出氧气。利用其分解反应，实验室用该法制备氧气。

$$2KMnO_4 \xrightarrow{\triangle} K_2MnO_4+MnO_2+O_2\uparrow$$

$KMnO_4$ 在酸性溶液中不稳定，缓慢分解析出 MnO_2。

$$4MnO_4^-+4H^+ \longrightarrow 4MnO_2\downarrow+2H_2O+3O_2\uparrow$$

在中性或碱性溶液中，特别是在黑暗处，$KMnO_4$ 分解很慢。光对 $KMnO_4$ 的分解有催化作用，因此配制好的 $KMnO_4$ 溶液必须保存于棕色试剂瓶中。

$KMnO_4$ 是最重要和最常用的氧化剂之一，它的氧化能力和还原产物因介质的酸度不同而不同。此外，$KMnO_4$ 的加入方式也会影响最终产物。以 $KMnO_4$ 与 SO_3^{2-} 反应为例说明。

a. 在酸性介质中

$$2MnO_4^-(紫色)+5SO_3^{2-}+6H^+ \longrightarrow 2Mn^{2+}(粉红或无色)+5SO_4^{2-}+3H_2O$$

b. 在强碱性介质中

$$2MnO_4^-+SO_3^{2-}+2OH^- \longrightarrow 2MnO_4^{2-}(绿色)+SO_4^{2-}+H_2O$$

c. 在中性、弱酸性或弱碱性介质中

$$2MnO_4^- + 3SO_3^{2-} + H_2O \longrightarrow 2MnO_2 \downarrow (棕色) + 3SO_4^{2-} + 2OH^-$$

$KMnO_4$ 作为一种良好的氧化剂，是大规模生产的无机盐。它在轻化工中用于纤维、油脂的漂白和脱色；在化学工业中用于生产维生素 C、糖精等；在日常生活中，$KMnO_4$ 的稀溶液可用于饮食用具、器皿、蔬菜、水果等的消毒；在医疗上用作杀菌消毒剂。

6.5.3 配位化合物及应用

配位化合物简称配合物，也叫络合物。人们很早就开始接触配位化合物，当时大多用作日常生活用途，原料也基本上是由天然取得的。早在 18 世纪初普鲁士人就发现了第一个配合物——普鲁士蓝，后来的研究表明其组成为 $Fe_4[Fe(CN)_6]_3$。18 世纪末，法国化学家塔萨厄尔（Tassaert）首次用钴盐、氯化铵与氨水制备出第一个配合物——氯化六氨合钴(Ⅲ)，分子式为 $[Co(NH_3)_6]Cl_3$，并发现铬、镍、铜、铂等金属与 Cl^-、H_2O、CN^-、CO 和 C_2H_4 等也都可以生成类似的化合物。当时无法解释这些化合物的成键及性质，所进行的大部分实验也只局限于配合物颜色差异的观察、水溶液可被银离子沉淀的物质的量（mol）以及电导的测定等。对于这些配合物中的成键情况，当时比较盛行的说法是借用了有机化学的思想，认为这类分子为链状，只有末端的卤离子可以解离出来，而被银离子沉淀。然而这种说法很牵强，不能解释很多事实。1893 年，瑞士化学家维尔纳（A. Werner）总结了前人的理论，首次提出了现代的配位键、配位数和配位化合物结构等一系列基本概念，成功解释了很多配合物的电导性质、异构现象及磁性。自此，配位化学才有了本质上的发展，维尔纳也被称为“配位化学之父”，并因此获得了 1913 年的诺贝尔化学奖。

(1) 配位化合物组成和命名

由一个简单正离子和几个中性分子或负离子结合形成的有一定稳定性的复杂离子叫配位离子（或配离子），含有配离子的化合物叫配位化合物（coordination compounds）。例如，在 $[Cu(NH_3)_4]SO_4$ 中，$[Cu(NH_3)_4]^{2+}$ 就是带正电荷的正配离子。它是由简单的 Cu^{2+} 和中性 NH_3 以配位键结合形成的复杂离子。它几乎已经失去了原来简单离子（Cu^{2+}）的性质，如颜色由浅蓝色转变为深蓝色，与碱不再生成浅蓝色胶状沉淀等。$[Ag(NH_3)_2]^+$ 也是正配离子，它们在配位化合物中相当于盐中的正离子。$[Fe(CN)_6]^{4-}$、$[PtCl_6]^{2-}$ 等是带负电荷的负配离子，它们在配位化合物中相当于盐的酸根负离子。此外，还有一类配位化合物，它们是不带电荷的中性配位“分子”，如 $Ni(CO)_4$、$Fe(CO)_5$ 等。

配合物的组成中，有一个带正电荷的中心离子（central ion）占据中心位置，叫配离子的形成体。在它周围直接配位着一些中性分子或简单负离子，称配位体（ligand）。中心离子与配位体构成了配离子，在配合物结构中称为内配位层或内界（inner sphere）。配合物中不在内界，距中心离子较远的其它离子称外配位层或外界（outer sphere）。外界的离子与配离子以静电引力相结合。

在配位体中与中心离子直接结合的原子叫配位原子（coordination atom）。与中心离子结合的配位原子总数叫中心离子的配位数（coordination number）。在作为配位体的 NH_3 分子中，配位原子是 N，所以在 $[Cu(NH_3)_4]^{2+}$ 中 NH_3 分子数与配位数相同；在 CN^- 中，配位原子是 C，所以在 $[Fe(CN)_6]^{3-}$ 中 CN^- 离子数与配位原子数也相同。但是，不少配位体具有不止一个配位原子，此时配位数与配位体数就不是相同的了。

配合物的命名服从一般无机化合物的命名原则。如果外界是一简单酸根，如Cl^-、S^{2-}等，便称为“某化某”；如果外界是一复杂酸根，如SO_4^{2-}、Ac^-等，或配合物内界为负配离子，如配合物$K_3[Fe(NCS)_6]$、$Na_3[Ag(S_2O_3)_2]$等，便称为“某酸某”，即把负配离子看成是一个复杂酸根离子。配合物内界按下列顺序依次命名：配位体—“合”—中心离子（或原子）（氧化数用罗马数字Ⅰ、Ⅱ、Ⅲ等表示）。若配位体不止一种，则不同配位体之间以中圆点“·”分开，其命名顺序是：先无机配位体，后有机配位体；若同是无机配位体或同是有机配位体，先阴离子而后中性分子；同类配位体则按配位原子元素符号的英文字母顺序排列。表6-4列举了一些常见的配合物的组成与命名。

表6-4　一些常见的配合物的组成与命名

配合物化学式	命名	形成体	配位体	配位原子	配位数
$[Ni(NH_3)_6]Cl_2$	氯化六氨合镍(Ⅱ)	Ni^{2+}	NH_3	N	6
$[Cu(en)_2]SO_4$	硫酸二(乙二胺)合铜(Ⅱ)	Cu^{2+}	en	N	4
$K_3[Fe(NCS)_6]$	六异硫氰根合铁(Ⅲ)酸钾	Fe^{3+}	NCS^-	N	6
$[Ni(CO)_4]$	四羰基合镍	Ni	CO	C	4
$[CrCl_2(H_2O)]Cl\cdot 2H_2O$	二水合氯化二氯·四水合铬(Ⅲ)	Cr^{3+}	Cl^-,H_2O	Cl,O	6
$[Co(NH_3)_5(H_2O)]Cl_3$	氯化五氨·水合钴(Ⅲ)	Co^{3+}	NH_3,H_2O	N,O	6
$[Ag(NH_3)_2]^+$	二氨合银(Ⅰ)配离子	Ag^+	NH_3	N	2
$[Al(OH)_4]^-$	四羟基合铝(Ⅲ)配离子	Al^{3+}	OH^-	O	4
$[Fe(C_2O_4)_3]^{3-}$	三草酸根合铁(Ⅲ)配离子	Fe^{3+}	$C_2O_4^{2-}$	O	6
$[CaY]^{2-}$	乙二胺四乙酸根合钙(Ⅱ)配离子	Ca^{2+}	Y^{4-}	N,O	6

化学视野

配位化学的奠基人——维尔纳（A. Werner）

配位化学开创了经典的无机化学的新研究领域，对于现代科学技术的发展做出了重要的贡献。它为发展原子能、电子工业、空间技术提供了核燃料和超纯物质的制备方法和分析技术。生物体内各种类型的分子中几乎都含有以配合物形态存在的金属元素，它们对于生物的新陈代谢起着主要的作用。另外，配合物在无机制备、分析化学、有机合成、催化作用等领域都占有重要地位。

瑞士化学家维尔纳（图6-3）对于发展配位化学起过重要的作用，他建立了配位理论，阐明了配合物中化学键的本质，为配合物的制备和应用奠定了理论基础。但是，在维尔纳开始他的实验和理论研究之前的1/4世纪里，却几乎没有人认识到研究“分子化合物”（当还没有正式建立配合物概念时，化学家都称这种化合物为“分子化合物”）中的亲和力和原子价的重要性。

图6-3　阿尔弗里德·维尔纳（Alfred Werner，1866—1919）

1893年维尔纳发表了他的重要论文《无机化合物的组成》，文中阐述了他的划时代的、但有争议的配位理论。维尔纳一直在探索“分子化合物”的价键理论，有关这方面的论述主要集中在1893年发表的论文《无机化合物的组成》，1904年出版的著作《立体化学教程》和1905年出版的著作《无机化学领域的新观点》中。因此，维尔纳提出了与经典理论不同的理论——配合物配位理论，他认为在配合物的结构中，存在着两种类型的原子价：主价和副价。例如，在 $CoCl_3 \cdot 6NH_3$ 中，钴的主价是+3，副价是+6；在 $CoCl_3 \cdot 5NH_3$ 中，钴的主价是+3，副价是+5。主价使 Co^{3+} 与 3 个 Cl^- 结合在一起；副价则使 $CoCl_3$ 与 6 个 NH_3 结合在一起形成 $CoCl_3 \cdot 6NH_3$。每一个处于特定价态的金属都可以用副价与阴离子或中性分子（如氨、有机胺、氯离子、亚硝酸根离子）结合。为了利用配位理论解释配合物的性质，维尔纳提出配合物结构中应分为“内界”和“外界”。内界是由中心原子与配位体组成的，除内界以外，配合物的其它组成就是外界。在内界中，配位体和中心原子结合得比较紧密；但外界的离子与中心原子的结合就比较松弛。维尔纳还测定了钴系配合物和铂系配合物的电导率，再一次证明了配合物结构中存在着内界和外界这一观点是正确的。维尔纳认为立体化学不应仅仅局限于碳的化合物的范围，而是在化学领域中的一种普遍现象。在这种思想指导下，他发现和命名了各种类型的无机异构现象。例如，配位异构（几何异构）、水合异构、电离异构、光学异构。

由于维尔纳在研究配位理论上的贡献，为无机化学开辟了新的研究领域，使他于 1913 年获诺贝尔化学奖，成为第一位获得诺贝尔奖金的瑞士人。

(2) 配位平衡和配位平衡的移动

① 配位平衡　配合物在水溶液中，其内界与外界间的解离与强电解质相同。例如

$$[Cu(NH_3)_4]SO_4 \longrightarrow [Cu(NH_3)_4]^{2+} + SO_4^{2-}$$

解离出来的正配位离子 $[Cu(NH_3)_4]^{2+}$ 在水溶液中有一小部分会再解离为它的组成离子和分子。

$$[Cu(NH_3)_4]^{2+} \rightleftharpoons Cu^{2+} + 4NH_3$$

这种解离如同弱电解质在水溶液中的情形一样，存在着解离平衡，即配位平衡（coordination equilibrium）。配离子的解离度一般是很小的。例如，在 $[Cu(NH_3)_4]^{2+}$ 溶液中加入少量 NaOH 后不会沉淀出 $Cu(OH)_2$。这就是由于 $c(Cu^{2+})$ 很小，$c(Cu^{2+})$ 与 $c(OH^-)$ 之积不能达到 $K_{sp}^{\ominus}[Cu(OH)_2]=2.2\times10^{-20}$ 的缘故。但是，在 $[Cu(NH_3)_4]^{2+}$ 溶液中加入 Na_2S 会在此溶液中沉淀出 $CuS(K_{sp}^{\ominus}=1.27\times10^{-36})$ 来，说明上述解离是事实存在的，只是解离度太小。

② 稳定常数和不稳定常数　在水溶液中，配离子是以比较稳定的结构单元存在的，但并不排斥有少量的解离现象。如含 $[Cu(NH_3)_4]^{2+}$ 的水溶液中加入少量的 NaOH 溶液，不会产生 $Cu(OH)_2$ 沉淀。但当加入 Na_2S 时，则会立即产生 CuS 黑色沉淀，说明溶液中存在 Cu^{2+}，只不过量很少，只能达到 CuS 沉淀所需的量。$[Cu(NH_3)_4]^{2+}$ 配位离子的解离可由下式表示。

$$[Cu(NH_3)_4]^{2+} \rightleftharpoons Cu^{2+} + 4NH_3$$

依据化学平衡原理，在标准状态下，上述体系达到平衡后，则

$$K_{不稳}^{\ominus}=\frac{c(Cu^{2+})/c^{\ominus}[c(NH_3)/c^{\ominus}]^4}{c([Cu(NH_3)_4]^{2+})/c^{\ominus}}$$

$K_{不稳}^{\ominus}$ 表示配位离子在水溶液中的解离程度，称之为配离子的解离常数或不稳定常数。$K_{不稳}^{\ominus}$ 越大，则说明配离子的解离程度越大，在水溶液中越不稳定。

配合物在水溶液中的稳定性也可以由中心离子和配体结合生成配合物的难易程度来表示，例如

$$Cu^{2+} + 4NH_3 \rightleftharpoons [Cu(NH_3)_4]^{2+}$$

若体系建立平衡，则

$$K_{稳}^{\ominus}=\frac{c([Cu(NH_3)_4]^{2+})/c^{\ominus}}{c(Cu^{2+})/c^{\ominus}[c(NH_3)/c^{\ominus}]^4}$$

$K_{稳}^{\ominus}$称为配离子的稳定常数（stability constants of coordination compounds）或生成常数，$K_{稳}^{\ominus}$越大，则配离子越稳定。

$K_{稳}^{\ominus}$和$K_{不稳}^{\ominus}$之间存在下述换算关系。

$$K_{稳}^{\ominus}=\frac{1}{K_{不稳}^{\ominus}}$$

$K_{稳}^{\ominus}$和$K_{不稳}^{\ominus}$是配合物的特性常数，均可由实验测得。附录5列出了常见的配离子的$K_{稳}^{\ominus}$值，一般$K_{稳}^{\ominus}$越大配合物越稳定。比较同类配合物稳定性时可直接由比较$K_{不稳}^{\ominus}$或$K_{稳}^{\ominus}$的大小决定。但不同类型配合物的稳定性不能直接用$K_{不稳}^{\ominus}$或$K_{稳}^{\ominus}$比较。

【例 6-1】 在50g含0.1mol乙二胺的溶液中加入50g含0.01mol Ni^{2+}的溶液。求平衡时，溶液中的Ni^{2+}浓度。已知$K_{稳}^{\ominus}([Ni(en)_3]^{2+})=2.14\times10^{18}$。

解 此反应中配位平衡是 $Ni^{2+}+3en \rightleftharpoons [Ni(en)_3]^{2+}$

因$K_{稳}^{\ominus}$值较大，$[Ni(en)_3]^{2+}$的浓度可近似看作与Ni^{2+}的初始浓度相同，即为$0.10mol\cdot L^{-1}$。乙二胺的初始浓度为$1.0mol\cdot L^{-1}$，则未反应的乙二胺的浓度$c(en)=(1.0-3\times0.10)mol\cdot L^{-1}=0.7mol\cdot L^{-1}$。设平衡溶液中$c(Ni^{2+})=x\,mol\cdot L^{-1}$，代入$K_{稳}^{\ominus}$表达式中。

$$K_{稳}^{\ominus}=2.14\times10^{18}=\frac{c([Ni(en)_3]^{2+})/c^{\ominus}}{[c(Ni^{2+})/c^{\ominus}][c(en)/c^{\ominus}]^3}=\frac{0.1}{x\times0.7^3}$$

解之，得 $x=1.36\times10^{-19}$

所以 $c(Ni^{2+})=1.36\times10^{-19}mol\cdot L^{-1}$

【例 6-2】 将$0.020mol\cdot L^{-1}$ $CuSO_4$与$1.08mol\cdot L^{-1}$氨水等体积混合后，得到深蓝色溶液，求溶液中游离Cu^{2+}的浓度为多少？

解 两溶液等体积混合后，溶液的浓度为原来的1/2，即

$c_o(Cu^{2+})=0.020\times1/2mol\cdot L^{-1}=0.010mol\cdot L^{-1}$，$c_o(NH_3)=1.08\times1/2mol\cdot L^{-1}=0.54mol\cdot L^{-1}$

混合后，它们之间发生了相互作用，由于$c_o(NH_3):c_o(Cu^{2+})=54:1\gg4:1$（配合比），即此时$NH_3$是大大过量的，$Cu^{2+}$在配合反应中绝大部分转化为$[Cu(NH_3)_4]^{2+}$。

先假定全部Cu^{2+}转化为$[Cu(NH_3)_4]^{2+}$，则过量氨的浓度为$0.54-0.010\times4=0.50mol\cdot L^{-1}$。然后考虑$[Cu(NH_3)_4]^{2+}$解离总平衡，设达平衡时$Cu^{2+}$的浓度为$x\,mol\cdot L^{-1}$，则

$$[Cu(NH_3)_4]^{2+} \rightleftharpoons Cu^{2+}+4NH_3$$

平衡浓度/$mol\cdot L^{-1}$ $\quad 0.010-x \quad x \quad 0.50+4x$

$$K_{稳}^{\ominus}=\frac{c([Cu(NH_3)_4]^{2+})}{[c(Cu^{2+})][c(NH_3)]^4};\ 2.09\times10^{13}=\frac{0.010-x}{x(0.50+4x)^4}$$

因$K_{稳}^{\ominus}$较大，且在过量NH_3的影响下，$[Cu(NH_3)_4]^{2+}$各级解离都很少，相应x值很小，解离出的NH_3也很小，所以$0.01-x\approx0.010$；$0.50+4x\approx0.50$，则

$$2.09\times10^{13}=\frac{0.010}{x\times0.50^4}$$

即
$$c(Cu^{2+})=7.66\times10^{-15}\,mol\cdot L^{-1}$$

③ 配位平衡的移动　配位平衡也是一种动态平衡。因此，当平衡的条件（浓度、温度等）发生变化时，平衡也将被破坏而移动。以 $[Cu(NH_3)_4]^{2+}$ 的解离为例。

$$[Cu(NH_3)_4]^{2+}\rightleftharpoons Cu^{2+}+4NH_3$$

在此平衡系统中加入 Na_2S 溶液，由于生成了溶解度很小的 CuS 使溶液中的 Cu^{2+} 浓度减小，于是平衡便会向配离子解离（即$[Cu(NH_3)_4]^{2+}$被破坏）的方向移动。上述过程可表示为

$$[Cu(NH_3)_4]^{2+}+S^{2+}\rightleftharpoons CuS(s)+4NH_3$$

若在$[Cu(NH_3)_4]^{2+}$的解离平衡系统中加入酸，由于 H^+ 与 NH_3 结合生成更稳定的 NH_4^+，溶液中 NH_3 浓度减小，平衡也将向配离子解离的方向移动。

$$[Cu(NH_3)_4]^{2+}+4H^+\rightleftharpoons Cu^{2+}+4NH_4^+$$

结果，深蓝色的配离子溶液变成水合 Cu^{2+} 的浅蓝色。这种由于酸的加入而导致配离子稳定性降低的作用称为酸效应（acid effect）。

由于配离子具有良好的稳定性，因而常用形成配离子的反应使多相离子的平衡向着沉淀溶解的方向移动。例如，在氯化银的饱和溶液中

$$AgCl(s)\rightleftharpoons Ag^++Cl^-$$

加入足够量的浓氨水，于是便建立了下述配位平衡。

$$Ag^++2NH_3\rightleftharpoons[Ag(NH_3)_2]^+$$

稳定的$[Ag(NH_3)_2]^+$的形成使上述多相平衡系统向右移动，于是 AgCl 沉淀便将溶解，这个过程可用下式表示。

$$AgCl(s)+2NH_3\rightleftharpoons[Ag(NH_3)_2]^++Cl^-$$

这种由于配位平衡的建立而导致沉淀溶解的作用叫做溶解效应（solubility effect）。

在有配离子参加的反应中，一种配离子还可以转化为更稳定的另一种配离子。这种配离子的转化反应，其方向可用稳定常数来进行判断。例如，下述反应

$$[HgCl_4]^{2-}+4I^-\rightleftharpoons[HgI_4]^{2-}+4Cl^-$$

上述反应涉及到两个共存的配位平衡系统，它们的稳定常数分别是

$$K^{\ominus}_{稳}([HgCl_4]^{2-})=\frac{c([HgCl_4]^{2-})/c^{\ominus}}{[c(Hg^{2+})/c^{\ominus}][c(Cl^-)/c^{\ominus}]^4}=10^{15.07}$$

$$K^{\ominus}_{稳}([HgI_4]^{2-})=\frac{c([HgI_4]^{2-})/c^{\ominus}}{[c(Hg^{2+})/c^{\ominus}][c(I^-)/c^{\ominus}]^4}=10^{29.83}$$

按多重平衡规则，配离子转化反应的平衡常数为上述两个 $K^{\ominus}_{稳}$值之商，即

$$K^{\ominus}=\frac{10^{29.83}}{10^{15.07}}=10^{14.76}=5.75\times10^{14}$$

可以看出 $[HgCl_4]^{2-}$ 转化为 $[HgI_4]^{2-}$ 的趋势极大，即上述反应可以向正反应方向进行。

配位平衡还可因氧化还原反应而发生移动。例如，在氰化法提炼银时，矿粉中的银先生成配离子$[Ag(CN)_2]^-$。

$$4Ag+8NaCN+O_2+2H_2O\rightleftharpoons 4Na[Ag(CN)_2]+4NaOH$$

溶液中存在着下述配位平衡。

$$Ag^++2CN^-\rightleftharpoons[Ag(CN)_2]^-$$

若向溶液中加入锌，则上述平衡向配离子解离的方向移动。

$$[Ag(CN)_2]^- \rightleftharpoons Ag^+ + 2CN^-$$

这是由于 Ag^+ 与锌发生下述反应。

$$2Ag^+ + Zn \longrightarrow 2Ag + Zn^{2+}$$

因此得到了单质银。

(3) 配位化合物的应用

① 在分析化学中应用　许多金属离子可以形成具有特征颜色的配合物，因此，根据配合物的特征颜色可鉴定金属离子。例如，Cu^{2+} 与 NH_3 生成的 $[Cu(NH_3)_4]^{2+}$ 具有特征的深蓝色，据此可鉴定 Cu^{2+}。再如 Fe^{3+} 能与 SCN^- 生成血红色配离子，其主要成分是$[Fe(NCS)]^{2+}$。

$$Fe^{3+} + SCN^- \rightleftharpoons [Fe(NCS)]^{2+}$$

此反应对鉴定 Fe^{3+} 相当灵敏。Fe^{3+} 还能与 $K_4[Fe(CN)_6]$反应生成深蓝色沉淀 $Fe_4[Fe(CN)_6]_3$（俗称普鲁士蓝），因而 $K_4[Fe(CN)_6]$也可用作鉴定 Fe^{3+}的试剂。

$$3K_4[Fe(CN)_6] + 4FeCl_3 \longrightarrow Fe_4[Fe(CN)_6]_3 + 12KCl$$

乙二胺四乙酸二钠盐（EDTA）能与绝大多数金属离子生成稳定的螯合物。因此，常用 EDTA 盐作为配位剂来滴定分析金属离子（称为配位滴定或络合滴定）。

② 冶金方面的应用　传统的氰化法提炼金，是用氰化钠溶液处理磨细的矿粉。由于氰离子的配位反应降低了金单质氧化电位，从而能在碱性条件下被空气中的氧气氧化生成可溶性的 $Na[Au(CN)_2]$配合物而溶解，由此可以有效地将金从矿渣中分离出来，然后再用活泼金属（比如锌粒）经过置换反应把金从溶液中还原为单质。

$$4Au + 8NaCN + 2H_2O + O_2 \longrightarrow 4Na[Au(CN)_2] + 4NaOH$$

$$2Na[Au(CN)_2] + Zn \longrightarrow 2Au + Na_2[Zn(CN)_4]$$

电解铜的阳极泥中含有 Au 和 Pt 等贵金属，在王水中生成 $H[AuCl_4]$和 $H_4[PtCl_6]$等配合物，从而可以有效地从阳极泥中回收 Au 和 Pt 等贵金属。

③ 环境保护方面的应用　由于氰化物（如 NaCN）毒性很大，生产中的含氰废水都要进行处理，以免造成公害。可以用硫酸亚铁溶液来处理，使之生成白色的毒性很小的配合物六氰合铁（Ⅱ）酸亚铁($Fe_2[Fe(CN)_6]$)。

④ 电镀方面的应用　应用普通的盐溶液作为电镀液时由于电镀液中金属离子浓度较大，使镀层粗糙，厚薄不均，容易脱落。欲得到良好的镀层，要求电镀溶液中的金属离子浓度要小，而且要源源不断地供应，配合物溶液正好具有这一特性。例如，镀铜时采用焦磷酸钾 $K_4P_2O_7$ 作为配位剂，组成含有 $[Cu(P_2O_7)_2]^{6-}$ 的电镀液。在电镀过程中，$[Cu(P_2O_7)_2]^{6-}$ 逐渐解离以维持电镀液中 Cu^{2+} 浓度基本稳定，这样就可得到均匀的镀层。

⑤ 在医学上的应用　医学上常用配位反应来治疗疾病。例如，用 $Na_2[Ca\text{-}EDTA]$治疗铅中毒。$[Ca\text{-}EDTA]^{2-}$ 解离出的 EDTA 能与 Pb^{2+} 形成更稳定的 $[Pb\text{-}EDTA]^{2-}$，而且 $[Pb\text{-}EDTA]^{2-}$ 和剩余的 $[Ca\text{-}EDTA]^{2-}$ 都能容易的排出体外。具有抗癌活性的顺-$[PtCl_2(NH_3)_2]$是 1969 年发现的第一种具有抗癌活性的金属配合物，其反式则没有抗癌活性。某些二茂铁的盐类具有抗癌活性，如他莫昔芬的二茂铁同类物。二茂铁是指分子式为 $Fe(C_5H_5)_2$ 的有机金属化合物，是最重要的金属茂基配合物，也是最早被发现的夹心配合物。二茂铁的发现展开了环戊二烯基与过渡金属的众多 π 配合物的化学之旅，也为有机金属

化学掀开了新的帷幕。

⑥ 其它方面的应用　使用聚磷酸盐［化学式用 $(NaPO_3)_n$ 表示］能处理高压锅炉内的水，它既可以水解形成简单的磷酸根离子，又可以与 Ca^{2+}、Mg^{2+} 生成可溶性配合物，因此效果比使用磷酸盐更好。照相底片上未曝光的 AgBr，可用 $Na_2S_2O_3$ 溶液（$Na_2S_2O_3 \cdot 5H_2O$ 俗称海波）溶解，其反应式为

$$AgBr(s)+2S_2O_3^{2-} \rightleftharpoons [Ag(S_2O_3)_2]^{3-}+Br^-$$

6.6　镧系元素和锕系元素及稀土元素的应用

6.6.1　镧系元素和锕系元素简介

镧系元素（Lanthanide，又称第一内过渡系）在第六周期，属 f 区，原子序数第 57 号至 71 号元素共 15 种元素的统称，用符号 Ln 表示，包括镧（La）、铈（Ce）、镨（Pr）、钕（Nd）、钷（Pm）、钐（Sm）、铕（Eu）、钆（Gd）、铽（Tb）、镝（Dy）、钬（Ho）、铒（Er）、铥（Tm）、镱（Yb）和镥（Lu），其中钷（Pm）是人造放射性元素。为了区别于元素周期表中的 d 区过渡元素，故又将镧系元素称为内过渡元素。

锕系元素（actinide，又称第二内过渡系）是周期系ⅢB 族中原子序数为 89～103 的 15 种化学元素的统称，用符号 An 表示，包括锕（Ac）、钍（Th）、镤（Pa）、铀（U）、镎（Np）、钚（Pu）、镅（Am）、锔（Cm）、锫（Bk）、锎（Cf）、锿（Es）、镄（Fm）、钔（Md）、锘（No）和铹（Lr），它们都是放射性元素。锕、钍、镤、铀存在于自然界中，其余 11 种全部用核反应合成。

由于镧系和锕系两个系列的元素原子序数的增加都只在内层轨道（相应的 4f 和 5f 轨道）充填电子，其外层轨道（相应的 6s、5d 和 7s、6d 轨道）的电子排布基本相同，因此不仅镧系元素和锕系元素的化学性质相似，而且每个系列内元素之间的化学性质也是相近的。氧化物和氢氧化物在水中溶解度较小、碱性较强；能形成配离子和有机螯合物的三价阳离子；生成三价的不溶性化合物，如氢氧化物、氟化物、碳酸盐和草酸盐等；生成三价的可溶性化合物，如硫酸盐、硝酸盐、高氯酸盐和某些卤化物等。镧系元素一般呈＋3 氧化态，但铈（Ce）、镨（Pr）、钕（Nd）、铽（Tb）、镝（Dy）能形成＋4 氧化态的化合物，钐（Sm）、铕（Eu）、镱（Yb）能形成＋2 氧化态的化合物。锕系前面部分元素（Th～Am）存在多种氧化态，Am 以后的元素在水溶液中氧化态是＋3。这是因前面元素（Th～Am）5f→6d 跃迁所需的能量比镧系 4f→5d 跃迁要小一些，所以提供更多成键电子的倾向要大些。

锕系元素和镧系元素中都发现离子半径收缩的现象，即随着原子序数的增大，离子半径反而减小，这个现象称为镧系收缩。镧系元素离子半径收缩程度大的原因在于镧系离子比镧系金属单质少一个电子层，镧系金属原子失去最外层 6s 电子后，4f 轨道则处在外数第二层（外数第一层为 5s、5p），离子状态的 4f 轨道比原子中 4f 轨道（外数第三层）对核电荷的屏蔽作用小，从而使离子半径收缩程度比原子半径更明显。锕系元素中，充填最初几个 5f 电子时，离子半径收缩比较明显，后来趋于平缓，使得这些元素的离子半径十分接近。镧系收缩是无机化学中一个特殊又重要的现象。由于镧系收缩的影响，不仅使镧系元素本身在自然界共生、制备和分离为单一稀土元素非常困难，同时还使得第三过渡系与第二过渡系的同族

元素原子（或离子）半径相近（如铪与锆、钽与铌、钨与钼等），因而它们性质上极为相似，也常常共生而难以分离。

6.6.2 稀土元素的应用

(1) 稀土元素简介

稀土就是化学元素周期表中镧系元素——镧（La）、铈（Ce）、镨（Pr）、钕（Nd）、钷（Pm）、钐（Sm）、铕（Eu）、钆（Gd）、铽（Tb）、镝（Dy）、钬（Ho）、铒（Er）、铥（Tm）、镱（Yb）、镥（Lu），ⅢB族的钪（Sc）和钇（Y）和镧系元素性质非常相似，而且在矿物中也常常共生，因而把它们统称为稀土元素（rare-earth elements），用RE表示。按元素相对原子质量及物理化学性质，分为轻、中、重稀土元素，前5种元素为轻稀土，其余为中重稀土。

18世纪时，人们把不与水作用的氧化物叫“土”，稀土元素的氧化物是不溶于水的。当时知道的这些元素在地球上的丰度很小，因而称它们为“稀土”。其实镧系元素并不稀少，15种元素在自然界均存在，总量在地壳中占0.0153%，其中丰度最大的是Ce，丰度为0.0046%。现在，已知许多稀土元素如镧、铈、钇、钕、钆的丰度与锌、锡、镍等属同一数量级；镨、钐、镝、铒、镥、钬、铽与砷、氩、锗等属同一数量级。它们都比碘、金、汞的丰度大得多，就是少见的铥也比人们熟悉的银、汞多。由于稀土元素的分布比较分散，而且常常与其它成分混生，分离和提纯都很困难，因此人们对它们认识和应用得较晚。

(2) 我国的稀土金属资源

我国的稀土矿物种类丰富，包括氟碳铈矿、独居石矿、离子型矿、磷钇矿、褐钇铌矿等，稀土元素较全，离子型中重稀土矿在世界上占有重要地位。中国的稀土储量约占世界总储量的23%。2011年，中国稀土冶炼产品产量为9.69万吨，占世界总产量的90%以上。在快速发展的同时，中国的稀土行业存在不少问题，中国也为此付出了巨大代价，主要表现在以下几个方面。

① 资源过度开发　经过半个多世纪的超强度开采，中国稀土资源保有储量及保障年限不断下降，主要矿区资源加速衰减，原有矿山资源大多枯竭。包头稀土矿主要矿区资源仅剩1/3，南方离子型稀土矿储采比已由20年前的50降至目前的15。南方离子型稀土大多位于偏远山区，山高林密，矿区分散，矿点众多，监管成本高、难度大，非法开采使资源遭到了严重破坏。采富弃贫、采易弃难现象严重，资源回收率较低，南方离子型稀土资源开采回收率不到50%，包头稀土矿采选利用率仅为10%。

② 生态环境破坏严重　稀土开采、选冶、分离存在的落后生产工艺和技术，严重破坏地表植被，造成水土流失和土壤污染、酸化，使得农作物减产甚至绝收。离子型中重稀土矿过去采用落后的堆浸、池浸工艺，每生产1t稀土氧化物产生约2000t尾沙，目前虽已采用较为先进的原地浸矿工艺，但仍不可避免地产生大量的氨氮、重金属等污染物，破坏植被，严重污染地表水、地下水和农田。轻稀土矿多为多金属共伴生矿，在冶炼、分离过程中会产生大量有毒有害气体、高浓度氨氮废水、放射性废渣等污染物。一些地方因为稀土的过度开采，还造成山体滑坡、河道堵塞、突发性环境污染事件，甚至造成重大事故灾难，给公众的生命安全和生态环境带来重大损失。而生态环境的恢复与治理，也成为一些稀土产区的沉重负担。

③ 产业结构不合理　冶炼分离产能严重过剩。稀土材料及器件研发滞后，在稀土新材料开发和终端应用技术方面与国际先进水平差距明显，拥有知识产权和新型稀土材料及器件生产加工技术较少，低端产品过剩，高端产品匮乏。稀土作为一个小行业，产业集中度低，企业众多，缺少具有核心竞争力的大型企业，行业自律性差，存在一定程度的恶性竞争。

针对稀土行业发展中存在的突出问题，中国政府进一步加大了对稀土行业的监管力度。2011年5月，国务院正式颁布了《关于促进稀土行业持续健康发展的若干意见》（以下简称《意见》），把保护资源和环境、实现可持续发展摆在更加重要的位置，依法加强对稀土开采、生产、流通、进出口等环节的管理，研究制定和修改完善加强稀土行业管理的相关法律法规。在短期内，建立起规范有序的资源开发、冶炼分离和市场流通秩序，资源无序开采、生态环境恶化、生产盲目扩张和出口走私猖獗的状况得到有效遏制；稀土资源回收率、选矿回收率和综合利用率得到提高，资源开发强度得到有效控制，储采比恢复到合理水平；废水、废气、废渣排放全面达标，重点地区生态环境得到有效恢复；稀土行业兼并重组加快推进，形成规模、高效、清洁化的大型生产企业；新产品开发和新技术推广应用步伐加快。在此基础上，进一步完善稀土政策和法律法规，逐步建立统一、规范、高效的稀土行业管理体系，形成合理开发、有序生产、高效利用、技术先进、集约发展的稀土行业持续健康发展格局。

(3) 稀土元素的应用

① 在玻璃、陶瓷工业中的应用　长期以来稀土就用于玻璃、陶瓷工业中，不同纯度的 CeO_2 或混合稀土氧化物广泛用作玻璃的抛光剂，用于镜面、平板电脑、电视显像管等的抛光。它具有用量少、抛光时间短等优点。稀土可使玻璃具有特种性能和颜色。例如，含 La_2O_3 的光学玻璃有很高的折射率，把成千上万根像头发丝般的 La_2O_3 玻璃纤维，制成任意弯曲的透光玻璃棒，在医疗上可用作直接探视患者肠胃和腹腔的内窥镜。含纯氧化钕（Nd_2O_3）的玻璃具有鲜红色，用于航行的仪表中；含纯氧化镨（Pr_6O_{11}）的玻璃是绿色的，并能随光源不同而有不同的颜色；加有镨和钕的玻璃可用于制造焊接工和玻璃工用的防护镜，因为这种玻璃能吸收强烈的钠黄光。往氧化锆（ZrO_2）中加入3%的氧化镨，可制得漂亮的镨黄陶瓷；由组成为 ZrF_4、BaF_2 和 LaF_3 的氟玻璃可透过紫外至中红外的光，在2～5μm 范围的光透过率很高，折射率很低，化学稳定性高，可耐水和酸的腐蚀。光在氟锆酸盐玻璃中的传输损失小于硅酸盐玻璃，可用作洲际或大洋间通信的光学纤维。

② 在石油化工中的应用　稀土元素在石油化工领域中的应用是制备分子筛型石油裂化的催化剂。因为稀土元素原子的4f轨道只有微弱的成键能力，可使反应物分子活化而易转变成产物分子，同时产物分子又较容易脱离催化剂，所以稀土金属的催化性能优良。在催化原油的裂化过程中，能催化许多其它的有机反应。例如，稀土氧化物 LaO_3、Nd_2O_3 和 Sm_2O_3 用于环己烷脱氢制苯，用 $LnCoO_3$ 代替铂催化氧化氨制硝酸。稀土分子筛型石油裂化催化剂活性强，选择性高，热稳定性好，可使原油出油率提高10%～20%。利用已除去铈的混合稀土元素的环烷酸盐溶于汽油做催化剂，成功地合成了异戊橡胶和顺丁橡胶，属我国原创。

③ 在冶金工业中的应用　在冶金工业中，由于稀土元素具有对氢、氧、硫和其它非金属的强亲和力，用于炼钢中能净化钢液，减少有害元素对钢铁质量的影响。例如，氢气在钢水中的溶解度随温度的下降而减小，氢气的析出则影响钢的力学性能，这种现象叫氢脆。稀

土金属可用作钢水的“吸氢剂”，钢中含一定量稀土元素，就可避免氢脆现象。

由于稀土金属原子半径比铁的大得多，在钢液冷却过程中，它可填补在钢的晶粒断相表面缺陷处，阻止晶粒继续长大，从而使钢的晶粒细化，提高钢的致密程度，改善钢的性能。在铸铁中加入适量的稀土元素，能使铸铁中的石墨由片状变为球状，所以稀土元素也是球墨铸铁中的球化剂。球墨铸铁强度高，切削性能好，比铸铁用途要广泛得多。一些机械零件采用球墨铸铁，可达到钢的性能。例如，柴油机的曲轴改用球墨铸铁，其质量可以和钢媲美，而成本比钢低得多，起到了“以铸代钢”的作用，开辟了节约和代用钢材的新途径。在有色金属中，稀土可以改善合金的高温抗氧化性、提高材料的强度，改善材料的工艺性能。

④ 稀土元素在高新技术产业中的应用

a. 磁性材料　钕、钐、镨、镝等是制造现代超级永磁材料的主要原料。永磁材料是将钐、钕混合稀土金属与过渡金属（如钴、铁等）组成的合金，用粉末冶金方法压型烧结，经磁场充磁后制得的一种磁性材料。稀土永磁材料主要用于人造卫星、雷达方面的行波管、环行器中以及微型电机、微型录音机、航空仪器、电子手表、地震仪和其它一些电子仪器上。稀土永磁亦渗透到汽车、家用电器、电子仪表、核磁共振成像仪、音响设备、微特电机、移动电话等方面。

b. 激光材料　到目前为止，大约 90％的激光材料都涉及稀土。自从 1960 年红宝石首先被用来制成世界上第一台激光器以来，同年就发现用掺钐的氟化钙（$CaF_2:Sm^{2+}$）可输出脉冲激光。1961 年首先使用掺钕的硅酸盐玻璃获得脉冲激光，从此开辟了具有广泛用途的稀土玻璃激光器的研究。1962 年首先使用 $CaWO_4:Nd^{3+}$ 晶体输出连续激光，1963 年首先研制稀土螯合物液体激光材料，使用掺铕的苯酰丙酮的醇溶液获得脉冲激光，1964 年找出了室温下可输出连续激光的掺钕的钇铝石榴石晶体（$Y_3Al_5O_{12}:Nd^{3+}$），它已成为目前获得了广泛应用的固体激光材料，1973 年首次实现铕-氦的稀土金属蒸气的激光振荡。稀土材料是激光系统的心脏，是激光技术的基础，由激光而发展起来的光电子技术，不仅广泛用于军事，而且在国民经济许多领域，如光通信、医疗、材料加工（切割、焊接、打孔、热处理等）、信息储存、科研、检测和防伪等方面获得广泛应用。

c. 储氢材料　金属氢化物是 20 世纪 60 年代末发现的一类具有高储氢密度的功能材料。由于它们具有优异的吸放氢性能，并兼顾其它功能材料的特点，因而发展十分迅速。稀土储氢材料活化容易，平衡压力适中且平坦，吸放氢平衡压差小，抗杂质气体中毒性能好，适合室温操作。稀土储氢材料主要有两类：$LaNi_5$ 型储氢合金（AB_5 型）和 La-Mg-Ni 型储氢合金（AB_3 型、A_2B_7 型）。稀土储氢材料应用于国民经济中的冶金、石油化工、光学、磁学、电子、生物医疗和原子能工业的各大领域不同行业。

d. 汽车尾气净化催化剂　稀土汽车尾气净化催化剂所用的稀土主要是以氧化铈、氧化镨、氧化镨和氧化镧的混合物为主，其中氧化铈是关键成分。由于氧化铈的氧化还原特性，有效地控制排放尾气的组分，能在还原气氛中供氧，或在氧化气氛中耗氧。二氧化铈还在贵金属气氛中起稳定作用，以保持催化剂较高的催化活性。铈锆复合氧化物固溶体使 CeO_2 等稀土氧化物在催化剂中的应用由传统的氧化铝负载型向具有高比表面积、高热稳定性的预成型粉末转变。它们表现出良好的氧化还原性能和储氧能力、较高的热稳定性以及优异的低温催化性能。其特点是价格低、热稳定性好、活性较高、使用寿命长，因此在汽车尾气净化领域备受青睐。在西方发达国家，汽车净化催化剂的用量仅次于石油催化裂化。

6.7 稀有气体

6.7.1 稀有气体及其发现史

氦（He）、氖（Ne）、氩（Ar）、氪（Kr）、氙（Xe）、氡（Rn）称为稀有气体，是ⅧA族的六种元素。稀有气体都是无色无臭的，并由单原子分子组成。由于稀有气体分子间的范德华引力很微弱，所以它们的熔点、沸点以及临界温度都很低，并随着相对原子质量的增加而增高。它们在水中的溶解度随着从氦到氡的顺序而迅速增加。在0℃时，100体积的水中溶解1体积的He，或者6体积的Ar，或者50体积的Rn。从稀有气体的原子结构来看，在它们的价电子层上都有2个或8个电子，为“稳定结构”，因而在化学性质上是极不活泼的。在一般的情况下，不能彼此相化合，但是在一定条件下可进行化学反应，至今只成功制备出几百种稀有气体化合物。

稀有气体的制备。将液态空气分馏除去极大部分氮气以后，稀有气体就富集在液氧之中（还含有少量氮气）。使这种气体通过氢氧化钠塔柱除去CO_2，再通过赤热的铜丝除去微量的氧气，最后通过灼热的镁屑除去氮气（形成氮化镁Mg_2N_3），剩下的就是以氩为主的稀有气体了。进一步分离各种稀有气体，主要依靠它们分子间作用力的不同，利用稀有气体吸附能力和沸点的差别来完成。在低温下，较容易液化的稀有气体（即原子序数越大的）越容易被活性炭所吸附。例如，在373K时，氩、氪和氙被吸附而氦和氖不被吸附，这时可把稀有气体分成两组。在83K下，氖被吸附而氦不被吸附，两者又借此分离。在不同的温度下，使活性炭对各种稀有气体进行吸附和解吸，便可将稀有气体一一分离开来。

1882～1892年期间，英国著名实验物理学家瑞利（J. W. S. Rayleigh）为了验证普劳特假说（该假说认为各种元素的原子都是由氢原子组成的），曾利用各种方法测定气体的密度，然后再计算相对原子质量。当他测定氮气的密度时发现，从空气中分离出来的氮气密度比从化合物中分离出来的氮气密度略重。前者为$1.2572g \cdot L^{-1}$，后者为$1.2508g \cdot L^{-1}$。两者虽然相差甚微，但已超出了实验误差所允许的范围。瑞利是一位实验技术精湛和细心谨慎的实验物理学家，他没有忽视这一微小的差别。经反复实验，结果都是如此。瑞利曾设想各种可能，但都不能给出令人满意的解释，最后只好求助于伦敦大学的化学教授拉姆塞（W. Ramsay）。拉姆塞头脑机敏，独具慧眼，认为来自大气中的氮气里可能含有一种比氮气略重的未知气体。通过其他学者的提醒，瑞利和拉姆塞仔细翻阅了100多年前卡文迪什的实验记录，对卡文迪什发现的小气泡产生了强烈的好奇心，思考那个小气泡与空气中分离出的氮气密度反常的联系，更加坚信空气中有未知气体的存在，并决心进一步揭示卡文迪什小气泡之谜。经过认真思考和努力研究，拉姆塞设计了一套巧妙的实验装置。他用赤热的镁粉反复吸收小气泡中残存的氮气，然后将其充入放电管中，通过光谱分析终于确证了一种未知气体氩的存在。拉姆塞进一步研究了氩的物理化学性质，发现无论是加热、加压、火花放电或使用催化剂，它都不与任何活泼非金属或活泼金属元素发生反应，其“懒惰之极”令人惊讶！

氩的发现曾在科学史上传为佳话，被誉为是“第三位小数的胜利”。这实际上是对科学家在艰苦实验研究中明察秋毫和锲而不舍精神的最高回报，是精确测量与创新精神的综合体现。氩被发现后不久，拉姆塞及其助手又从钇铀矿中发现了氦，并大胆在元素周期表中开辟了一个新的元素族——ⅧA族，预言了其它稀有气体的存在。从1896年末开始，拉姆塞和他的助手们经过几年艰苦卓绝的努力，通过分馏液态空气发现和分离出了氖、氪、氙。20世纪初，拉姆塞受到如火如荼的物理学革命的启发和鼓舞，把研究方向转向放射化学新领域，对卢瑟福等人发现的"镭射气"和"钍射气"进行了详细研究，最后确定了这种放射性气体是一种新的惰性气体氡。氡的发现给稀有气体锦上添花，使其作为一个完整的元素族理直气壮地屹立在元素周期系中，并占据着极不寻常的重要地位。

6.7.2　稀有气体的应用

随着工业生产和科学技术的发展，稀有气体越来越广泛地应用在工业、医学、尖端科学技术以至日常生活中。

(1) 氦

氦气是除了氢气以外最轻的气体，可以代替氢气装在飞艇里，不会着火和发生爆炸。氦的沸点是现在已知物质中最低的，常被用于超低温技术中。在血液中氦的溶解度比氮小得多，所以可以利用"氦空气"（He占79%，O_2占21%）代替空气供潜水员呼吸，以便防止潜水员出水时因压力猛然下降，使原先溶在血液中的氮气迅速逸出阻塞血管而造成"气塞病"。此外，氦的光谱线可被用作划分分光器刻度的标准。温度在2.2K以上的液氦是一种正常液态，具有一般液体的通性。温度在2.2K以下的液氦则是一种超流体，具有许多反常的性质。例如，具有超导性、低黏滞性等。它的黏度变为氢气黏度的1%，并且这种液氦能沿着容器的内壁向上流动，再沿着容器的外壁往下慢慢流下来，这种现象对于研究和验证量子理论很有意义。

(2) 氖

因为在电场作用下氖可产生美丽的红光，所以它被广泛地用来制造氖灯（俗称霓虹灯）或仪器中的小氖泡（作为指示灯）。世界上第一盏霓虹灯是填充氖气制成的。氖灯射出的红光在空气里透射力很强，可以穿过浓雾。因此氖灯常用在机场、港口、水陆交通线的灯标上。利用稀有气体可以制成多种混合气体激光器，氦氖激光器就是其中之一。氦氖混合气体被密封在一个特制的石英管中，在外界高频振荡器的作用下，混合气体的原子间发生非弹性碰撞，被激发的原子之间发生能量传递，进而产生电子跃迁，并发出与跃迁相对应的受激辐射波。氦氖激光器可应用于测量和通信。

(3) 氩

由于氩在空气中含量是所有稀有气体中最高的，再加上它的热传导系数小和惰性，被广泛用于充填电灯泡（在高压灯泡中充填的氩气中只需含有15%的氮气，可以防止产生电弧）。在冶炼或焊接极易被空气氧化的金属时，或在拉制半导体硅、锗单晶时均需提供氩保护气氛。灯管里充入氩气或氦气，通电时分别发出浅蓝色或淡红色光。有的灯管里充入了氖、氩、氦、水银蒸气四种气体（也有三种或两种的）的混合物。由于各种气体的相对含量不同，便制得五光十色的各种霓虹灯。

(4) 氪和氙

氪和氙的热传导系数比氩还小，故也用来填充灯泡。氙在电场的激发下能放出强烈的白光，高压长弧氙灯便是利用氙的这一特性制成的。这种氙灯特别亮，有"人造小太阳"之称，可用于电影摄影，舞台照明、运动场照明等。氪和氙的同位素在医学上被用来测量脑血流量和研究肺功能、计算胰岛素分泌量等。在原子能工业上，氙可以用来检验高速粒子、γ 粒子和介子等的存在。

(5) 氡

氡是自然界唯一的天然放射性气体，氡在作用于人体的同时会很快衰变成人体能吸收的氡气体，进入人体的呼吸系统造成辐射损伤，诱发肺癌。一般在劣质装修材料中的钍杂质会衰变释放氡气体，从而对人体造成伤害。氡也有着它的用途，将铍粉和氡密封在管子内，氡衰变时放出的 α 粒子与铍原子核进行核反应，产生的中子可用作实验室的中子源。氡还可用作气体示踪剂，用于检测管道泄漏和研究气体运动。

6.8 无机化学工业的地位和作用

无机化学工业是以天然资源和工业副产物为原料生产硫酸、硝酸、盐酸、磷酸等无机酸，纯碱、烧碱、合成氨、化肥以及无机盐等化工产品的工业，简称为无机化工，它包括硫酸工业、纯碱工业、氯碱工业、合成氨工业、化肥工业和无机盐工业。广义上也包括无机非金属材料和精细无机化学品，如陶瓷、无机颜料等的生产。无机化学工业的产品种类繁多，它们在国民经济中占有重要地位，其年产量在一定程度上反映一个国家的化学工业发展水平。

合成氨是重要的无机化工产品之一，其产量居各种化工产品的首位，在国民经济中占有重要地位。氨可直接作为肥料，农业上使用的氮肥，例如尿素、硝酸铵、磷酸铵、氯化铵以及各种含氮复合肥，都是以氨为原料的。合成氨是大宗化工产品之一，世界每年合成氨产量已达到 1 亿吨以上，其中约有 80％氨用来生产化学肥料，20％为其它化工产品的原料。基本化学工业中的硝酸、纯碱、含氮无机盐，有机化学工业中的含氮中间体，制药工业中的磺胺类药物、维生素、氨基酸，化纤和塑料工业中的己内酰胺、己二胺、甲苯二异氰酸酯、人造丝、丙烯腈、酚醛树脂等，也都直接或间接用氨作为原料。氨还应用于国防工业和尖端技术中，制造三硝基甲苯、三硝基苯酚、硝化甘油、硝化纤维等多种炸药都消耗大量的氨。生产导弹、火箭的推进剂和氧化剂，同样也离不开氨。

硫酸是一种十分重要的基本化工原料，也是产量最大的化工产品之一，1746 年开始工业大规模生产，曾被誉为“工业之母”。它不仅是化学工业许多产品的原料，而且还广泛应用于其它各个工业部门。硫酸可用于化肥、农药、染料、颜料、塑料、化纤、炸药以及各种硫酸盐的制造。在石油的炼制、有色金属的冶炼、钢铁的酸洗处理、制革过程以及炼焦业、轻纺业、国防军工方面都有广泛的应用。例如，原子反应堆用的核燃料的生产，反应堆用的钛、铝等合金材料的制备，以及用于制造火箭、超音速喷气飞机和人造卫星的材料的钛合金，都和硫酸有直接或间接的关系。

氯碱工业是重要的基础原料工业之一，$NaOH$、Cl_2 和 H_2 都是重要的化工生产原料，可以进一步加工成多种化工产品，所以氯碱工业及相关产品几乎涉及国民经济及人民生活的各个领域，是与国民经济息息相关的重要基本化工原料。在化学工业领域，以氯碱工业产品为原料生产的产品现有千余种，氯碱产品广泛应用于化学工业的各个领域。在医药工业领域，现有 300 种左右的药品以氯碱产品为原料，而医用树脂等也需要大量烧碱和氯气为原料。在轻工业领域，造纸行业用碱量居各行业之首，其它如油脂化工、感光材料等的生产均使用烧碱和氯气。在纺织工业，各种纺织产品大多使用氯碱产品。另外，在农业、建材、冶金、电力、电子、国防和食品加工等各行业、各部门也均使用氯碱产品。

无机化工产品中还有应用面广、加工方法多样、生产规模较小、品种为数众多的无机盐。例如，硫酸铝、硝酸钠、碳酸钙、硅酸钠、重铬酸钾和磷酸铵等。除盐类产品外，还有多种无机酸（磷酸、硼酸、砷酸、氟硅酸、氢氟酸等），氢氧化物（钾、钙、镁、铝的氢氧化物），单质（钾、硅、磷、溴和碘等），工业气体（氧、氮、氢、氯、一氧化碳和二氧化碳等）。这些生产规模较小的产品也广泛应用于国民经济的各个部门，是不可或缺的化工产品。

无机精细化工产品的应用广泛，主要包括颜料、高温黏合剂、化妆品助剂、新型多功能阻燃剂、橡胶及其它高分子助剂、电子化学品和电子功能材料（包括电功能材料、磁功能材料、光功能材料、信息储存与记忆材料等）、催化剂食品添加剂、水处理剂、造纸化学品、油田用化学品、汽车用化学品、炭黑、精细陶瓷（包括功能陶瓷和结构陶瓷）、储氢材料、无机纤维、新型多孔材料、智能材料、超导材料、纳米药物载体材料、非晶态合金、非晶硅、火药推进剂等，涉及工业、农业、国防、航空航天等国民经济的几乎所有领域。

练习题

6-1 简述工业上提炼金属的一般方法。

6-2 简述与湿法冶金及电冶金相比，火法冶金具有的优点。

6-3 试简述稀土元素的用途。

6-4 解释“镧系收缩”，其在周期系中造成什么影响？

6-5 试说明稀有气体的熔、沸点、密度等性质的变化趋势及其原因。

6-6 试述从空气中分离稀有气体和从混合稀有气体中分离各组分的依据和方法。

6-7 解释以下现象：

(1) 铜粉和浓氨水的混合物可用来测定空气中的含氧量。

(2) 向浓氨水鼓入空气可溶解铜粉（湿法炼铜）。

(3) 少量 AgCl 沉淀可溶于浓盐酸，但加水稀释溶液又变浑浊。

(4) 向废定影液加入 Na_2S 会得到黑色沉淀（沉淀经煅烧可以金属银的形态回收银）。

(5) Pb^{2+} 溶液中逐滴添加 Cl^-，当 Cl^- 浓度约为 $0.3mol \cdot L^{-1}$时，溶液中的 Pb^{2+} 总浓度降至极限，之后随加入的 Cl^- 浓度增大而增大。

(6) 金能溶于王水，也能溶于浓硝酸与氢溴酸的混酸。

6-8 比较下列各对碳酸盐的热稳定性大小。

(1) Na_2CO_3 和 $BeCO_3$　　(2) $NaHCO_3$ 和 Na_2CO_3

(3) $MgCO_3$ 和 $BaCO_3$　　(4) $PbCO_3$ 和 $CaCO_3$

6-9 怎样净化下列两种气体？

(1) 含有少量 CO_2、O_2 和 H_2O 等杂质的 CO 气体。

(2) 含有少量 H_2O、CO、O_2、N_2 及微量 H_2S 和 SO_2 杂质的 CO_2 气体。

6-10 石灰硫黄合剂（又称石硫合剂）通常是以硫黄粉、石灰及水混合，煮沸、摇匀而制得的橙色至樱桃色透明水溶液，可用作杀菌、杀螨剂。请给予解释，写出有关的反应方程式。

6-11　在1L 6mol·L^{-1}的NH_3水中加入0.01mol固体$CuSO_4$，溶解后加入0.01mol固体NaOH，铜氨配离子能否被破坏？（$K^{\ominus}_{稳}([Cu(NH_3)_4]^{2+})=2.09\times10^{13}$，$K^{\ominus}_{sp}[Cu(OH)_2]=2.2\times10^{-20}$）

6-12　求在25℃时，1.0L 6.0mol·L^{-1}氨水中可溶解AgCl的物质的量是多少？已知$K^{\ominus}_{稳}([Ag(NH_3)_2]^{+})=1.10\times10^{7}$，$K^{\ominus}_{sp}(AgCl)=1.77\times10^{-10}$。

6-13　将0.020mol·L^{-1} $CuSO_4$与1.08mol·L^{-1}氨水等体积混合后，得到深蓝色溶液，求溶液中游离Cu^{2+}的浓度为多少？

第7章 金属材料与无机非金属材料

材料是人类生存和生活必不可少的部分，是人类文明的物质基础和先导，是直接推动社会发展的动力。生产技术的进步和新材料的应用密切相关，从石器时代、青铜器时代到铁器时代，每一种新材料的发现和应用都会在不同程度上改变社会生产和生活的面貌，把人类文明推向前进，因此材料的发展及其应用是人类社会文明和进步的重要里程碑。第二次世界大战后各国致力于恢复经济，发展工农业生产，对材料提出质量轻、强度高、价格低等一系列新的要求。具有优异性能的工程塑料部分地代替了金属材料，合成纤维、合成橡胶、涂料和胶黏剂等都得到相应的发展和应用。合成高分子材料的问世是材料发展中的重大突破。从此，以金属材料、陶瓷材料和合成高分子材料为主体，建立了完整的材料体系，形成了材料科学。

材料可以按不同的方法分类。若按用途分类，可将材料分为结构材料和功能材料两大类。结构材料主要是利用材料的力学和理化性质，广泛应用于机械制造、工程建设、交通运输和能源等各个工业部门。功能材料则利用材料的热、光、电、磁等性能，用于电子、激光、通信、能源和生物工程等许多高新技术领域。若按材料的成分和特性分类，可分为金属材料、无机非金属材料、高分子材料和复合材料。本章将介绍金属材料与无机非金属材料，高分子材料将在第9章中介绍。

7.1 常见的金属与其合金材料

7.1.1 钢铁

铁是地壳中含量仅次于铝的金属元素。磁铁矿（$FeO \cdot Fe_2O_3$）、赤铁矿（Fe_2O_3）、褐铁矿[$Fe_2O_3 \cdot 2Fe(OH)_3$]、黄铁矿（FeS_2）和菱铁矿（$FeCO_3$）是重要的铁矿。单质铁的制备一般采用冶炼法，以上述矿石等为原料，与焦炭和助熔剂在熔矿炉内反应制得。由于反应过程中熔融状态的铁与碳接触，含碳量较高，约为3%～4%，这种铁称为生铁，又称铸铁。生铁硬而脆，但耐压耐磨。根据生铁中碳存在的形态不同又可分为白口铁、灰口铁和球墨铸铁。白口铁中碳以Fe_3C形态分布，断口呈银白色，质硬而脆，不能进行机械加工，是炼钢的原料，故又称炼钢生铁。碳以片状石墨形态分布的称灰口铁，断口呈银灰色，易切削，易铸，耐磨。若碳以球状石墨分布则称球墨铸铁，其力学性能、加工性能接近于钢。在铸铁中加入特种合金元素可得特种铸铁，例如，加入Cr后耐磨性可大幅度提高，在特种条件下有十分重要的应用。

钢铁是铁和碳合金体系的总称。钢是含碳量为0.03%～2%的铁碳合金。碳钢是最常用的普通钢，冶炼方便、加工容易、价格低廉，而且在多数情况下能满足使用要求，所以应用十分普遍。按含碳量不同，碳钢又分为低碳钢、中碳钢和高碳钢。随含碳量升高，碳钢的硬度增加、韧性下降。合金钢又叫特种钢，在碳钢中加入一种或多种合金元素，如锰、钼、钒、镍、铬等的元素，使钢的组织结构和性能发生变化，从而具有一些特殊性能，如高硬度、高耐磨性、高韧性和耐腐蚀性等。

7.1.2 铜及其合金

自然界中的铜除了少量单质外多数以化合物即铜矿物存在，最主要的铜矿石包括黄铜矿、辉铜矿及孔雀石等，把这些矿石在空气中焙烧形成氧化铜，再用碳还原，就得到金属铜。纯铜呈紫红色，故也称为紫铜，硬度小，有较高的韧性和良好的延展性，可轧成薄膜或拉成细丝，具有良好的化学稳定性和耐蚀性，能抗氧气和油的腐蚀，铜的导电性仅次于银，居第二位，大量用于制造电机、电线和电信设备等。

纯铜制成的器物太软，易弯曲。因此，人们在铜中加入适量的其它金属元素制成各种铜合金。由于铜合金良好的高温和低温加工性能，良好的导电、导热性和耐腐蚀性能，应用十分广泛。铜合金主要有黄铜和青铜。

黄铜是铜锌合金，黄铜中锌的含量一般为10%～40%。当锌的含量在30%左右时，延伸率最大；锌的含量为40%左右时，抗拉强度最大。黄铜在空气中的耐腐蚀性能非常好，但在海水中却较差。添加其它元素，可以改善黄铜的力学性能和化学性质。如加入0.5%～4%的铅，可以改善黄铜的削切性能，提高耐磨性能；加入0.7%～1.5%的锡，可以提高黄铜的抗拉强度等。黄铜主要用于制造精密仪器、钟表零件、炮弹弹壳等。

青铜原指铜锡合金，后除黄铜、白铜以外的铜合金均称为青铜，它是人类使用历史最早的金属材料，其主要成分为Cu80%～90%、Sn3%～14%、Zn5%。近几十年来采用了多种合金元素，制成许多新型铜合金，既不含锡，也不含锌，而是以铝、铅、硅、锰为主要合金元素组成，但目前仍习惯称之为青铜，即铝青铜、铅青铜等。铅青铜是现代发动机和磨床广泛使用的轴承材料。铝青铜强度高，耐磨性和耐蚀性好，用于铸造高载荷的齿轮、轴套、船用螺旋桨等。磷青铜的弹性极限高，导电性好，适用于制造精密弹簧和电接触元件。铍青铜还用来制造煤矿、油库等使用的无火花工具。

7.1.3 铝及其合金

铝是地壳中含量最丰富的金属元素，含量8.3%。铝是自然界中蕴藏量最大的金属元素，主要的矿石有铝土矿（$Al_2O_3 \cdot nH_2O$）、黏土[$H_2Al_2(SiO_4)_2H_2O$]、长石（$KAlSi_3O_8$）、云母[$H_2KAl_3(SiO_4)_3$]、冰晶石（Na_3AlF_6）等。自然界中以结晶状态存在的α-Al_2O_3称为刚玉，它的硬度仅次于金刚石，可用于制造手表、轴承、激光器和耐火材料。如刚玉坩埚，可耐1800℃的高温。当刚玉中含有微量氧化铬时呈红色（红宝石），含铁、钛氧化物时呈蓝色（蓝宝石）。

由于铝化合物的氧化性很弱，铝不易从其化合物中被还原出来，因而在当时不能分离出金属铝。1886 年，美国的豪尔（C. M. Hall）和法国的海朗特（P. Héroult），分别独立地电解熔融的铝矾土（主要成分 Al_2O_3）和冰晶石（Na_3AlF_6）的混合物制得了金属铝，奠定了今后大规模生产铝的基础。目前制备金属铝仍使用电解法，在高温下对熔融的氧化铝进行电解，氧化铝被还原成金属铝并在阴极上析出。

纯铝的密度小（$\rho \approx 2.7 g \cdot cm^{-3}$），大约是铁的 1/3，熔点低（660℃）。铝是面心立方结构，故具有很高的塑性，易于加工。铝的导电性仅次于银、铜、金，但铝的密度只有铜的一半，因此常用铝来代替铜制造电线，特别是高压电缆。铝是活泼金属，但由于表面易形成致密的氧化膜而有很高的稳定性，被广泛地用来制造日用器皿。但是纯铝的强度很低，故不宜作为结构材料。通过长期的生产实践和科学实验，人们逐渐以加入铜、镁、锌、硅、锰等元素及运用热处理等方法来强化铝，这就得到了一系列的铝合金。常见的铜铝镁合金称为硬铝，铝锌铜镁合金称为超硬铝。铝合金强度高、密度小，是最重要的轻型结构材料，广泛用于航空、机械及制船工业。例如，超音速飞机使用了 70％的铝及铝合金。铝合金中最重要的是坚铝（Al94％，Cu4％，Mg、Mn、Fe、Si 各占 0.5％），坚铝制品的坚固性与优质钢材相似，而质量仅是钢制品的 1/4 左右。

7.1.4 新型功能合金材料

(1) 记忆合金

记忆合金，即形状记忆合金。1932 年瑞典人奥兰德在金镉合金中首次观察到“记忆”效应，即合金的形状被改变之后，一旦加热到其跃变温度时，它又可以神奇般地变回到原来的形状，人们把具有这种特殊功能的合金称为形状记忆合金。

记忆合金同我们的日常生活休戚相关。如以记忆合金制成的弹簧可以控制浴室水管的水温，在热水温度过高时通过“记忆”功能，调节或关闭供水管道，避免烫伤。也可以制作成消防报警装置及电器设备的保安装置，当发生火灾时，记忆合金制成的弹簧发生形变，启动消防报警装置，达到报警的目的。记忆合金在航空航天领域内的应用有很多成功的范例。例如，人造卫星上庞大的天线可以用记忆合金制作，发射人造卫星之前，将抛物面天线折叠起来装进卫星体内，火箭升空把人造卫星送到预定轨道后，只需加温，折叠的卫星天线因具有“记忆”功能而自然展开，恢复抛物面形状。

(2) 储氢合金

氢能是未来能源的最佳选择之一。氢能的利用涉及氢的储存、输运和使用。自 20 世纪 60 年代中期发现 $LaNi_5$ 和 FeTi 等金属间化合物的可逆储氢作用以来，储氢合金及其应用研究得到迅速发展。储氢合金是一类能与氢形成氢化物，在一定条件下吸释氢的功能材料，与液态和气态储氢法相比，储氢合金储氢密度大，对于解决氢的储存和输运问题，从而大规模运用氢能具有重要意义。具有实用价值的储氢材料要求储氢量大，金属氢化物既容易形成，稍稍加热又容易分解，室温下吸、放氢的速度快，使用寿命长和成本低。例如，1kg $LaNi_5$ 在室温和 250kPa 压力下可以储存 15g 以上氢气。

储氢合金主要由可与氢形成稳定氢化物的放热型金属 A（La、Mm、Ti、Zr、Mg 和 V 等）和难与氢形成氢化物但具氢催化活性的金属 B（Ni、Co、Fe 和 Mn 等）按一定比例组成。调整 A 与 B 的组成与比例（添加合金元素），储氢合金的基本性能将发生相应变化。为获得实用的高性能储氢合金，人们正从合金整体成分、结构（制造工艺，包括热处理）、表面改性等角度综合改进储氢合金性能。

储氢合金用于氢动力汽车的试验已获得成功。随着石油资源的逐渐枯竭，氢能源终将代替汽油、柴油驱动汽车，并一劳永逸消除燃烧汽油、柴油产生的污染。储氢合金的用途不限于氢的储存和运输，还可以用于提纯和回收氢气，它可将氢气提纯到很高的纯度。此外，利用储氢合金吸放氢过程的热效应，可将储氢合金用于蓄热装置、热泵（制冷、空调）等，一般可用来回收工业废热，其优点是热损失小，并可得到比废热源温度更高的热能。

7.2 新型无机非金属材料

7.2.1 光导纤维

光导纤维是一种透明的玻璃纤维丝，直径只有 1～100μm 左右。它是由内芯和外套两层组成，内芯的折射率大于外套的折射率。光由一端进入，在内芯和外套的界面上经多次全反射，从另一端射出。

光纤通信与电波通信相比，光纤通信能提供更多的通信通路，可满足大容量通信系统的需要。一对金属电话线至多只能同时传送 1000 多路电话，而根据理论计算，一对细如蛛丝的光导纤维可以同时通 100 亿路电话。用光缆代替通信电缆，可以节省大量有色金属，铺设 1000km 的同轴电缆大约需要 500t 铜，改用光纤通信只需几千克石英。光纤通信与数字技术及计算机结合起来，可以用于传送电话、图像、数据、控制电设备和智能终端等，起到部分取代通信卫星的作用。用最新的氟玻璃制成的光导纤维，可以把光信号从亚洲传输到太平洋彼岸而不需任何中继站。

利用光导纤维制成的人体内窥镜，如胃镜、膀胱镜、直肠镜、子宫镜等，对诊断医治各种疾病极为有利。例如，光导纤维胃镜是由上千根玻璃纤维组成的软管，它有输送光线、传导图像的本领，又有柔软、灵活，可以任意弯曲等优点，可以通过食道插入胃里。光导纤维把胃里的图像传输出来，医生就可以窥见胃里的情形，然后进行诊断和治疗。

7.2.2 超导材料

超导材料又称为超导体（superconductor），指可以在特定温度以下，呈现电阻为零的导体。零电阻和抗磁性是超导体的两个重要特性。1911 年，荷兰科学家昂内斯(H. K. Onnes) 用液氦冷却汞，当温度下降到热力学温度 4.2K 时水银的电阻完全消失，这种现象称为超导电性，此温度称为临界温度（T_c）。根据临界温度的不同，超导材料可以被分为高温超导材料和低温超导材料。但这里所说的“高温”，其实仍然是远低于 0℃的，一般来说是极低的温度。1933 年，迈斯纳（W. Meissner）和菲尔德（R. Ochsenfeld）两位科学家发现，如果把超导体放在磁场中冷却，则在材料电阻消失的同时，磁感应线将从超导体中排出，不能通过超导体，这种现象称为抗磁性。

2008 年之前，人们发现的超导材料主要有四大家族：金属和合金超导体、铜氧化物超导体、重费米子超导体和有机超导体。其中1986年以来发现的铜氧化物超导体因其具有40K以上的超导临界温度又称高温超导体。40K的温度称为麦克米兰极限温度，是经典的超导BCS理论[由其发现者巴丁（J. Bardeen）、库珀（L. V. Cooper）、施里弗（J. R. Schrieffer）的名字首字母命名]预言的超导体的极限转变温度。在过去的20余年里，高温超导体研究一直停留在铜基化合物领域，而铁基化合物由于其磁性因素，被无数国际顶尖物理学家断言为超导体研究的禁区。铁作为典型的磁性元素本应是不利于超导的，过去发现的含有铁元素的超导体转变温度也都非常低。2008年3月，日本的一位科学家无意中发现了铁基高温超导材料。由于日本科学家最早发现的铁基超导样品转变温度只有26K，低于麦克米兰极限，当时物理学界还不能确定铁砷化合物中是否存在高温超导体。在以赵忠贤院士为代表的中国科学院物理研究所和中国科学技术大学研究团队的努力下，中国科学家在短时间内的大量原创性工作取得了突破性进展。首先，他们突破了麦克米兰极限温度，从而证明了铁基超导体是高温超导体。研究人员在掺氟（F）的钐氧铁砷（SmOFeAs）中成功观测到了43K超导转变温度。很快，他们又用铈（Ce）替代Sm达到了41K的转变温度，同样超过麦克米兰极限。不久之后，他们在掺F的PrOFeAs（镨氧铁砷）中观察到了52K的超导转变温度，首次把铁基超导体的转变温度提高到50K以上。我国科学家提出了在一些铁基超导体中存在超导和自旋密度波态相互竞争的理论，确认了铁基超导体的非常规性，这方面工作为认识铁基超导体磁性与超导电性关系奠定了基础。

7.2.3 生物陶瓷

传统的陶瓷是以天然黏土以及各种天然矿物为主要原料，经过粉碎混炼、成型和煅烧而制得的各种制品。随着科技水平的不断进步，人们对陶瓷材料提出了更高的物理、化学和生物性能要求，并采用人工合成的高纯度无机化合物为原料，制造出各种具有特殊性能的陶瓷材料。

生物陶瓷是指与生物体或生物化学有关的新型陶瓷，包括精细陶瓷、多孔陶瓷、某些玻璃和单晶等。生物陶瓷材料作为生物医学材料始于18世纪初。1808年初，用生物陶瓷材料成功制成了用于镶牙的陶齿。1894年德瑞曼（H. Dreeman）报道使用熟石膏作为骨替换材料。1974年亨奇（L. L. Hench）在设计玻璃成分时，曾有意识地寻求一种容易降解的玻璃。当把这种玻璃材料植入生物体内作为骨骼和牙齿的替代物时，发现有些材料中的组织可以和生物体内的组分互相交换或者反应，最终表现出与生物体本身相容的性质，构成新生骨骼和牙齿的一部分。这种将无机材料与生物医学相联系的开创性研究成果很快得到了各国学者的高度重视。我国在20世纪70年代初期开始研究生物陶瓷，并用于临床。1974年开展微晶玻璃用于人工关节的研究；1977年氧化铝陶瓷在临床上获得应用；1979年高纯氧化铝单晶用于临床，之后又有新型生物陶瓷材料不断出现，并应用于临床。

根据在生理环境中的化学活性不同，生物陶瓷可分为三类：惰性生物陶瓷、表面活性生物陶瓷和可吸收生物陶瓷。惰性生物陶瓷植入组织后几乎没有组织反应，在体内结构比较稳定，而且都具有较高的机械强度，处于稳定状态，主要包括单晶和多晶氧化铝、高密度羟基磷灰石、氧化锆、氮化硅等。表面活性生物陶瓷是指在生理环境中具有化学活性的陶瓷，通常含有羟基，还可做成多孔性材料，生物组织可长入并同其表面发生牢固的键合，包括低密度羟基磷灰石（锆-羟基磷灰石、氟-羟基磷灰石、钙-羟基磷灰石等）陶瓷、磷酸钙玻璃陶瓷、生物玻璃等。可吸收生物陶瓷的特点是能部分吸收或者全部吸收，在生物体内能诱发新生骨的生长，包括可溶性磷酸三钙、可溶性铝酸钙等。生物陶瓷的应用范围也正在逐步扩大，如今可应用于人工骨、人工关节、人工齿根、骨充填材料、骨置换材料、骨结合材料、人造心脏瓣膜、人工肌腱、人工血管、人工气管、经皮引线等，还可应用于体内医学监测。

7.2.4 光电材料

物质在受到光照射作用时，其电导率产生变化，这一现象称为光电效应。当一束能量等于或大于半导体带隙（E_g）的光照射在半导体光电材料上时，电子（e^-）受激发由价带跃迁到导带，并在价带上留下空穴（h^+），电子与空穴有效分离，便实现了光电转化。光电效应主要有光电导效应、光生伏特效应和光电子发射效应三种。前两种效应在物体内部发生，统称为内光电效应，它一般发生在半导体内。光电子发射效应产生于物体表面，又称外光电效应，它主要发生于金属中。

随着信息社会的快速发展，用于低能耗、轻便、大面积、全色平面显示器的电致发光器件颇受亲睐。由于有机材料潜在的分子水平上可设计性，有机薄膜电致发光器件的研究工作取得了相当的进展，得到了红、绿和蓝色电致发光器件。例如，柯达公司采用多层膜结构，首次得到了高量子效率、高发光效率、高亮度和低驱动电压的有机发光二极管，现在应用于照明、平板显示器、彩色电视机和数码相机等方面。基于有机晶体管的有机传感器可以广泛地应用于化学和生物领域，用来检测化学物质和生物大分子，有望实现柔性传感器和多种样品同时在线分析，成为名副其实的“电子鼻”。光电材料在太阳能电池方面也有应用。近年来，硫化镉太阳能电池、砷化镓太阳能电池和铜铟硒太阳能电池发展很快，它制备简单、成本低、充分利用光生伏特效应。其中，铜铟硒太阳能电池光电转化效率比目前商用的薄膜太阳能电池板提高约50％～75％，在薄膜太阳能电池中属于世界最高水平。

7.2.5 压电材料

压电材料是受到压力作用时会在两端面间出现电压的晶体材料。1880年，法国物理学家P. 居里和J. 居里兄弟发现，把重物放在石英晶体上，晶体某些表面会产生电荷，电荷量与压力成比例。这一现象被称为压电效应。随即，居里兄弟又发现了逆压电效应，即在外电场作用下压电体会产生形变。具有压电性的晶体对称性较低，当受到外力作用发生形变时，晶胞中正、负离子的相对位移使正、负电荷中心不再重合，导致晶体发生宏观极化，所以压电材料受压力作用形变时两端面会出现异号电荷。反之，压电材料在电场中发生极化时，会因电荷中心的位移导致材料变形。

利用压电材料的正压电效应，可将机械能转换成电能，它产生的电压很高，因此高电压发生器是压电材料最早开拓的应用之一，其中应用较多的有压电点火器、引燃引爆装置、压电开关小型电源等。例如，在点燃燃气灶或燃气热水器时，生产厂家在这类压电点火装置内，藏着一块压电陶瓷，当用户按下点火装置的弹簧时，传动装置就把压力施加在压电陶瓷上，使它产生很高的电压，进而将电能引向燃气的出口放电，于是燃气就被电火花点燃了。

随着压电材料制备技术的发展，压电材料在生物工程、军事、光电信息、能源等领域有着更加广泛而重要的应用。例如，将生物陶瓷与无铅压电陶瓷复合成生物压电陶瓷来实现生物仿生；纳米发电机用氧化锌纳米线将人体运动、肌肉收缩、体液流动产生的机械能转变为电能，供给纳米器件来检测细胞的健康状况；压电聚合物薄膜用在生物医学传感器领域，尤其是超声成像测量中。在军事方面，压电材料能在水中发生、接受声波，用于水下探测、地球物理探测、声波测试等方面；压电陶瓷薄膜因其热释电效应而应用在夜视装置、红外探测器上；利用压电陶瓷的智能功能对飞机、潜艇的噪声主动控制，压电复合材料用于压力传感器检测机身外情况和卫星遥感探测装置中。

7.3 建筑胶凝材料

胶凝材料是在物理、化学作用下，能使浆体变成坚固的石状体，并能胶结其它物料，制成有一定机械强度的复合固体的物质。根据化学组成的不同，胶凝材料可分为无机与有机两大类。石灰、石膏、水泥等工地上俗称为“灰”的建筑材料属于无机胶凝材料；而沥青、天然或合成树脂等属于有机胶凝材料。无机胶凝材料按其硬化条件的不同又可分为气硬性和水硬性两类。水硬性胶凝材料加水成浆后，既能在空气中硬化，又能在水中硬化、保持和继续发展其强度的称水硬性胶凝材料。这类材料通称为水泥，如硅酸盐水泥等。气硬性胶凝材料只能在空气中硬化，也只能在空气中保持和发展其强度，如石灰、石膏和水玻璃等；气硬性胶凝材料一般只适用于干燥环境中，而不宜用于潮湿环境，更不可用于水中。

7.3.1 石灰

石灰是应用较早的胶凝材料，它成本低、生产工艺简单，在建筑工程中应用较广。

(1) 石灰的原料及烧制

石灰主要有两个来源：其一是以碳酸钙（$CaCO_3$）为主要成分的矿物、岩石（如方解石、石灰岩、大理石）或贝壳，经煅烧而得生石灰（CaO）；另一个来源是化工副产品，如用碳化钙（电石）制取乙炔时产生的电石渣，其主要成分是 $Ca(OH)_2$，即熟石灰。

碳酸钙煅烧的化学反应为

$$CaCO_3 \xrightarrow{900\sim1100^{\circ}C} CaO + CO_2\uparrow$$

煅烧温度一般以1000℃为宜。温度低时，则产生有效成分少，表观密度大，核心为不能熟化的欠火石灰。欠火石灰中CaO含量低，降低石灰利用率。温度过高时，CaO与原料所带杂质（黏土）中的某些成分反应，生成熟化速率很慢的过火石灰。过火石灰结构紧密，且表面有一层深褐色的玻璃状外壳。过火石灰若用于建筑上，会在已经硬化的沙浆中吸收水分而继续熟化，产生体积膨胀，引起局部爆裂或脱落，影响工程质量（见图7-1）。消除过火石灰的方法是将石灰浆在消解坑中存放2个星期以上（称为“陈伏”），使未熟化的颗粒充分熟化。陈伏期间，石灰浆表面应保持一层水，隔绝空气，防止 $Ca(OH)_2$ 与 CO_2 发生碳化反应。

(2) 石灰的熟化与硬化

① 熟化　生石灰在使用前，一般要加水使之消解成膏状或粉末状的消石灰，此过程称为石灰的熟化。其反应式为

$$CaO + H_2O \longrightarrow Ca(OH)_2 \qquad \Delta_r H = -65.21 kJ \cdot mol^{-1}$$

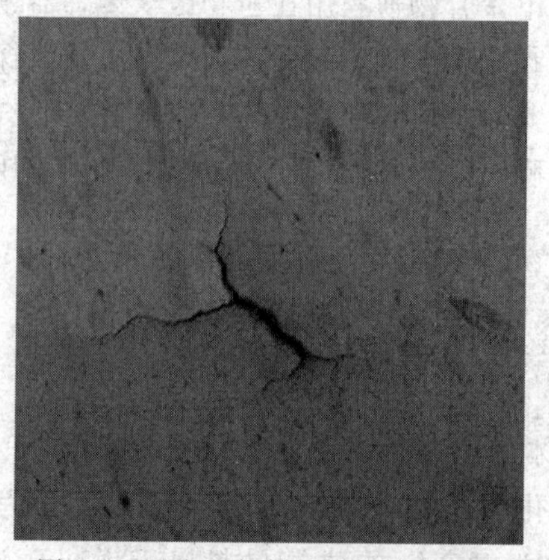
图 7-1 过火石灰使用导致墙体开裂

图 7-2 石灰硬化产生干缩裂缝

石灰熟化时，放出大量的热，体积膨胀 1～2.5 倍。煅烧良好、氧化钙含量高的石灰熟化较快，放热量与体积膨胀也较多。

② 硬化 石灰浆在空气中逐渐硬化，硬化过程是两个同时进行的物理及化学变化过程：

a. 结晶过程 石灰膏中的游离水分蒸发或被砌体吸收，$Ca(OH)_2$ 从饱和溶液中以胶体析出，胶体逐渐变浓，使 $Ca(OH)_2$ 逐渐结晶析出，促进石灰浆体的硬化。

b. 碳化过程 石灰膏表面的 $Ca(OH)_2$ 与空气中的 CO_2 反应生成 $CaCO_3$ 晶体，析出的水分则逐渐被蒸发，反应式为

$$Ca(OH)_2+CO_2+nH_2O \longrightarrow CaCO_3+(n+1)H_2O$$

这个反应必须在有水的条件下进行，而且反应从石灰膏表层开始，进展逐趋缓慢。当表层生成 $CaCO_3$ 结晶的薄层后，阻碍了 CO_2 的进一步深入，同时也影响水分蒸发，所以石灰硬化速率变慢，强度与硬度都不太高。以上两个变化过程，只能在空气中进行，且 $Ca(OH)_2$溶于水，故石灰是气硬性的，不能用于水下或长期处于潮湿环境下的建筑物中。石灰在硬化过程中，要蒸发掉大量的水分，引起体积显著收缩，易出现干缩裂缝（图 7-2）。所以，石灰不宜单独使用，一般要掺入沙、纸筋、麻刀等材料，以减少收缩，增加抗拉强度，并能节约石灰。

7.3.2 石膏

石膏是以硫酸钙为主要成分的气硬性胶凝材料，具有轻质、高强、保温隔热、耐火、吸声等良好性能，石膏制品作为高效节能的新型材料，已得到快速发展并得到广泛应用。常用的石膏胶凝材料种类有建筑石膏、高强石膏、高温煅烧石膏等。

(1) 石膏的生产及品种

生产石膏的主要原料是天然二水石膏（$CaSO_4 \cdot 2H_2O$），又称软石膏或生石膏，也可采用各种工业副产品（化工石膏）。将天然二水石膏或化工石膏经加热、煅烧、脱水、磨细可得石膏胶凝材料。随着加热的条件和程度不同，可得到性质不同的石膏产品。

① 建筑石膏 将天然二水石膏置于窑中煅烧至 120～140℃，生成β型半水石膏（β-$CaSO_4 \cdot 1/2H_2O$），再经磨细的白色粉状物，称为建筑石膏。建筑石膏为白色或灰白色粉末，多用于建筑抹灰、粉刷、砌筑沙浆及各种石膏制品。

② 高强石膏　将二水石膏在压力为0.13MPa、温度为124℃的密闭蒸压釜内蒸炼，得到的是α型半水石膏（α-$CaSO_4 \cdot 1/2H_2O$），即高强石膏。α型半水石膏晶体粗大、密实强度高、用水量小，主要用于较高强度的抹灰工程、装饰制品和石膏板。掺入防水剂时，可生产高强防水石膏及制品。

③ 高温煅烧石膏　α型半水石膏若继续加热，随着温度升高，会依次生成α型、β型脱水半水石膏，α型、β型可溶性硬石膏，不溶性硬石膏，煅烧石膏。其中，脱水半水石膏及可溶性硬石膏加水后仍能很快凝结硬化，而不溶性硬石膏几乎完全不凝结，也无强度，成为死烧石膏。加热温度超过800℃时，生成的煅烧石膏分解出CaO，在CaO的激发下，又重新具有凝结硬化能力，被称为地板石膏（亦称高温煅烧石膏）。地板石膏主要用于砌筑及制造人造大理石的沙浆，还可加入稳定剂、填料等经塑化压制成地板材料。

(2) 建筑石膏的硬化

建筑石膏加水拌和后，可调制成可塑性浆体，经过一段时间反应后，将失去塑性，并凝结硬化成具有一定强度的固体。其凝结硬化主要是由于半水石膏与水相互作用，还原成二水石膏：

$$CaSO_4 \cdot \frac{1}{2}H_2O + \frac{3}{2}H_2O \longrightarrow CaSO_4 \cdot 2H_2O$$

由于二水石膏在水中的溶解度较半水石膏在水中的溶解度小得多，所以二水石膏不断从饱和溶液中沉淀而析出胶体微粒。由于二水石膏析出，破坏了原有半水石膏的平衡浓度，这时半水石膏会进一步溶解和水化，直到半水石膏全部水化为二水石膏为止。随着水化的进行，二水石膏生成晶体量不断增加，水分逐渐减小，浆体开始失去可塑性，这称为初凝。而后浆体继续变稠，颗粒之间的摩擦力、黏结力增加，并开始产生结构强度，表现为终凝。其间晶体颗粒逐渐长大、连生和互相交错，使浆体强度不断增大，这个过程称为硬化。石膏的凝结硬化过程是一个连续的溶解、水化、胶化、结晶的过程。

7.3.3　水泥

水硬性胶凝材料是无机胶凝材料之一，应用于土木工程中的水硬性胶凝材料是各种水泥。水泥在土木建筑工程中应用十分广泛，是三大主要建筑材料（钢材、木材、水泥）之一。在建筑工程中，水泥常用于拌制沙浆及混凝土，也常用作灌浆材料。水泥品种繁多，如硅酸盐水泥（即波特兰水泥）、铝酸盐水泥、硫铝酸盐水泥、铁铝酸盐水泥、氟铝酸盐水泥及以火山灰性或潜在水硬性材料以及其它活性材料为主要组成成分的水泥。常用的硅酸盐水泥使用非常广泛，本节以硅酸盐水泥为例介绍。

(1) 硅酸盐水泥原料及生产过程

生产硅酸盐水泥的原料分为主要原料与辅助原料两类。主要原料有石灰质原料（石灰石、白垩等，主要成分为$CaCO_3$）及黏土质原料（黏土、页岩等，主要成分为SiO_2、Al_2O_3、Fe_2O_3）。若主要原料虽经配合，但某些化学成分仍不足时，可加入适量的辅助原料。如含氧化铁的黄铁矿渣，含氧化铝的铁矾土废料及含氧化硅的沙岩、石英沙、硅藻土、硅藻石、硅质渣等。经过适当的配料，使生料中的CaO含量为64%～68%，SiO_2的含量为21%～23%，Al_2O_3的含量为5%～7%，Fe_2O_3的含量为3%～5%。此外，为改善煅烧条件，常加少量矿化剂（如萤石）等。

硅酸盐水泥的生产过程可归结为“两磨一烧”，其生产工艺过程如图 7-3 所示。

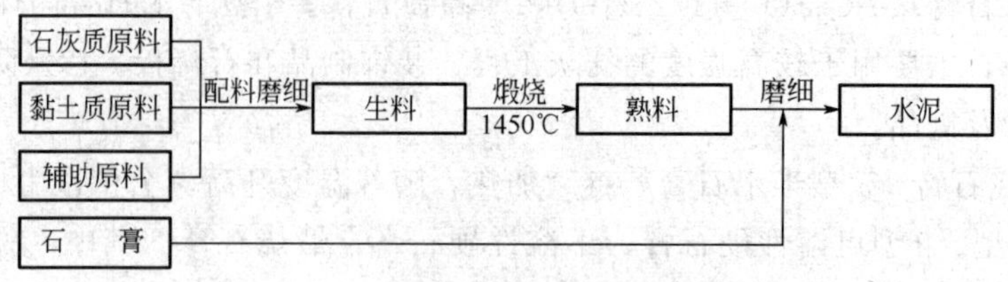

图 7-3 硅酸盐水泥的生产过程

各种原料按比例配合，磨细成生料。生料可制备成生料浆（加水磨细）或生料球（加无烟煤磨细后成球）。煅烧是水泥生产的关键环节，可在立窑或回转窑中进行。生料入窑后被加热，水分逐渐蒸发。当温度升至 500～800℃时，有机质被烧尽，黏土中高岭石脱水并分解出无定形的 SiO_2、Al_2O_3、Fe_2O_3。温度升至 800～1000℃时，石灰质原料中的 $CaCO_3$ 分解出的 CaO 与 SiO_2、Al_2O_3、Fe_2O_3 发生固相反应，逐渐生成硅酸二钙、铝酸三钙及铁铝酸四钙，温度升至 1300℃时固相反应结束。在 1300～1450℃温度区中，铝酸三钙及铁铝酸四钙熔融，出现液相，硅酸二钙及剩余的氧化钙溶于其中，在液相中硅酸二钙继续吸收氧化钙，生成硅酸三钙，水泥烧成。若煅烧时达不到此温度或保持时间不够长，熟料中的硅酸三钙含量少而有较多的游离氧化钙（f-CaO），将会使水泥的强度及安定性受到影响。熟料烧成后，存放 1～2 周，加入 2%～5%的天然石膏共同磨细，即为水泥。加石膏的目的在于调节水泥的凝结时间，使水泥不致发生急凝现象。

（2）硅酸盐水泥的凝结与硬化

水泥加水拌成可塑的水泥浆，水泥浆逐渐变稠失去塑性，开始产生强度，这一过程称为凝结。随后，开始产生强度并逐渐提高，变为坚硬的水泥石，这一过程称为硬化。水泥的凝结与硬化是一个连续的复杂的物理化学变化过程。

① 硅酸盐水泥的水化 硅酸盐水泥遇水后，熟料中各矿物成分与水发生水化反应，生成新的水化产物，并放出热量。

a. 硅酸三钙（$3CaO \cdot SiO_2$，简称 C_3S）与水反应，生成水化硅酸钙并析出氢氧化钙。

$$2(3CaO \cdot SiO_2)+6H_2O \longrightarrow 3CaO \cdot 2SiO_2 \cdot 3H_2O+3Ca(OH)_2$$

b. 硅酸二钙（$2CaO \cdot SiO_2$，简称 C_2S）与水反应，生成水化硅酸钙并析出少量氢氧化钙。

$$2(2CaO \cdot SiO_2)+4H_2O \longrightarrow 3CaO \cdot 2SiO_2 \cdot 3H_2O+Ca(OH)_2$$

c. 铝酸三钙（$3CaO \cdot Al_2O_3$，简称 C_3A）与水反应，生成水化铝酸钙。

$$3CaO \cdot Al_2O_3+6H_2O \longrightarrow 3CaO \cdot Al_2O_3 \cdot 6H_2O$$

d. 铁铝酸四钙（$4CaO \cdot Al_2O_3 \cdot Fe_2O_3$，简称 C_4AF）与水反应，生成水化铝酸钙及水化铁酸钙。

$$4CaO \cdot Al_2O_3 \cdot Fe_2O_3+7H_2O \longrightarrow 3CaO \cdot Al_2O_3 \cdot 6H_2O+CaO \cdot Fe_2O_3 \cdot H_2O$$

水泥中加入的少量石膏，与水化生成的水化铝酸钙化合，生成水化硫铝酸钙（钙矾石）。

$$3CaO \cdot Al_2O_3 \cdot 6H_2O+3(CaSO_4 \cdot 2H_2O)+19H_2O \longrightarrow 3CaO \cdot Al_2O_3 \cdot 3CaSO_4 \cdot 31H_2O$$

生成的水化硫铝酸钙难溶于水，沉积在水泥颗粒表面，阻碍水泥颗粒与水接触，使水泥水化延缓，达到调节水泥凝结之目的。它生成的柱状或针状结晶，起骨架作用，对水泥的早期强度是有利的。

上述反应是在饱和的石膏溶液中进行的，生成的是高硫型水化硫铝酸钙。水化后期，石膏耗尽后，水化硫铝酸钙又与铝酸三钙反应并转化为低硫型水化硫铝酸钙（$C_3A \cdot CaSO_4 \cdot 12H_2O$）晶体。

综上所述，硅酸盐水泥水化后，生成的水化产物有氢氧化钙、水化硅酸钙、水化铝酸钙、水化铁酸钙及水化硫铝酸钙。其中氢氧化钙、水化铝酸钙及水化硫铝酸钙比较容易结晶，而水化硅酸钙及水化铁酸钙则长期以胶体形式存在。此外，在空气中水泥表层的氢氧化钙还会与二氧化碳反应，生成碳酸钙，被称为碳化。

② 硅酸盐水泥的凝结硬化　水泥在水化同时，发生着一系列连续复杂的物理化学变化，水泥浆逐渐凝结硬化。一般可人为地将水泥凝结硬化过程划分为四个阶段。

a. 初始反应期　水泥加水拌成水泥浆。在水泥浆中，水泥颗粒与水接触，并与水发生水化反应，生成的水化产物溶于水中，水泥颗粒暴露出新的表面，使水化反应继续进行。这个时期称为“初始反应期”，即初始的溶解与水化，一般可持续 5～10min。

b. 潜伏期　由于开始阶段水泥水化很快，生成的水化产物很快使水泥颗粒周围的溶液成为水化产物的饱和溶液。继续水化生成的氢氧化钙、水化铝酸钙及水化硫铝酸钙逐渐结晶，而水化硅酸钙则以大小为 1～100nm 的微粒析出，形成凝胶。水化硅酸钙凝胶中夹杂着晶体，它包在水泥颗粒表面形成半渗透的凝胶体膜。这层膜减缓了外部水分向内渗入和水化物向外扩散的速率，同时膜层不断增厚，使水泥水化速率变慢。此阶段称为“潜伏期”或“诱导期”，持续时间一般为 1h 左右。

c. 凝结期　由于水分渗入膜层内部的速率大于水化物向膜层外扩散的速率，产生的渗透压力使膜层向外胀大，并最终破裂。这样，周围饱和程度较低的溶液能与未水化的水泥颗粒内核接触，使水化反应速率加快，直至新的凝胶体重新修补破裂的膜层为止。水泥凝胶膜层向外增厚和随后的破裂伸展，使原来水泥颗粒间被水所占的空间逐渐变小，包有凝胶体膜的颗粒逐渐接近，以致相互黏结。水泥浆的黏度提高，塑性逐渐降低，直至完全失去塑性，开始产生强度，水泥凝结。这个阶段称为“凝结期”，持续时间一般为 6h 左右。

d. 硬化期　继续水化生成的各种水化产物，特别是大量的水化硅酸钙凝胶进一步填充水泥颗粒间的毛细孔，使浆体强度逐渐发展，从而经历“硬化期”，持续时间一般为 6h 左右。

由上述可知，水泥的水化反应是由颗粒表面逐渐深入内层的。这个反应开始时较快，以后由于形成的凝胶体膜使水分透入越来越困难，水化反应也越来越慢。实际上，较粗的水泥颗粒，其内部将长期不能完全水化。因此，水化后的水泥石由凝胶体（包括凝胶及晶体）、未完全水化的水泥颗粒内核及毛细孔（包括其中的游离水分及水分蒸发后形成的气孔）等组成。水泥的凝胶也并非绝对密实，其中有大小为 1.5～2nm、占总体积 28%左右的凝胶孔（胶孔）。胶孔较毛细孔小得多，胶孔中的水称为胶孔水，也是可蒸发的水分。

7.3.4　钢筋混凝土的腐蚀与防腐

钢筋混凝土（reinforced concrete 或 ferroconcrete），是指通过在混凝土中加入钢筋、钢筋网、钢板或纤维来改善混凝土力学性质的一种组合材料。钢筋混凝土是当今世界上应用最广泛的建筑材料之一。然而，钢筋混凝土结构由于受到各种环境条件的侵蚀，往往在服役寿命期间被破坏。在美国，每年仅因使用去冰盐引起的钢筋混凝土桥梁的腐蚀损失费用就在

100亿～325亿美元。在澳大利亚、欧洲、中东地区也有相似的统计结果。尤其在处于海洋环境与温暖气候条件下的地区，混凝土中钢筋腐蚀过程会显著增大。因此，对钢筋混凝土的腐蚀与防腐问题的研究具有重要的现实意义。

(1) 混凝土的腐蚀

① 溶解腐蚀　当混凝土被软水（指的是不含或含较少可溶性钙、镁化合物的水，氧化钙含量低于 $80mg \cdot L^{-1}$）浸泡或经常受软水冲刷时，会发生溶解腐蚀。混凝土是由水泥水化后产生的胶凝物质、结晶体和骨料组成的胶凝体，其中含有可溶组分 $Ca(OH)_2$。当水泥石处于软水中时，$Ca(OH)_2$ 将首先被溶解，$Ca(OH)_2$ 浓度的降低引起水泥石中胶凝体的分解：当液相 $Ca(OH)_2$ 浓度低于一定限度时，$3CaO \cdot 2SiO_2 \cdot 3H_2O$ 会水解析出 $Ca(OH)_2$；和 $SiO_2 \cdot mH_2O$，$3CaO \cdot Al_2O_3 \cdot 6H_2O$ 会水解析出 $Ca(OH)_2$ 和 $Al(OH)_3$ 等，从而导致混凝土结构破坏。混凝土中 $Ca(OH)_2$ 的溶解浸出现象经常见到，混凝土建筑物在使用一段时间后表面出现的白色沉积物，就是浸出的 $Ca(OH)_2$ 与空气中 CO_2 反应生成的 $CaCO_3$。软水对混凝土的溶解腐蚀较缓慢，只有在经常受软水冲刷或渗透的场合，如冷却塔、水坝等设施才须考虑溶解腐蚀的危险性。

② 酸性溶液及酸性气体的腐蚀

a. 二氧化碳气体的腐蚀　大气中含有0.03%的 CO_2，当碳酸溶液渗透到混凝土孔隙中会与氢氧化钙生成难溶的碳酸钙和水。这种使混凝土 pH 降低的过程称为混凝土碳化，又称中性化。

混凝土碳化后由浅到深形成三个不同的区域，即破坏区、密实区和浸析区。在混凝土表层，H_2CO_3 与 $CaCO_3$ 反应生成易溶盐 $Ca(HCO_3)_2$，它逐渐被水浸出，只留下无粘接性能、含有骨料颗粒的硅胶、氢氧化铝和氢氧化铁等物质，从而使水泥石破坏，因此叫“破坏区”。在由表层向内的浅层中，渗入的 H_2CO_3 与浅层的 $Ca(OH)_2$ 反应生成 $CaCO_3$ 而沉积于混凝土孔隙中，使混凝土密实性增加，因此叫“密实区”。这种密实作用在一定程度上减缓了碳酸溶液向混凝土内部的渗透速率。在深层，透过密实区的水会溶解水泥石中的$Ca(OH)_2$，发生溶解腐蚀，所以叫“浸析区”。碳酸就是通过这样的历程腐蚀混凝土的。

一般认为，当溶液中侵蚀性二氧化碳浓度低于 $10mg \cdot L^{-1}$时，混凝土不会产生明显的腐蚀现象。但是当二氧化碳浓度较高时，就会产生较严重的腐蚀作用。对于地下水管道、隧道等地下混凝土构筑物应考虑侵蚀性碳酸可能产生破坏的危险性。

b. 其它酸性溶液的腐蚀　在某些环境中，混凝土可能受盐酸、硫酸、硝酸和醋酸等各种酸性溶液的腐蚀。在酸性溶液中，水泥石有可能迅速被破坏。这是因为，酸能与$Ca(OH)_2$反应使混凝土内部 pH 降低，即发生中性化作用。此外，酸还能与水泥中的胶凝体起反应，使水泥石破坏，如硫酸与水合硅酸钙反应生成硫酸钙和硅胶等。

生成的钙盐的溶解度大小对腐蚀速率有至关重要的影响。当生成易溶性钙盐时，混凝土表面很快被破坏并向内部发展。生成的钙盐溶解度越大，腐蚀就越快，因此盐酸、硝酸、硫酸等对混凝土的腐蚀作用就非常快。相反，如果生成的钙盐是难溶的，则在混凝土表层形成密实层，能阻止腐蚀介质的进一步渗透，延缓腐蚀。例如，氢氟酸、氟硅酸等。以氟硅酸为例。

$$H_2SiF_6 + 3Ca(OH)_2 \longrightarrow 3CaF_2 + SiO_2 \cdot H_2O + 3H_2O$$

生成的 CaF_2 溶解度很小，它与 $SiO_2 \cdot H_2O$ 一起形成密实而耐久的薄膜，保护内部混凝土不再受侵蚀。事实上，这一性质已经被用于混凝土的防腐应用中。

c. 酸性气体的腐蚀　能对混凝土起腐蚀作用的气体主要是酸性气体，常见的有 SO_2、HCl、Cl_2 和 NO_2 等。SO_2 与混凝土中的 $Ca(OH)_2$ 反应生成亚硫酸钙，亚硫酸钙又被空气氧化成硫酸钙，主要产物是 $CaSO_4 \cdot 2H_2O$ 晶体。这种晶体填充于混凝土孔隙，能使混凝土密实性增加，在一定条件下延缓了气体向混凝土内部的进一步渗透。若混凝土同时被水或水蒸气浸湿，则 SO_2 的腐蚀速率显著增加。这是因为 SO_2 气体遇水后会变成 H_2SO_3，相当于酸溶液的腐蚀作用，因此酸雨对混凝土有类似酸性溶液的腐蚀作用。在正常的空气湿度下，若混凝土表面是干燥的，酸性气体对混凝土的腐蚀破坏性很小，只有在空气比较潮湿时候，特别是混凝土表面存在冷凝水时，腐蚀作用才会明显增大。

③ 盐溶液的腐蚀

a. 盐的结晶腐蚀　钢筋混凝土结构本身存在很多微小孔隙。某些盐溶液进入混凝土的孔隙中结晶析出，吸水，体积膨胀，使混凝土开裂。最常见的结晶性破坏有硫酸盐及氯化物。氯化物（如 NaCl）的水溶液渗透到水泥石孔隙后会增加 $Ca(OH)_2$ 的溶解度（盐效应），从而加重混凝土的溶解腐蚀。在一定条件下，氯化物也可能在孔隙中结晶、聚集、产生张力，破坏混凝土的结构。当混凝土部分浸泡在盐水溶液中时，盐能否在孔隙中结晶取决于水在孔隙中的渗透速率和混凝土蒸发面上蒸发速率的相对大小。蒸发速率较大时，盐就会在蒸发面附近的混凝土孔隙中结晶；反之，如果渗透速率较大，则盐就不会结晶。

混凝土反复经盐溶液干湿交替作用时危害性很大。因为浸湿时，盐水沿混凝土孔隙向内扩散，干燥时又沿孔隙向外扩散并可能伴有结晶析出，如此反复会导致混凝土迅速破坏。观察海水中浸泡的混凝土构筑物时候发现，腐蚀最严重的区域是在水位变化区，该区域经常受盐溶液的干、湿交替作用，因此对混凝土产生严重的破坏。

b. 盐溶液的化学腐蚀　有些盐溶液因与混凝土的活性成分发生化学反应而使水泥石结构破坏。例如，常见的硫酸盐腐蚀和镁盐腐蚀等。SO_4^{2-} 是混凝土结晶腐蚀中最活跃，也是最主要的阴离子，而且含 SO_4^{2-} 和 Cl^- 的盐类都对钢铁具有电化学腐蚀的作用。SO_4^{2-} 进入水泥石孔隙后与混凝土中的游离氢氧化钙作用，生成硫酸钙，再与水化铝酸钙作用，生成硫酸铝钙，其危害会导致水泥石胶凝体破坏，并且生成的水合盐在水泥石孔隙中结晶，体积膨胀两倍以上。此外，硫酸盐含量较高时，因盐效应使 $Ca(OH)_2$ 溶解度增大，加重了混凝土的溶解腐蚀。

Mg^{2+} 溶液进入混凝土后，它能把混凝土中的 Ca^{2+} 置换出来，生成更难溶的 $Mg(OH)_2$，使游离 $Ca(OH)_2$ 浓度减小，从而引起水合硅酸盐等胶凝体水解。在生成物中，$CaCl_2$ 易溶于水，$Mg(OH)_2$ 松软无黏结力，石膏则会产生硫酸盐侵蚀，都将破坏水泥石结构，结果使混凝土变成无黏结性。在 Mg^{2+} 浓度较高的地方，可以发现沉积在混凝土表面和缝隙内的白色沉淀，这些白色沉淀主要是 $Mg(OH)_2$ 和 $CaCO_3$ 等物质。海水中含 Mg^{2+} 较多，或者在某些地区的地下水中含有较高浓度的 Mg^{2+}，在这些区域的混凝土构建物都应注意 Mg^{2+} 的腐蚀问题。镁盐侵蚀的强烈程度，除决定于 Mg^{2+} 含量外，还与水中 SO_4^{2-} 含量有关。当水中同时含有 SO_4^{2-} 时，将产生镁盐与硫酸盐两种侵蚀，故显得特别严重。同时还要注意 NH_4^+ 对混凝土的危害性也很大，因为它能与混凝土中的碱性物质反应并使混凝土中性化。

(2) 混凝土中钢筋的腐蚀

暴露于潮湿的环境中的钢筋会发生化学腐蚀或电化学腐蚀，但在钢筋混凝土结构中，混凝土保护层使钢筋与外界隔开，水泥在水化过程中生成大量的氢氧化钙，使混凝土空隙中充满了饱和氢氧化钙溶液，其碱性介质对钢筋有良好的保护作用，使钢筋表面生成难溶的 γ-Fe_2O_3 或 Fe_3O_4，称为钝化膜（碱性氧化膜）。它阻止了内部的铁与外部介质的接触，因而使钢筋保持钝化状态，免遭腐蚀。但是钢筋混凝土构件在使用过程中会因多种原因使钢筋的钝化态破坏而引起钢筋的腐蚀。具体地讲，主要有以下几种情况：

① 裂缝　混凝土保护层出现裂缝，因而外部腐蚀介质易于到达钢筋表面而引起化学腐蚀或电化学腐蚀。裂缝越宽，钢筋腐蚀越严重。

② 中性化　严重的混凝土中性化使 pH 值降低。pH 值较小，表明水中的 H^+ 浓度相对较高，可与混凝土的 $CaCO_3$ 等物质发生反应，产生分解腐蚀。同时，pH＜11.8 时钢筋表面开始活化，钝化膜遭到破坏。pH 值越低，钢筋腐蚀越严重。因此将 11.8 称为保护钢筋的“临界 pH 值”。

③ 钝化膜活化　活化离子渗透进混凝土，当达到钢筋表面时，引起钢筋钝化膜活化。Cl^- 是常见的比较强的活化离子，因为氯离子的半径很小，具有很强的穿透能力。实验表明，普通混凝土在 8.0% 的 NaCl 溶液中浸泡 60 天，氯离子的渗透深度可达 2.0cm。北方地区在冬天，桥面和道路使用氯化钠作为融雪剂，当氯离子到达钢筋表面并超过一定量时，原来处于钝化状态的钢筋，就会活化、腐蚀。锈蚀产物的体积会膨胀 2～6 倍，使混凝土保护层发生顺钢筋开裂、脱落的状况，导致结构承载力下降或丧失。

④ 电化学腐蚀　在杂散电流场阳极区，电流通过钢筋的部位很容易破坏钝化膜，引起腐蚀，同时出现混凝土保护层剥落现象。这是因为在外加电场作用下，钢筋电极电势发生变化，当电势过高或过低时都可能使钢筋的钝化膜破坏。例如，在电解车间或电气化运输上，有大量的直流电从钢筋混凝土通向地下，在这些地方电化学腐蚀就比较严重。

(3) 钢筋混凝土的防腐措施

工程实践中，钢筋混凝土的腐蚀是十分复杂的，在一定环境下往往有多种因素同时起作用。因此，应根据环境条件采取相应的措施。

① 选择耐蚀性强的材料　在满足建筑结构要求的前提下，根据不同的腐蚀环境选择适当的水泥、骨料和钢材。例如，使用混凝土时，应针对不同的环境采用不同品种的水泥。在酸腐蚀环境中，选用耐酸水泥，避免用碳酸盐骨料等措施都能提高混凝土的耐蚀性；增加混凝土中水泥用量，降低水灰比；掺入引气剂、膨胀剂、防水剂、粉煤灰和矿渣等外加剂；进行合理的搅拌、振捣和充分的湿养护等。

② 提高混凝土的密实性　在任何情况下，防止混凝土出现裂缝，提高其密实性对于防腐都是十分重要的。这是因为提高密实性能有效地降低腐蚀介质向混凝土内部的渗透速率，达到防腐的目的。首先，增加它的厚度可明显地推迟腐蚀介质达到钢筋表面的时间，其次可增强抵抗钢筋腐蚀造成的胀裂力。随着保护层厚度增加，渗入到混凝土的氯离子含量急剧降低。当保护层厚度由 3.0cm 增加到 10.0cm 时，开始腐蚀的时间将由 1 年延迟到 10 年以后。

③ 添加缓蚀剂　添加缓蚀剂可以延缓腐蚀速率。例如，在氯化物腐蚀环境中，向混凝土中加入适量的亚硝酸钙，可以显著降低氯化物对钢筋的腐蚀速率。再如，在硫酸盐腐蚀环境中，为了防止 SO_4^{2-} 的进一步渗入，给水泥中添加少量 $Ba(OH)_2$ 能够起到缓蚀作用。

④ 表面处理　根据腐蚀处理，可选择不同的表面处理措施。对经常受雨水冲刷、浸湿的混凝土表面，可用憎水性有机硅材料处理。首先在钢筋表面涂阻锈剂，待阻锈剂成膜硬化后再浇注混凝土。由于阻锈剂能有效阻隔混凝土中的离子接触钢筋，防腐措施很有效，所以该方法常被采用。但这种方法最大的缺点是钢筋与混凝土黏结力有所减小。对于酸腐蚀较严重的场合，可采用耐酸砖作为保护衬砌和涂刷专门的防腐涂料。例如，可用水玻璃、氟硅酸钠、密实性耐酸聚合物等制成耐酸沙浆和玛碲脂作为覆盖层，还可用化学稳定性好的焦油玛碲脂和沥青混合物作为防腐层。

⑤ 电化学防护　根据电化学防护原理，采用施加外加电流或牺牲阳极的方法，使混凝土内钢筋电位处于－0.85V左右，则钢筋就不会腐蚀。这一方法可用于地下钢筋混凝土管道、公路桥梁、钻井平台等设施的保护。当钢筋混凝土结构受杂散电流作用而腐蚀时，应采取阴极保护措施，将钢筋电势控制在钝化区以内，从而达到防腐的目的。另外，钢筋混凝土的电阻率通常较大，为了实施全面完整的阴极保护，还必须解决阴极保护电流对混凝土不易分散均匀的问题。须严格控制保护电位范围，防止析氢引起“握裹力”降低和氢脆发生，对于预应力混凝土更应慎重。

练习题

7-1　硅酸盐结构的基本单元是什么？硅与氧通过什么键结合？怎样连接成大分子？

7-2　硅酸盐水泥熟料的主要矿物组成是什么？在水泥水化硬化过程中所起的作用是什么？

7-3　制造硅酸盐水泥时为什么必须掺入适量的石膏？石膏掺得太少或过多时，将产生什么情况？

7-4　为什么生产硅酸盐水泥时掺适量的石膏对水泥石不起破坏作用，而硬化水泥石在有硫酸盐的环境介质中生成石膏就有破坏作用？

7-5　硅酸盐水泥熟料的主要矿物成分有哪些？

7-6　运用所学的化学原理和化学反应方程式说明“千锤万凿出深山，烈火焚烧若等闲；粉身碎骨浑不怕，要留清白在人间。”所描述的过程。

7-7　什么是石灰的陈伏？生石灰熟化后为什么要陈伏？

7-8　石灰是气硬性胶凝材料还是水硬性胶凝材料？为什么？

7-9　硅酸盐水泥的侵蚀有哪些类型？内因是什么？防止腐蚀的措施有哪些？

7-10　新竣工的内墙石灰抹灰工程出现鼓包、裂缝现象，试分析原因并提出解决措施。

7-11　简述混凝土中钢筋腐蚀的主要原因。

7-12　什么是混凝土电化学腐蚀？简述防止电化学腐蚀的方法。

7-13　简述钢筋混凝土的防腐主要措施。

7-14　$CaCl_2$ 既可以作为搅拌混凝土的防冻剂，又可以作为其促凝剂，它们各自依据的物理化学原理是什么？

第8章

有机化学和有机化合物

8.1 有机化合物和有机化学

有机化合物简称有机物，是指碳氢化合物及其衍生物。有机化学是研究有机化合物的来源、制备、结构、性质、应用和功能以及有关理论和方法的科学。

8.1.1 有机化合物的特点

在元素组成上，有机化合物除碳元素外，还含有 H、O、N、P、S 及卤素等非金属元素。在结构上，碳碳间以共价键形成碳键，这是有机化合物结构的基础；有机化合物多为非极性分子或弱极性分子。在数量上，有机物的种类繁多，主要原因是：碳原子的 4 个价电子，能与其它原子形成 4 个共价键；碳原子之间的结合方式可有单键、双键、三键，也可以有链状或环状等。在物理性质上，大部分有机化合物的熔点、沸点低；难溶于水，易溶于乙醇、苯等有机溶剂；多为非电解质，不易导电。在化学性质上，多数有机化合物易燃烧，反应速率低，反应复杂且副反应多等。

8.1.2 有机化合物的分类

有机化合物可以按照它们的结构分成许多类。一般的分类方法有两种：一种是根据碳原子的结合方式（碳的骨架）分类；另一种是根据分子中含有的官能团分类。

(1) 按碳的骨架分类

根据碳的骨架可以把有机物分为开链化合物、碳环化合物和杂环化合物。

① 开链化合物　分子中各原子相互连接成链状的化合物。这类化合物最初由脂肪中发现，因此又叫脂肪族化合物。如：

$CH_3(CH_2)_4CH_3$	$CH_3CH_2OCH_2CH_3$	CH_3COOH
正己烷	乙醚	乙酸

② 碳环化合物　分子中碳原子相互连接成的环状结构的化合物。又分为脂环化合物和芳香族化合物。例如

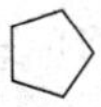

环戊烷 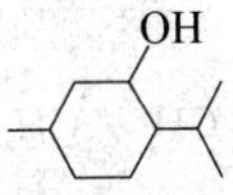　薄荷醇 　苯 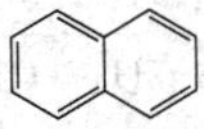　萘

③ 杂环化合物　分子中由碳原子和其它杂原子（如 O、N、S 等）连接成环状的化合物。例如

呋喃 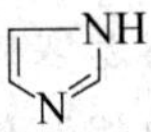　咪唑 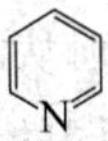　吡啶

(2) 按官能团分类

官能团是有机化合物分子中特别能起化学反应的一类原子或原子团，它常常可以决定化合物的主要性质。一般含相同官能团的有机化合物能起相似的化学反应，可把它们看作一类化合物，因此有机化合物又可根据官能团的不同来分类。一些重要的化合物和它们所含的官能团列于表 8-1 中。

表 8-1　主要的官能团及其结构

化合物类别	官能团	官能团名称
烯烃	$>C=C<$	碳碳双键
炔烃	$-C\equiv C-$	碳碳三键
卤代烃	—X(F,Cl,Br,I)	卤素
醇或酚	—OH	羟基
醚	C—O—C	醚键
醛	$-\overset{O}{\overset{\Vert}{C}}-H$	醛基
酮	$-\overset{O}{\overset{\Vert}{C}}-$	羰基
羧酸	$-\overset{O}{\overset{\Vert}{C}}-OH$	羧基
酯	$-\overset{O}{\overset{\Vert}{C}}-OR$	酯基
胺	$-NH_2(-NHR、NR_2)$	氨基
硝基化合物	$-NO_2$	硝基
磺酸	$-SO_3H$	磺酸基

8.1.3　有机化合物的命名

有机化合物常根据其来源、用途或结构特征，采用“俗名”命名。但有机化合物的数目庞大、结构复杂，为了便于交流，避免误解，准确地反映出化合物的结构和名称的一致性，现在一般常用普通命名法和系统命名法，下面主要介绍各类化合物的系统命名法。

(1) 烷烃的命名

烷烃系统命名法的要点如下。

① 选主链　选择含有取代基最多的、连续最长的碳链为主链，根据主链所含的碳原子数叫做某烷，将主链以外的其它的烷基看作是主链上的取代基（或支链）。例如

$$
\begin{array}{l}
\qquad\qquad\quad CH_2—CH_2—CH_3 \\
\qquad\qquad\quad | \\
CH_3—CH_2—CH—CH_2—CH_3
\end{array}
$$

母体是己烷

$$
\begin{array}{l}
\qquad\qquad\qquad\qquad\qquad\quad CH_3\quad CH_3 \\
\qquad\qquad\qquad\qquad\quad H\quad\ |\qquad\ | \\
CH_3—CH_2—CH_2—C—CH—C—CH_3 \\
\qquad\qquad\qquad\qquad\quad |\qquad\qquad\ | \\
\qquad\qquad\qquad CH_3—CH\qquad\quad CH_3 \\
\qquad\qquad\qquad\qquad\quad | \\
\qquad\qquad\qquad\qquad\quad CH_2 \\
\qquad\qquad\qquad\qquad\quad | \\
\qquad\qquad\qquad\qquad\quad CH_3
\end{array}
$$

母体是庚烷

② 编号　主链上若有取代基，则从靠近取代基的一端开始，给主链上的碳原子依次用1、2、3、4、5…标出位次。两个不同的取代基位于相同位次时，按照次序规则排列，次优的取代基具有较小的编号。当两个相同取代基位于相同位次时，应使第三个取代基的位次最小，依此类推。例如

$$
\begin{array}{l}
\qquad\qquad\quad CH_3 \\
\overset{1}{C}H_3—\overset{2}{C}H—\overset{3}{C}H—\overset{4}{C}H_2—\overset{5}{C}H—\overset{6}{C}H_3 \\
\qquad\ |\qquad\qquad\qquad\qquad |\\
\qquad CH_3\qquad\qquad\qquad\ \ CH_3
\end{array}
\qquad
\begin{array}{l}
\overset{1}{C}H_3—\overset{2}{C}H_2—\overset{3}{C}H—\overset{4}{C}H—\overset{5}{C}H_2—\overset{6}{C}H_3 \\
\qquad\qquad\quad |\qquad\ | \\
\qquad\qquad CH_3\ \ CH_2CH_3
\end{array}
$$

③ 命名　主链为母体化合物。取代基按从小到大的次序放在母体前面，并用主链上碳原子的编号标明位次，位次与取代基间用半字线“-”隔开。相同取代基合并用大写数字二、三、四…表明其数目，并逐个标明其所在位次，各位次间用逗号“，”隔开。例如

$$
\begin{array}{l}
\qquad\qquad\quad CH_2—CH_2—CH_3 \\
\qquad\qquad\quad | \\
CH_3—CH_2—CH—CH_2—CH_3
\end{array}
$$

3-乙基己烷

$$
\begin{array}{l}
\qquad\qquad\qquad\qquad\qquad\quad CH_3\quad CH_3 \\
\qquad\qquad\qquad\qquad\quad H\quad\ |\qquad\ | \\
CH_3—CH_2—CH_2—C—CH—C—CH_3 \\
\qquad\qquad\qquad\qquad\quad |\qquad\qquad\ | \\
\qquad\qquad\qquad CH_3—CH\qquad\quad CH_3 \\
\qquad\qquad\qquad\qquad\quad | \\
\qquad\qquad\qquad\qquad\quad CH_2 \\
\qquad\qquad\qquad\qquad\quad | \\
\qquad\qquad\qquad\qquad\quad CH_3
\end{array}
$$

2,2,3,5-四甲基-4-丙基庚烷

(2) 烯烃和炔烃的命名

烯烃和炔烃的命名法基本原则与烷烃相同，只略加补充。

① 将含有双键或三键的最长碳链作为主链，称为“某烯”或“某炔”。

② 从靠近双键或三键最近的一端给主链上的碳原子依次编号。

③ 用阿拉伯数字表明双键或三键的位置，用“二”、“三”等表示双键或三键的个数。例如

$$
\begin{array}{l}
CH_3—CH—HC{=}CH—CH_3 \\
\qquad\ | \\
\qquad CH_3
\end{array}
$$

4-甲基-2-戊烯

$$H_3C—C{\equiv}C—C{\equiv}C—C{\equiv}C—CH_3$$

2,4,6-辛三炔

(3) 苯的同系物的命名

苯的同系物常见的有一烃基苯、二烃基苯和三烃基苯等。

一烃基苯的命名多以苯环为母体，烃基做取代基，称为“某苯”。例如

$C_6H_5—CH_3$　甲苯　　$C_6H_5—C_2H_5$　乙苯

二烃基苯有三种异构体，常用邻、间、对或1,2-、1,3-、1,4-表示取代基在苯环上的位置。例如

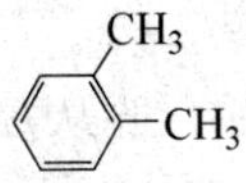

邻二甲苯
1,2-二甲苯

间二甲苯
1,3-二甲苯

对二甲苯
1,4-二甲苯

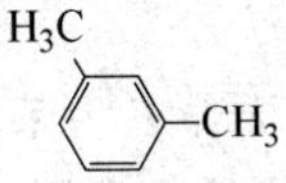

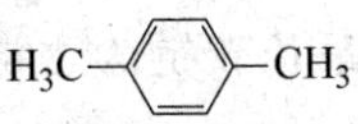

三个烃基相同的烷基苯分别用连、偏、均表示三种位置异构体。例如：

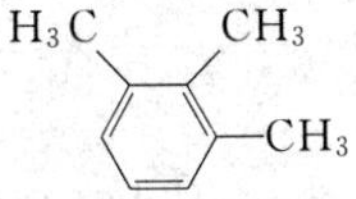

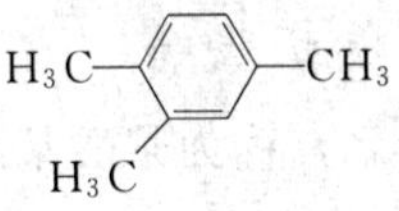

连三甲苯
1,2,3-三甲苯

偏三甲苯
1,2,4-三甲苯

均三甲苯
1,3,5-三甲苯

(4) 卤代烃的命名

结构较简单的卤代烃的命名，通常是在相应烃的名称前面加上卤素名称，称为卤代某烃。当分子中含有两种以上的卤素时，按氟、氯、溴、碘的次序命名。例如

$$\underset{\displaystyle CH_3}{CH_3\underset{|}{C}H}-C\equiv C-\underset{\displaystyle Br}{\underset{|}{C}H}CH_3$$

2-甲基-5-溴-3-己炔

$$\underset{\displaystyle Br}{\underset{|}{C}H_2}CH=CH\underset{\displaystyle Cl}{\underset{|}{C}H}CH_3$$

4-氯-1-溴-2-戊烯

(5) 醇的命名

① 选择含有羟基的最长碳链为主链，按主链所含碳原子个数称为某醇。

② 从离羟基最近的一端开始编号，羟基位置标在某醇前面，这样得到母体名称。

③ 在母体名称前加上取代基的名称和位次。

④ 多元醇以包括尽可能多的羟基的碳链为主链，称为二醇、三醇，并在某醇前标出羟基的位置。例如

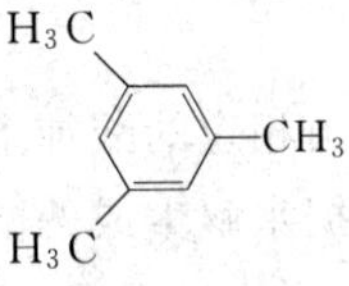

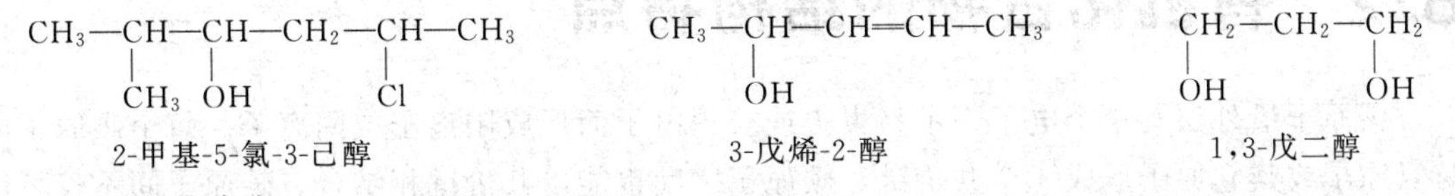

$$CH_3-\underset{\displaystyle CH_3}{\underset{|}{C}H}-\underset{\displaystyle OH}{\underset{|}{C}H}-CH_2-\underset{\displaystyle Cl}{\underset{|}{C}H}-CH_3$$

2-甲基-5-氯-3-己醇

$$CH_3-\underset{\displaystyle OH}{\underset{|}{C}H}-CH=CH-CH_3$$

3-戊烯-2-醇

$$\underset{\displaystyle OH}{\underset{|}{C}H_2}-CH_2-\underset{\displaystyle OH}{\underset{|}{C}H_2}$$

1,3-戊二醇

(6) 醚的命名

① 单醚　先写出与氧相连的烃基名称（去“基”字）然后加上醚字。

② 混醚　较小的烃基放在前面，如有芳香烃基，则芳香烃基在前。

③ 复杂醚　将 RO—及 Ar—当作取代基，以烃为母体命名。例如

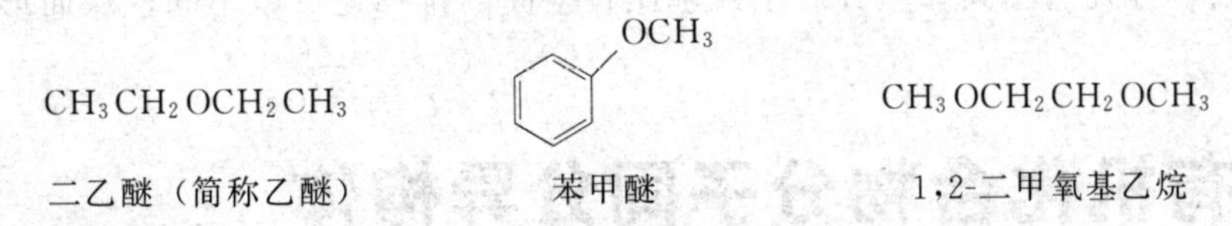

$CH_3CH_2OCH_2CH_3$

二乙醚（简称乙醚）

苯甲醚

$CH_3OCH_2CH_2OCH_3$

1,2-二甲氧基乙烷

(7) 醛、酮的命名

选择含羰基的最长碳链作为主链，称为某醛或某酮，主链中碳原子的编号从醛基一端或从靠近酮基的一端开始，而且表明酮基的位置，取代基的位置、个数及名称放在母体名称之前。例如

$$CH_3CH_2-\overset{\displaystyle CH_3}{\overset{|}{C}H}-CHO$$

2-甲基丁醛

$$CH_3-\overset{\displaystyle CH_3}{\overset{|}{C}}=CH-\overset{\displaystyle O}{\overset{\|}{C}}-CH_3$$

4-甲基-3-戊烯-2-酮

$$CH_3\overset{\displaystyle O}{\overset{\|}{C}}CH_2\overset{\displaystyle O}{\overset{\|}{C}}CH_3$$

2,4-戊二酮

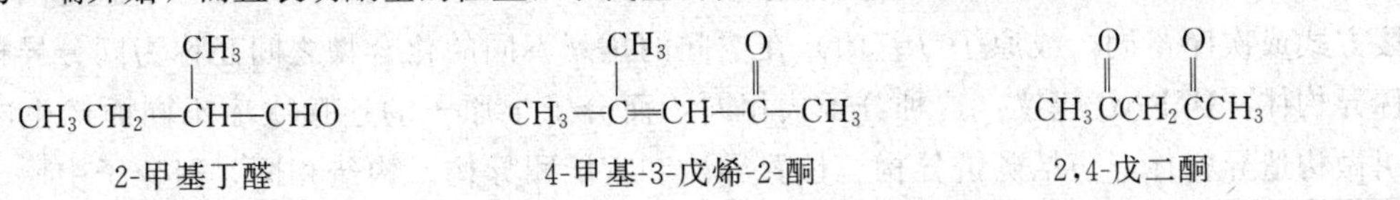

(8) 羧酸及其衍生物的命名

① 羧酸　以含羧基的最长碳链为主链而命名为某酸，并从羧基碳原子开始编号，用阿拉伯数字标明主链碳原子的位次，简单的羧酸也常用希腊字母 α、β、γ、δ……等编号，最末端的碳原子可用 ω 表示。

② 酰卤和酰胺　在酰基名称后面加上卤素或胺的名称。酰胺若氮上有取代基，在取代基前加 N 标出。

③ 酸酐　由相应的酸加上“酐”组成。

④ 酯　根据水解生成的酸和醇命名，称为某酸某酯，多元醇称为某醇某酸酯。例如

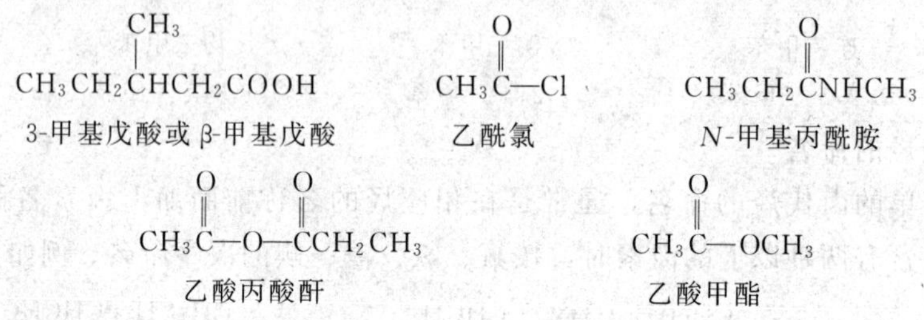

3-甲基戊酸或 β-甲基戊酸　乙酰氯　*N*-甲基丙酰胺

乙酸丙酸酐　乙酸甲酯

(9) 胺类的命名

简单胺以胺为母体，烃基为取代基，称某胺；比较复杂的胺采用氨基作为取代基；当氮上同时连有芳基和脂肪基时，以芳香胺为母体，在脂肪基前加“*N*”表示脂肪烃基连在氮原子上。例如

$CH_3CH_2NHCH_3$　　$CH_3CH(CH_3)CH_2CH(NH_2)CH_3$　　$C_6H_5N(CH_3)C_2H_5$

甲乙胺　　2-甲基-4-氨基戊烷　　*N*-甲基-*N*-乙基苯胺

8.2 有机化合物的结构特点

碳原子最外层有 4 个电子，不易失去或获得电子而形成阳离子或阴离子。每个碳原子能与氢原子或其它原子形成 4 个共价键，碳原子之间也能以共价键相结合。碳原子间不仅可以形成稳定的单键，还可以形成稳定的双键或三键。多个碳原子可以相互结合成长短不一的碳链，碳链也可以带有支链，还可以结合成碳环，碳环和碳环也可以相互结合，因此，含有原子种类相同，每种原子数目也相同的分子，其原子可能具有多种不同的结合方式。分子中分子式相同，结合方式也相同，但其原子或基团在空间的排列还可以不同，从而形成具有不同结构的分子。

8.3 有机化合物分子同分异构体

化合物具有相同的分子式，但各原子（基团）相互连接方式或次序不同，或原子（基团）在空间的排列不同的现象称为同分异构现象。这种分子式相同，各原子（基团）相互连接方式或次序不同，或原子（基团）在空间的排列不同的化合物之间互称为同分异构体，简称异构体。IUPAC 建议：这种分子式相同，而分子中原子的连接次序不同而产生的异构体叫做构造异构体，包括碳链异构、位置异构和官能团异构。构造相同，但分子中原子在空间

的排列方式不同引起的异构现象称为立体异构。分子中原子在空间的不同排列方式形成了不同的构型或构象，所以立体异构又分为构象异构与构型异构。

8.4 有机物的重要反应

(1) 取代反应

反应中一个原子或原子团被另一个原子或原子团取代的反应。如烷烃的卤代、卤代烃与 NaOH 水溶液反应、醇和氢卤酸、苯的溴代、硝化、苯酚和溴水的反应、酯化、水解等反应。通过此类反应可以生成新的碳碳键、碳氧键、碳氮键、碳硫键、碳卤键等。

(2) 加成反应

有机分子里的不饱和碳原子跟其它原子或原子团直接结合成一种新有机物的反应。如烯烃、炔烃、苯环、醛和油脂等加 H_2，烯烃、炔烃等加 X_2，烯烃、炔烃等加 HX，烯烃、炔烃加 H_2O 等。

(3) 消去反应

有机化合物在适当条件下，从一分子中脱去一个小分子（如 H_2O、HX），而生成不饱和（双键或三键）化合物的反应。如醇分子内脱水生成烯烃、卤代烃脱 HX 生成烯烃。

(4) 氧化反应

有机分子中加氧或去氢以及跟强氧化剂发生的反应。如有机物的燃烧、烯、炔、甲苯、醛等与酸性 $KMnO_4$ 溶液的反应。

(5) 还原反应

有机分子中加氢或失去氧的反应。如烯、炔与氢气的反应、醛酮羰基还原成亚甲基或醇的反应。

(6) 聚合反应

由相对分子质量小的化合物互相结合成相对分子质量大的高分子化合物。包括加聚反应和缩聚反应。

(7) 加聚反应

由不饱和的单体加成并聚合成高分子化合物的反应。包括均聚反应和共聚反应。

(8) 缩聚反应

由两种或两种以上单体合成高分子化合物时有小分子生成（H_2O 或 HX 等）的反应，基本的缩聚反应有：二元醇与二元酸之间的缩聚、羟基酸与羟基酸之间的缩聚、氨基酸之间的缩聚、苯酚与 HCHO 的缩聚等。

8.5 有机物的结构、基本性质及用途

8.5.1 烷烃

(1) 烷烃的结构

烷烃属于饱和烃，其分子中所有碳原子均为 sp^3 杂化，分子内的键均为 σ 键，成键轨道沿键轴“头对头”重叠，重叠程度较大，可沿键轴自由旋转而不影响成键。甲烷是烷烃中最简单的分

子，其成键方式见图 8-1：碳原子 sp^3 杂化，4 个 sp^3 杂化轨道分别与 4 个氢原子的 s 轨道重叠，形成 4 个 C—H σ 键，C—H 键长 110pm，4 个 C—Hσ 键间的键角均为 109°28′，空间呈正四面体排布，这样相互间原子距离最远，排斥力最小，能量最低，体系最稳定。

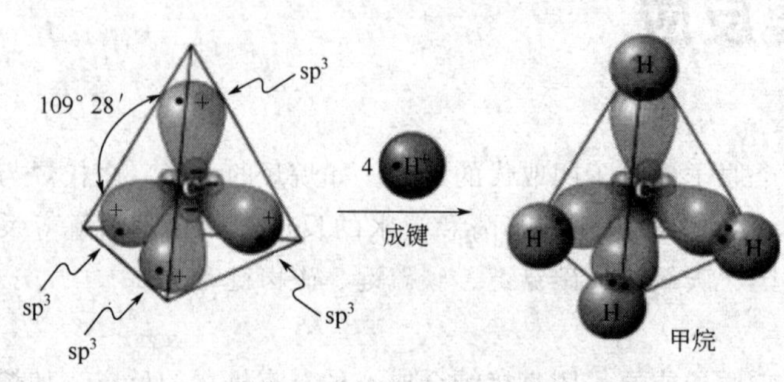

图 8-1　甲烷的成键方式

乙烷是含有两个碳的烷烃，其结构如下：两个碳原子各以 sp^3 杂化轨道重叠形成 C—C σ键，余下的杂化轨道分别和 6 个氢原子的 s 轨道重叠形成六个 C—H σ键。C—C 键长 154pm，C—H 键长 110pm，键角为 109°28′。其它烷烃分子的 C—C 键长和 C—H 键长与乙烷相近，∠CCC 在 111°～113°，基本符合正四面体的角度。

(2) 烷烃的物理性质

烷烃同系物的物理性质常随碳原子数的增加，呈现规律性的变化。在常温和常压下，C_1～C_4 的正烷烃是气体，C_5～C_{17}的正烷烃是液体，C_{18}和更高级的正烷烃是固体。

正烷烃的沸点随碳原子数的增多而呈现出有规律的升高。在碳原子数相同的烷烃异构体中，取代基越多，沸点就降低越多。

正烷烃的熔点随着碳原子数的增多而升高，但其变化不像沸点那样规则。但一般随着碳原子数的增多，含偶数碳原子的正烷烃比含奇数碳原子的正烷烃的熔点升高幅度大，并形成一条锯齿形的熔点曲线。在具有相同碳原子数的烷烃异构体中，取代基对称性较好的烷烃比直链烷烃的熔点高。

正烷烃的密度随相对分子质量增大而增大，但增加到一定数值后，相对分子质量增加而密度变化很小，趋于一个定值。

烷烃分子易溶于非极性或极性较小的有机溶剂，而难溶于水和其它强极性溶剂。液体烷烃作为溶剂时，可溶解弱极性化合物，但不溶解强极性化合物。

(3) 烷烃的化学性质

烷烃是饱和烃，分子中只存在 C—C σ 键和 C—H σ 键，所以烷烃具有高度的化学稳定性。在室温下，一般情况下烷烃与强酸（如 H_2SO_4、HCl）、强碱（如 NaOH）、强氧化剂（如 $KMnO_4$）、强还原剂（如 Zn＋HCl）都不发生反应。但在一定条件下，如光照、高温或催化剂的作用下，烷烃也能发生共价键均裂的自由基反应，如烷烃的卤代、硝化、氧化和裂解等。

(4) 甲烷的用途

甲烷是天然气的主要成分。它既可以作为燃料，也可以作为化工原料。甲烷高温分解可得炭黑，用作颜料、油墨、涂料以及橡胶的添加剂。甲烷是制造氢、一氧化碳、甲醇、甲醛、乙炔、氨等物质的原料。

8.5.2　烯烃

(1) 烯烃的结构

乙烯是最简单的烯烃，现以乙烯为例介绍烯烃的结构。现代物理方法证明，乙烯分子是一个平面结构，分子中所有的 C 原子和 H 原子都在一个平面内，键角接近 120°，C ═C 键长约为 134pm，比 C—C 键（154pm）短，C—H 键长为 110pm。如图 8-2(a) 所示。

在乙烯分子中，两个 C 原子各以一个 sp^2 杂化轨道重叠形成一个 C—C σ 键，又分别各以两个 sp^2 杂化轨道与两个 H 原子形成 C—H σ 键。这五个 σ 键处在同一平面上。另外，每个 C 原子的一个垂直于平面的 p 轨道，彼此平行地侧面重叠，形成 C—C 间的 π 键。如图 8-2(b)所示。

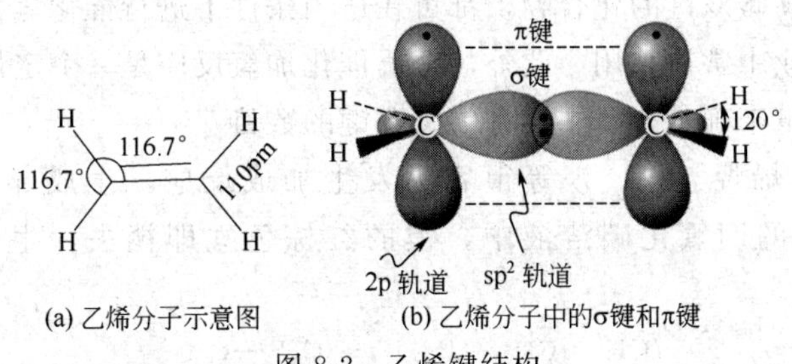

(a) 乙烯分子示意图　　(b) 乙烯分子中的σ键和π键

图 8-2　乙烯键结构

(2) 烯烃的同分异构

研究发现，2-丁烯存在性质上微小差别的异构体，原因是尽管分子的构造完全相同，但双键上连接的四个基团在空间排列方式不同。一种是相同原子或原子团位于双键的同一侧，另一种是相同的原子或原子团位于双键的两侧。如图 8-3 所示。

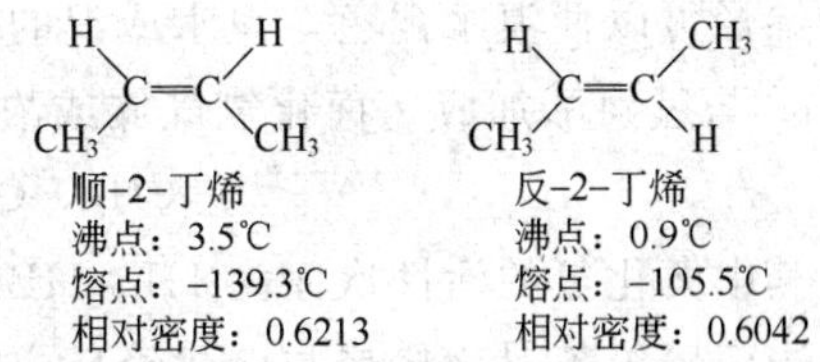

顺-2-丁烯	反-2-丁烯
沸点：3.5℃	沸点：0.9℃
熔点：−139.3℃	熔点：−105.5℃
相对密度：0.6213	相对密度：0.6042

图 8-3　丁烯的顺、反异构体及其物理性质

像这种由于双键不能旋转而导致分子中原子或原子团在空间的排列方式不同而产生的异构现象，称为顺反异构。两个相同的原子或原子团排列在双键的同一侧的称为顺式结构；两个相同的原子或原子团分别排列在双键的两侧的称为反式结构。有机分子产生顺反异构体，必须具备两个条件：首先分子中必须有限制旋转的因素，如碳碳双键的存在；其次，以双键相连的两个碳原子，其中的每一个必须和两个不同的原子或基团相连。

(3) 烯烃的物理性质

在常温常压下，2～4 个碳原子的烯烃是气体，5～18 个碳原子的烯烃是液体，19 个碳原子及以上的烯烃是固体。烯烃的物理性质与相应烷烃很相似，其沸点、熔点、密度随着碳原子数递增而有规律性的变化。烯烃中由于 π 键的存在，极性比烷烃稍强，故沸点、折射率、密度比相应烷烃略大。烯烃也不溶于水，而溶于非极性有机溶剂中。与烷烃不同的是烯烃能溶于浓硫酸中。

与烷烃另一个不同之处是烯烃能形成顺反异构体，在顺反异构体中，由于顺式异构体极性较大，通常其沸点比反式沸点高。反式异构体比顺式异构体有更高的对称性，所以反式异构体通常有较高的熔点和较小的溶解度。

(4) 烯烃的化学性质

碳碳双键是由一个 σ 键和一个 π 键所组成的。π 键比 σ 键键能小，是烯烃分子中较容易发生反应的位置，它的主要反应是加成反应，即打开 π 键，与其它原子或基团形成两个 σ

键，从而生成饱和的化合物。另外由于双键的存在，使直接与双键碳相连的碳原子（常称为α）上的氢，变得更为活泼，α碳上的氢原子容易发生选择性的卤代反应。

① 加成反应

a. 加氢　烯烃与氢在金属 Pt、Pd、Ni 等催化剂下能发生加成反应，生成相应的烷烃。

$$R-CH=CH-R'+H_2 \xrightarrow{Pt} RCH_2CH_2R'$$

凡是分子中含有碳碳双键的化合物，都可在适当条件下进行催化氢化。烯烃的催化加氢在有机合成和油脂工业中常被采用。此外，金属催化加氢反应是一个定量反应，可通过测定反应中所消耗的氢的量来确定分子中含有碳碳双键的数目。

b. 与卤素加成　烯烃与氯、溴等很容易发生加成反应，生成邻二卤代烷。如在室温下，将乙烯通入溴的四氯化碳溶液中，溴的红棕色立即褪去，生成无色的 1,2-二溴乙烷。

$$CH_2=CH_2+Br_2 \longrightarrow \underset{\displaystyle Br}{\underset{|}{CH_2}}-\underset{\displaystyle Br}{\underset{|}{CH_2}}$$

烯烃可以使溴水褪色，溴水或溴的四氯化碳溶液都是鉴别不饱和键常用的试剂。

c. 与氢卤酸加成　卤化氢气体或浓的氢卤酸溶液和烯烃加成时，可得到一卤代烃。

$$CH_2=CH_2+HX \longrightarrow CH_3CH_2X$$

其中卤化氢的活性次序为 HI＞HBr＞HCl。

当丙烯等不对称烯烃与卤代烃反应时，可以生成两种加成产物。

$$\underset{\text{1-卤代烷}}{CH_3-CH_2-CH_2X} \xleftarrow[②]{HX} CH_3-CH=CH_2 \xrightarrow[①]{HX} \underset{\text{2-卤代烷}}{CH_3-\overset{\displaystyle X}{\overset{|}{CH}}-CH_3}$$

实验证明 2-卤代烷是主要的，其它不对称烯烃与氢卤酸加成时，也有相似的结果。事实表明：凡是不对称烯烃和酸等极性试剂加成时，氢原子或试剂中带正电性部分的基团主要加在含氢较多的双键碳原子上，这一经验规律称为马尔科夫尼科夫（Markovnikov V W）规则，简称马氏规则。

d. 与水加成　在酸催化下，烯烃可以和水加成生成醇，这个反应也叫做烯烃的水合，是制备醇的方法之一。

$$CH_3-CH=CH_2+H_2O \xrightarrow{H^+} CH_3-\underset{\displaystyle OH}{\underset{|}{CH}}-CH_3$$

e. 与硫酸加成　烯烃与硫酸加成，生成可以溶于硫酸的烷基硫酸氢酯。烷基硫酸氢酯和水一起加热，则水解为相应的醇。

$$CH_3-CH=CH_2+H_2SO_4 \longrightarrow CH_3-\underset{\displaystyle O-SO_3H}{\underset{|}{CH}}-CH_3 \xrightarrow[\triangle]{H_2O} CH_3-\underset{\displaystyle OH}{\underset{|}{CH}}-CH_3$$

烯烃和硫酸的加成不仅是制备醇的间接方法，而且还可以利用这个性质来除去某些不与硫酸作用，且不溶于硫酸的有机物（如烷烃、卤代烃等）中所含的烯烃。

② 烯烃的氧化反应　烯烃与高锰酸钾、重铬酸钾、臭氧等氧化剂作用，烯烃 C=C 中

的 π 键断裂，如烯烃与稀冷高锰酸钾反应。

$$CH_2{=}CH_2 \xrightarrow{(\text{稀冷})\ KMnO_4} \underset{\displaystyle OH}{\underset{|}{CH_2}}{-}\underset{\displaystyle OH}{\underset{|}{CH_2}}$$

如果条件剧烈一些，除 π 键断裂外，也能使 σ 键断裂。如当用热而浓或酸性高锰酸钾溶液氧化烯烃，则进一步氧化的产物是碳碳于双键处断裂后生成的羧酸或酮。

$$R^1R^2C{=}CH{-}R^3 \xrightarrow{KMnO_4,\ H_3O^+} R^1{-}\overset{\displaystyle O}{\overset{\|}{C}}{-}R^2 + R^3COOH$$

③ α-氢的卤代反应　除乙烯外，烯烃分子中还含有烷基。烯烃分子中的烷基也可以发生和烷烃一样的取代反应。例如在高温或光照条件下，丙烯与氯作用，其 α-碳上的氢可以被氯取代。

$$CH_3{-}CH{=}CH_2 + Cl_2 \xrightarrow{500\sim600℃} Cl{-}CH_2{-}CH{=}CH_2$$

8.5.3　炔烃

(1) 炔烃的结构

乙炔是最简单的炔烃，现以乙炔为例介绍炔烃的结构。现代物理方法证明乙炔分子四个原子排列在一条直线上。乙炔 C≡C 的键长为 120pm，C—H 键长为 106pm，如图 8-4(a) 所示。C≡C 的键能为 835kJ·mol^{-1}，比 C=C、C—C 的键能要大。

在乙炔分子中，两个 C 原子各以一个 sp 杂化轨道重叠形成一个 C—C σ 键，另两个 sp 杂化轨道分别与两个 H 原子形成两个 C—H σ 键。这三个 σ 键处在同一平面上。每个 C 原子的 p_y 轨道和 p_z 轨道彼此平行地侧面重叠，形成两个相互垂直的碳碳 π 键，从而形成乙炔分子。如图 8-4(b) 所示。

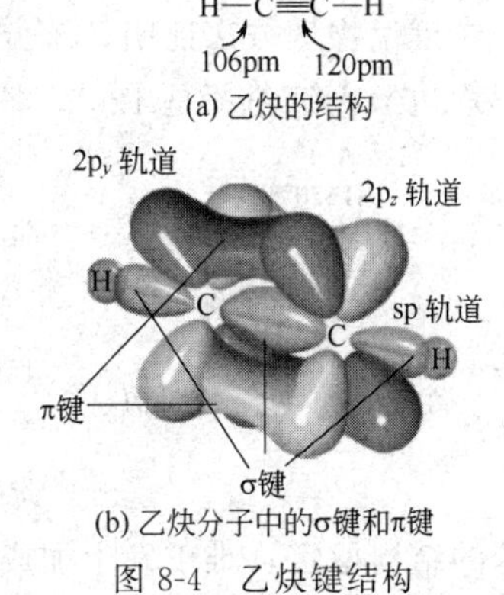

图 8-4　乙炔键结构

(2) 炔烃的物理性质

炔烃的物理性质与烯烃和烷烃相似。但与烯烃、烷烃相比较，炔键中由于 π 电子增多，同时炔键成直线型结构，分子间的作用略增大，沸点、熔点、密度均略高。

(3) 炔烃的化学性质

炔烃分子中含有 C≡C，C≡C 中含有两个 π 键，可以进行与烯烃相似的反应，如加成、氧化等反应。但炔烃分子 C≡C的碳原子为 sp 杂化，使得“ C≡C—H ”上的 C—H 键的极性增大， C≡C—H 具有微弱酸性，可以与金属作用生成金属炔化物。

① 加成反应

a. 催化氢化　一般炔烃在钯、铂等催化剂催化氢化时，总是得到烷烃。但在特殊催化剂如 Lindlar 催化剂作用下，可以制得烯烃。

$$H{-}C{\equiv}C{-}H \xrightarrow{H_2} CH_2{=}CH_2 \xrightarrow{H_2} CH_3{-}CH_3$$

b. 与 X_2、HX 等亲电试剂反应　炔烃与亲电试剂发生亲电加成反应遵守马氏规则。

$$R—C≡C—H \xrightarrow{X_2} R—CX═CHX \xrightarrow{X_2} R—CX_2—CHX_2$$

$$R—C≡C—H \xrightarrow{HX} R—CX═CH_2 \xrightarrow{HX} R—CX_2—CH_3$$

② 氧化反应　炔烃被氧化剂氧化时，一般三键会完全断裂生成羧酸，≡CH 则生成二氧化碳。

$$R—C≡C—H \xrightarrow[H_2O,\ OH^-]{KMnO_4} RCOOH + CO_2 + H_2O$$

③ 末端炔烃的酸性　末端炔烃的氢原子能被某些重金属离子取代，生成不溶性的盐。例如，将乙炔通入硝酸银氨溶液或氯化亚铜的氨溶液中，则分别生成白色的乙炔银和砖红色的乙炔亚铜沉淀。

$$H—C≡C—H + Ag(NH_3)_2^+ \longrightarrow Ag—C≡C—Ag\downarrow$$

$$R—C≡C—H + Cu(NH_3)_2^+ \longrightarrow R—C≡C—Cu\downarrow$$

此反应灵敏，现象明显，可用作末端炔烃的鉴别反应。但金属炔化物在干燥状态受热或撞击时，则发生爆炸，所以进行这类鉴别反应后，应立即用盐酸或稀硝酸将其分解掉。

(4) 乙炔的用途

乙炔可用于照明、焊接及切断金属（氧炔焰），也是制造乙醛、乙酸、苯、合成橡胶、合成纤维等的基本原料。

8.5.4　芳烃

(1) 苯的结构

近代物理方法证明，苯分子 6 个碳原子和 6 个氢原子都在同一平面上，6 个碳组成一个正六边形，键角都是 120°，各 C—C 键键长均为 139pm。如图 8-5 所示。

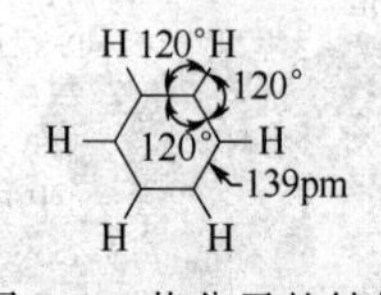

图 8-5　苯分子的结构

杂化轨道理论认为苯分子里 6 个碳原子都以 sp^2 杂化方式分别与两个碳原子形成 σ 键、与一个氢原子形成碳氢 σ 键。由于碳原子是 sp^2 杂化，所以键角是 120°，并且 6 个碳原子和 6 个氢原子都在同一平面内。另外苯环上 6 个碳原子各有一个未参加杂化的 2p 轨道，它们垂直于环的平面，相互重叠形成大 π 键。每个碳碳双键的键长相等，键长均为 139pm。由于大 π 键的存在，使苯的结构稳定，难于发生加成和氧化反应，易于发生取代反应。

(2) 芳香烃的物理性质

苯及其同系物多数为无色液体，相对密度一般在 0.86～0.9。不溶于水，易溶于有机溶剂。苯及其同系物有特殊的气味，有毒，其中苯的毒性较大。

(3) 芳香烃的化学性质

芳烃和烯烃性质有显著区别，主要表现为芳烃易发生取代反应，不易发生加成反应和氧化反应。

① 苯环的取代反应　苯环最重要的反应是苯环上的氢原子被—X、$—NO_2$、$—SO_3H$、—R 等原子或基团所取代。

a. 卤代反应　在卤化铁或铁粉等催化下，苯环上的氢可被氯或溴取代，生成相应的卤代苯。

$$C_6H_6 + Br_2 \xrightarrow{FeBr_3 \text{ 或 } Fe} C_6H_5Br$$

b. 硝化反应　苯与浓硝酸和浓硫酸混合物（混酸）作用，生成硝基苯。

$$C_6H_6 + HNO_3 \xrightarrow{H_2SO_4} C_6H_5NO_2$$

c. 磺化反应　苯和浓硫酸在加热或苯与发烟硫酸作用时，苯环上的氢原子被磺酸基取代，生成苯磺酸。

$$C_6H_6 + \text{浓 } H_2SO_4 \rightleftharpoons C_6H_5SO_3H + H_2O$$

与卤代、硝化反应不同的，磺化反应是可逆的，苯磺酸与过热水蒸气作用时可脱去磺酸基。

d. 傅-克反应（Friedel-Crafts reaction）　在无水氯化铝等的催化下，苯可以与卤代烃反应，生成烷基苯。

$$C_6H_6 + CH_3CH_2Cl \xrightarrow{\text{无水 } AlCl_3} C_6H_5-CH_2CH_3$$

当烷基多于 2 个碳原子时会发生碳链异构化。例如

$$C_6H_6 + CH_3CH_2CH_2Cl \xrightarrow{\text{无水 } AlCl_3} C_6H_5-CH(CH_3)CH_3 + C_6H_5-CH_2CH_2CH_3$$

异丙苯 70%　　丙苯 30%

② 加成反应　苯及其同系物与烯烃或炔烃相比，不易进行加成反应，但在一定条件下，仍可与氢、氯等加成，生成脂环烃或其衍生物。例如

$$C_6H_6 + 3H_2 \xrightarrow[\triangle]{Ni} C_6H_{12}\text{（环己烷）} \qquad C_6H_6 + 3Cl_2 \xrightarrow{\text{日光或紫外光}} C_6H_6Cl_6$$

③ 苯及其同系物的氧化反应　苯环相当稳定，高锰酸钾、重铬酸钾等氧化剂都不能使苯环氧化。而烷基苯中若与苯环直接相连的 α-碳上具有氢原子，在这些氧化剂的作用下，可以发生侧链氧化。且不论侧链多长最后都氧化成羧基（—COOH）。例如

$$C_6H_5CH_3 \xrightarrow[\triangle]{KMnO_4} C_6H_5COOH \qquad CH_3CH_2-C_6H_4-C(CH_3)_3 \xrightarrow[\triangle]{KMnO_4} HOOC-C_6H_4-C(CH_3)_3$$

④ 烷基侧链的卤代　在没有铁盐存在时，烷基苯与氯在高温或在紫外线照射下，则按自由基反应历程，卤代反应发生在烷基侧链上。例如

$$C_6H_5CH_3 \xrightarrow[\triangle\text{或光}]{Cl_2} C_6H_5CH_2Cl \xrightarrow[\triangle\text{或光}]{Cl_2} C_6H_5CHCl_2 \xrightarrow[\triangle\text{或光}]{Cl_2} C_6H_5CCl_3$$

(4) 苯、甲苯、二甲苯的用途

苯最主要的用途是制取乙苯，其次是制取环己烷和苯酚。苯经取代反应、加成反应、氧

化反应等生成的一系列化合物可以作为制取塑料、橡胶、纤维、染料、去污剂、杀虫剂等的原料。此外，苯是良好的溶剂。

从甲苯中可以衍生出许多种化工原料，如硝基甲苯、TNT、苯甲醛和苯甲酸、甲苯二异氰酸酯、氯化甲苯、甲酚和对甲苯磺酸等。这些原料可进一步制造合成纤维、塑料、炸药和染料等。

二甲苯有三种异构体：对二甲苯、邻二甲苯、间二甲苯。三种异构体各有其工业用途，如邻二甲苯是合成邻苯二甲酸酐的原料，间二甲苯用于染料等工业，对二甲苯是合成涤纶的原料。工业品为三种异构体混合物，主要用作涂料的溶剂和航空汽油添加剂。

8.5.5 卤代烃

(1) 卤代烃的物理性质

除氯甲烷、溴甲烷、氯乙烷、氯乙烯等个别卤代烃在室温为气体外，一般卤代烃大多为液体。它们不溶于水，而能与烃类混溶，并能溶解其它许多弱极性或非极性有机物。碘代烃、溴代烃及多卤代烃的相对密度大于1，且随碳原子数的增加而降低。烃基相同时，卤代烃的沸点和相对密度依氯代烃、溴代烃、碘代烃的次序而递增。在异构体中，支链越多的，沸点越低。分子中卤原子数目增多，则可燃性降低，如 CCl_4 即为常见的灭火剂。许多卤代烃有累积性毒性，并可能有致癌作用。

(2) 卤代烃的化学性质

卤原子是卤代烃的官能团。由于卤原子吸电子的能力较强，使共用电子对偏移，C—X键具有较强的极性，卤原子很容易被其它的原子或基团取代，或通过其它反应而转化成多类有机物或金属有机化合物。

① 亲核取代反应　卤代烃能与许多试剂反应，其结果是分子中的卤原子被其它原子或基团取代生成各种产物。

a. 被羟基取代　卤代烃与氢氧化钠或氢氧化钾水溶液共热，则卤原子被羟基（—OH）取代，这个反应也叫卤代烃的水解。

$$R-X+OH^- \xrightarrow{\triangle} ROH+X^-$$

b. 被烷氧基取代　卤代烃与醇钠作用，卤原子被烷氧基（RO—）取代而生成醚，这是制备混合醚的方法，叫做威廉逊合成（Williamson synthesis）。

$$R-X+R'O-Na \xrightarrow{\triangle} ROR'+NaX$$

c. 被氨基取代　卤代烃与氨作用，卤原子可被氨基取代生成胺。若卤代烃过量，则反应可以继续则得到仲胺、叔胺和季铵盐的混合物。

$$R-X+NH_3 \xrightarrow{\triangle} \underset{\text{伯胺}}{RNH_2} \xrightarrow{R-X} \underset{\text{仲胺}}{R_2NH} \xrightarrow{R-X} \underset{\text{叔胺}}{R_3N} \xrightarrow{R-X} \underset{\text{季铵盐}}{R_4N^+X^-}$$

d. 被氰基取代　卤代烷与氰化钠（或氰化钾）的醇溶液共热，则氰基取代卤原子而得腈。得到的腈比原料卤代烷增加一个碳原子，并且腈可进一步转化为酰胺、羧酸、胺等化合物。因此这个反应在有机合成上常用来制取腈化合物和增长碳链。

$$R-X+NaCN \xrightarrow[\triangle]{\text{乙醇}} RCN$$

② 消除反应　卤代烷在碱的醇溶液中加热，分子中脱去一分子卤化氢而形成烯烃。

$$R-CH_2-CH_2X \xrightarrow[\triangle]{KOH-C_2H_5OH} RCH=CH_2$$

卤代烃消除反应是在分子中引入 C═C 的方法之一。

仲或叔卤代烃脱卤化氢时，主要是由与连有卤素的碳原子相邻的含氢较少的碳原子上脱去氢，这叫做扎依采夫规则（Saytzett rule）。例如

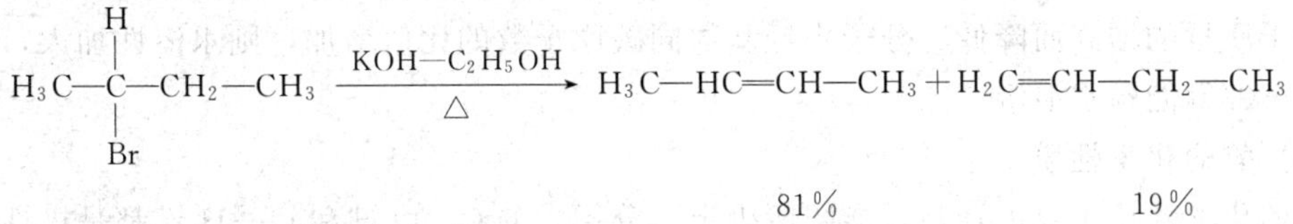

$$H_3C-\underset{\underset{Br}{|}}{\overset{\overset{H}{|}}{C}}-CH_2-CH_3 \xrightarrow[\triangle]{KOH-C_2H_5OH} \underset{81\%}{H_3C-HC=CH-CH_3} + \underset{19\%}{H_2C=CH-CH_2-CH_3}$$

③ 与金属反应　卤代烷能与多种金属反应生成金属有机化合物。例如卤代烷与镁在无水乙醚中作用，则生成格氏试剂（Grignard reagent）。

$$R-X+Mg \xrightarrow[\triangle]{无水乙醚} RMgX$$

格氏试剂由于 C—Mg 键的极性很强，非常活泼，能被许多含活泼氢的物质，如水、醇、酸、氨及炔氢等分解为烃，并能与二氧化碳作用生成羧酸。因此在制备格氏试剂时必须防止水、醇、酸、氨、二氧化碳等物质。而格氏试剂与二氧化碳的反应常用来制备比卤代烃中的烃基多一个碳原子的羧酸。

格式试剂可以与许多物质反应，生成其它有机化合物或其它金属化合物，是有机合成中非常有用的试剂。

卤代烃与金属锂作用生成有机锂化合物，有机锂化合物也是有机合成中很重要的试剂。

8.5.6　醇

(1) 醇的结构

醇可以看成是烃分子中的氢原子被羟基（—OH）取代后生成的衍生物（R—OH）。羟基是醇的官能团。醇分子中的氧原子是不等性 sp^3 杂化，其中两个 sp^3 杂化轨道分别与一个碳原子和一个氢原子形成 σ 键，其余两个 sp^3 杂化轨道各有一对未共用电子，H—O—C 的键角接近 109°。甲醇的结构如图 8-6 所示。

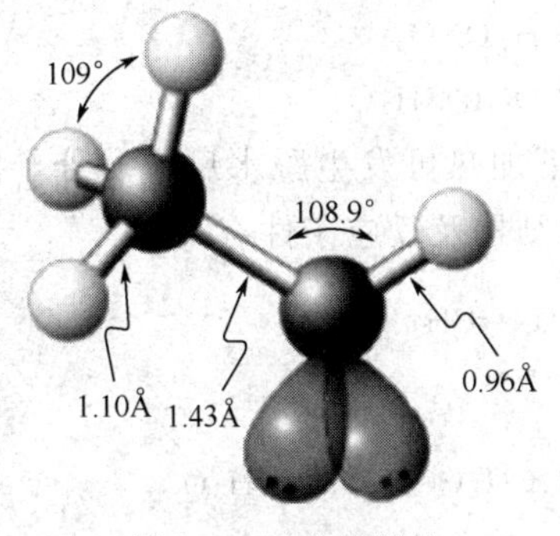

图 8-6　甲醇的结构

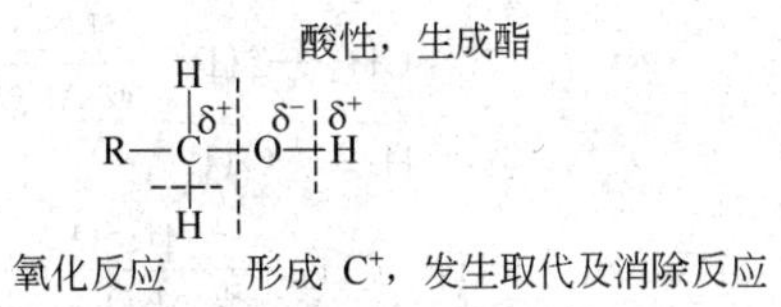

酸性，生成酯

$$R-\underset{\underset{H}{|}}{\overset{\overset{H}{|}}{C}}\overset{\delta^+}{-}\overset{\delta^-}{O}-\overset{\delta^+}{H}$$

氧化反应　形成 C^+，发生取代及消除反应

图 8-7　醇分子的化学键断键位置

(2) 醇的物理性质

常温下，直链饱和一元醇中 C_4 以下的醇为具有酒味的无色液体，$C_5 \sim C_{11}$ 为具有不愉快气味的油状液体，C_{12} 以上的醇是蜡状物质。某些醇，有特殊的香味。如苯乙醇有玫瑰香。

醇的沸点比相应的烷烃的沸点高100～120℃（形成分子间氢键的原因），如乙烷的沸点为－88.6℃，而乙醇的沸点为78.3℃。含支链的醇比直链醇的沸点低，如正丁醇(117.3℃)、异丁醇（108.4℃)、叔丁醇（88.2℃)。此外，醇中羟基数目增加，沸点增高。如丙醇与乙二醇相对分子质量相近，但沸点却相差约100℃。

低级醇如甲醇、乙醇、丙醇等，能与水以任意比混溶，从丁醇开始，在水中的溶解度随相对分子质量的增高而降低。分子中羟基数同碳原子数的比值增加，则水溶性加大，如乙二醇、丙三醇等能与水混溶。

(3) 醇的化学性质

醇的化学性质主要由羟基官能团所决定。分子中的C—O键和O—H键都是极性键，因而醇分子中有两个反应中心。又由于受C—O键极性的影响，使α-H具有一定的活性，所以醇的反应都发生在这三个部位上。如图8-7所示。

① 与活泼金属反应　醇能与活泼金属（钠、钾、镁、铝等）反应，生成金属化合物，并放出氢气和热量。

$$ROH + Na \longrightarrow RONa + 1/2H_2$$

钠与醇的反应比与水反应缓慢得多，反应所产生的热量不足以使氢气自燃，故常用醇与钠的反应销毁残余的金属钠。

② 与氢卤酸的取代反应　醇与氢卤酸反应，生成卤代烃和水，反应是可逆的。

$$ROH + HX \rightleftharpoons RX + H_2O \qquad X = Cl、Br或I$$

反应速率与氢卤酸的活性和醇的结构有关。HX的反应活性为：HI＞HBr＞HCl。醇的活性次序：叔醇＞仲醇＞伯醇＞甲醇。

③ 与酸成酯的反应　醇与酸（有机酸、无机酸）失水所得的产物叫做酯。醇与有机酸作用得到有机酸酯；醇与无机酸作用得到的产物统称为无机酸酯。例如

$$CH_3OH + HO-\overset{\overset{\displaystyle O}{\|}}{\underset{\underset{\displaystyle O}{\|}}{S}}-OH \longrightarrow CH_3O-\overset{\overset{\displaystyle O}{\|}}{\underset{\underset{\displaystyle O}{\|}}{S}}-OH \longrightarrow CH_3O-\overset{\overset{\displaystyle O}{\|}}{\underset{\underset{\displaystyle O}{\|}}{S}}-OCH_3$$

$$\begin{array}{l} CH_2OH \\ | \\ CHOH \\ | \\ CH_2OH \end{array} + 3HNO_3 \longrightarrow \begin{array}{l} CH_2ONO_2 \\ | \\ CHONO_2 \\ | \\ CH_2ONO_2 \end{array}$$

$$ROH + CH_3COOH \rightleftharpoons CH_3COOR + H_2O$$

④ 脱水反应　醇在脱水剂硫酸、氧化铝等存在下加热可发生脱水反应。分子内脱水生成烯；分子间脱水生成醚。以何种方式脱水，与醇的结构及反应条件有关。

$$\underset{\displaystyle H}{\underset{|}{CH_2}}-\underset{\displaystyle OH}{\underset{|}{CH_2}} \xrightarrow[\text{或}Al_2O_3，360℃]{H_2SO_4，170℃} CH_2{=}CH_2 + H_2O$$

$$\underset{\displaystyle H}{\underset{|}{CH_2}}-\underset{\displaystyle OH}{\underset{|}{CH_2}} \xrightarrow[\text{或}Al_2O_3，240\sim260℃]{H_2SO_4，140℃} CH_3CH_2OCH_2CH_3 + H_2O$$

⑤ 氧化和脱氢反应　醇可被多种氧化剂氧化。醇的结构不同，氧化剂不同，氧化产物也各异。伯醇首先被氧化成醛，醛比醇更容易被氧化，最后生成羧酸。仲醇被氧化成酮。酮较稳定，在同样条件下不被氧化。叔醇很难被氧化。

1° $RCH_2OH \xrightarrow{[O]} RCHO \xrightarrow{[O]} RCOOH$

2° $R_2CHOH \xrightarrow{[O]} R_2CO$

3° R_3COH 因无 α-H，难以被氧化，若在强烈条件下氧化，碳链将断裂

醇的脱氢反应　将伯醇或仲醇的蒸气在高温下通过催化剂活性铜（或银、镍等），可发生脱氢反应，分别生成醛或酮。

$$CH_3CH_2OH \xrightleftharpoons{Cu,\ 325℃} CH_3CHO$$

⑥ 二元醇的特殊反应

a. 氧化反应　用高碘酸或四醋酸铅氧化邻二醇，可使两个—OH 之间的碳碳键断裂，生成两分子羰基化合物。

$$R-\underset{OH}{\overset{R'}{C}}-\underset{OH}{CH}-R'' + HIO_4 \longrightarrow R-\overset{O}{\overset{\|}{C}}-R' + R''CHO$$

b. 与 $Cu(OH)_2$ 反应　邻二醇与新配制的 $Cu(OH)_2$ 反应，沉淀消失生成深蓝色的溶液。

$$R-\underset{OH}{\overset{R'}{C}}-\underset{OH}{CH}-R'' + Cu(OH)_2 \longrightarrow R-\overset{R'}{C}(-O-)\!-\!CH(-O-)-R'\ \text{(O—Cu—O 环)} + H_2O$$

(4) 乙醇的用途

乙醇的用途很广。主要有：不同浓度消毒剂、饮料、汽车燃料和基本有机化工原料，如乙醇可用来制备乙醛、乙醚、乙酸乙酯、乙胺等；也是制备染料、涂料、洗涤剂等的原料。

8.5.7　酚

(1) 苯酚的结构

羟基直接连在芳环上的化合物称为酚，酚的官能团（—OH）称为酚羟基。

酚的结构特点是酚羟基直接连在苯环上，苯环上的碳原子都是 sp^2 杂化，酚羟基的氧原子也是 sp^2 杂化，氧原子上的两对孤对电子，一对占据一个 sp^2 杂化轨道，另一对占据未参与杂化的 p 轨道，此 p 轨道与芳环的大 π 键平行，形成 p-π 共轭体系，如图 8-8 所示。

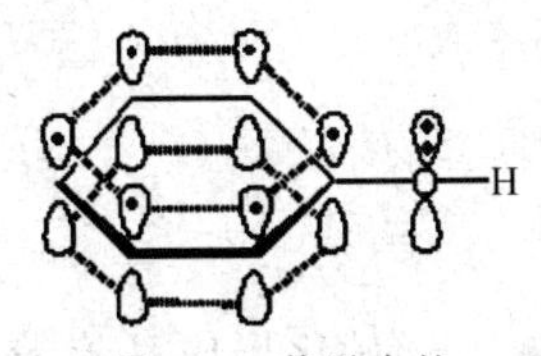

图 8-8　苯酚中的 p-π 共轭示意图

由于 p-π 共轭体系的形成，氧原子的 p 电子向苯环偏移，增加了苯环上的电子云密度，降低了氧原子上的电子云密度。

(2) 酚的物理性质

酚一般多为固体。少数酚为液体。由于分子间形成氢键，所以沸点较高。纯的酚是无色的，但由于酚易氧化而产生有色杂质。酚能溶于乙醇、乙醚、苯等有机溶剂，苯酚、甲苯酚等能部分溶于水。羟基增多，水溶性加大。

(3) 酚的化学性质

① 酚羟基的反应

a. 酸性　酚羟基中氧的孤对电子与苯环形成了 p-π 共轭，使氧原子电子云密度降低，利于氢以质子的形式解离，具有一定的酸性。如苯酚能与氢氧化钠等强碱的水溶液作用形成盐。

$$C_6H_5OH + NaOH \longrightarrow C_6H_5ONa + H_2O$$

b. 酚醚的形成　酚钠可与卤烃或硫酸二甲酯、硫酸二乙酯等作用成醚。

$$C_6H_5OH \xrightarrow{NaOH} C_6H_5ONa \begin{cases} \xrightarrow{RX} C_6H_5OR \\ \xrightarrow{(CH_3)_2SO_4} C_6H_5OCH_3 \\ \xrightarrow{(C_2H_5)_2SO_4} C_6H_5OC_2H_5 \end{cases}$$

酚的稳定性较差，易被氧化，成醚后稳定性增强，这是保护酚羟基的一种方法。

c. 酚酯的形成　酚类化合物与酰氯或酸酐作用形成酯。

$$C_6H_5OH \begin{matrix} +CH_3COOH \\ +CH_3COCl \\ +(CH_3CO)_2O \end{matrix} \longrightarrow C_6H_5OCOCH_3$$

d. 与氯化铁的显色反应　大多数酚能与氯化铁溶液发生显色反应，不同的酚所产生的颜色有所不同。例如：苯酚、间苯二酚、1,3,5-苯三酚均显蓝紫色；对苯二酚显暗绿色；1,2,3-苯三酚显红棕色。

$$6C_6H_5OH + FeCl_3 \longrightarrow H_3[Fe(OC_6H_5)_6] + 3HCl$$

此反应可用作酚的定性鉴别，但具有烯醇式结构（—C═C—OH）的化合物也能与氯化铁发生类似反应。

② 苯环上的取代反应

a. 卤代反应　苯酚与溴水在室温下即可反应生成 2,4,6-三溴苯酚的白色沉淀。

$$C_6H_5OH \xrightarrow{Br_2} 2,4,6\text{-}Br_3C_6H_2OH \downarrow \text{（白色）}$$

b. 硝化反应　苯酚在室温条件下即可被稀硝酸硝化，生成邻硝基酚和对硝基酚的混合物。

$$C_6H_5OH \xrightarrow[25℃]{稀\ HNO_3} o\text{-}O_2NC_6H_4OH + p\text{-}O_2NC_6H_4OH$$

c. 磺化反应　苯酚磺化反应的产物与反应的温度密切相关。一般较低温度下（15～25℃）主要得到邻位产物；较高温度下（80～100℃）主要得到对位产物。

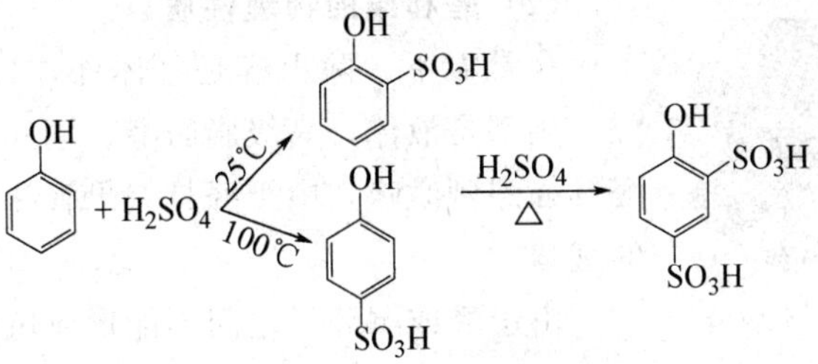

$$\text{苯酚} + H_2SO_4 \xrightarrow{25^\circ C} \text{邻羟基苯磺酸}$$

$$\text{苯酚} + H_2SO_4 \xrightarrow{100^\circ C} \text{对羟基苯磺酸} \xrightarrow[\triangle]{H_2SO_4} \text{4-羟基-1,3-苯二磺酸}$$

d. 傅-克（Friedel-Crafts）反应　酚类化合物的傅-克反应常选用 BF_3 或质子酸（如 HF、H_3PO_4 等）为催化剂进行反应。

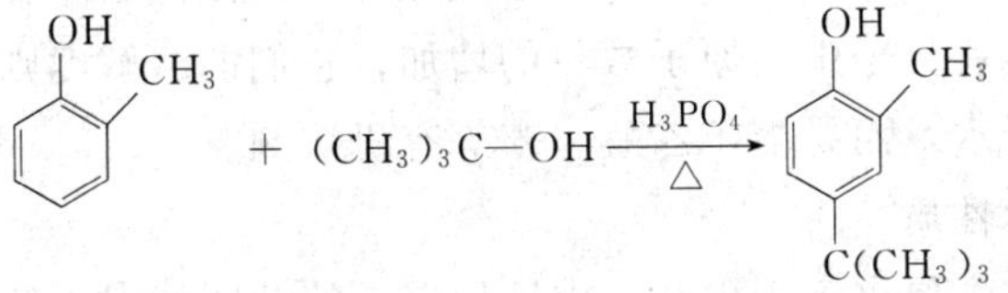

$$\text{邻甲酚} + (CH_3)_3C—OH \xrightarrow[\triangle]{H_3PO_4} \text{4-叔丁基-2-甲基苯酚（}C(CH_3)_3\text{位于羟基对位）}$$

③ 氧化反应　酚类化合物很容易被氧化，不仅能被重铬酸钾等氧化剂所氧化，甚至空气中的氧也能将其氧化成苯醌，这就是无色的酚却常带有颜色的原因。

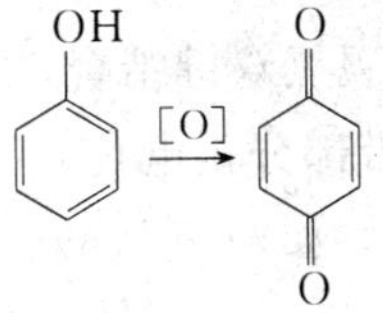

$$\text{苯酚} \xrightarrow{[O]} \text{对苯醌（黄色）}$$

(4) 苯酚的用途

苯酚俗名石炭酸，常用于测定硝酸盐、亚硝酸盐及作为有机合成原料等。苯酚主要用于生产酚醛树脂、己内酰胺、双酚 A、己二酸、苯胺、烷基酚、水杨酸等，此外还可用作溶剂、试剂和消毒剂等，在合成纤维、合成橡胶、塑料、医药、农药、香料、染料以及涂料等方面具有广泛的应用。

8.5.8　醛和酮

醛、酮分子结构中都含有羰基（ $>C=O$ ），称为羰基化合物。醛分子中羰基与一个氢原子和一个烃基相连（甲醛例外），分子中 $—\overset{O}{\overset{\|}{C}}—H$ 称为醛基，是醛的官能团，可简写为—CHO。羰基与两个烃基相连的化合物叫做酮，酮分子中的羰基又称为酮基，是酮的官能团。

(1) 醛和酮的结构

醛和酮的羰基中的碳原子和氧原子都是 sp^2 杂化，碳原子的三个 sp^2 杂化分别与氧和其它两个原子形成三个 σ 键；碳原子未参与杂化的 p 轨道与氧原子的另一个 p 轨道平行重叠形成 π 键，垂直于三个 σ 键所在的平面。羰基氧上的两对孤对电子分别在氧原子的另外两个 sp^2 杂化轨道上。由于氧原子的电负性比碳原子大，因此羰基中 π 电子云偏向于氧原子一方，使羰基碳原子带有部分正电荷，而氧原子则带有部分负电荷。这种结构特征使其具有较高的反应活性。羰基的结构如图 8-9 所示。

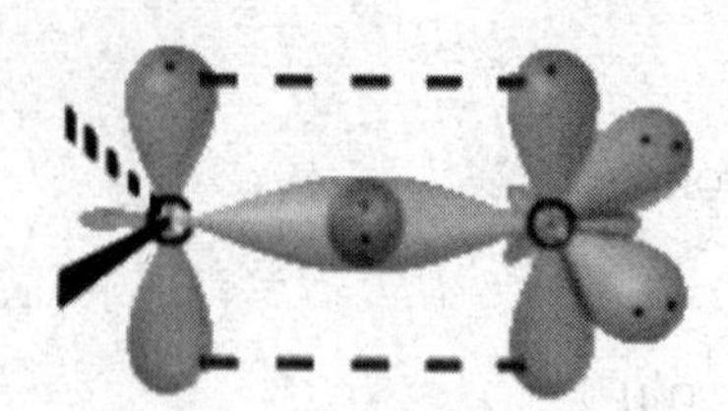
图 8-9 羰基的结构

(2) 醛和酮的物理性质

在常温下，除甲醛是气体外，12 个碳原子以下的脂肪醛、酮都是液体，高级脂肪醛、酮和芳香酮多为固体。低级醛具强烈刺激味，中级醛具有果香味。低级酮具有令人愉快的气味。

由于醛或酮分子之间不能形成氢键，故它们的沸点比相对分子质量相近的醇和羧酸要低。但由于羰基的极性，增加了分子间的引力，因此沸点较相应的烷烃和醚类要高。

醛、酮羰基上的氧可以与水分子中的氢形成氢键，因而低级醛、酮（如甲醛、乙醛、丙酮等）易溶于水，但随着分子中碳原子数目的增加，它们的溶解度则迅速减小。含 6 个碳以上的醛和酮几乎不溶于水，而易溶于乙醚、苯等有机溶剂。

(3) 醛和酮的化学性质

醛、酮的化学性质主要决定于羰基。由于构造上的共同特点，使这两类化合物具有许多相似的化学性质。但是醛与酮的构造并不完全相同，使它们在反应性能上也表现出一些差异，一般来说，醛比酮活泼。

① 羰基的加成 由于醛、酮的羰基中以碳氧双键结合，所以醛、酮都易发生加成反应。又由于羰基的碳氧键是一个极性键，碳原子带部分正电荷，氧原子带部分负电荷，因此羰基碳氧双键容易与亲核试剂发生亲核加成反应。如与氢氰酸、亚硫酸氢钠、醇、氨的衍生物（如羟胺、肼等）、格氏试剂等发生加成反应。

a. 与氢氰酸的加成 醛及脂肪族甲基酮和 8 个碳以下的环酮能与氢氰酸作用，生成 α-羟基腈。α-羟基腈在酸性条件下可以水解生成 α-羟基酸，因此这是一种增长碳链的方法。例如丙酮与氢氰酸在碱催化下反应生成丙酮氰醇，产物经水解、酯化等反应，可以制备甲基丙烯酸甲酯（有机玻璃的单体）。

$$(CH_3)_2C{=}O \xrightarrow{HCN} H_3C-\underset{CN}{\overset{CH_3}{C}}-OH \xrightarrow{H_3O^+} H_3C-\underset{COOH}{\overset{CH_3}{C}}-OH \xrightarrow[H_2SO_4]{CH_3OH} H_2C{=}\overset{CH_3}{C}-COOCH_3$$

b. 与含硫亲核试剂加成 醛、脂肪族甲基酮和 8 个碳以下的环酮能与亚硫酸氢钠溶液发生加成反应，生成亚硫酸氢盐加成物。

$$RCH{=}O \xrightleftharpoons{HO-\overset{O}{\overset{\|}{S}}-ONa} R-\underset{SO_3H}{\overset{H}{C}}-ONa \rightleftharpoons R-\underset{SO_3Na}{\overset{H}{C}}-OH$$

上述反应是可逆的。为使反应完全，常加入过量的饱和亚硫酸氢钠溶液，促使反应向右移动。这些加成物能被稀酸或稀碱分解成原来的醛或甲基酮，故常用这个反应来分离、精制醛或甲基酮。

c. 与醇的加成反应 醛与醇在干燥氯化氢的催化下，发生加成反应，生成半缩醛。

$$RCH{=}O \xrightleftharpoons[\text{干燥 HCl}]{HOR'} R-\underset{OR'}{\overset{H}{C}}-OH \quad \text{半缩醛}$$

开链半缩醛是一类不稳定的化合物，能继续与另一分子醇作用，失去一分子水生成缩醛。

缩醛性质与醚相近，对氧化剂、还原剂、碱是稳定的，但在酸性溶液中则可以分解成原来的醛和醇。在有机合成中，常先将含有醛基的化合物转变成缩醛，然后再进行其它的化学反应，最后酸性溶液中分解缩醛为原来的醛，这样可以避免活泼的醛基在反应中被破坏，即利用缩醛的生成来保护醛基。酮在同样情况下不易生成缩酮，但是环状的缩酮比较容易形成。例如

$$R-CO-R' + \begin{matrix} H_2C-OH \\ | \\ H_2C-OH \end{matrix} \xrightarrow{\text{干燥 HCl}} \begin{matrix} R \\ \\ R' \end{matrix} \!>\! C\!<\! \begin{matrix} O-CH_2 \\ | \\ O-CH_2 \end{matrix}$$

若在同一分子中既含有羰基又含有羟基，则有可能在分子内生成环状半缩醛（酮）。

d. 与含氨亲核试剂的反应　醛、酮与氨的衍生物如胺、羟胺、肼试剂作用，则生成相应的含碳氮双键的化合物，其名称及构造分别为

$$>C{=}O + \begin{cases} \underset{\text{氨}}{H_2N-H} \longrightarrow \;>C{=}N-H \quad \text{席夫碱} \\ \underset{\text{伯胺}}{H_2N-R} \longrightarrow \;>C{=}N-R \quad \text{亚胺} \\ \underset{\text{羟胺}}{H_2N-OH} \longrightarrow \;>C{=}N-OH \quad \text{肟} \\ \underset{\text{肼}}{H_2N-NH_2} \longrightarrow \;>C{=}N-NH_2 \quad \text{腙} \end{cases}$$

$$\underset{\text{2,4-二硝基苯肼}}{H_2N-NH-C_6H_3(NO_2)_2} \longrightarrow \underset{\text{2,4-二硝基苯腙}}{>C{=}N-NH-C_6H_3(NO_2)_2}$$

醛、酮与2,4-二硝基苯肼作用生成的2,4-二硝基苯腙是黄色结晶，具有一定的熔点，反应也很明显，便于观察，所以常被用来鉴别醛、酮。其它反应的产物肟、腙大都也是具有一定熔点的晶体，亦可用来鉴别醛、酮。因此，把这些氨的衍生物称为羰基试剂。肟、腙等在稀酸作用下，可水解为原来的醛、酮，故可利用这些反应来分离和精制醛、酮。

② α-氢的反应　羰基的极化使α-碳原子上C—H键的极性增强，具有一定的活泼性，易发生反应。

a. 卤代反应　醛或酮的α-氢原子易被卤素取代，生成α-卤代醛或酮。如果α-碳上的氢不止一个时，用酸催化，卤代反应能够控制生成一卤代产物。例如

$$C_6H_5COCH_3 + Br_2 \xrightarrow{CH_3COOH} C_6H_5COCH_2Br$$

卤代醛或卤代酮都具有特殊的刺激性气味。三氯乙醛的水合物$CCl_3CH(OH)_2$，又称水合氯醛，具有催眠作用。溴丙酮具有催泪作用，如α-溴苯乙酮可用作催泪瓦斯。

卤化反应也可以被碱所催化，碱催化的卤代反应很难停留在一元取代阶段，会继续反应生成α,α-二卤代物和α,α,α-三卤代物。但α,α,α-三卤代物在碱性溶液中不稳定，立即分解成三卤甲烷（卤仿）和羧酸盐。

$$X_2 + 2NaOH \longrightarrow NaOX + NaX + H_2O$$

$$CH_3-\overset{O}{\overset{\|}{C}}-H(R) + 3NaOX \longrightarrow CX_3-\overset{O}{\overset{\|}{C}}-H(R)$$

$$CX_3-\overset{O}{\overset{\|}{C}}-H(R) + NaOH \longrightarrow HO-\overset{O}{\overset{\|}{C}}-H(R) + CHX_3\downarrow$$

因为这个反应生成卤仿，所以称为卤仿反应。如用碘的碱溶液，则生成碘仿（称为碘仿反应）。碘仿为黄色晶体，难溶于水，容易识别，可用来鉴别分子中是否含有 $CH_3COR(H)$

b. 羟醛缩合　在碱的催化下，含有 α-氢的醛可以发生自身的加成作用，即一分子醛的 α-碳可加到另一分子醛的羰基碳上，α-氢则加到羰基氧上，生成 β-羟基醛（醇醛），这个反应称为羟醛缩合或醇醛缩合。例如，5℃在碱或酸性溶液中加热时，β-羟基醛易脱水生成 α，β-不饱和醛。

$$H_3C-\overset{O}{\overset{\|}{C}}-H + H_2\overset{H}{C}-\overset{O}{\overset{\|}{C}}-H \xrightarrow[5℃]{\text{稀 NaOH}} \underset{\substack{\text{3-羟基丁醛}\\(\beta\text{-羟基丁醛})}}{H_3C-\overset{OH}{CH}-CH_2-\overset{O}{\overset{\|}{C}}-H} \xrightarrow{\triangle} \underset{\text{2-丁烯醛(巴豆醛)}}{CH_3-CH=CH-CHO}$$

含有 α-氢原子的酮也可以发生类似的反应，生成 β-羟基酮，脱水后生成 α,β-不饱和酮。

③ 还原反应　醛或酮经催化氢化可分别被还原为伯醇或仲醇。

$$(R)(H)C=O + H_2 \xrightarrow{Ni} (R)(H)CHOH \quad \text{伯醇}$$

$$(R)(R')C=O + H_2 \xrightarrow{Ni} (R)(R')CHOH \quad \text{仲醇}$$

醛、酮与某些金属氢化物如氢化铝锂（$LiAlH_4$）、硼氢化钠（$NaBH_4$）或异丙醇铝（$Al[OCH(CH_3)_2]_3$）作用，还原生成相应的醇。这些还原剂具有较高的选择性，只能还原羰基，而不影响分子中的碳碳双键等其它可被催化氢化的基团。例如，巴豆醛若用镍催化氢化则得到正丁醇，而用 $NaBH_4$ 还原可以得到巴豆醇。

$$CH_3-CH=CH-CHO \xrightarrow[Ni]{H_2} CH_3CH_2CH_2CH_2OH \quad \text{正丁醇}$$

$$CH_3-CH=CH-CHO \xrightarrow{NaBH_4} CH_3-CH=CH-CH_2OH \quad \text{巴豆醇}$$

④ 醛的特殊反应　醛的羰基碳原子上连有氢原子，容易被氧化，弱氧化剂就可以使它氧化。醛氧化时生成同碳数的羧酸。酮则不易被氧化。一些弱氧化剂只能使醛氧化而不能使酮氧化，因此，可以利用弱氧化剂来区别醛和酮。常用的弱氧化剂有土伦试剂、费林试剂和本尼迪特。

a. 与土伦试剂反应　土伦试剂是由硝酸银溶液与氨水制得的银氨配合物的无色溶液。它与醛共热时，醛被氧化成羧酸，试剂中的一价银离子被还原成金属银。由于析出的银附在容器壁上形成银镜，因此这个反应叫做银镜反应。

$$R-\overset{O}{\overset{\|}{C}}-H + 2[Ag(NH_3)_2]OH \xrightarrow{\triangle} R-\overset{O}{\overset{\|}{C}}-ONH_4 + 2Ag\downarrow + 3NH_3\uparrow + H_2O$$

b. 与费林试剂反应　费林试剂包括甲、乙两种溶液，甲液是硫酸铜溶液，乙液是酒石酸钾钠和氢氧化钠溶液。使用时，取等体积的甲、乙两液混合，开始有氢氧化铜沉淀产生，摇匀后氢氢化铜即与酒石酸钾钠形成深蓝色的可溶性配合物。

费林试剂能氧化脂肪醛，但不能氧化芳香醛，可用来区别脂肪醛和芳香醛。费林试剂与脂肪醛共热时，醛被氧化成羧酸，而二价铜离子则被还原为砖红色的氧化亚铜沉淀。

$$R-\overset{O}{\overset{\|}{C}}-H + 2Cu(OH)_2 + NaOH \xrightarrow{\triangle} R-\overset{O}{\overset{\|}{C}}-ONa + Cu_2O\downarrow + 3H_2O$$

本尼迪特试剂也能把醛氧化成羧酸。它是由硫酸铜、碳酸钠和柠檬酸钠组成的溶液，与醛的作用原理和费林试剂相似，临床上常用它来检查尿液中的葡萄糖。

(4) 重要的醛酮

① 甲醛　甲醛是无色，有强烈刺激性气味的气体，易溶于水、醇和醚。其蒸气能强烈刺激黏膜，属于高毒物。甲醛是一种重要的有机原料，如：制备酚醛树脂、脲醛树脂、合成纤维、皮革工业、医药、染料。35%～40%的甲醛水溶液叫做福尔马林，具有杀菌和防腐能力，可浸制生物标本。其稀溶液（0.1%～0.5%）在农业上可用来浸种，给种子消毒。

② 乙醛　乙醛是有刺激气味的液体，可溶于水、乙醇、乙醚、氯仿、丙酮和苯，易燃，易挥发。在少量酸存在下很易聚合成三聚乙醛（液体，熔点 12.6℃），低温时生成多聚乙醛。乙醛是有机合成的重要原料，主要用于生产乙酸、乙酸乙酯和乙酸酐，也用于制备季戊四醇、巴豆醛、巴豆酸和水合三氯乙醛等。

③ 苯甲醛　苯甲醛是芳香醛的代表，为有杏仁香味的液体，工业上叫做苦杏仁油。它是重要的化工原料，用于制月桂醛、月桂酸、苯乙醛和苯甲酸苄酯芳香族化合物，也用作香料。

④ 丙酮　无色易挥发液体，能与水、乙醇、*N*，*N*-二甲基甲酰胺、氯仿、乙醚及大多数油类混溶。丙酮是重要的有机合成原料，用于生产环氧树脂、聚碳酸酯、有机玻璃、医药、农药等，还是制造醋酐、双丙酮醇、氯仿、碘仿、环氧树脂、聚异戊二烯橡胶、甲基丙烯酸甲酯等的重要原料。也是良好溶剂，用于涂料、黏结剂等。还可用作稀释剂、清洗剂、萃取剂等。

8.5.9 羧酸

分子中具有羧基的化合物称为羧酸。羧基可用—COOH 表示，羧酸通式可写为 RCOOH 或 ArCOOH。

(1) 羧酸的结构

羧酸分子中的羧基的碳原子为 sp^2 杂化，三个杂化轨道分别与两个氧原子和另一个碳原子或氢原子形成三个 σ 键，三个 σ 键在同一平面上，未参与杂化的 p 轨道与氧原子上的 p 轨道形成一个 π 键，因此，羧基是一平面结构，三个 σ 键间的夹角大约 120°。羧基氧原子上的 p 电子与 π 键发生共轭，使键长平均化。羧基的结构如图 8-10所示。

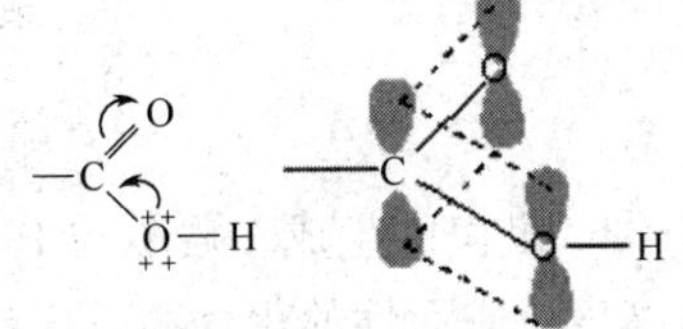

图 8-10　羧基的结构

(2) 羧酸的物理性质

低级的饱和一元羧酸为液体，含有 4～10 个 C 的羧酸具有刺鼻气味或恶臭，是油状液体。含 10 个 C 以上的为蜡状固体，挥发性很低，没有气味。脂肪族二元羧酸和芳香羧酸都是结晶固体。

羧基与水可形成氢键，低级羧酸能与水互溶；随着相对分子质量的增加，烃基越来越大，在水中的溶解度越来越小。高级一元羧酸不溶于水，而溶于有机溶剂中。多元酸的水溶性大于同数碳原子的一元羧酸，而芳香羧酸水溶性小。

羧酸的沸点随着相对分子质量的增加而升高。羧酸的沸点比相对分子质量相近的醇的沸点高得多。这是由于氢键使羧酸分子间缔合成二聚体或多聚体，而且羧酸分子间的氢键又比醇中的氢键牢固。如甲酸分子间氢键键能为 30kJ/mol，而乙醇分子间氢键为 25kJ/mol。

(3) 羧酸的化学性质

① 羧酸的酸性　在羧酸分子中，由于 p-π 共轭，羟基上的氧原子上的电子云向羰基移动，O—H 间的电子云更靠近氧原子，使得 O—H 键的极性增强，有利于氢原子的解离。所以羧酸的酸性强于醇。当羧酸解离出 H 后，$—COO^-$ 基团上的负电荷通过 p-π 共轭不再集中在一个氧原子上，而是平均分配在两个氧原子上，使羧酸根能量降低而稳定。常见一元羧酸的 pK_a 在 4～5，酸性比无机酸的酸性弱，但比碳酸、酚、醇及其它各类含氢化合物的酸性强。

羧酸能与碱（如氢氧化钠、碳酸钠、碳酸氢钠、一些生物碱等）反应生成羧酸盐和水。

$$m\text{-}HOC_6H_4COOH \xrightarrow{NaHCO_3} m\text{-}HOC_6H_4COONa$$

$$m\text{-}HOC_6H_4COOH \xrightarrow{NaOH} m\text{-}NaOC_6H_4COONa$$

羧酸的碱金属盐如钠盐、钾盐等能溶于水，羧酸盐遇强酸则游离出羧酸，故利用此性质可以将羧酸和其它不溶于水的非酸性有机物分离。

② 羧基取代反应　羧基中的—OH 可作为一个基团被酸根（RCOO—）、卤素、烷氧基（—OR）或氨基（$—NH_2$）取代，分别生成酸酐、酰卤、酯或酰胺等羧酸的衍生物。

a. 酸酐的生成　羧酸在脱水剂（如五氧化二磷、乙酰氯、乙酸酐等）存在下加热，两分子间能失去一分子水而形成酸酐。

$$RCOOH + RCOOH \xrightarrow[\triangle]{\text{脱水剂}} R—\overset{O}{\overset{\|}{C}}—O—\overset{O}{\overset{\|}{C}}—R$$

五元或六元环状酸酐，可由二元酸分子内脱水而得。如：

$$o\text{-}C_6H_4(COOH)_2 \xrightarrow{180℃} \text{邻苯二甲酸酐}$$

b. 酰卤的生成　羧酸与 PX_3、PX_5、亚硫酰氯（$SOCl_2$）作用生成酰卤。酰卤是一类具有高度反应活性的化合物，广泛应用于有机合成和药物中。

$$3RCOOH + PCl_3 \longrightarrow 3RCOCl + H_3PO_3$$

$$RCOOH + PCl_5 \longrightarrow RCOCl + POCl_3 + HCl$$

$$RCOOH + SOCl_2 \longrightarrow RCOCl + SO_2\uparrow + HCl\uparrow$$

c. 酯的生成　在酸如浓硫酸的催化下，羧酸能和醇反应生成酯和水，这个反应称为酯化反应。酯化反应是可逆的。

$$RCOOH + R'OH \overset{H^+}{\rightleftharpoons} R-\overset{\overset{O}{\|}}{C}-O-R' + H_2O$$

为提高产率，须使平衡向酯化方向移动。常采用加入过量的廉价原料，或采用除水法除去反应生成的水，也可以将酯从反应体系中不断蒸出。

d. 酰胺的生成　羧酸可以与氨（或胺）反应生成酰胺。羧酸与氨（胺）反应首先得到羧酸铵盐，铵盐热失水而生成酰胺。

$$RCOOH + NH_3 \longrightarrow RCOONH_4 \overset{\triangle}{\rightleftharpoons} R-\overset{\overset{O}{\|}}{C}-NH_2 + H_2O$$

$$RCOOH + HNR'_2 \longrightarrow RCOONH_2R'_2 \overset{\triangle}{\rightleftharpoons} R-\overset{\overset{O}{\|}}{C}-NR'_2 + H_2O$$

③ 羧酸的还原　羧酸很难被还原，只能用 $LiAlH_4$ 才能将其还原为相应的伯醇。H_2/Ni、$NaBH_4$ 等都不能使羧酸还原。

$$CH_2{=}CHCH_2COOH \xrightarrow{LiAlH_4 \quad H_3O^+} CH_2{=}CHCH_2CH_2OH$$

④ 羧酸的脱羧反应　羧酸分子中脱去羧基并放出二氧化碳的反应称为脱羧反应。饱和一元酸在一般条件下不易脱羧，需用无水碱金属与碱石灰共热才能脱羧。如：无水醋酸钠与碱石灰混合强热生成甲烷。

$$CH_3COONa + NaOH(热熔) \longrightarrow CH_4\uparrow + Na_2CO_3(CaO 做催化剂)$$

但 α-碳上有吸电子基（如硝基、卤素、酰基、羧基、不饱和键等）的羧酸易脱羧。芳香羧酸较脂肪羧酸容易脱羧。二元羧酸因两个羧基之间的影响，对热较敏感，如乙二酸和丙二酸受热后易脱羧生成一元酸。

$$HOOCCOOH \xrightarrow{\triangle} HCOOH + CO_2\uparrow$$

$$HOOCCH_2COOH \xrightarrow{\triangle} CH_3COOH + CO_2\uparrow$$

脱羧反应是一类重要的缩短碳链的反应。

8.5.10　酯

酯是羧酸的一类衍生物，由羧酸与醇（酚）反应失水而生成的化合物，简写为 $RCOOR'$，其中 R 和 R'可以相同，也可以不同。

(1) 酯的物理性质

低级酯是无色、易挥发的具有芳香气味的液体，高级饱和脂肪酸单酯常为无色无味的固体，高级脂肪酸与高级脂肪醇形成的酯为蜡状固体。酯密度一般比水小，其熔点和沸点要比相应的羧酸低。酯一般不溶于水，易溶于乙醇和乙醚等有机溶剂。相对分子质量较低的酯能溶解许多有机化合物。

(2) 酯的化学性质

① 水解反应　在酸或碱存在下，酯能发生水解反应生成相应的酸或醇。

在酸催化下酯水解是酯化反应的逆反应。

$$R-\overset{\overset{O}{\|}}{C}-O-R'+H_2O \overset{H^+}{\rightleftharpoons} RCOOH+R'OH$$

在碱催化下反应，酯的水解生成的羧酸与碱成盐，使平衡破坏，反应不可逆。常采用在碱过量的条件下，使水解反应进行完全。酯的水解反应均称为皂化反应。

$$\begin{array}{l}CH_2-OOCC_{17}H_{33}\\ |\\ CH-OOCC_{15}H_{31}\\ |\\ CH_2-OOCC_{17}H_{35}\end{array} +3NaOH \longrightarrow \begin{array}{l}CH_2-OH\\ |\\ CH-OH\\ |\\ CH_2-OH\end{array} + \begin{array}{ll}C_{17}H_{33}COONa & \text{油酸钠}\\ C_{15}H_{31}COONa & \text{软脂酸钠}\\ C_{17}H_{35}COONa & \text{硬脂酸钠}\end{array}$$

② 醇解反应　在酸或碱存在下，酯中的烷氧基被另一醇的烷氧基所取代的反应，称为酯的醇解反应，又称为酯交换反应。此反应可逆，需加入过量的醇或将生成的醇除去，使反应向生成新酯的方向进行。酯交换反应常用来制备难以合成的酯。如

$$CH_2=CHCOOCH_3+n\text{-}C_4H_9OH \rightleftharpoons CH_2=CHCOOC_4H_{9\text{-}n}+CH_3OH$$

③ 氨解反应　酯与氨（或胺）作用，生成酰胺或酰胺衍生物的反应。由于氨（或胺）的亲核性比水、醇强，故羧酸衍生物的氨解反应比水解、醇解更容易进行。

$$RCOOR'+NH_3(H_2NR'',HNR''_2) \longrightarrow RCONH_2(NHR'',NR''_2)+R'OH$$

④ 还原反应　酯同羧酸类似，分子中的羰基可被还原，得到两分子醇，常用的还原剂为 $LiAlH_4$。

$$RCOOR'+LiAlH_4 \longrightarrow RCH_2OH+R'OH$$

(3) 乙酸乙酯用途

乙酸乙酯主要用途有：作为工业溶剂，用于涂料、黏合剂、乙基纤维素、人造革、油毡着色剂、人造纤维等产品中；作为香料原料，用于菠萝、香蕉、草莓等水果香精和威士忌、奶油等香料的主要原料，还可用作纺织工业的清洗剂和天然香料的萃取剂，也是制药工业和有机合成的重要原料。

练习题

8-1　选择题

(1) 下列哪个不是有机化合物的特点？(　　)

A. 有机化合物含碳元素　　B. 碳碳间以共价键结合

C. 大部分有机化合物的熔点、沸点低　　D. 有机化合物都能燃烧且反应复杂

(2) 在下列各组物质中，属于同系物的是（　　）。

A. 甲烷和 2,2-二甲基丁烷　　B. 1,1-二氯乙烷和 1,2-二氯乙烷

C. 乙二醇和丙三醇　　D. 苯酚和苯

(3) 醛、酮、羧酸、酯结构上的共同点是都含有（　　）。

A. 烃基　　B. 羟基　　C. 羰基　　D. 羧基

(4) 下列哪个化合物不是平面结构？(　　)

A. 乙烯　　B. 乙炔　　C. 乙醇　　D. 苯乙烯

(5) 下列物质在水中溶解度最大的是（　　）。

A. 乙烷　　B. 乙醇　　C. 乙醚　　D. 乙醛

(6) 下列物质沸点最高的是（　　）。

A. 乙烯　　B. 乙醇　　C. 乙醚　　D. 乙酸

(7) 下列说法正确的是（　　）。

A. 取代反应是烃中的氢原子被其它原子或基团取代的反应

B. 烯烃、炔烃、苯等不饱和烃都容易发生加成反应

C. 有机化学中氧化反应一般是指分子中加氧或去氢的反应

D. 羰基化合物容易发生还原反应，但不易发生氧化反应

(8) 下列关于有机化合物的说法正确的是（　　）。

A. 乙醇和乙酸都存在碳氧双键

B. 甲烷和乙烯都可以与氯气反应

C. 高锰酸钾可以氧化苯和乙醛

D. 乙烯可以与氢气发生加成反应，苯不能与氢气加成

(9) 下列化合物与 Cl_2 在光的催化下，生成两种一氯取代物的是（　　）。

A. CH_4　　B. CH_3CH_3

C. $CH_3CH_2CH_3$　　D. $C(CH_3)_4$

(10) 苯与硝酸在硫酸的催化下，生成硝基苯的反应是（　　）反应。

A. 加成　　B. 取代　　C. 消去　　D. 氧化

(11) 乙醇分子中各化学键如下所示，对乙醇在各种反应中应断裂的键说明不正确的是（　　）。

A. 和金属钠作用时，键①断裂

B. 和浓硫酸共热至 170℃时，键②和⑤断裂

C. 和乙酸、浓硫酸共热时，键②断裂

D. 在铜催化下和氧气反应时，键①和③断裂

```
     H   H
   ⑤|④ |②  ①
 H—C—C—O—H
    |   |③
    H   H
```

(12) 下列 5 个有机化合物中，能够发生酯化、加成和氧化 3 种反应的是（　　）。

①$CH_2{=}CHCOOH$；②$CH_2{=}CHCOOCH_3$；③$CH_2{=}CHCH_2OH$；

④$CH_3CH_2CH_2OH$；⑤$CH_3CH(OH)CH_2CHO$

A. ①③④　　B. ①②⑤　　C. ①③⑤　　D. ②④⑤

(13) 下列化合物中不能进行还原反应的是（　　）。

A. $CH_2{=}CH_2$　B. CH_3CHO　C. CH_3COCH_3　D. $C_2H_5OC_2H_5$

(14) 下列化合物不能作为合成高分子化合物原料的是（　　）。

A. 乙烯　　B. 乙醇　　C. 甲醛　　D. 苯酚

(15) 工业上一般不用作溶剂的是（　　）。

A. 乙醇　　B. 乙醚　　C. 乙醛　　D. 乙酸乙酯

8-2 工业上用甲苯生产对羟基苯甲酸乙酯（一种常用的防霉剂），其生产过程如下。

CH_3（甲苯） $\xrightarrow[\text{催化剂①}]{Cl_2}$ A $\xrightarrow[\text{②}]{\text{一定条件下}}$ （对甲基苯酚：CH_3，OH） $\xrightarrow[\text{③}]{CH_3I}$ （CH_3，OCH_3） $\xrightarrow{\text{④}}$ （$COOH$，OCH_3） $\xrightarrow[\text{⑤}]{C_2H_5OH}$ B $\xrightarrow[\text{⑥}]{HI}$ （$COOC_2H_5$，OH）

根据以上转化图填空。

（1）写出反应⑤的化学方程式（有机物写结构简式，要注明反应条件）

（2）写出由对羟基苯甲酸生成 $C_7H_5O_3Na$ 的化学反应方程式

（3）写出 $C_7H_6O_3$ 同时符合下列要求的所有同分异构体的结构简式

A. 含苯环　　　　　　B. 可与 $FeCl_3$ 溶液发生显色反应

C. 一氯代物有两种　D. 能发生银镜反应，不能发生水解反应

8-13　尼龙-66广泛用于制造机械、汽车、化学与电气装置的零件，亦可制成薄膜用作包装材料，其合成路线如下所示（中间产物E给出两条合成路线）。

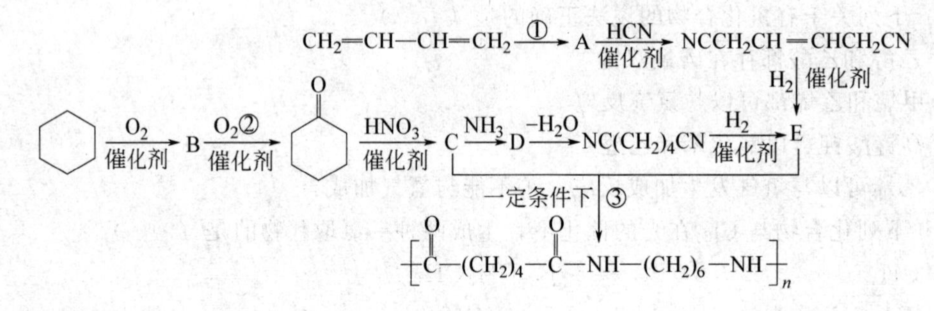

完成下列填空：

（1）写出反应类型：反应②________反应③________

（2）写出化合物D的结构简式：________

（3）写出一种与C互为同分异构体，且能发生银镜反应的化合物的结构简式：________

（4）写出反应①的化学方程式：________

（5）下列化合物中能与E发生化学反应的是________。

A. NaOH　　B. Na_2CO_3　　C. NaCl　　D. HCl

（6）用化学方程式表示化合物B的另一种制备方法（原料任选）：________

第9章

合成高分子材料

人类很早就开始使用天然高分子材料，树枝、兽皮和稻草等天然高分子材料是人类最先使用的材料。在历史的长河中，纸、树胶、丝绸等从天然高分子加工而来的产品一直同人类文明的发展交织在一起。从19世纪开始，人类开始使用改造过的天然高分子材料。进入20世纪之后，高分子材料进入了大发展阶段。首先是在1907年，李奥·贝克兰（L. Bakeland）发明了酚醛塑料。1920年赫尔曼·施陶丁格（Hermann Staudinger）提出了高分子的概念，并且创造了Makromolekule这个词。20世纪20年代末，聚氯乙烯开始大规模使用。20世纪30年代初，聚苯乙烯开始大规模生产。20世纪30年代末，尼龙开始生产。19世纪40年代，华莱士·卡罗瑟斯（W. H. Carothers）合成了尼龙，并将聚合反应机理分为链式聚合、逐步聚合两类。20世纪50年代，卡尔·齐格勒（K. W. Ziegler）、居里奥·纳塔（G. Natta）发明齐格勒-纳塔催化剂，开始对催化聚合进行研究。在60年代，卡罗泽斯的助手保罗·弗洛里（P. J. Flory）对逐步聚合反应动力学进行研究，并因发展了研究长链分子的方法获1974年诺贝尔奖。随着合成高分子材料性能的提高，一大批性能更优的高分子材料的出现，特别是高分子半导体、高分子催化剂、生物膜和人工器官等特种高分子材料的开发，使得高分子材料的应用更加普遍。

9.1 高分子化合物概论

9.1.1 高分子化合物的基本概念

高分子化合物，简称高分子，又称聚合物，是指由众多原子或原子团主要以共价键结合而成的相对分子质量在10000以上的化合物。英文中“高分子”主要有polymer和macromolecule这两个词。前者又可译为聚合物或高聚物，后者又可译为大分子。这两个词虽常混用，但仍有一定区别：前者通常是指有一定重复单元的合成产物，一般不包括天然高分子；后者指相对分子质量很大的一类化合物，包括天然和合成高分子，也包括无一定重复单元的复杂大分子。

(1) 高分子的基本概念

主链　构成高分子骨架结构以化学键结合的原子集合。最常见的是碳链，也有一些高分子化合物含有 O、S、N 等非碳原子。

侧基或侧链　连接在主链原子上的原子或原子集合，又称支链。支链可以较小，称为侧基；也可以较大，称为侧链。

单体　能通过聚合反应形成高分子化合物的低分子化合物，即合成高分子化合物的原料。

单体单元　组成高分子链的基本结构单元，通常与形成高分子的单体的化学组成完全相同，只是化学结构不同的结构单元（电子结构有所改变）。

重复结构单元　大分子链上化学组成和结构均可重复出现最小单位，可简称为重复单元，又可称为链节。如果高分子是由一种单体聚合而成的，其重复单元就是单体单元。如果高分子是由两种或两种以上单体缩聚而成的，其重复单元由不同的单体单元组成。例如，尼龙$\text{-}[NH(CH_2)_6NHCO(CH_2)_4CO]_n\text{-}$的重复单元是—$NH(CH_2)_6NHCO(CH_2)_4CO$—，而单体单元分别是—$NH(CH_2)_6NH$—和—$CO(CH_2)_4CO$—两种。

聚合度　高分子化合物中，单体单元的数目叫聚合度，常用符号 DP（degree of polymerization）表示，也可以 χ 或 P 表示。

(2) 高分子化合物的基本特点

与低分子化合物比较，高分子化合物具有以下特点。

① 相对分子质量大　高分子化合物的相对分子质量一般大于 10^4，通常为 $10^5 \sim 10^6$。低分子化合物的相对分子质量一般低于 10^3。相对分子质量很大时，物质的许多性质开始区别于低分子化合物，如熔点高、强度大等，可做成具有一定形状的制品或作为材料使用。

② 相对分子质量的多分散性　除了生物高分子以及通过特殊技术合成的个别高分子具有确定的相对分子质量外，多数合成高分子化合物相对分子质量是在一定范围内变化的，是不同相对分子质量同系物的“混合物”，这种性质称为“多分散性”。如聚氯乙烯分子的长短不一致，短的分子可为几百、几千个原子，长的分子可达几万、十几万个原子。相对分子质量分布范围大的称为多分散性大，相对分子质量分布范围小的称为多分散性小。由于高分子化合物的多分散性，故其相对分子质量实质上都是指平均相对分子质量。

③ 结构的复杂性　由于高分子化合物涉及的原子种类和数量巨大且组成可能不均一，所以高分子的结构很复杂。整个高分子结构是由四个不同层次组成的，分别称为一级结构和高级结构（包括二级、三级和四级结构）。同时高分子可以随着化学和物理条件的变化而表现出多种结构形态。现已证明，大多数高分子表现出“链”的特征。高分子链从微观几何形状看，有线状、支链状、交联（或称网状）状等多种。

④ 性能上的特点　由于相对分子质量大，使高分子化合物能够表现出多种独特的结构层次，所以其力学性质、热性质、溶解性等与低分子化合物大为不同。如高分子化合物都具有一定的强度和弹性，可作为固体和各种弹性材料使用；有些具有很好的可塑性和延展性，容易制成形状复杂的纤维制品与薄膜材料。由于高分子化合物相对分子质量大，使其分子之间的作用力大，故高分子化合物只有固态和液态，不存在气态；同时使得它溶解缓慢，溶液的黏度大等。

9.1.2　高分子化合物的合成

合成高分子化合物最基本的反应有两类：一类叫加成聚合反应（简称加聚反应），另一类叫缩合聚合反应（简称缩聚反应）。这两类合成反应的单体结构、聚合机理和具体实施方法都不同。

(1) 加聚反应

加聚反应是指由一种或两种及两种以上单体化合成高聚物的反应，在反应过程中没有低分子物质生成，生成的高聚物与原料物质具有相同的化学组成，其相对分子质量为原料相对分子质量的整数倍，仅由一种单体发生的加聚反应称为均聚反应，有两种或以上的单体共同聚合的反应称为共聚反应。例如

$$nCH_2{=}CH_2 \longrightarrow [\!-CH_2-CH_2-]\!_n$$

在工业上利用加成聚合反应生产的合成高分子约占合成高分子总量的 80%，最重要的有聚乙烯、聚氯乙烯、聚丙烯和聚苯乙烯等。

(2) 缩聚反应

缩聚反应指具有两个或两个以上官能团的单体，相互缩合并产生小分子副产物（水、醇、氨、卤化氢等）而生成高分子化合物的聚合反应。如尼龙-66 又称聚酰胺，用己二胺和己二酸作为单体，这两种单体分子之间通过脱水缩合，形成肽键（ $-\overset{O}{\overset{\|}{C}}-\overset{H}{\overset{|}{N}}-$ ），两端的氨基和羧基具有活性，可继续与单体分子缩合，最终形成长链状大分子聚合物，即聚酰胺。它的商品名称叫尼龙-66 或锦纶-66，数字表示两种单体中碳原子的数目。把黏稠的尼龙-66 液体从抽丝机的小孔里挤出来，得到性能优异的尼龙-66 合成纤维。日常生活中我们熟悉的“的确良”是对苯二甲酸和乙二醇脱水缩合聚合而成的聚酯纤维高分子，商品名称叫涤纶，它有挺括不皱、易洗易干等特点。

$$nNH_2(CH_2)_6NH_2 + nHOOC(CH_2)_4COOH \longrightarrow [\!-NH(CH_2)_6NHCO(CH_2)_4CO-]\!_n$$

$$nHO(CH_2)_2OH + nHOOC-C_6H_4-COOH \longrightarrow [\!-O-(CH_2)_2-OOC-C_6H_4-COO-]\!_n$$

与加聚反应不同，缩聚反应的实质是官能团之间相互缩合。它具有逐步聚合反应的所有特征。缩聚反应形成高分子的同时生成了小分子副产物，因此得到的高分子结构单元与单体不同，比单体少一些原子。缩合聚合反应在合成高分子工业上的重要性仅次于加聚反应，常见的聚酰胺（尼龙）、聚酯（涤纶）、环氧树脂、酚醛树脂、有机硅树脂、聚碳酸酯等，都是通过缩聚反应生产的。

9.1.3 高分子化合物的结构与性能

(1) 高分子化合物的结构

根据高分子的结构特征，可以将高分子化合物分为线型、支链型和体型网状三种结构。

① 线型结构　其特点是分子在拉伸时呈长链线状，自由状态时呈弯折或螺旋状。线型高分子化合物是通过分子间力聚集起来的，分子链间的作用力较弱，加热或溶解可克服分子间的力使大分子分开，所以线型高分子通常在溶剂中可以溶解，受热时可以熔融，这种性质称为热塑性。合成纤维和大多数塑料都是线型高分子。

② 支链型结构　线型分子链中的某些链节又连有其它支链的称为支链型结构（有的书中也将支链型结构归属于线型结构范畴）。支链型聚合物也是以分子间力聚集起来的，性质与线型聚合物基本相同，可以溶解和熔融。支链的存在使支链型高分子的密度减小，分子间

作用力较弱，所以其黏度、密度和机械强度比线型结构的高分子化合物低。

③ 体型网状结构　线型高分子在某种条件下大分子长链间通过许多支链相交联起来形成网状结构。体型高分子由于长链间以化学键互相交联，所以一次加工成型后不能再通过加热的办法使其具有可塑性，这种性质称为热固性。随着分子链间交联度的增大，体型高分子的硬度增大，弹性减小，不易变形。

热塑型高分子通常是线型和支链型结构，而热固型高分子通常是体型结构。但线型高分子与体型高分子之间并没有严格的界线。如支链多的线型高分子性质就接近于体型结构的性质；低交联度的体型高分子由于交联程度尚浅，也能溶胀，加热会软化，仍然保持良好的弹性。如酚醛树脂、硫化橡胶及离子交换树脂等都是体型高分子。

(2) 高分子化合物的性能

① 塑性和弹性　塑性和弹性主要与高分子化合物的结构类型、分子链间作用力的大小、分子链的柔顺性及温度有关。线型高分子化合物加热到一定程度后，渐渐软化，可加工成型的性质称为可塑性。热塑性的线型高分子具有良好的可塑性，如聚乙烯、聚苯乙烯等；不能反复加热的高分子化合物称为热固性高分子化合物，例如酚醛树脂等。线型高分子化合物分子链呈卷曲状态，具有柔顺性。当受外力拉伸时，分子链由卷曲状态变成伸展状态；外力除去后，分子链恢复到原状，表现出弹性。线型高分子化合物都表现出不同程度的弹性。未硫化的天然橡胶具有较好的弹性，但经高度硫化的橡胶因交联很多，弹性降低。体型高分子化合物的弹性一般很差。

② 力学性能　高分子化合物的力学性能（例如拉伸、压缩、弯曲和冲击等）主要取决于分子链之间作用力的大小。作用力的大小与聚合度、交联程度、结晶度、氢键和取代基的极性等因素有关。通常，分子链间作用力越大，力学性能越好。

③ 电绝缘性能　一般而言，由于高分子化合物由共价键结合，分子内没有自由电子和离子，其绝缘性能只与分子链的极性有关。对于直流电，绝大多数高分子化合物都具有良好的电绝缘性能。但是，有些分子链节具有不对称极性基团或极性链节（例如聚氯乙烯）的高分子化合物，在交流电场中，极性基团或极性链节会随交变电场方向作周期性移动，具有一定的导电性。分子的极性越小，电绝缘性越好。

④ 溶解性　高分子化合物的溶解性一般服从“相似相溶”规则，即极性高分子化合物易溶于极性溶剂，非极性高分子化合物易溶于非极性溶剂。如弱极性的聚苯乙烯可溶于苯溶液中，极性的聚乙烯醇可溶于乙醇和水中。但是与低分子物质不同，高分子化合物溶解时，要经过溶胀和溶解两个阶段，即先是溶剂分子渗入高分子化合物链之间，体积胀大，称为溶胀，形成凝胶状；随着进入的溶剂量增加，分子链之间距离增大，甚至最后整个分子链分离进入溶剂中形成均匀的溶液。体型高分子化合物因链间交联形成的化学键作用很强，在溶剂中只有溶胀，不会溶解。

⑤ 化学稳定性和老化　高分子化合物中的C—C键、C—H键、C—O键等都是牢固的共价键，所含的活泼基团比较少，因此高分子化合物一般不容易发生化学反应，对酸、碱以及氧化剂等化学因素作用一般较稳定。

但是高分子化合物在加工、储存和使用过程中，也会产生常见的老化现象。所谓老化是指高分子材料因长期受物理因素（光、热、电、外力作用和超声波等）、化学因素（氧化）以及生物因素（霉菌）等综合作用下发生化学变化，使得其性能逐渐变坏的现象。例如，塑料用久了会变脆破裂、橡皮筋老化了会发黏变硬、衣服穿时间长了纤维变脆和泛黄等。这些变化可以归结为在外界因素的影响下，高分子链发生裂解反应或交联反应所引起。

裂解反应又称为降解反应，是高分子化合物分子链断裂，大分子变小的反应。裂解使高聚物的聚合度下降，以致变软、发黏，丧失原有的机械强度。天然橡胶的老化就属于这种情况。交联反应是线型高分子化合物的分子链交联转变成体型结构。因聚合度增大，链的柔顺性降低，以致弹性丧失、变硬、变脆，甚至出现龟裂，如丁苯橡胶的老化。

老化的诸多因素中，以氧化降解为主，加热和紫外线照射会大大加速高分子材料的老化，所以一般在室外使用的高分子材料的老化速率比较快。高分子材料的老化严重影响了材料的使用寿命。为了减缓其老化，可加入各种防老剂（如抗氧化剂）或者改变其结构。例如，在分子链中引入较多的芳环和杂环结构，或引入 Si、P 和 Al 等无机元素，可以提高聚合物的热稳定性；或者加入芳香胺类和酚类抗氧化剂，以及氧化锌、钛白粉、炭黑等光稳定剂可以提高高分子材料对氧、光等作用的稳定性；在高分子材料表面涂（电镀）金属也可以防止其老化。

9.2 三大经典高分子材料简介

9.2.1 塑料

塑料（plastic）是以合成树脂或天然树脂为基础原料，加入各种塑料助剂（如填料、增塑剂、稳定剂、润滑剂、色料等），在一定温度、压力下，加工塑制成型或交联固化成型，所得的固体材料或制品。塑料优点主要是：①密度小，强度高，可代替木材、水泥、砖瓦等大量应用于建筑材料；②耐化学腐蚀性优良，可制作化工设备；③电绝缘性和隔热性好，用于制造电子元器件；④摩擦系数小，耐磨性好，有消声减震的作用，用其可部分代替金属制造的轴承和齿轮，可在无润滑条件下高速运转；⑤易加工成型，易于着色，采用不同的原料和不同的加工方法，可制得坚韧、刚硬、柔软、轻盈、透明的各种制品，广泛用于日常生活、包装材料和农业生产用薄膜和管材。塑料在航空和军事中具有其它材料不能取代的作用，碳纤维增强塑料代替铝、钛合金，可减轻飞机重量；耐瞬时高温、耐辐射的塑料用于火箭、导弹、人造卫星、原子核反应堆等。

根据各种塑料不同的使用特性，通常将塑料分为通用塑料和工程塑料两种类型。

(1) 通用塑料

通用塑料一般是指产量大、用途广、成型性好、价格便宜的一类塑料。通用塑料有五大品种，即聚乙烯（PE）、聚丙烯（PP）、聚氯乙烯（PVC）、聚苯乙烯（PS）及丙烯腈-丁二烯-苯乙烯共聚合物（ABS），这五大类塑料占据了塑料原料使用的绝大多数。

① 聚乙烯（PE） 常用聚乙烯可分为低密度聚乙烯（LDPE）、高密度聚乙烯（HDPE）和线型低密度聚乙烯（LLDPE）。三者当中，HDPE 有较好的机械强度、耐化学腐蚀性、热性能以及电性能，而 LDPE 和 LLDPE 有较好的柔韧性、抗冲击性能、成膜性等。LDPE 和 LLDPE 主要用于食品包装薄膜、农用薄膜和电线包皮等，而 HDPE 的用途比较广泛，可制成建筑供水管道、板材、绝缘材料和日用品。

② 聚丙烯（PP） 相对来说，聚丙烯的品种更多，机械强度较高，坚韧、耐磨，耐

热性、电绝缘性、化学稳定性较好，无毒，但耐候性、耐寒性及染色性较差。其品种主要有均聚聚丙烯（homopp）、嵌段共聚聚丙烯（copp）和无规共聚聚丙烯（rapp）。根据用途的不同，均聚主要用在拉丝、纤维、注射、BOPP膜等领域；共聚聚丙烯主要应用于家用电器注射件、日用注射产品，改性聚丙烯PP-R大量用作建筑室内冷热水供应管道；无规聚丙烯主要用于透明制品、高性能产品、高性能管材等。

③ 聚氯乙烯（PVC） 力学性能好，耐化学腐蚀，不易燃烧，价格便宜，有毒性，易分解和老化，80℃以上会分解释放出有毒的氯化氢。硬聚氯乙烯用于制造塑料门窗、护墙板和屋面板、建筑排水管、电工护套管、容器等；软聚氯乙烯用于制造薄膜、电线电缆包皮、人造革及日用品等。

④ 聚苯乙烯（PS） 化学稳定性很高，透明，电性能好，廉价，但耐热性差，有脆性。可用于高频绝缘材料、化工储酸槽、仪表外壳、灯罩、光学零件、透明模型及牙刷把、梳子等日用品。聚苯乙烯泡沫塑料制品用作隔热、隔声、防震材料。

⑤ 丙烯腈-丁二烯-苯乙烯共聚合物（ABS） 可用于工程塑料，具有杰出的物理机械和热性能，有很好的成型性，加工出的产品表面光洁，易于染色和电镀。广泛应用于家用电器、面板、面罩、组合件、配件等，尤其是家用电器，如洗衣机、空调、冰箱、电扇等，用量十分庞大，另外在塑料改性方面用途也很广。

(2) 工程塑料

一般在较宽的温度范围内承受机械应力，是一种在较为苛刻的化学物理环境中使用的高性能的高分子材料，有良好的力学性能和尺寸稳定性，在高、低温下仍能保持其优良性能，可以作为工业零件或外壳材料的工业用塑料。工程塑料中又将其分为通用工程塑料和特种工程塑料两大类。

通用工程塑料包括聚碳酸酯（PC）、聚酰胺（PA）、聚甲醛（POM）、变性聚苯醚（变性PPE）、聚酯（PETP、PBTP）和聚苯硫醚（PPS）等。由于聚酰胺（PA，尼龙）独特的低密度、高抗拉强度、耐磨、自润滑性好、冲击韧性优异、具有刚柔兼备的性能而赢得人们的重视，加之其加工简便、效率高、密度小（只有金属的1/7）、可以加工成各种制品来代替金属，广泛用于汽车及交通运输业。聚碳酸酯（PC）既具有类似有色金属的强度，同时又兼备延展性及强韧性，它的抗冲击强度极高，用铁锤敲击不会被破坏，能经受住电视机荧光屏的爆炸。聚碳酸酯的透明度又极好，并可施以任何颜色。由于聚碳酸酯的上述优良性能，已被广泛用于各种安全灯罩，信号灯，体育馆、体育场的透明防护板，采光玻璃，高层建筑玻璃，汽车反射镜、挡风玻璃板，飞机座舱玻璃，摩托车驾驶安全帽等。

特种工程塑料也叫高性能工程塑料，是指综合性能更高，长期使用温度在150℃以上的工程塑料，主要用于高科技、军事和宇航、航空等工业，主要包括聚苯硫醚（PPS）、聚对苯（PPTA）、聚砜（PSF）、聚酰亚胺（PI）、聚芳酯（PAR）、液晶聚合物（LCP）、聚醚醚酮（PEEK）等。特种工程塑料种类较多，性能优异但价格昂贵。例如，聚对苯（PPTA）可用作船舶和气球的系留绳、渔具和采集资源用的牵引绳、游艇帆布、滑翔回收飞船、防弹西装背心和赛马服等防护服，还可用于复合材料的增强纤维，如用作轮胎帘布和皮带帘布等。此外，还可用于飞机、汽车、体育用品等。

塑料材料具有重量轻、强度大、抗冲击性好、透明、防潮、美观、化学性能稳定、韧性好且防腐蚀等优点，在工程领域广泛取代了金属、木材、纸张、玻璃、皮革等。因此，塑料对减轻我国的资源、能源压力起到了不可替代的作用。但是，塑料有一个致命的弱点，即其自然降解时间长，有的长达100年以上。塑料的不易降解性，导致其废弃物长期存在。故塑料废弃物成为一个越来越突出的环境问题，形成了日益严重的“白色污染”，对人类生存环境造成很大压力。因此，对塑料废弃物的回收和利用迫在眉睫。

9.2.2 合成橡胶

橡胶分天然橡胶和合成橡胶。天然橡胶主要来源于三叶橡胶树，当这种橡胶树的表皮被割开时，就会流出乳白色的汁液，称为“胶乳”，胶乳经凝聚、洗涤、成型、干燥即得天然橡胶。世界橡胶产量中，天然橡胶只占15%左右，其余均为合成橡胶。合成橡胶是由人工合成方法制得，采用不同的原料（单体）可以合成出不同种类的橡胶。合成橡胶品种很多，性能各异，在许多场合可以代替、甚至超过天然橡胶。合成橡胶可分为通用橡胶和特种橡胶。通用橡胶用量较大，如丁苯橡胶占合成橡胶产量的60%；其次是顺丁橡胶，占15%。此外还有异戊橡胶、氯丁橡胶、丁钠橡胶、乙丙橡胶、丁基橡胶等，它们都属通用橡胶。能满足某些特殊性能要求的橡胶称为特种橡胶。它们能耐高温、耐寒、耐油、耐化学腐蚀等。特种橡胶有硅橡胶、氟橡胶、丁腈橡胶、聚氨酯橡胶和聚硫橡胶等。

① 丁苯橡胶（SBR） 由丁二烯和苯乙烯共聚制得，是产量最大的通用合成橡胶。与天然胶比较，品质均匀，异物少，具有更好的耐磨性及耐老化性，但机械强度则较弱，可与天然胶掺混使用。广泛用于轮胎业、鞋业、布业及输送带行业等。

② 丁腈橡胶（NBR） 由丁二烯和丙烯腈经乳液共聚而成的聚合物。丙烯腈含量在18%～50%，丙烯腈含量越高，对石化油品碳氢燃料油抵抗性越好，其耐油性仅次于聚硫橡胶、丙烯酸酯橡胶和氟橡胶，此外丁腈橡胶还具有良好的耐磨性、耐老化性和气密性，但耐臭氧性、电绝缘性和耐寒性都比较差。丁腈橡胶主要应用于耐油制品，例如各种密封制品。

③ 硅橡胶（SR） 由硅、氧原子形成主链，侧链为含碳基团，用量最大的是侧链为乙烯的硅橡胶。它既耐热，又耐寒（使用温度在100～300℃），具有优异的耐气候性和耐臭氧性以及良好的绝缘性。缺点是强度低，抗撕裂性能差，耐磨性能也较差。硅橡胶主要用于航空工业、电气工业、食品工业及医疗工业等方面。例如，在生物医学工程中硅橡胶可用作医疗器械、人工脏器等。

④ 顺丁橡胶（BR） 是丁二烯经溶液聚合制得的，在常温无负荷时呈无定形态，承受外力时有很高的形变能力，是弹性和耐寒性最好的合成橡胶。且由于分子链比较规整，拉伸时可以获得结晶补强，加入炭黑又可获得显著的炭黑补强效果，是一种综合性能较好的通用橡胶。顺丁橡胶的缺点是抗撕裂性能较差，抗湿滑性能不好。

⑤ 乙丙橡胶（EPR） 乙丙橡胶以乙烯和丙烯为主要原料合成，耐老化、电绝缘性能和耐臭氧性能突出。乙丙橡胶可大量充油和填充炭黑，制品价格较低。乙丙橡胶化学稳定性好，其耐磨性、弹性、耐油性与丁苯橡胶接近。乙丙橡胶的用途十分广泛，在汽车制造行业

中应用量最大，主要应用于汽车密封条、散热器软管、火花塞护套、空调软管、胶垫、胶管等；在电气和电子行业还可以用作电线、电缆包皮及高压、超高压绝缘材料；在建筑行业中主要用于塑胶运动场、防水卷材、房屋门窗密封条、玻璃幕墙密封、卫生设备和管道密封件等。

⑥ 氯丁橡胶（CR） 它是以氯丁二烯为主要原料，通过均聚或少量其它单体共聚而成。氯丁橡胶有良好的力学性能，耐热、耐日光、耐臭氧以及耐酸碱等优良性能，耐油性能优于天然橡胶、丁苯橡胶、顺丁橡胶；具有较强的耐燃性和优异的延展性；化学稳定性较高，耐水性良好。氯丁橡胶的缺点是耐寒性和储存稳定性较差。氯丁橡胶用途广泛，如用来制作运输皮带和传动带，电线、电缆的包皮材料，制造耐油胶管、垫圈以及耐化学腐蚀的设备衬里等。

9.2.3 纤维

纤维属于高分子材料中的一种，特指长径比大于1000∶1的纤细材料。纤维高聚物一般含有极性基团，具有较强结晶能力和较高的结晶度，熔点为200～300℃，玻璃化转变温度适中。纤维材料的伸长率小（10%～50%），模量高（$>35000N\cdot cm^{-2}$）、抗张强度大（$>35000N\cdot cm^{-2}$），因此不易变形。

纤维分为天然纤维、人造纤维和合成纤维。其中天然纤维一般指棉、麻、羊毛、蚕丝等动植物纤维；人造纤维则是以天然聚合物为原料，经过化学处理与机械加工而成，如醋酸纤维素等；合成纤维则由单体均聚或者缩聚形成，按主链结构，又可分为碳纤维（如聚丙烯腈纤维、聚乙烯醇纤维、聚氯乙烯纤维）和杂纤维（如聚酰胺纤维、聚酯纤维、聚氨酯纤维）。

(1) 天然纤维

天然植物纤维主要包括棉纤维、麻纤维，其主要成分都是由失水β-葡萄糖基连接而成的高聚物。棉纤维强度较差，延伸率较低，但湿强度较高，而麻纤维的干、湿强度均较高，延伸率低，初始模量高，耐腐蚀好。

天然动物纤维主要是羊毛和蚕丝。毛纤维由蛋白纤维组成，其弹性好、吸湿性较高，耐酸性好，但强度低，耐热性和耐碱性较差。蚕丝的生丝是由两根单纤维借丝胶黏合包覆而成，丝胶能溶于热水或弱碱性溶液，除去丝胶而得的丝纤，俗称熟丝，白色，柔软有光泽，强度高，是热和电的不良导体。

(2) 人造纤维

① 黏胶纤维 原料通常由富含纤维素的物质，如木材、芦苇等组成，将其浸润于碱液中，使之溶胀并转变成碱纤维素，然后与二硫化碳反应生成可溶性的黄原酸钠胶液，经纺丝拉伸凝固，用酸水解成纤维素黄原酸，同时脱二硫化碳，再生出纤维素。

② 铜氨纤维 利用纤维素能在铜氨溶液中溶解以及在酸中凝固的性质，也可以制备再生纤维素。将纤维素溶于铜氨溶液（25%氨水、40%硫酸铜、8%氢氧化钠）中，搅拌，利用空气中氧气使该纺丝清液适当降解，降低其聚合度，再经纺丝拉伸，在7%硫酸浴中凝固，洗去残留铜和氨，即得铜氨人造丝。

(3) 合成纤维

① 聚酯类　聚酯是指主链结构中含有COO—基团的一类聚合物。由该高聚物制备的纤维品种很多，最常见的是由二元醇和芳香二羧酸缩聚而成的聚酯，主要包括聚对苯二甲酸乙二醇酯（PET）、聚对苯二甲酸丙二醇酯（PTT或PPT）、聚对苯二甲酸丁二醇酯（PBT）等。

a. 涤纶纤维（PET）　制备涤纶纤维的聚合物是由苯二甲酸（TPA）与乙二醇缩聚而成的。聚对苯二甲酸乙二醇酯属于结晶型高聚物，其熔点温度 T_m 低于热分解温度 T_d，因此一般采用熔融纺丝法。螺杆挤出纺丝机进行纺丝过程如下：熔体的制备——熔体自喷丝孔挤出——熔体拉伸变细冷却固化——丝条的上油和卷绕。

b. 聚对苯二甲酸丙二醇酯（PTT或PPT）　聚对苯二甲酸丙二醇酯（PTT或PPT）纤维是Shell公司开发的一种性能优异的聚酯类新型纤维，它是由对苯二甲酸（PTA）和1,3-丙二醇（PDO）缩聚而成。PTT纤维综合了尼龙的柔软性、腈纶的蓬松性、涤纶的抗污性，加上本身固有的弹性，以及能常温染色等特点，把各种纤维的优良实用性能集于一身，从而成为当前国际上最新开发的纤维之一。

② 聚酰胺类　聚酰胺是主链结构中含有—NHCO—基团的含氮聚合物，主要采用两类聚合方式获取，一类是由二元胺和二元酸缩聚得到，另一类是由己内酰胺开环聚合得到。聚酰胺包括脂肪族和芳香族两类，由于含有极性强的酰胺基团，其结晶度、熔点和强度都非常高，脂肪族聚酰胺一般用作高强度的合成纤维，典型芳香族聚酰胺的熔点和强度更高，称为特种纤维。

③ 聚丙烯腈　聚丙烯腈是重要的合成纤维，其产量仅次于涤纶和聚酰胺，居第三位。丙烯腈均聚物中氰基极性强，分子间作用力大，熔融温度高，一般在达到熔融温度之前就已分解；只有少数几种强极性溶剂，如 N,N-二甲基甲酰胺和二甲基亚砜，才能使之溶解，且溶解度不大。利用均聚物所制备的纤维，性脆不柔软，难染色。因此，聚丙烯腈纤维都是丙烯腈和其它单体的共聚物，其中丙烯腈约90%～92%。一般采用丙烯酸甲酯用作共聚单体，增加分子链间距，适当降低分子间作用力，从而提高纤维的柔软性和手感，利于染料分子扩散进入。第三单体一般含有酸性或碱性基团，呈酸性的羧基和磺酸盐有助于盐基性染料的染色，碱性基团（如乙烯基吡啶）则有助于酸性染料的染色。

由于无法制备聚丙烯腈熔体，因此聚丙烯腈纤维只能采用溶液法纺丝。它的纤维性能优异，特别是弹性模量高，伸长20%后回弹率仍可保持65%，蓬松卷曲而柔软，保暖性比羊毛高15%，有“合成羊毛”之称。拉伸强度可达22.1～48.5MPa，比羊毛高1～2.5倍，耐候性能优良，除含氟纤维外，是天然纤维和化学纤维中最好的，在室外曝晒一年强度仅降低20%，而聚酰胺纤维、黏胶纤维等强度则完全破坏。此外，聚丙烯腈纤维具有很高的化学稳定性，对酸、氧化剂及有机溶剂极为稳定，其耐热性也较好。因此，聚丙烯腈纤维广泛地用来代替羊毛，或与羊毛混纺，制成毛织物、棉织物等。聚丙烯腈还适用于制作军用帆布、帐篷等。

④ 聚丙烯纤维　用作纤维的聚丙烯通常是等规聚丙烯，结晶度高，黏均相对分子质量为18万～30万，熔融指数约6～15；经熔体纺丝制成丙纶，纺丝温度（255～290℃）比其

熔点（165～173℃）高出很多。聚丙烯初丝的结晶度约为33%～40%，经拉伸后，分子取向度提高，结晶度上升至37%～48%，再经热处理，结晶度可达65%～75%。聚丙烯纤维密度小（0.9～0.928g·cm^{-3}），强度高，耐磨，耐腐蚀，体积电阻率很高，电绝缘性好，热导率很小，保暖性好。聚丙烯纤维的熔点低，对光、热稳定性差。聚丙烯纤维的吸湿性和染色性在化学纤维中最差，回潮率小于0.03%。

聚丙烯纤维广泛用于绳索、渔网、安全带、箱包带、缝纫线、过滤布、电缆包皮、造纸用毡和纸的增强材料等领域。用聚丙烯纤维制成的地毯、沙发布和贴墙布等装饰织物及絮棉等，不仅价格低廉，而且具有抗沾污、抗虫蛀、易洗涤、回弹性好等优点。

9.3 其它高分子材料简介

9.3.1 合成胶黏剂

能将同种或两种及两种以上同质或异质的制件（或材料）连接在一起，固化后具有足够强度的有机或无机的、天然或合成的一类物质，统称为胶黏剂（bond）或黏接剂、黏合剂、习惯上简称为胶。淀粉、阿拉伯树胶及海藻酸钠等植物类黏料，以及骨胶、鱼胶等动物类黏料，均属于天然高分子胶黏剂。合成胶黏剂由主剂和助剂组成，主剂又称为主料、基料或黏料；助剂有固化剂、稀释剂、增塑剂、填料、偶联剂、引发剂、增稠剂、防老剂、阻聚剂、稳定剂、配位剂、乳化剂等。糨糊、虫胶和骨胶是天然的高分子胶黏剂。人工合成的胶黏剂由主剂和助剂组成。

现在黏结剂不仅可以胶接纸张、木材、玻璃、陶瓷、橡胶、塑料、织物等非金属材料，而且可以用来粘接金属。在建筑方面，胶黏剂主要用在室内外装修和安装工程中，如大理石、瓷砖、天花板、塑料墙板、地板、墙壁纸等的粘贴和地下建筑的防水密封及管道安装堵漏等。

(1) 合成胶黏剂的组成

合成胶黏剂由主剂和助剂组成，主剂又称为主料、基料或黏料；助剂有固化剂、稀释剂、增塑剂、偶联剂、引发剂、乳化剂等。

① 主剂　主剂是胶黏剂的主要成分，主导胶黏剂黏接性能，同时也是区别胶黏剂类别的重要标志。主剂一般由一种或两种，甚至三种高聚物构成，要求具有良好的黏附性和润湿性等。可作为黏料的物质有：天然高分子、热塑性合成树脂、热固性合成树脂或合成橡胶。淀粉、阿拉伯树胶及海藻酸钠等植物类黏料，以及骨胶、鱼胶等动物类黏料，均属于天然高分子胶黏剂主剂。使用的热塑性树脂有聚乙烯、聚丙烯、聚氯乙烯、聚苯乙烯、丙烯酸树脂、聚苯醚、氟树脂、聚酮类、聚苯酯等；使用的热固性合成树脂包括酚醛、不饱和聚酯、聚氨酯、有机硅、聚酰亚胺、双马来酰亚胺、烯丙基树脂、呋喃树脂、氨基树脂、醇酸树脂等；使用的合成橡胶有氯丁橡胶、丁腈橡胶、硅橡胶、聚硫橡胶等。热塑性合成树脂和热固性合成树脂是用量最大的主剂。

② 助剂　助剂包括固化剂、溶剂、填料、增塑剂、增韧剂、抗老化剂、防霉剂等。为了使主体黏料形成网型或体型结构，增加胶层内聚强度而加入固化剂（它们与主体黏料反应并产生交联作用）；为了加速固化、降低反应温度而加入固化促进剂或催化剂；为了提高耐

大气老化、热老化、电弧老化、臭氧老化等性能而加入防老剂；为了赋予胶黏剂某些特定性质、降低成本而加入填料；为降低胶层刚性、增加韧性而加入增韧剂；为了改善工艺性、降低黏度、延长使用寿命而加入稀释剂等。

(2) 胶黏剂的固化

胶黏剂的固化可以通过物理方法进行。例如，溶剂的挥发、乳液的凝聚以及熔融体的冷却等，也可以通过化学方法使其发生交联反应，聚合成为固体而进行胶结。按照固化方法的不同，可以将胶黏剂分为热熔胶、溶剂型胶黏剂、乳液型胶黏剂和热固性胶黏剂。

① 热熔胶　热熔胶的固化是一种简单的热传递过程，即加热熔化涂胶黏合，冷却即可固化。固化过程受环境温度影响很大，环境温度越低，固化越快。为了使热熔胶液能充分湿润被粘物，使用时必须严格控制熔融温度和晾置时间。对于黏料具结晶性的热熔胶尤应重视，否则将因冷却过头使黏料结晶不完全而降低粘接强度。其优点是热熔胶本身不含溶剂，安全、经济、黏合速率快、便于机械化作业。因此，在包装、制鞋、木材加工等行业应用广泛。

② 溶剂型胶黏剂　溶剂型胶黏剂固化过程的实质是随着溶剂的挥发，溶液浓度不断增大，最后达到一定的强度。溶剂型胶黏剂的固化速率决定于溶剂的挥发速率，还受环境温度、湿度、被粘物的致密程度与含水量、接触面大小等因素的影响。这种胶黏剂的优点是固化温度比较低，使用方便；缺点是胶接强度较低，还有溶剂的中毒和易燃问题。

③ 乳液型胶黏剂　按照溶剂乳液型胶黏剂分为水溶性和乳液型胶黏剂两种。水溶性胶黏剂是以高分子聚合物为主剂，以水为溶剂或分散剂，取代对环境有污染的有毒有机溶剂，而制备成的一种环境友好型胶黏剂。现有水基胶黏剂并非100％无溶剂，可能含有有限的挥发性有机化合物作为其水性介质的助剂，以便控制黏度或流动性。乳液型胶黏剂的固化是由于乳液中的水渗透到多孔性的被粘材料中并逐渐挥发掉，高分子胶体颗粒发生凝聚而固化。其优点主要是无毒害、无污染、不燃烧、使用安全、易实现清洁生产工艺等；缺点包括干燥速率慢、耐水性差、防冻性差等。乳液型胶黏剂广泛应用于建筑、涂料、纺织、纸加工、皮革、包装和木材加工等行业。

④ 热固性胶黏剂　热固性胶黏剂是在热、催化剂的单独作用下或联合作用下通过化学反应形成网状交联结构的一类胶黏剂，它固化后不熔化，也不溶解。与热塑性胶黏剂不同，热固性胶黏剂有良好的抗蠕变性能，可承受较大的负荷，并在各种热、冷、湿、辐射或者化学腐蚀等苛刻条件下具有良好的耐久性。热固性胶黏剂主要以环氧树脂、酚醛树脂、尼龙等作为基料。例如，聚氨酯胶黏剂具有较强的极性基团—NCO、—OH、氨基甲酸酯基（—NH—COO—）以及脲基，因而对各种极性基团的材料表面具有较强的亲和力和较高的内聚力，粘接范围广泛，尤其在耐低温方面更为独特。聚氨酯胶黏剂的耐水性、耐油性和耐化学品性能都十分优越，广泛用于金属、皮革、橡胶、塑料和陶瓷等的黏合。

(3) 胶结理论

高分子材料之间，高分子材料与非金属或金属之间，金属与金属以及金属与非金属之间的胶接等都存在胶结剂基料与不同材料之间界面胶接问题。胶接是综合性强，影响因素复杂的一类技术，而现有的胶接理论都是从某一方面出发来阐述其原理。胶结理论通常有机械理论、吸附理论、扩散理论、静电理论和化学键理论等。

① 机械理论　从物理化学观点看，机械作用并不是产生粘接力的因素，而是增加粘接效果的一种方法。胶黏剂渗透到被粘物表面的缝隙或凹凸之处，固化后在界面区产生了啮合

力，这些情况类似钉子与木材的接合或树根植入泥土的作用，其本质是摩擦力。

② 吸附理论　人们把固体对胶黏剂的吸附看成是胶接主要原因的理论，称为胶接的吸附理论。粘接力的主要来源是粘接体系的分子作用力，即范德华引力和氢键力。当胶黏剂与被粘物分子间的距离达到 0.5nm 时，界面分子之间便产生相互吸引力，使分子间的距离进一步缩短到处于最大稳定状态，因而紧密地连接在一起。

③ 扩散理论　两种高分子化合物在具有相容性的前提下，当它们相互紧密接触时，由于分子的布朗运动而相互扩散的现象。这种扩散作用是穿越胶黏剂、被粘物的界面交织进行的。扩散的结果导致界面的消失和过渡区的产生。粘接体系借助扩散理论不能解释聚合物材料与金属、玻璃或其它硬体粘接，因为高分子化合物很难向这类材料扩散。

④ 静电理论　当胶黏剂和被粘物体系是一种电子的接受体-供给体的组合形式时，电子会从供给体（如金属）转移到接受体（如聚合物），在界面区两侧形成了双电层，从而产生了静电引力。在干燥环境中从金属表面快速剥离粘接胶层时，可用仪器或肉眼观察到放电的光、声现象，证实了静电作用的存在。但静电作用仅存在于能够形成双电层的粘接体系，因此不具有普遍性。

⑤ 化学键理论　化学键理论认为胶黏剂与被粘物分子之间除相互作用力外，有时还有化学键产生。例如，硫化橡胶与镀铜金属的胶接界面、偶联剂对胶接的作用、异氰酸酯对金属与橡胶的胶接界面等的研究，均证明有化学键的生成。但化学键的形成必须满足一定的量子化条件，所以不可能做到使胶黏剂与被粘物之间的接触点都形成化学键。况且，单位黏附界面上化学键数目要比分子间作用的数目少得多。因此，黏附强度来自分子间的作用力也是不可忽视的。

9.3.2　涂料

涂料（paint）是一种材料，这种材料可以用不同的施工工艺涂覆在物件表面，形成黏附牢固、具有一定强度、连续的固态薄膜，这样形成的膜称涂膜，又称漆膜或涂层。早期大多以植物油为主要原料，故有油漆之称，现合成树脂已大部或全部取代了植物油，故称为涂料。涂料既可以是无机的，如电镀铜、电镀镍、电镀锌等；也可以是有机的，如大多数的有机高分子材料。涂料不仅可以使物体表面美观，更主要的是可以保护物体，延长其使用寿命。有些涂料还具有防火、防水、耐高温、耐寒和防辐射等特殊功能。钢铁、木材、水泥墙面都常使用涂料来达到装饰、防锈、防腐、防水等目的。

(1) 涂料的组成

涂料由许多物质经混合而成，不论品种或形态如何，组成涂料的物质可分为基料、颜料、溶剂和助剂三类。

① 基料　基料是主要成膜物质。成膜物质大部分为有机高分子化合物，如天然树脂（松香和生漆等）、油脂（桐油、亚麻油、豆油和鱼油等）、合成树脂等混合配料，经过高温反应而成，也有无机物组合的涂料（无机富锌漆）。它是构成涂料的主体，决定着漆膜的性能。如果没有成膜物质，单纯颜料和辅助材料不能形成漆膜。由于合成树脂的耐碱性、耐水性、耐候性都比较好，且成膜硬度较高，光泽度好，因此现在的涂料多使用合成树脂作为主要成膜物质。

② 颜料　颜料是次要成膜物质，也是构成涂膜的重要组成部分。包括各种颜料、体质

颜料、防锈颜料。颜料为漆膜提供色彩和遮盖力，提高涂料的保护性能和装饰效果，耐候性好的颜料可提高涂料的使用寿命，如氧化铁红、钛白粉、铬绿、炭黑等。体质颜料可以增加漆膜的厚度，利用其本身“片状，针状”结构的性能，通过颜料的堆积叠复，形成鱼鳞状的漆膜，提高漆膜的使用寿命，提高防水性和防锈效果，如重晶石粉、石膏、滑石粉等。防锈颜料通过其本身物理和化学防锈作用，防止物体表面被大气、化学物质腐蚀，金属表面被锈蚀，如红丹、锌粉等。

③ 溶剂和助剂　溶剂和助剂是辅助成膜物质。助剂的作用是改善涂料和涂膜性质。虽然其使用的量很少，但对漆膜的性能影响极大，甚至形不成漆膜，如不干、沉底结块、结皮等。水性涂料更需要助剂才能满足生产、施工、储存和形成漆膜的需要。助剂种类繁多，如催干剂、固化剂、增塑剂、防老剂、防污剂、防霉剂、阻燃剂和水性涂料所需的乳化剂、防冻剂等。溶剂也称“分散介质”（包括各种有机溶剂和水），溶剂的作用主要是稀释成膜物质而形成黏稠液体，以便于生产和施工。常用的有机溶剂包括汽油、煤油、丙酮、乙酸乙酯、甲苯、丁醇、松香水、香蕉水等。

(2) 常用涂料简介

按涂料组成中成膜物质的种类不同，将涂料及其辅料分为以下几类：油脂涂料、天然树脂涂料、酚醛树脂涂料、沥青涂料、醇酸树脂涂料、氨基树脂涂料、硝酸纤维素涂料、纤维素酯涂料、过氯乙烯涂料、乙烯基树脂涂料、丙烯酸酯涂料、聚酯涂料、环氧树脂涂料、聚氨酯涂料等。下面介绍几种常见涂料的组成和用途。

① 环氧涂料　环氧涂料一般分为油性环氧涂料和水性环氧涂料。环氧涂料的主要品种是双组分涂料，由环氧树脂和固化剂组成。环氧涂料的主要优点是对水泥、金属等无机材料的附着力很强；涂料本身非常耐腐蚀；力学性能优良，耐磨，耐冲击；可制成无溶剂或高固体分涂料；耐有机溶剂，耐热，耐水；涂膜无毒等。缺点是耐候性不好，日光照射久了有可能出现粉化现象，因而只能用于底漆或内用漆；装饰性较差，光泽不易保持；对施工环境要求较高，低温下涂膜固化缓慢，效果不好等。因此，环氧树脂涂料主要用于地坪涂装、汽车底漆、金属防腐、化学防腐等方面。

② 聚氨酯涂料　聚氨酯涂料是目前较常见的一类涂料，可以分为双组分聚氨酯涂料和单组分聚氨酯涂料。双组分聚氨酯涂料一般是由异氰酸酯预聚物（也叫低分子氨基甲酸酯聚合物）和含羟基树脂两部分组成。这一类涂料的品种很多，应用范围也很广，根据含羟基组分的不同可分为丙烯酸聚氨酯、醇酸聚氨酯、聚酯聚氨酯、聚醚聚氨酯、环氧聚氨酯等品种。一般都具有良好的力学性能，较高的固体含量，是目前很有发展前途的一类涂料品种。主要应用方向有木器涂料、汽车修补涂料、防腐涂料、地坪漆、电子涂料、特种涂料、聚氨酯防水涂料等。缺点是施工工序复杂，对施工环境要求很高。单组分聚氨酯涂料主要有氨酯油涂料、潮气固化聚氨酯涂料、封闭型聚氨酯涂料等品种。应用面不如双组分涂料广，主要用于地板涂料、防腐涂料、预卷材涂料等，其总体性能不如双组分涂料优良。

③ 酚醛树脂涂料　酚醛树脂涂料是以酚醛树脂或改性酚醛树脂为主要树脂制成的涂料。酚醛树脂用于涂料工业已有70多年历史，主要是代替天然树脂与干性油配合制漆。酚醛树脂赋予涂料以硬度高、光泽好，快干、耐水、耐酸碱及绝缘等性能，所以广泛用于木器、家具、建筑、船舶、机械、电气及防化学腐蚀等方面。但酚醛树脂涂料在老化过程中漆膜易泛黄，因此不宜制造白色和浅色的涂料。除单独使用外，酚醛树脂还可与其它合成树脂拼用。

例如，与醇酸树脂拼用可增加醇酸树脂的耐潮性和耐碱性；与聚乙烯醇缩醛拼用可制造高强度漆包线漆，以增加其硬度和耐磨性；与聚酰胺树脂拼用可以涂刷印刷品、纸制品，制品光泽好，漆膜耐磨；丁醇醚化酚醛树脂与环氧树脂拼用，可制成耐酸、耐碱、耐农药且附着力好的防化学腐蚀涂料。

④ 丙烯酸酯涂料　丙烯酸酯涂料是以丙烯酸酯或甲基丙烯酸酯为主要原料合成的树脂，以丙烯酸酯系树脂或其乳液为主要成膜物质配制而成的溶剂型或乳液型涂料。该涂料具有极好的耐光性和户外耐老化性能，力学性能优异，耐腐蚀性强，是发展很快的一类涂料。该涂料品种很多，有传统的溶剂型漆，还有水性漆、粉末涂料、光固化漆等。主要用于工业涂料和建筑涂料，在汽车、飞机和机械等制造业领域得到广泛应用，在建筑物的内外墙装饰中丙烯酸酯乳胶漆不仅性能优异、易于施工应用，又是环境友好型涂料，成为内外墙涂料品种。

9.3.3　离子交换树脂

离子交换树脂是带有官能团（有交换离子的活性基团）、具有网状结构、不溶性的高分子化合物。通常是球形颗粒物。离子交换树脂根据其基体的种类分为苯乙烯系树脂和丙烯酸系树脂。树脂中化学活性基团的种类决定了其主要性质和类别。首先区分为阳离子树脂和阴离子树脂两大类，它们可分别与溶液中的阳离子和阴离子进行离子交换。阳离子树脂又分为强酸性和弱酸性两类，阴离子树脂又分为强碱性和弱碱性两类。离子交换树脂的全称由分类名称、骨架（或基因）名称、基本名称组成。孔隙结构分凝胶型和大孔型两种，凡具有物理孔结构的称大孔型树脂，在全称前加“大孔”。如“大孔强酸性苯乙烯系阳离子交换树脂”。

(1) 基本类型

① 强酸性阳离子树脂　这类树脂含有大量的强酸性基团，如磺酸基$-SO_3H$，容易在溶液中解离出H^+，故呈强酸性。树脂解离后，本体所含的负电基团，如SO_3^-，能吸附结合溶液中的其它阳离子。这两个反应使树脂中的H^+与溶液中的阳离子互相交换。强酸性树脂的解离能力很强，在酸性或碱性溶液中均能解离和产生离子交换作用。树脂在使用一段时间后，要进行再生处理，即用化学药品使离子交换反应以相反方向进行，使树脂的官能团回复原来状态，以供再次使用。如上述的阳离子树脂是用强酸进行再生处理，此时树脂放出被吸附的阳离子，再与H^+结合而恢复原来的组成。

② 弱酸性阳离子树脂　这类树脂含弱酸性基团，如羧基$-COOH$，能在水中解离出H^+而呈酸性。树脂解离后余下的负电基团，如$R—COO^-$（R为碳氢基团），能与溶液中的其它阳离子吸附结合，从而产生阳离子交换作用。这种树脂的酸性解离性较弱，在低pH值下难以解离和进行离子交换，只能在碱性、中性或微酸性溶液中（如pH5～14）起作用。因此，此类离子交换树脂仅可交换弱碱中的阳离子，如Ca^{2+}、Mg^{2+}；对于强碱中的离子，如Na^+、K^+等无法进行交换。这类树脂亦是用酸进行再生，它比强酸性树脂较易再生。

③ 强碱性阴离子树脂　这类树脂含有强碱性基团，如季铵基$—NR_3OH$（R为碳氢基团），能在水中解离出OH^-而呈强碱性。这种树脂的正电基团能与溶液中的阴离子吸附结合，从而产生阴离子交换作用。这种树脂的解离性很强，在不同pH下都能正常工作。它用强碱（如NaOH）进行再生。

④ 弱碱性阴离子树脂　这类树脂含有弱碱性基团，如伯氨基（亦称一级氨基）$—NH_2$、仲氨基（二级氨基）$—NHR$、叔氨基（三级氨基）$—NR_2$，它们在水中能解离出OH^-而呈

弱碱性。这种树脂的正电基团能与溶液中的阴离子吸附结合，从而产生阴离子交换作用。这种树脂在多数情况下是将溶液中的整个其它酸分子吸附。它只能在中性或酸性条件（如pH1～9）下工作。它可用 Na_2CO_3 或者氨水进行再生。

（2）应用领域

① 环境保护　水处理领域离子交换树脂的需求量很大，约占离子交换树脂产量的90%，用于水中的各种阴、阳离子的去除，如去除电镀废液中的金属离子，回收电影制片废液里的有用物质等。目前，离子交换树脂的最大消耗量是用在火力发电厂的纯水处理上，其次是原子能、半导体、电子工业等。

② 食品工业　离子交换树脂可用于制糖、制味精、酒的精制、生物制品等工业装置上。例如，高果糖浆的制造是由玉米中萃出淀粉后，再经水解反应，产生葡萄糖与果糖，而后经离子交换处理，可以生成高果糖浆。离子交换树脂在食品工业中的消耗量仅次于水处理。

③ 制药行业　制药工业离子交换树脂对发展新一代的抗生素及对原有抗生素的质量改良具有重要作用，链霉素的开发成功即是突出的例子。近年来，它还在中药提纯等方面有所应用。

④ 化学工业和冶炼行业　在有机合成中常用酸和碱作为催化剂进行酯化、水解、酯交换、水合等反应。用离子交换树脂代替无机酸、碱，同样可进行上述反应，且优点更多。如树脂可反复使用，产品容易分离，反应器不会被腐蚀，不污染环境，反应容易控制等。离子交换树脂还可以从贫铀矿里分离、浓缩、提纯铀及提取稀土元素和贵金属。

练习题

9-1　分别举例说明什么是天然材料和合成材料。

9-2　解释下列各组名词：

（1）单体，链节，聚合度

（2）加聚反应，缩聚反应，共聚反应

（3）线型结构，体型结构

（4）热塑性，热固性

（5）合成树脂，合成橡胶，塑料

9-3　写出下列单体聚合成高分子化合物的反应方程式并指出其链节。

（1）$CH_2{=}CH{-}CN$　　（2）$CH_2{=}CH{-}CH{=}CH_2$

（3）$CH_2{=}C(CH_3){-}COOCH_3$　　（4）$H_2N(CH_2)_6NH_2+HOOC(CH_2)_4COOH$

9-4　分别举例说明什么是加成聚合反应和缩合聚合反应。

9-5　试解释合成高分子化合物为什么没有确定的相对分子质量？

9-6　高分子一般都是绝缘性物质，什么样的高分子能够导电？

9-7　什么叫共聚合？有哪几种共聚物？

9-8　何谓热塑性和热固性？请各举出三种热塑性塑料和热固性塑料。

9-9　什么是硫化剂？橡胶为什么需要硫化？

9-10　什么是高聚物的降解和交联？它们与高聚物的老化有什么关系？产生什么后果？如何防止高聚物的老化？

9-11　给出胶黏剂的主要组分。按照固化方法的不同，可以将胶黏剂分为哪几种类型？

9-12 橡胶制品有哪些组分？生橡胶为什么必须经过硫化过程？

9-13 橡胶的补强填充剂和加固材料是些什么物质？各起什么作用？

9-14 塑料中有哪几种组分？各起什么作用？

9-15 涂料由哪几种组分组成？各组分的作用是什么？涂料有何功能？

9-16 在塑料和涂料中常加入固化剂和增塑剂。什么情况下需加入固化剂？增塑剂的作用是什么？

附录

附录 1　物质的热力学数据（25℃）

物质	状态	$\Delta_f H_m^{\ominus}$ /kJ·mol^{-1}	$\Delta_f G_m^{\ominus}$ /kJ·mol^{-1}	$S_m^{\ominus}$ /J·K^{-1}·mol^{-1}
Ag	s	0	0	42.55
Ag	g	284.5	245.7	172.89
Ag^{+}	aq	105.58	77.12	72.68
AgF	s	−204.6	—	—
AgCl	s	−127.06	−109.80	96.23
AgBr	s	−100.37	−96.90	107.11
AgI	s	−61.84	−66.19	115.5
Al	s	0	0	28.33
Al	g	326.4	285.8	164.43
Al^{3+}	g	5484.0	—	—
Al^{3+}	aq	−531	−485	−322
As	s	0	0	35.1
As	g	302.5	261.1	174.10
As_4O_6	g	−1209	−1098	381
AsH_3	g	66.4	68.9	222.67
B	s	0	0	5.86
B	g	562.7	518.8	153.34
B_2O_3	s	−1272.8	−1193.7	54.0
B_2O_3	g	−836.0	−825.3	283.7
B_2H_6	g	35.6	86.6	232.0
BF_3	g	−1173.0	−1120.3	254.0
Ba	s	0	0	62.8
Ba	g	180	146	170.13
Ba^{2+}	g	1660.5	—	—
BaO	s	−553.5	−525.1	70.42
BaO_2	s	−634.3	—	—
$Ba(OH)_2$	s	−994.7	—	—
Be	s	0	0	9.50
Be^{2+}	g	2993.2	—	—

续表

物质	状态	$\Delta_f H_m^{\ominus}$ /kJ·mol^{-1}	$\Delta_f G_m^{\ominus}$ /kJ·mol^{-1}	$S_m^{\ominus}$ /J·K^{-1}·mol^{-1}
BeO	s	−609.6	−580.3	14.1
$Be(OH)_2$	s	−905.8	−817.6	50
Br_2	l	0	0	152.23
Br_2	g	30.907	3.142	245.354
Br_2	aq	−2.59	3.93	130.5
Br	g	111.88	82.43	174.91
Br^-	g	−233.9	—	—
Br^-	aq	−121.50	−104.04	82.84
HBr	g	−36.40	−53.42	198.59
BrO_3^-	aq	−83.7	1.7	163.2
BrF	g	−58.6	−73.8	228.9
BrCl	g	14.64	−0.96	240.0
C	graphite	0	0	5.740
C	diamond	1.897	2.900	2.377
C	g	716.68	671.29	157.99
CO	g	−110.52	−137.15	197.56
CO_2	g	−393.51	−394.36	213.64
CH_4	g	−74.81	−50.75	186.15
C_2H_6	g	−84.68	−32.89	229.49
$C(CH_3)_4$	g	−166.0	−15.23	306.4
CN^-	aq	150.6	172.4	94.1
HCN	aq	107.1	119.7	124.7
CF_4	g	−925	−879	261.5
CCl_4	l	−135.44	−65.27	216.40
CS_2	l	89.70	65.27	151.34
CS_2	g	117.36	67.15	237.73
Ca	s	0	0	41.4
Ca^{2+}	aq	−542.83	−553.54	−53.1
CaO	s	−635.1	−604.0	39.75
CaO_2	s	−652.7	—	—
$Ca(OH)_2$	s	−986.1	−898.6	83.4
CaS	s	−482.4	−477.4	56.5
$Ca(NO_3)_2$	s	−938.4	−743.2	193.3
$CaCO_3$	calcite	−1206.9	−1128.8	92.9
$CaCO_3$	aragonite	−1207.0	−1127.7	88.7
Cd	s	0	0	51.76
Cd^{2+}	aq	−75.90	−77.74	−61.1
CdO	s	−258.2	−228.4	54.8
Ce	s	0	0	72.0
Ce^{3+}	aq	−700.4	−676	−205
Ce^{4+}	aq	−576	−506	−419
Cl_2	g	0	0	222.96
Cl_2	aq	−23.4	6.90	121
Cl^-,HCl	aq	−167.08	−131.29	56.73
Cl_2O	g	80.3	97.9	266.10
HClO	aq	−120.9	−79.9	142.3
ClO_4^-	aq	129.33	−8.62	182.0
ClF_3	g	−163.2	−123.0	281.50
Co	s	0	0	30.04

续表

物质	状态	$\Delta_f H_m^{\ominus}$ /kJ·mol^{-1}	$\Delta_f G_m^{\ominus}$ /kJ·mol^{-1}	$S_m^{\ominus}$ /J·K^{-1}·mol^{-1}
Co^{2+}	aq	−58.2	−54.5	−113
Co^{3+}	aq	—	132	—
$CoCl_2$	s	−312.5	—	—
Cr	s	0	0	23.77
Cr^{2+}	aq	−114	—	—
CrO_4^{2-}	aq	−881.2	−727.8	50.2
$Cr_2O_7^{2-}$	aq	−1490.3	−1301.2	261.9
$HCrO_4^{2-}$	aq	−878.2	−764.8	184.1
$CrCl_2$	s	−395.4	−356.1	115.3
$CrCl_3$	s	−556.5	−486.2	123.0
Cs	s	0	0	85.23
Cs^+	aq	−258.04	−291.70	132.8
CsO_2	s	−259.8	—	—
Cu	s	0	0	33.15
Cu	g	338.3	298.6	166.27
Cu^+	aq	71.7	50.0	40.6
Cu^{2+}	aq	64.77	65.52	−99.6
CuO	s	−157.3	−129.7	42.6
$CuCl_2$	s	−220.1	−175.7	108.1
F_2	g	0	0	202.67
F^-	aq	−232.63	−278.82	−13.8
HF	g	−271.1	−273.2	173.67
HF	aq	−320.1	−296.9	88.7
Fe	s	0	0	27.28
Fe^{2+}	g	2752.2	—	—
H_2	g	0	0	130.57
H	g	217.97	203.26	114.60
H^+	g	1536.2	—	—
H^+	aq	0	0	0
H^-	q	139.70	—	—
OH	g	39.0	34.2	183.64
OH^-	g	−140.88	—	—
OH^-	aq	−229.99	−157.29	−10.8
H_2O	l	−285.83	−237.18	69.91
H_2O	g	−241.82	−228.59	188.715
H_2O_2	l	−187.78	−120.42	109.6
H_2O_2	g	−136.31	−105.60	232.6
Hg	l	0	0	76.02
Hg	g	61.32	−31.85	174.85
Hg^{2+}	g	2890.4	—	—
Hg^{2+}	aq	171.1	164.4	−32.2
HgO	red	−90.83	−58.56	70.29
$HgCl_2$	s	−224.3	−178.7	146.0
Hg_2Cl_2	s	−265.22	−210.78	192.5
I_2	s	0	0	116.14
I_2	g	62.438	19.359	260.58
I_2	aq	22.6	16.42	137.2
I	g	106.84	70.28	180.68
I^-	g	−196.6	—	—

续表

物质	状态	$\Delta_f H_m^\ominus$ /kJ·mol^{-1}	$\Delta_f G_m^\ominus$ /kJ·mol^{-1}	$S_m^\ominus$ /J·K^{-1}·mol^{-1}
I^-	aq	−56.90	−51.93	106.70
HI	g	26.5	1.7	206.48
IO_3^-	aq	−221.3	−128.0	118.4
IF	g	−94.8	−117.7	236.2
ICl	g	17.8	5.4	247.4
IBr	g	40.8	3.7	258.66
K	s	0	0	64.68
K	g	89.24	—	—
K^+	g	514.17	—	—
K^+	aq	−252.17	−282.48	101.04
K_2O_2	s	−495.8	—	—
KO_2	s	−280.3	—	—
KF	s	−568.6	−538.9	66.55
KHF_2	s	−928.4	−860.4	104.6
KN_3	s	1.3	—	—
KBF_4	s	−1887.0	−1785	134
Li	s	0	0	39.12
Li	g	159.4	—	—
Li^+	g	685.63	—	—
Li^+	aq	−279.46	−292.61	11.30
Li_2O	s	−598.7	−562.1	37.89
LiF	s	−616.9	−588.7	35.66
$LiHF_2$	s	−945.3	—	—
LiN_3	s	10.8	—	—
Li_2CO_3	s	−1216.0	−1132.2	90.17
Mg	s	0	0	32.68
Mg	g	147.7	113.1	148.54
Mg^{2+}	aq	−466.85	−454.80	−138.1
MgO	s	−601.7	−569.4	26.94
$Mg(OH)_2$	s	−924.5	−833.6	63.18
$Mg(NO_3)_2$	s	−790.65	−589.5	164.0
$MgCO_3$	s	−1095.8	−1012.1	65.69
Mn	s	0	0	32.01
Mn	g	280.7	238.5	173.59
Mn^{2+}	aq	−220.75	−228.0	−73.0
MnO	s	−385.2	−362.9	59.71
MnO_4^-	aq	−541.4	−447.2	171.2
MnO_4^{2-}	aq	−652	−501	59
MnF_2	s	−795	—	—
$MnCl_2$	s	−481.3	−440.5	118.2
$MnBr_2$	s	−384.9	—	—
MnI_2	s	−247	—	—
N_2	g	0	0	191.50
N	g	472.70	455.58	153.19
N_3^-	g	181	—	—
NO	g	90.25	86.57	210.65
NO^+	g	989	—	—
NO_2	g	33.18	51.30	239.95
NO_2^-	aq	−104.6	−37.2	140.2

续表

物质	状态	$\Delta_f H_m^{\ominus}$ /kJ·mol^{-1}	$\Delta_f G_m^{\ominus}$ /kJ·mol^{-1}	$S_m^{\ominus}$ /J·K^{-1}·mol^{-1}
NO_3^-	aq	−207.36	−111.34	146.4
N_2O	g	82.0	104.2	219.74
N_2O_3	g	83.72	139.41	312.17
N_2O_4	l	−19.50	94.45	209.2
N_2O_4	g	9.16	97.82	304.2
N_2O_5	cubic	−43.1	113.8	178.2
NH_2	g	172	—	—
NH_3	g	−46.11	−16.48	192.34
N_2H_4	l	50.6	149.2	121.2
N_2H_4	g	95.4	159.3	238.4
NH_4^+	g	619	—	—
NH_4^+	aq	−132.51	−79.37	113.4
NH_2OH	s	−114.2	—	—
$NH_3 \cdot H_2O$	l	−361.2	−254.1	165.6
HNO_2	g	−79.5	−46.0	254.0
HNO_2	aq	−119.2	−55.6	152.7
NF_2	g	43.1	57.7	249.83
NF_3	g	−124.7	−83.3	260.6
N_2F_4	g	−7.1	81.2	301.1
NCl_3	l	230	—	—
NOF	g	−66.5	−51.0	248.0
NOCl	g	51.7	66.1	261.6
NH_4F	s	−463.9	−348.8	72.0
NH_4Cl	s	−314.4	−203.0	94.6
NH_4Br	s	−270.8	−175.3	113
NH_4I	s	−201.4	−112.5	117
Na	s	0	0	51.30
Na	g	107.1	78.33	147.84
Na^+	g	603.36	—	—
Na^+	aq	−40.300	−261.88	58.41
Na_2O	g	−418.0	−379.1	75.04
Na_2O_2	s	−513.2	−449.7	94.8
NaO_2	s	−260.7	−218.7	115.9
NaF	s	−575.4	−545.1	51.21
$NaHF_2$	s	−915.1	—	—
Na_2CO_3	s	−1130.8	−1048.1	138.8
Ni	s	0	0	29.87
Ni	g	429.7	384.5	182.08
Ni^{2+}	g	2930.1	—	—
Ni^{2+}	aq	−54.0	−45.6	−128.9
NiCl	s	−305.33	−259.06	97.65
O_2	g	0	0	205.03
O	g	249.17	231.75	160.946
O^-	g	101.63	—	—
O_2^+	g	1177.7	—	—
O_3	g	142.7	163.2	238.8
P	white	0	0	41.09
P	red	−17.6	−12.1	22.80
P	g	314.6	278.3	163.084

续表

物质	状态	$\Delta_f H_m^{\ominus}$ /kJ·mol^{-1}	$\Delta_f G_m^{\ominus}$ /kJ·mol^{-1}	$S_m^{\ominus}$ /J·K^{-1}·mol^{-1}
P_2	g	144.3	103.8	218.02
P_4	g	58.91	24.48	279.87
PO_4^{3-}	aq	−1277.4	−1018.8	−222
P_4O_5	s	−1640.1	—	—
P_4O_{10}	hexagonal	−2984.0	−2697.8	228.9
PH_3	g	5.4	13.4	210.12
P_2H_4	g	20.9	—	—
H_3PO_3	s	−964.4	—	—
H_3PO_3	aq	−964.8	—	—
PF_3	g	−918.8	−897.5	273.13
PCl_3	l	−319.7	−272.4	217.1
PCl_3	g	−287.0	−267.8	311.67
PBr_3	g	−139.3	−162.8	347.98
PI_3	s	−45.6	—	—
PF_5	g	−1595.8	—	—
PCl_5	s	−443.5	—	—
PCl_5	g	−374.9	−305.0	364.47
POF_3	g	−1254.4	−1205.8	285.0
$POCl_3$	g	−558.5	−513.0	325.3
PH_4Cl	s	−145.2	—	—
PH_4Br	s	−127.6	−47.7	110.0
PH_4I	s	−69.8	0.2	123.0
Pb	s	0	0	64.81
Pb	g	195.0	161.9	175.26
Pb^{2+}	g	2373.4	—	—
Pb^{2+}	aq	−1.7	−24.4	10.5
PbO	red	−219.0	−188.9	66.5
PbF_2	s	−664.0	−617.1	110.5
$PbCl_2$	s	−359.4	−314.1	138.0
PbI_2	s	−175.5	−173.6	174.8
S	rhombic	0	0	31.80
S	g	278.81	238.28	167.71
S^{2-}	aq	33.1	85.8	−14.6
S_2	s	128.37	79.33	228.07
S_4^{2-}	aq	23.0	69.0	103.3
S_5^{2-}	aq	21.3	65.7	140.6
S_2	g	102.30	49.66	430.87
SO	g	6.3	−19.8	221.84
SO_2	g	−297.04	−300.19	248.11
SO_3	β-s	−454.51	−368.99	52.3
SO_3	g	−395.72	−371.08	256.65
SO_4^{2-}	aq	−909.27	−774.63	20.1
$S_2O_8^{2-}$	aq	−1338.9	−1110.4	248.1
HS	g	142.7	113.3	195.6
HS	aq	−17.6	12.05	62.8
H_2S	g	−20.63	−33.56	205.7
H_2S	aq	−39.7	−27.87	121
H_2S_4	l	−12.5	—	—
H_2S_6	g	33.4	—	—

续表

物质	状态	$\Delta_f H_m^\ominus$ /kJ·mol^{-1}	$\Delta_f G_m^\ominus$ /kJ·mol^{-1}	$S_m^\ominus$ /J·K^{-1}·mol^{-1}
H_2S_6	l	−8.3	—	—
H_2SO_4	l	−813.99	−690.06	156.90
H_2SO_4	g	−741	—	—
SF_2	g	−297	−303	257.6
SCl_2	g	−19.7	—	—
SF_4	g	−763	−722	299.6
SF_5	g	−976.5	−912.1	322.6
SF_6	g	−1220.5	−1116.5	291.6
$(CH_3)_2SO_2$	g	−372.8	—	—
Si	s	0	0	18.83
Si	g	455.6	411.3	167.86
Si_2	g	594	536	229.79
SiO	g	−99.6	−126.4	211.50
SiO_2	quartz	−910.94	−850.67	41.84
SiO_2	g	−322	—	—
SiH_4	g	34.3	56.9	204.5
Si_2H_6	g	80.3	127.2	272.5
Si_3H_8	g	120.9	—	—
SiF_4	g	−1614.9	−1572.7	282.38
$SiCl_4$	l	−687.0	−619.9	239.7
$SiCl_4$	g	−657.0	−617.0	330.6
$SiBr_4$	g	−415.5	−431.8	377.8
Si_3N_4	s	−743.5	−642.7	101.3
SiC	cubic	−65.3	−62.8	16.61
Sn	white	0	0	51.54
Sn	gray	−2.09	0.13	44.14
Sn	g	302.1	267.4	168.38
SnH_4	g	162.8	188.3	227.57
$SnCl_4$	g	−471.5	−432.2	365.7
$SnBr_4$	g	−314.6	−331.4	411.8
$Sn(CH_3)_4$	g	−18.8	—	—
Ti	s	0	0	30.63
Ti	g	469.9	425.1	180.19
$TiCl_2$	s	−513.8	−464.4	87.4
$TiCl_3$	s	−720.9	−653.5	139.7
Zn	s	0	0	41.63
Zn	g	130.73	95.18	160.87
Zn^{2+}	g	2782.7	—	—
Zn^{2+}	aq	−153.89	−147.03	−112.1
ZnO	s	−348.28	−318.32	43.64
ZnF_2	s	−764.4	−713.5	73.68
$ZnCO_3$	s	−812.78	−731.57	82.4

附录 2 弱电解质在水溶液中的解离常数（25℃）

酸	温度 t/℃	$K_a^\ominus$	$pK_a^\ominus$
亚硫酸 H_2SO_3	18	$(K_{a_1})1.54\times10^{-2}$	1.81
	18	$(K_{a_2})1.02\times10^{-7}$	6.91
磷酸 H_3PO_4	25	$(K_{a_1})7.52\times10^{-3}$	2.12
	25	$(K_{a_2})6.25\times10^{-8}$	7.21
	18	$(K_{a_3})2.2\times10^{-13}$	12.67
亚硝酸 HNO_3	12.5	4.6×10^{-4}	3.37
氢氟酸 HF	25	3.53×10^{-4}	3.45
甲酸 HCOOH	20	1.77×10^{-4}	3.75
醋酸 CH_3COOH	25	1.76×10^{-5}	4.75
碳酸 H_2CO_3	25	$(K_{a_1})4.30\times10^{-7}$	6.37
	25	$(K_{a_2})5.61\times10^{-11}$	10.25
氢硫酸 H_2S	25	$(K_{a_1})1.3\times10^{-7}$	6.90
	25	$(K_{a_2})7.1\times10^{-15}$	14.97
次氯酸 HClO	18	2.95×10^{-8}	7.53
硼酸 H_3BO_3	20	$(K_{a_1})7.3\times10^{-10}$	9.14
氢氰酸 HCN	25	4.93×10^{-10}	9.31
碱	温度 t/℃	K_b	pK_b
氨 NH_3	25	1.77×10^{-5}	4.75

附录 3 一些共轭酸碱的解离常数（25℃）

酸	$K_a^\ominus$	碱	$K_b^\ominus$
HNO_2	4.6×10^{-4}	NO_2^-	2.2×10^{-11}
HF	3.53×10^{-4}	F^-	2.83×10^{-11}
HCOOH	1.77×10^{-4}	$HCOO^-$	5.65×10^{-11}
HAc	1.76×10^{-5}	Ac^-	5.68×10^{-10}
H_2CO_3	4.3×10^{-7}	HCO_3^-	2.3×10^{-8}
H_2S	9.1×10^{-8}	HS^-	1.1×10^{-7}
H_3PO_4	6.23×10^{-8}	HPO_4^{2-}	1.61×10^{-7}
NH_4^+	5.65×10^{-10}	NH_3	1.77×10^{-5}
HCN	4.93×10^{-10}	CN^-	2.03×10^{-5}
HCO_3^-	5.61×10^{-11}	CO_3^{2-}	1.78×10^{-4}
HS^-	1.1×10^{-12}	S^{2-}	9.1×10^{-3}
HPO_4^{2-}	2.2×10^{-12}	PO_4^{3-}	4.5×10^{-2}

附录 4　物质的溶度积常数（25℃）

难溶电解质	$K_{sp}^{\ominus}$	难溶电解质	$K_{sp}^{\ominus}$	难溶电解质	$K_{sp}^{\ominus}$
AgAc	1.94×10^{-3}	AgBr	5.35×10^{-13}	AgCl	1.77×10^{-10}
AgI	8.51×10^{-17}	Ag_2CO_3	8.45×10^{-12}	$Ag_2C_2O_4$	5.40×10^{-12}
Ag_2CrO_4	1.12×10^{-12}	Ag_2SO_4	1.20×10^{-5}	Ag_3PO_4	8.88×10^{-17}
$Al(OH)_3$	1.11×10^{-33}	$BaCO_3$	2.58×10^{-9}	$BaCrO_4$	1.17×10^{-10}
$Ba(OH)_2\cdot H_2O$	2.55×10^{-4}	$BaSO_4$	1.07×10^{-10}	Bi_2S_3	1.82×10^{-99}
$CaCO_3$	4.96×10^{-9}	$CaC_2O_4\cdot H_2O$	2.34×10^{-9}	CaF_2	1.46×10^{-10}
$Ca(OH)_2$	4.68×10^{-6}	$CaSO_4$	7.10×10^{-5}	$Ca_3(PO_4)_2$	2.07×10^{-33}
CdS	1.40×10^{-29}	CuC_2O_4	4.43×10^{-10}	CuCl	1.72×10^{-7}
$Cd(OH)_2$	5.27×10^{-15}	CuS	1.27×10^{-36}	Cu_2S	2.26×10^{-48}
$Cu_3(PO_4)_2$	1.39×10^{-37}	$FeCO_3$	3.07×10^{-11}	$Fe(OH)_2$	4.87×10^{-17}
$Cu(OH)_2$	2.20×10^{-20}	$Fe(OH)_3$	4.00×10^{-38}	FeS	1.59×10^{-19}
CuI	1.27×10^{-12}	$Hg(OH)_2$	3.13×10^{-26}	HgI_2	2.82×10^{-29}
Hg_2Cl_2	1.45×10^{-18}	HgS(黑)	6.44×10^{-53}	HgS(红)	2.00×10^{-53}
$KClO_4$	1.05×10^{-2}	$Mg(OH)_2$	5.61×10^{-12}	$MgCO_3$	6.82×10^{-6}
MnS	4.65×10^{-14}	$Ni(OH)_2$	5.47×10^{-5}	$NiCO_3$	1.42×10^{-7}
PbI_2	7.1×10^{-9}	$PbCO_3$	1.46×10^{-13}	$PbSO_4$	1.82×10^{-8}
$Pb(OH)_2$	1.42×10^{-20}	PbS	9.04×10^{-29}	$PbCl_2$	1.61×10^{-5}
$ZnCO_3$	1.19×10^{-10}	α-ZnS	2.00×10^{-24}	β-ZnS	2.23×10^{-22}

附录 5　配离子的稳定常数（18～25℃）

配离子	$K_f^{\ominus}$	$\lg K_f^{\ominus}$	配离子	$K_f^{\ominus}$	$\lg K_f^{\ominus}$
$[AgBr_2]^-$	2.14×10^{7}	7.33	$[Cu(SCN)_2]^-$	1.52×10^{5}	5.18
$[Ag(CN)_2]^-$	1.26×10^{21}	21.1	$[Fe(CN)_6]^{3-}$	1×10^{42}	42.0
$[AgCl_2]^-$	1.10×10^{5}	5.04	$[HgBr_4]^{2-}$	1×10^{21}	21.0
$[AgI_2]^-$	5.5×10^{11}	11.74	$[Hg(CN)_4]^{2-}$	2.51×10^{41}	41.4
$[Ag(NH_3)_2]^+$	1.12×10^{7}	7.05	$[HgCl_4]^{2-}$	1.17×10^{15}	15.07
$[Ag(S_2O_3)_2]^{3-}$	2.89×10^{13}	13.46	$[HgI_4]^{2-}$	6.76×10^{29}	29.83
$[Co(NH_3)_6]^{2+}$	1.29×10^{5}	5.11	$[Ni(NH_3)_6]^{2+}$	5.50×10^{8}	8.74
$[Cu(CN)_2]^-$	1×10^{24}	24.0	$[Ni(en)_3]^{2+}$	2.14×10^{18}	18.33
$[Cu(NH_3)_2]^+$	7.24×10^{10}	10.86	$[Zn(CN)_4]^{2-}$	5.0×10^{16}	16.7
$[Cu(NH_3)_4]^{2+}$	2.09×10^{13}	13.32	$[Zn(NH_3)_4]^{2+}$	2.87×10^{9}	9.46
$[Cu(P_2O_7)_2]^{6-}$	1×10^{9}	9.0	$[Zn(en)_2]^{2+}$	6.76×10^{10}	10.83

附录 6　标准电极电势（25℃）

电 极 反 应	$\varphi^{\ominus}$/V
在酸性溶液中	
$Li^+ + e^- \rightleftharpoons Li$	−3.024
$Ba^{2+} + 2e^- \rightleftharpoons Ba$	−2.9
$Ca^{2+} + 2e^- \rightleftharpoons Ca$	−2.87

续表

电极反应	$\varphi^{\ominus}$/V
$Na^{+}+e^{-} \rightleftharpoons Na$	−2.714
$1/2H_2+e^{-} \rightleftharpoons H^{-}$	−2.23
$Al^{3+}+3e^{-} \rightleftharpoons Al$	−1.67
$Mn^{2+}+2e^{-} \rightleftharpoons Mn$	−1.18
$TiO^{2+}+2H^{+}+4e^{-} \rightleftharpoons Ti+H_2O$	−0.89
$Zn^{2+}+2e^{-} \rightleftharpoons Zn$	−0.762
$Cr^{3+}+3e^{-} \rightleftharpoons Cr$	−0.71
$O_2+e^{-} \rightleftharpoons O_2^{-}$	−0.56
$As+3H^{+}+3e^{-} \rightleftharpoons AsH_3$	−0.54
$Fe^{2+}+2e^{-} \rightleftharpoons Fe$	−0.441
$Cr^{3+}+e^{-} \rightleftharpoons Cr^{2+}$	−0.41
$PbSO_4+2e^{-} \rightleftharpoons Pb+SO_4^{2-}$	−0.355
$Ni^{2+}+2e^{-} \rightleftharpoons Ni$	−0.25
$CuI+e^{-} \rightleftharpoons Cu+I^{-}$	−0.18
$Sn^{2+}+2e^{-} \rightleftharpoons Sn$	−0.1375
$Pb^{2+}+2e^{-} \rightleftharpoons Pb$	−0.126
$Fe^{3+}+3e^{-} \rightleftharpoons Fe$	−0.036
$2H^{+}+2e^{-} \rightleftharpoons H_2$	0
$AgBr+e^{-} \rightleftharpoons Ag+Br^{-}$	0.073
$S+2H^{+}+2e^{-} \rightleftharpoons H_2S$	0.111
$Cu^{2+}+e^{-} \rightleftharpoons Cu^{+}$	0.167
$SO_4^{2-}+4H^{+}+2e^{-} \rightleftharpoons H_2SO_3+H_2O$	0.2
$AgCl+e^{-} \rightleftharpoons Ag+Cl^{-}$	0.222
$Hg_2Cl_2+2e^{-} \rightleftharpoons 2Hg+2Cl^{-}$(饱和 KCl)	0.2415
$Cu^{2+}+2e^{-} \rightleftharpoons Cu$	0.345
$[Fe(CN)_6]^{3-}+e^{-} \rightleftharpoons [Fe(CN)_6]^{4-}$	0.36
$[HgCl_4]^{2-}+2e^{-} \rightleftharpoons Hg+4Cl^{-}$	0.38
$Ag_2CrO_4+2e^{-} \rightleftharpoons 2Ag+CrO_4^{2-}$	0.446
$H_2SO_3+4H^{+}+4e^{-} \rightleftharpoons S+3H_2O$	0.45
$Cu^{+}+e^{-} \rightleftharpoons Cu$	0.522
$I_2+2e^{-} \rightleftharpoons 2I^{-}$	0.535
$MnO_4^{-}+e^{-} \rightleftharpoons MnO_4^{2-}$	0.54
$H_3AsO_4+2H^{+}+2e^{-} \rightleftharpoons H_3AsO_3+H_2O$	0.599
$O_2+2H^{+}+2e^{-} \rightleftharpoons H_2O_2$	0.682
$Fe^{3+}+e^{-} \rightleftharpoons Fe^{2+}$	0.771
$Hg_2{}^{2+}+2e^{-} \rightleftharpoons 2Hg$	0.739
$Ag^{+}+e^{-} \rightleftharpoons Ag$	0.7991

续表

电极反应	$\varphi^{\ominus}$/V
$2NO_3^- + 4H^+ + 2e^- \rightleftharpoons N_2O_4 + 2H_2O$	0.8
$Hg^{2+} + 2e^- \rightleftharpoons Hg$	0.854
$HNO_2 + 7H^+ + 6e^- \rightleftharpoons NH_4^+ + 2H_2O$	0.86
$2Hg^{2+} + 2e^- \rightleftharpoons Hg_2{}^{2+}$	0.92
$Br_2 + 2e^- \rightleftharpoons 2Br^-$	1.0652
$IO_3^- + 6H^+ + 6e^- \rightleftharpoons I^- + 3H_2O$	1.085
$ClO_4^- + 2H^+ + 2e^- \rightleftharpoons ClO_3^- + H_2O$	1.19
$IO_3^- + 6H^+ + 5e^- \rightleftharpoons 1/2I_2 + 3H_2O$	1.195
$O_2 + 4H^+ + 4e^- \rightleftharpoons 2H_2O$	1.229
$MnO_2 + 4H^+ + 2e^- \rightleftharpoons Mn^{2+} + 2H_2O$	1.224
$Cr_2O_7^{2-} + 14H^+ + 6e^- \rightleftharpoons 2Cr^{3+} + 7H_2O$	1.33
$ClO_4^- + 8H^+ + 7e^- \rightleftharpoons 1/2Cl_2 + 4H_2O$	1.34
$Cl_2 + 2e^- \rightleftharpoons 2Cl^-$	1.358
$IO_4^- + 8H^+ + 8e^- \rightleftharpoons I^- + 4H_2O$	1.4
$BrO_3^- + 6H^+ + 6e^- \rightleftharpoons Br^- + 3H_2O$	1.44
$ClO_3^- + 6H^+ + 6e^- \rightleftharpoons Cl^- + 3H_2O$	1.45
$PbO_2 + 4H^+ + 2e^- \rightleftharpoons Pb^{2+} + 2H_2O$	1.455
$ClO_3^- + 6H^+ + 5e^- \rightleftharpoons 1/2Cl_2 + 3H_2O$	1.47
$HClO + H^+ + 2e^- \rightleftharpoons Cl^- + H_2O$	1.49
$2BrO_3^- + 12H^+ + 10e^- \rightleftharpoons Br_2 + 6H_2O$	1.51
$MnO_4^- + 8H^+ + 5e^- \rightleftharpoons Mn^{2+} + 4H_2O$	1.51
$Ce^{4+} + e^- \rightleftharpoons Ce^{3+}$	1.61
$2HClO + 2H^+ + 2e^- \rightleftharpoons Cl_2 + 2H_2O$	1.63
$Au^{3+} + 2e^- \rightleftharpoons Au^+$	1.68
$MnO_4^- + 4H^+ + 3e^- \rightleftharpoons MnO_2 + 2H_2O$	1.695
$H_2O_2 + 2H^+ + 2e^- \rightleftharpoons 2H_2O$	1.77
$O_3 + 2H^+ + 2e^- \rightleftharpoons O_2 + H_2O$	2.97
$F_2 + 2e^- \rightleftharpoons 2F^-$	2.66
在碱性溶液中	
$Al(OH)_3 + 3e^- \rightleftharpoons Al + 3OH^-$	−2.31
$SiO_3^{2-} + 3H_2O + 4e^- \rightleftharpoons Si + 6OH^-$	−1.73
$Mn(OH)_2 + 2e^- \rightleftharpoons Mn + 2OH^-$	−1.47
$As + 3H_2O + 3e^- \rightleftharpoons AsH_3 + 3OH^-$	−1.37
$Cr(OH)_3 + 3e^- \rightleftharpoons Cr + 3OH^-$	−1.3
$Zn(OH)_2 + 2e^- \rightleftharpoons Zn + 2OH^-$	−1.245
$SO_4^{2-} + H_2O + 2e^- \rightleftharpoons SO_3^{2-} + 2OH^-$	−0.9
$P + 3H_2O + 3e^- \rightleftharpoons PH_3 + 3OH^-$	−0.88
$Fe(OH)_2 + 2e^- \rightleftharpoons Fe + 2OH^-$	−0.877

续表

电极反应	$\varphi^{\ominus}$/V
$2H_2O+2e^- \rightleftharpoons H_2+2OH^-$	−0.828
$AsO_4^{3-}+2H_2O+2e^- \rightleftharpoons AsO_2^-+4OH^-$	−0.71
$AsO_2^-+2H_2O+3e^- \rightleftharpoons As+4OH^-$	−0.68
$[Cu(CN)_2]+e^- \rightleftharpoons Cu+2CN^-$	−0.43
$[Co(NH_3)_6]^{2+}+2e^- \rightleftharpoons Co+6NH_3(aq)$	−0.422
$[Hg(CN)_4]^{2-}+2e^- \rightleftharpoons Hg+4CN^-$	−0.37
$[Ag(CN)_2]+e^- \rightleftharpoons Ag+2CN^-$	−0.3
$Cu(OH)_2+2e^- \rightleftharpoons Cu+2OH^-$	−0.224
$PbO_2+2H_2O+4e^- \rightleftharpoons Pb+4OH^-$	−0.16
$CrO_4^{2-}+4H_2O+3e^- \rightleftharpoons Cr(OH)_3+5OH^-$	−0.12
$O_2+H_2O+2e^- \rightleftharpoons HO_2^-+OH^-$	−0.076
$MnO_2+2H_2O+2e^- \rightleftharpoons Mn(OH)_2+2OH^-$	−0.05
$ClO_4^-+H_2O+2e^- \rightleftharpoons ClO_3^-+2OH^-$	0.17
$IO_3^-+3H_2O+6e^- \rightleftharpoons I^-+6OH^-$	0.26
$Ag_2O+H_2O+2e^- \rightleftharpoons 2Ag+2OH^-$	0.344
$ClO_3^-+2H_2O+4e^- \rightleftharpoons ClO^-+4OH^-$	0.35
$[Ag(NH_3)_2]^++e^- \rightleftharpoons Ag+2NH_3(aq)$	0.372
$O_2+2H_2O+4e^- \rightleftharpoons 4OH^-$	0.401
$2BrO^-+2H_2O+2e^- \rightleftharpoons Br_2+4OH^-$	0.45
$NiO_2+2H_2O+2e^- \rightleftharpoons Ni(OH)_2+2OH^-$	0.49
$IO^-+H_2O+2e^- \rightleftharpoons I^-+2OH^-$	0.49
$2ClO^-+2H_2O+2e^- \rightleftharpoons Cl_2+4OH^-$	0.51
$BrO_3^-+2H_2O+4e^- \rightleftharpoons BrO^-+4OH^-$	0.54
$IO_3^-+2H_2O+4e^- \rightleftharpoons IO^-+4OH^-$	0.56
$MnO_4^-+2H_2O+3e^- \rightleftharpoons MnO_2+4OH^-$	0.57
$MnO_4^{2-}+2H_2O+2e^- \rightleftharpoons MnO_2+4OH^-$	0.58
$ClO^-+H_2O+2e^- \rightleftharpoons Cl^-+2OH^-$	0.94
$FeO_4^{2-}+2H_2O+3e^- \rightleftharpoons FeO_2^-+4OH^-$	0.9

参考文献

[1] 唐有祺，王夔主编．化学与社会．北京：高等教育出版社，2005.
[2] 宋天佑，程鹏，王杏桥等编．无机化学．北京：高等教育出版社，2009.
[3] 南京大学无机及分析化学编写组．无机及分析化学．第4版．北京：高等教育出版社，2010.
[4] 武汉大学吉林大学等主编．无机化学（上、下册）．第3版．北京：高等教育出版社，2005.
[5] 浙江大学普通化学教研组编．普通化学．第6版．北京：高等教育出版社，2011.
[6] 陈林根主编．工程化学基础．第2版．北京：高等教育出版社，2005.
[7] 浙江大学编，贾之慎 主编．无机及分析化学．第2版．北京：高等教育出版社，2008.
[8] 天津大学无机化学基础教研室编．无机化学．北京：高等教育出版社，2010.
[9] 陈林根，方文军编．普通化学．第2版．北京：高等教育出版社，2009.
[10] 吴旦，刘萍，朱红主编．从化学角度看世界．北京：化学工业出版社，2006.
[11] 韩选利主编．大学化学．北京，高等教育出版社，2005.
[12] 徐英，周宇帆，刘鹏编．工程化学概论．北京：化学工业出版社，2007.
[13] 丁延桢主编．大学化学教程：原理、应用、前沿．北京：高等教育出版社，2003.
[14] 沈光球，陶家洵，徐功骅编．现代化学基础．北京：清华大学出版社，1999.
[15] 胡忠鲠主编．现代化学基础．北京：高等教育出版社，2011.
[16] 廖家耀编．普通化学．北京：科学出版社，2012.
[17] 马家举，邵谦，马详梅编．普通化学．第2版．北京：化学工业出版社，2012.
[18] 肖纪美，曹楚南编．材料腐蚀学原理．北京：化学工业出版社，2004.
[19] 樊行雪，方国女编．大学化学原理及应用（上、下册）．北京：化学工业出版社，2000.
[20] 何法信，宋心琦著．科学发现真伪——现代化学史上的重大事件．长沙：湖南教育出版社，1999.
[21] 徐光宪．化学的定义、地位、作用和任务．化学通报，1997，7：53-56.
[22] 徐光宪．21世纪化学的前瞻，2001，16（1）：1-7.
[23] 刘方，高正松，缪鑫才．表面活性剂在石油开采中的应用．精细化工，2000，17（2）：696-699.
[24] 辛勤，林励吾．中国催化三十年进展：理论和技术的创新．催化学报，2013，34（3）：401-435.